高等学校大学计算机课程系列教材

云计算应用与实践

亚马逊 AWS入门教程 题库·微课视频版

柏燕峥 吕云翔 主编

梁杨 杜宸洋 副主编

孔文 曹瑞娟 俎怡婷 刘文涛 王文杰 马家豪 雷佳琪 编著

清華大学出版社

北京

内容简介

本书全面、系统地讲解了当前云计算领域的理论和基础知识，充分反映了云计算理论和技术在AWS中的应用。全书共18章，分为三部分。第一部分（第1、2章）包括云计算概论、云计算基础，第二部分（第3～9章）包括计算、网络、云存储、数据库、安全、云运维、数据分析，第三部分（第10～18章）为云计算实践。本书理论与实践相结合，使读者易于理解和掌握云计算的知识。

本书可作为高等院校计算机科学与技术、软件工程等相关专业"云计算"课程的教材，也可作为对云计算感兴趣读者的自学读物，还可作为从事计算机应用开发技术人员的参考用书。

图书在版编目（CIP）数据

云计算应用与实践：亚马逊AWS入门教程：题库·微课视频版 / 柏燕峥，吕云翔主编. -- 北京：清华大学出版社，2025.6. --（高等学校大学计算机课程系列教材）. -- ISBN 978-7-302-69520-2

Ⅰ. TP393.027

中国国家版本馆CIP数据核字第2025XN6197号

策划编辑：魏江江
责任编辑：葛鹏程
封面设计：刘　键
责任校对：王勤勤
责任印制：刘　菲

出版发行：清华大学出版社
　　网　　址：https://www.tup.com.cn，https://www.wqxuetang.com
　　地　　址：北京清华大学学研大厦A座　　**邮　　编**：100084
　　社 总 机：010-83470000　　**邮　　购**：010-62786544
　　投稿与读者服务：010-62776969，c-service@tup.tsinghua.edu.cn
　　质量反馈：010-62772015，zhiliang@tup.tsinghua.edu.cn
　　课件下载：https://www.tup.com.cn，010-83470236
印 装 者：北京瑞禾彩色印刷有限公司
经　　销：全国新华书店
开　　本：185mm×260mm　　**印　张**：18.75　　**字　　数**：458千字
版　　次：2025年7月第1版　　**印　　次**：2025年7月第1次印刷
印　　数：1～1500
定　　价：59.80元

产品编号：108158-01

前言

党的二十大报告指出：教育、科技、人才是全面建设社会主义现代化国家的基础性、战略性支撑。必须坚持科技是第一生产力、人才是第一资源、创新是第一动力，深入实施科教兴国战略、人才强国战略、创新驱动发展战略，这三大战略共同服务于创新型国家的建设。高等教育与经济社会发展紧密相连，对促进就业创业、助力经济社会发展、增进人民福祉具有重要意义。

云计算在国内的发展已经达到了一个新的高度，并且在众多行业中展现出其重要性和潜力。国家对云计算技术的发展非常支持，积极出台了一系列政策来推动该领域的发展。例如，在国家的"十四五"规划和数字经济发展战略中，都明确将云计算作为核心技术之一。

云计算是一种基于互联网的计算方式，它允许个人和组织通过网络访问共享的计算资源（如服务器、存储、数据库、网络、软件、应用程序等），而无须直接管理物理硬件。这种模式使得计算资源可以像电力一样被按需获取和使用。云计算已经成为全球信息技术领域的一个核心组成部分，对企业和个人用户都具有极大的影响。云计算目前的一些关键发展状态如下。

（1）云计算市场持续增长，预计未来几年将以显著的年增长率继续扩大。这一增长得益于企业对灵活、可扩展的IT解决方案的日益增长的需求。

（2）技术的不断进步推动了云计算服务的多样化。例如，从基础设施即服务（IaaS），平台即服务（PaaS）到软件即服务（SaaS）等多种服务模式，都在不断地演进和扩展。

（3）云计算被广泛应用于各行各业，从金融服务、医疗保健到零售和教育等，云服务已经成为支撑这些行业数字化转型的基石。

（4）随着数据泄露事件的频发，数据安全和隐私保护成为云计算服务提供商和用户所关注的重点问题之一。合规性、加密技术和安全协议的改进是当前的热点话题。

（5）企业越来越倾向于采用多云和混合云策略，以便于利用不同云服务提供商的优势，同时确保更高的灵活性和数据安全。

（6）环保和可持续性问题也成为云计算领域的一个重要议题。许多云服务提供商正在努力减少数据中心的能耗和碳足迹，以支持全球的环保目标。

云计算的未来发展还将继续受到新兴技术(如人工智能、物联网和边缘计算等)的推动，预计将带来更多的创新和服务改进。

本书各章的开始部分设有学习目标，列出了该章的重要内容，方便读者自学和教学选择；各章的结尾部分附有习题，可供读者检验学习成果。此外，本书重视实践能力和操作能力的培养，介绍了亚马逊云 AWS 的多个实验，旨在培养和提高读者的实操能力。

为便于教学，本书提供丰富的配套资源，包括教学课件、教学大纲、电子教案、习题答案、在线作业和微课视频。

资源下载提示

课件资源：扫描目录上方的二维码获取下载方式。

在线作业：扫描封底的作业系统二维码，登录网站在线做题及查看答案。

微课视频：扫描封底的文泉云盘防盗码，再扫描书中相应章节的视频讲解二维码，可以在线学习。

本书的主要作者为柏燕峥、吕云翔、梁杨、杜宸洋、孔文、曹瑞娟、俎怡婷、刘文涛、王文杰、马家豪、雷佳琪，作者曾洪立参与了部分写作、素材整理及配套资源制作等工作。

由于作者能力和水平有限，书中难免存在疏漏和错误之处，恳请各位同仁和广大读者朋友给予批评指正。

作　者

2025 年 5 月

目录

第一部分　云计算概念与基础

第二部分　云计算详述

第三部分 云计算实践

第一部分

云计算概念与基础

第1章

云计算概论

CHAPTER 1

本章首先介绍云计算的定义，旨在让读者对云计算有一个宏观的概念，然后介绍云计算的产生背景及其发展历史。通过本章的学习，读者可以对云计算产生一个初步的认识。

本章目标

- 了解云计算；
- 了解云计算的产生背景；
- 了解云计算的发展历史；
- 了解云计算与传统 IDC 的区别；
- 了解亚马逊云。

1.1 云计算的概念和由来

1.1.1 什么是云计算

云计算(cloud computing)是基于互联网相关服务的增加、使用和交付模式,通常涉及通过互联网提供动态易扩展且经常虚拟化的资源。云是网络、互联网的一种比喻说法。过去在图中往往用云表示电信网,后来也用于抽象表示互联网和底层基础设施。云计算甚至可以让用户体验每秒 10 万亿次的运算能力,拥有这么强大的计算能力可以模拟核爆炸、预测气候变化和市场发展趋势等。用户可以通过计算机、手机等方式接入数据中心,按自己的需求进行运算。

云计算的定义不一而论。对于到底什么是云计算,至少可以找到 100 种解释。现阶段广为接受的是美国国家标准与技术研究院(National Institute of Standards and Technology,NIST)的定义:云计算是一种按使用量付费的模式,这种模式提供可用的、便捷的、按需的网络访问,进入可配置的计算资源共享池(资源包括网络、服务器、存储、应用软件、服务),这些资源能够被快速提供,只需投入很少的管理工作或与服务供应商进行很少的交互。

1.1.2 云计算的产生背景

云计算的产生是由很多推动因素构成的,其中包括以下几个主要方面。

1. 硬件成本下降和能效提升

硬件制造技术进步使服务器和网络设备性价比大幅提升,云计算可以利用大规模廉价的商用服务器组建数据中心。同时芯片技术也在持续进步,计算性能提高而能耗下降。这为云计算提供了基础设施支持。

2. 互联网高速发展

高速、无处不在的宽带互联网连接为访问云服务提供了可能。用户可以随时随地通过网络访问云服务提供的软件、计算能力、存储资源等。互联网的进步推动了分布式云架构的兴起。

3. 企业数字化转型需求

企业面临数字化和网络化转型的压力,需要更高弹性、敏捷性和速度。云计算具有弹性扩展、按需使用等优势,可以降低企业使用信息系统的成本,帮助企业实现数字化转型目标。

4. 大数据时代的数据分析需求

海量数据的生成需要强大的分布式数据处理能力。云计算基础架构正好提供了这个能力,可以按需调度大量服务器进行分析处理,使云平台成为大数据最合适的基础设施。

综上所述,云计算得以快速发展的背景主要在于技术条件的成熟、互联网进步的推动、企业数字化转型的潮流和数据分析的需要。

1.1.3　云计算的发展历史

云计算的发展历史可以追溯到20世纪90年代初期，其后主要经历的阶段如下。

1. 雏形阶段（20世纪90年代初至2006年）

这一时期出现了网格计算、应用服务提供商和部分公有云服务，诞生了云计算的雏形。例如，Salesforce推出了在线客服和销售软件服务，亚马逊发布了S3云存储和EC2云服务器服务。在该阶段，云计算从理论走向实践。

2. 起步阶段（2006—2009年）

2006年，亚马逊正式推出AWS，标志着公有云时代的到来。2007年，IBM和谷歌分别启动蓝云平台和App Engine。2008年，NASA和Rackspace共同开发开放源代码OpenStack项目，并将其用于构建公有及私有云。在该阶段，云计算概念和技术不断成熟。

3. 高速发展阶段（2009年至今）

云计算进入高速增长发展期，成为企业数字化转型的关键路径。越来越多的企业将核心业务移动到云平台，主要公有云服务商像AWS、Azure、Google Cloud、AliCloud平台等不断扩大市场规模。其中比较有代表性的是互联网企业Netflix，其快速发展成为典型的云原生公司。

总体来说，经过多年的发展，云计算已经成为继个人计算机、互联网、移动互联网之后的新一代信息技术变革浪潮，并深刻地改变了人们的生产和生活方式。

1.2　云计算与传统IDC的区别

IDC（Internet Data Center，互联网数据中心）是一种集中提供计算、存储和网络等基础设施服务的数据中心，通常由专业的数据中心管理公司运营，为各类互联网企业和机构提供服务器托管、虚拟主机、数据存储、网络带宽等服务。IDC的主要特点如下。

（1）高可用性：IDC通常具有高可用性和冗余设计，以确保在任何情况下都能够保持高水平的可用性和稳定性。

（2）安全可靠：IDC通常具有严格的安全措施和可靠的数据备份机制，以确保数据的安全性和可靠性。

（3）快速响应：IDC通常具有高效的运维团队和快速响应能力，能够及时处理各种问题和故障。

（4）定制化服务：IDC通常能够提供各种定制化的服务，以满足不同客户的需求。

随着云计算和大数据技术的不断发展，IDC也在不断演进和变革，以满足新的业务需求和技术趋势。例如，IDC正在越来越多地采用虚拟化技术、自动化运维技术、绿色节能技术等,以降本增效并更好地满足客户的需求。

云计算与传统 IDC 的区别主要体现在以下几方面。

1. 资源供给方式

- IDC:采用传统的自建模式,企业需要自行购买服务器、存储、网络等硬件设备,并建立机房环境。资源供给是有限且固定的。
- 云计算:采用按需、弹性的资源供给模式。云服务提供商拥有大规模的数据中心资源池,用户可以根据实际需求按量获取所需的计算、存储、网络等资源,资源可以动态扩展和收缩。

2. 资源管理方式

- IDC:企业需要自行管理和维护整个 IT 基础架构,包括硬件、软件、网络、安全等,需要大量的人力和技术投入。
- 云计算:云服务提供商负责底层资源的管理和维护,用户只需要关注自身的应用程序和数据,大大降低了 IT 运维的复杂性。

3. 成本结构

- IDC:采用高前期资本支出(CapEx)模式,需要购买昂贵的硬件设备和建设机房,并持续投入运维成本。这种成本结构的资源利用率相对较低。
- 云计算:采用按需付费的运营支出(OpEx)模式,用户只需要为实际使用的资源付费。这样可以避免大量前期投资,降低了资源闲置的浪费,提高了资源利用效率。

4. 灵活性和扩展性

- IDC:资源扩展受硬件容量限制,扩展往往需要购买新硬件、重新部署,响应速度较慢。
- 云计算:资源可以根据需求实现快速、无缝的扩展和收缩,具有很高的灵活性和敏捷性。

5. 地理分布

- IDC:服务设备通常集中在某些特定的物理位置,受地理位置的限制。
- 云计算:云服务提供商通常在全球范围内部署多个可用区。用户可以根据需求选择不同区域的云资源,实现业务的分布式部署。

1.3 AWS

"亚马逊云"通常是指亚马逊的云计算服务平台,即 Amazon Web Services(AWS)。AWS 提供广泛的全球云基础设施服务,如计算、存储、数据库、分析、网络、移动、开发工具、管理工具、物联网、安全和企业应用等。这些服务帮助组织缩放和增长,被各种规模的公司用来运行应用程序和服务。

目前，AWS 是全球云计算市场的主导力量，在全球云基础设施服务市场的份额保持领先地位。在全球范围内，AWS 通过持续的创新和早期市场进入优势，建立了广泛的客户基础和服务生态系统，持续引领市场。

习题

本书提供在线测试习题，扫描下面的二维码可以获取本章习题。

在线测试

第2章

云计算基础

CHAPTER 2

本章主要介绍关于云计算的各种基础知识,包括分布式计算、实现云计算的关键技术、云交付模型和云部署模式,同时介绍云计算的优势、面临的挑战和典型应用。通过本章的学习,读者能够对云计算有一个基本的认识。

本章目标

- 熟悉分布式计算;
- 熟悉云计算的关键技术;
- 掌握云交付模型;
- 掌握云部署模式;
- 了解云计算的优势与挑战;
- 了解典型云应用;
- 了解AWS的实验。

2.1 分布式计算

2.1.1 应用场景

分布式的概念十分广泛，凡是去中心的架构都可以理解为分布式。人们日常生活中最早接触到的分布式应该是 P2P。用户下载的文件不是集中存放到某个中心，而是分别存储在网络中的不同节点。当用户有下载需求时，可以从网络上的节点获取相应资源碎片，并形成下载文件。例如，用迅雷下载文件的方式就是 P2P。

除 P2P 外，还有很多分布式架构的应用场景。例如，CDN 技术将视频网站中的内容分布存储在就近的服务器上，从而形成分布式网络；大数据技术应用到分布式存储架构，将数据存储于不同的节点磁盘中，需要执行分析任务时切分为片段在分散的服务器节点中进行运算；区块链技术实现去中心化，将账目信息记录在不同的节点，交易时更新网络上的所有账目副本；应用架构中的分布式计算架构多应用于微服务。

分布式计算是一种计算方法，与集中式计算是相对的。随着计算技术的发展，一些应用需要巨大的计算能力才能完成，如果采用集中式计算，则需要耗费很长的时间才能完成。而分布式计算将应用分解成许多更小的部分，分配到多台计算机进行处理，这样可以节省整体计算时间，从而大大提高计算效率。云计算是分布式计算技术的一种，也是分布式计算这种科学概念的商业实现。

2.1.2 应用架构中的分布式

分布式计算的优点是发挥“集体的力量”，将大任务分解成小任务，分配给多个计算节点同时计算。分布式计算将计算扩展到多台计算机，甚至是多个网络，在网络上有序地执行一个共同的任务。各节点间通信方式可以通过 RPC 调用、Q 消息队列或 Web Service 方式。在分布式计算发展起来之前的网络协议并不能满足分布式计算的要求，于是产生了 Web Service 技术。

分布式计算的实现需要借助 Web Service 接口。Web Service 是一个平台独立的、低耦合的、自包含的、基于可编程的 Web 应用程序接口，可使用开放的 XML(标准通用标记语言下的一个子集)标准来描述、发布、发现、协调和配置这些应用程序，用于开发分布式的、互操作的应用程序。

对于目前比较流行的微服务架构，主要采用 RPC 和 Web Service 方式提供服务间访问，基于 Web Service 的 API 访问获得了更多的应用和认可。如图 2.1 所示，微服务的体系结构是基于微服务提供者、微服务请求者、微服务注册中心三个角色和发布、发现、绑定三个动作构建的。简单地说，微服务提供者是微服务的拥有者，等待为其他服务和用户提供自己已有的功能；微服务请求者是微服务功能的使用者，利用 SOAP 或 RESTful 消息向微服务提供者发送请求以获得服务；微服务注册中心的作用是将服务请求者与合适的微服务提供者联系在一起，充当管理者的角色。这三个角色是根据逻辑关系划分的，在实际应用中，角色之间很可能有交叉：一个微服务既可以是微服务提供者，也可以是微服务请求者，还可以二者兼而有之。对于微服务角色之间的关系，“发布”是为了让用户或其他服务知道某个微服务的存在和相关信息,"查找(发现)"是为了找到合适的微服务,"绑定"则是在提供者与请求者之间建立某种联系。在更为复杂的技术架构中,通常还会采用 Web Serivce 网管实现对服务请求的分发和处理,包括实现熔断、权限控制等高级功能。

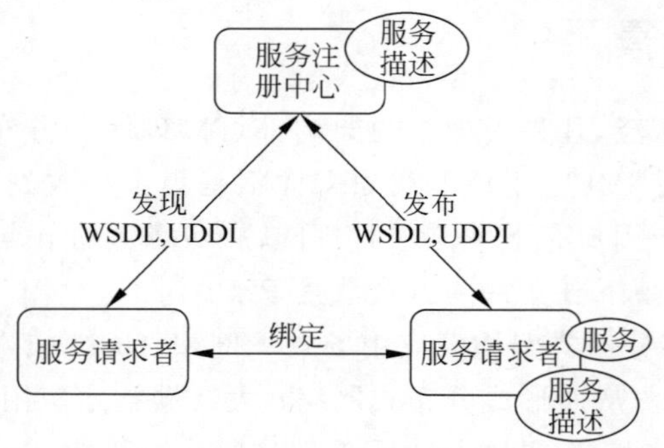

图 2.1　微服务的体系结构

这种技术的功能与中间件的功能有相似之处:微服务技术屏蔽不同开发平台功能模块相互调用的障碍,利用 HTTP 和 SOAP/RESTful 使商业数据在微服务上传输,从而调用这些开发平台不同的功能模块完成计算任务。由此可见,如果要在互联网上实施大规模的分布式计算,则需要微服务做支撑。

2.1.3　分布式计算和云计算的区别与联系

人们经常听到很多新的技术名词,如区块链、大数据、微服务、人工智能、容器等。这些概念(包括 2.1 节介绍的分布式计算)与云计算的关系是什么样的呢?应该说,云计算是更抽象也更广泛的一个概念。云计算可以简单理解为,用户的所有需求都可以通过服务的形式进行封装,当用户申请一个服务时,云平台可以自动地将服务请求转换为技术请求,自动在云平台的数据中心处理该服务器请求,并将处理完的结果返回给用户。用户可以更加专注在业务需求本身上,而不需要再关注和维护为了实现该业务需求而衍生的安装、调试和维护等工作。因此,无论是对企业内的私有云还是面对公众的公有云,云平台都将成为一个对外提供服务的统一窗口,同时借助自动化引擎和策略调度机制,将服务进行自动转换和处理。简而言之,云计算解决的是人和 IT 资源的关系。如同 QQ 解决的是人和人的关系,淘宝解决的是人和实体物品的关系,而云计算解决的是人和 IT 资源的关系。区别在于,淘宝并不生产物品,它只是实现了一个信息交易和共享平台,某种角度上是一个大的集成商的角色。而在云计算平台中,不仅要解决交易和信息,而且要实际地提供基础架构和应用服务的租赁,实现端到端的交付。这也就不难理解为什么 AWS 和阿里云在云计算领域做得最早、发展得最好,因为它们都是在解决人和物、人和资源的问题。

对区块链、大数据、微服务、人工智能、容器这些概念仔细分析,不难发现它们都不是解决人和服务或人和物品的。这些技术大多是对传统架构的升级和发展,对某个问题提供了更智能的算法模型,或者提供了更加高效、可靠、低成本的实现方式和技术变革。因此,这些技术都应涵盖在云计算概念中。这些技术既可以通过云计算实现,以服务的方式提供给用户进行使用,同时也可以不运用云计算技术进行实现。值得注意的是,通常这些新技术会和云计算技术一并出现，因为这些新技术（包括所运用的分布式技术等）都需要创建多个计算或存储节点进行实现，为此需要大批量地创建和弹性伸缩这些节点，此时云计算的弹性服务可以提供便利的部署和使用。

2.1.1 节介绍了分布式存储的应用场景，而作为最典型的分布式场景，云存储与云计算有着天然的结合。就如本节所述，云计算解决的是人和 IT 资源之间的关系，而云存储则是作为基础架构中的重要部分对外提供服务。

2.2　云计算的关键技术

云计算是一种新型的超级计算方式，以数据为中心，是一种数据密集型的超级计算。云计算的目标是以低成本的方式提供高可靠、高可用、规模可伸缩的个性化服务，为此需要分布式海量数据存储、虚拟化技术、云平台技术、并行编程技术、数据管理技术等关键技术加以支持。

2.2.1　分布式海量数据存储

随着信息化建设的不断深入，信息管理平台已经完成了从信息化建设到数据积累的职能转变，在一些信息化起步较早、系统建设较规范的行业，如通信、金融、大型生产制造等领域，海量数据的存储、分析需求的迫切性日益明显。

以移动通信运营商为例，随着移动业务和用户规模的不断扩大，每天都会产生海量的业务、计费和网管数据，庞大的数据量使得传统的数据库存储已经无法满足存储和分析需求。主要面临的问题如下。

(1) 数据库容量有限。

关系数据库不是为海量数据而设计的，设计之初并没有考虑到数据量能够庞大到 PB 级。为了继续支撑系统，不得不进行服务器升级和扩容，成本高昂而难以接受。

(2) 并行取数困难。

除分区表可以并行取数外，其他情况都要对数据进行检索才能将数据分块，并行读数效果不明显，甚至增加了数据检索的消耗。虽然可以通过索引提升性能，但实际业务表明数据库索引作用有限。

(3) 对于 J2EE 应用而言，JDBC 的访问效率太低。

Java 的对象机制使得读取的数据都需要序列化，导致读数速度很慢。

(4) 数据库并发访问数太多。

由于数据库并发访问数太多，因此存在 I/O 瓶颈和数据库的计算负担太重两个问题，甚至出现内存溢出等现象，而数据库扩容成本太高。

为了解决以上问题，分布式存储技术得以发展。在技术架构上可以分为 3 类：解决企业数据存储和分析使用的大数据技术、解决用户数据云端存储的对象存储技术、满足云端操作系统实例需要用到的块存储技术。

(1) 大数据技术。

对于大数据技术，理想的解决方案是将大数据存储到分布式文件系统中。云计算系统由大量服务器组成,为大量用户服务,因此云计算系统采用分布式存储的方式存储数据,用冗余存储的方式(集群计算、数据冗余和分布式存储)保证数据的可靠性。冗余的方式通过任务分解和集群,用低配机器替代超级计算机的性能来保证低成本,这种方式保证分布式数据的高可用、高可靠和经济性,即为同一份数据存储多个副本。云计算系统中广泛使用的数据存储系统是谷歌的 GFS 和 Hadoop 团队开发的 GFS 的开源实现 HDFS。需要注意的是,在处理交易系统时,与传统的数据库存储方式相比,目前大数据技术的 TPS(Transactions Per Second,每秒交易量)表现仍然存在差距。因此,大数据多用于分析系统,而在线实时交易还是采用数据库方式。

(2) 对象存储技术。

对于对象存储,人们非常熟悉的云盘就是基于该技术实现的。用户可以将照片、文本、视频直接通过图形界面进行云端上传、浏览和下载。其实,上传等操作界面最终都是通过 Web Serivce 与后台的对象存储系统进行交互,前端界面更多的是在用户、权限和管理层面上提供支持。对象存储的主要特点如下。

① 所有的存储对象都有自身的元数据和 URL,这些对象在尽可能唯一的区域复制 3 次,而这些区域可被定义为一组驱动器、一个节点、一个机架等。

② 开发者通过一个 RESTful HTTP API 与对象存储系统进行相互作用。

③ 对象数据可以放置在集群的任何地方。

④ 在不影响性能的情况下,集群通过增加外部节点进行扩展。这是相对全面升级、性价比更高的近线存储扩展方式。

⑤ 数据无须迁移到一个全新的存储系统。

⑥ 集群可无宕机增加新的节点。

⑦ 故障节点和磁盘可无宕机调换。

⑧ 在标准硬件上运行,普通的 x86 服务器即可接入。

(3) 块存储技术。

云平台的块存储技术是否有 S3 这一种就足够了? 答案是否定的。正所谓术业有专攻,S3 搭建的对象存储可以利用普通的 PC 服务器组建集群,从而便于实现对象的分布式存储。在商业应用中,类似数据库和操作系统,都是要在裸存储上进行安装才能发挥其最大的性能。在云平台上可以独立创建块存储并挂接到某个云实例。正如 2.2.3 节中提到的,云计算平台的优势在于提供简化的服务给用户使用。因此对于数据块的开通和挂接,云平台会完成相应的处理,用户只需要使用即可。如果按传统方式进行处理,则需要人工在存储上做大量操作和处理才能进行划分和挂接。

2.2.2 虚拟化技术

虚拟化技术是云计算系统的核心组成部分之一,是将各种计算及存储资源充分整合和高效利用的关键技术。云计算的虚拟化技术不同于传统的单一虚拟化,它是涵盖整个 IT 架构的,包括资源、网络、应用和桌面在内的全系统虚拟化。通过虚拟化技术可以隔离所有硬件设备、软件应用和数据,打破硬件配置、软件部署和数据分布的界限,实现 IT 架构动态化和资源集中管理,使应用能够动态地使用虚拟资源和物理资源,提高系统适应需求和环境的能力。

虚拟化技术的主要特点如下。

(1) 资源分享。通过虚拟机封装用户各自的运行环境,有效实现多用户分享数据中心资源。

(2) 资源定制。用户利用虚拟化技术配置私有服务器,指定所需的 CPU 数目、内存容量、磁盘空间等,实现资源的按需分配。

(3) 细粒度资源管理。将物理服务器拆分成若干虚拟机,可以提高服务器的资源利用率,且有助于服务器的负载均衡和节能。

基于以上特点,虚拟化技术已成为实现云计算资源池化和按需服务的基础。

2.2.3 云平台管理技术

云计算资源规模庞大,服务器数量众多且分布在不同的地点,同时运行着数百种应用。如何有效地管理这些服务器,保证整个系统提供不间断的服务是一项巨大的挑战。

云平台技术能够使大量的服务器协同工作,便于进行业务部署,快速发现和恢复系统故障,通过自动化、智能化的手段实现大规模系统的可靠运营。

云计算平台的主要特点是用户不必关心云平台底层的实现,只需要调用平台提供的接口就可以在云平台中完成自己的工作。利用虚拟化技术,云平台提供商可以实现按需提供服务,一方面降低了云的成本,另一方面保证了用户的需求得到满足。云平台基于大规模的数据中心或网络,因此云平台可以提供高性能的计算服务,且云资源对于云平台用户而言几乎是无限的。

云平台所服务的对象除个人外,大部分都是企业级用户。企业级用户无论是内部使用(私有云)还是外部租赁(公有云)都会涉及管理问题,不同部门使用资源的监控、预算、计量、自动化运维、审计、安全管控、流程控制、容量规划和管理等都是云平台管理所涉及的问题,在后续章节中会展开介绍。

2.2.4 并行编程技术

目前两种最重要的并行编程模型是数据并行和消息传递。数据并行编程模型的编程级别比较高,编程相对简单,但它仅适用于数据并行问题。消息传递编程模型的编程级别相对较低,但消息传递编程模型具有更广泛的应用范围。

1. 数据并行

数据并行是一种较高层次上的模型,它提供给编程者一个全局的地址空间,一般这种形式的语言本身就提供并行执行的语义。因此,编程者只需要简单地指明待执行的并行操作及对象,即可实现数据并行的编程。

例如,对于数组运算,数组 B 和 C 的对应元素相加后送给 A,则通过语句 A=B+C 或其他表达方式能够实现上述功能,使并行机对 B、C 的对应元素并行相加,并将结果并行赋给 A。因此,数据并行的表达是相对简单和简洁的,它不需要编程者关心并行机是如何对该操作进行并行执行的。

数据并行编程模型虽然可以解决一大类科学与工程计算问题,但是对于非数据并行类的问题,通过数据并行的方式来解决则难以取得较高的效率。

2. 消息传递

消息传递是指各个并行执行的部分之间通过传递消息实现交换信息、协调步伐、控制执行,一般是面向分布式内存的,但也可适用于共享内存的并行机。消息传递为编程者提供了更灵活的控制手段和表达并行的方法,是消息传递并行程序能提供较高执行效率的重要原因。

消息传递模型一方面为编程者提供了灵活性,另一方面也将各个并行执行部分之间复杂的信息交换和协调、控制的任务交给了编程者,在一定程度上增加了编程者的负担。同时,这也是消息传递编程模型编程级别低的主要原因。消息传递的基本通信模式是简单、清楚的,学习和掌握这些部分其实并不困难。因此,目前大量的并行程序设计仍然是消息传递并行编程模式。

云计算通常采用并行编程模式。在并行编程模式下,并发处理、容错、数据分布、负载均衡等细节都被抽象到一个函数库中,通过统一接口,用户大型的计算任务被自动并发和分布执行,即将一个任务自动分成多个子任务后并行地处理海量数据。

2.2.5 数据管理技术

云计算系统对大数据集进行处理、分析,向用户提供高效的服务。为此,数据管理技术必须能够高效地管理大数据集。其次,如何在规模巨大的数据中找到特定的数据,也是云计算数据管理技术所必须解决的问题。

在云计算应用中,最为常见的是谷歌的 BigTable 数据管理技术。由于采用列存储的方式管理数据,如何提高数据的更新速率和进一步提高随机读速率是未来的数据管理技术必须解决的问题。

谷歌提出的 BigTable 技术是建立在 GFS 和 MapReduce 上的一个大型分布式数据库。BigTable 实际上是一个很庞大的表,它的规模可以超过 1PB(1024TB),它将所有数据都作为对象进行处理。谷歌对 BigTable 给出了如下定义:BigTable 是一种为了管理结构化数据而设计的分布式存储系统,这些数据可以扩展到非常大的规模,如在数千台商用服务器上达到 PB 规模的数据。现在有很多的谷歌应用程序建立在 BigTable 上,如 Google Earth 等,而基于 BigTable 模型实现的 Hadoop HBase 也在越来越多的应用中发挥作用。

2.3 云交付模型

根据现在最常用且比较权威的 NIST 的定义,云计算主要分为三种交付模型,且这三种交付模型主要从用户体验的角度出发。

如图 2.2 所示,这三种交付模型分别是软件即服务(Software as a Service,SaaS)、平台即服务(Platform as a Service,PaaS)和基础设施即服务(Infrastructure as a Service,IaaS)。对普通用户而言,他们主要面对的是 SaaS 这种服务模式,而且几乎所有的云计算服务最终的呈现形式都是 SaaS。

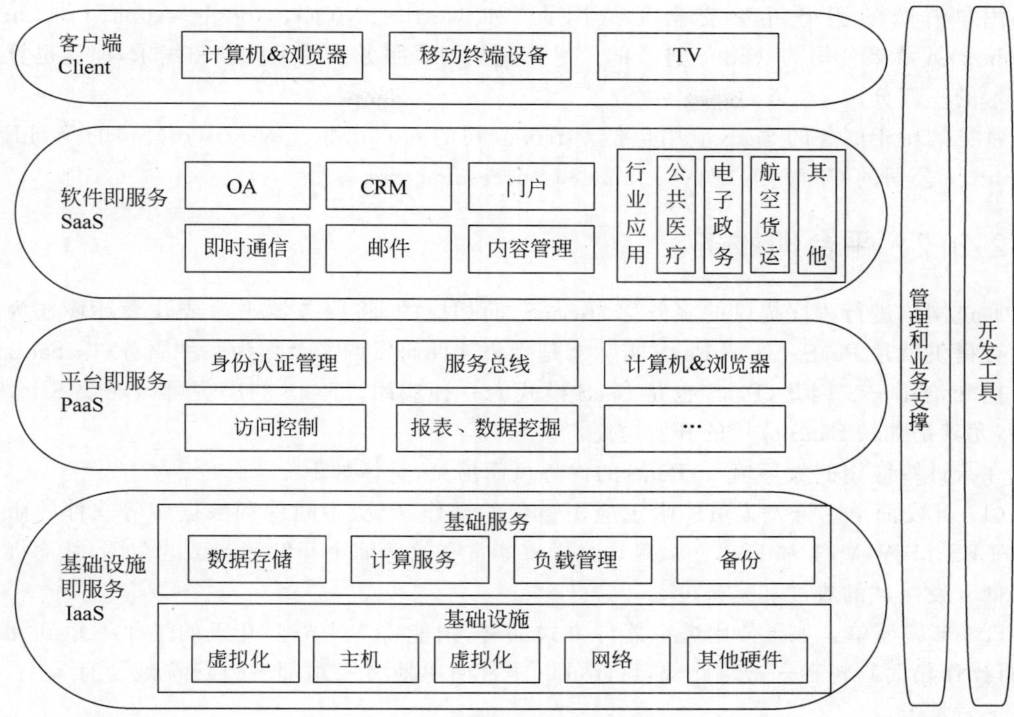

图 2.2　云计算三大交付模型

除此之外，人们还可能听到 DaaS、DBaaS、CaaS 等概念，这里认为所有 XaaS 都可以归为 IaaS、PaaS 和 SaaS 中的一种。例如，2.3.2 节将一种新型的交付模型 CaaS(容器即服务)作为开发平台的一部分。它是以容器为核心的公有云平台，被认为是具有革命性的云服务突破，可以看作 PaaS。

2.3.1　软件即服务

SaaS(软件即服务)是一种通过 Internet 提供软件的模式。用户无须购买软件，而是向提供商租用基于 Web 的软件，以此管理企业经营活动。相对于传统的软件，SaaS 解决方案具有明显的优势，包括前期成本较低、便于维护、展开使用迅速等。服务提供商维护和管理软件，并且提供软件运行的硬件设施，用户只需要拥有接入互联网的终端即可随时随地使用软件。因此，SaaS 软件被认为是云计算的典型应用之一。

SaaS 的主要功能如下。

(1) 随时随地访问：在任何时间、任何地点，只要连接网络，用户就能访问 SaaS 服务。

(2) 支持公开协议：SaaS 支持公开协议(如 HTML4/5)，能够方便用户使用。

(3) 安全保障：SaaS 供应商需要提供一定的安全机制，不仅应使存储在云端的用户数据处于绝对安全的环境，而且应在客户端实施一定的安全机制(如 HTTPS)来保护用户。

(4) 多用户：通过多用户机制，不仅能更经济地支持庞大的用户规模，而且能提供一定的可指定性以满足用户的特殊需求。

用户消费的服务几乎完全是从网页(如 Netflix、MOG、Google Apps、Box. net、Dropbox)或苹果公司的 iCloud 进入的。尽管这些网页服务多用于商务和娱乐,但这也算是云技术的一部分。

常见的用于商务的 SaaS 应用包括 Citrix 公司的 GoToMeeting、Cisco 公司的 WebEx、Salesforce 公司的 CRM、ADP、Workday 和 SuccessFactors 等。

2.3.2 平台即服务

通过网络进行程序提供的服务称为 SaaS,而相应的,将服务器平台或开发环境作为服务进行提供就是 PaaS。所谓 PaaS 实际上是指将软件研发的平台作为一种服务,以 SaaS 的模式提交给用户。因此,PaaS 也是 SaaS 模式的一种应用。PaaS 的出现可以加快 SaaS 的发展,尤其是加快 SaaS 应用的开发速度。

在云计算应用的大环境下,PaaS 的优势显而易见,具体如下。

(1) 开发简单。开发人员能限定应用自带的操作系统、中间件和数据库等软件的版本(如 SLES 11、WAS 7 和 DB2 9.7 等),这样将非常有效地缩小开发和测试的范围,从而极大地降低开发测试的难度和复杂度。

(2) 部署简单。如果使用虚拟器件方式部署,则能将本来需要几天的工作缩短到几分钟,将操作精简到轻轻一击。此外,这样可以非常简单地将应用部署或迁移到公有云上,以应对突发情况。

(3) 维护简单。因为整个虚拟器件都是来自同一个独立软件商(Independent Software Vendor,ISV),所以任何软件的升级和技术支持都只与一个 ISV 联系即可,不仅避免了常见的沟通不当现象,而且简化了相关流程。

PaaS 的主要功能如下。

(1) 良好的开发环境:通过 SDK 和 IDE 等工具使用户能在本地方便地进行应用的开发和测试。

(2) 丰富的服务:PaaS 平台会以 API 的形式将各种各样的服务提供给上层应用。

(3) 自动的资源调度:PaaS 具有可伸缩特性,不仅能优化系统资源,而且能自动调整资源,以帮助运行于其上的应用更好地应对突发流量。

(4) 精细的管理和监控:PaaS 能够提供应用层的管理和监控。例如,观察应用运行的情况和具体数值(如吞吐量和反应时间)以更好地衡量应用的运行状态,通过精确计量应用使用所消耗的资源以更好地计费。

PaaS 相关公司在网上提供各种开发和分发应用的解决方案,如虚拟服务器和操作系统等。这既节省了用户在硬件上的费用,也让分散的工作室之间的合作变得更加容易。这些解决方案包括网页应用管理、应用设计、应用虚拟主机、存储、安全和应用开发协作工具等。

常见的 PaaS 提供者包括 Google App Engine、Microsoft Azure、Force. com、Heroku、Engine Yard、AppFog、Mendix 和 Standing Cloud 等。

1. 服务平台交付

严格意义上,标准的 IaaS 提供的是虚拟实例,即虚拟机。用户申请的是一个干净的实例或安装了某个软件的实例。实例开通后,用户需要在实例中安装软件或进行相应的配置,然后再将多个实例之间进行对接。这显然没有实现云计算开箱即用的服务理念。因此,服务平台交付(IaaS+)应运而生。

云平台提供一个典型的开发平台服务,该开发平台基于传统的应用架构,用户申请时可以直接生成相应的开发平台实例。用户不需要进行相关配置(如修改配置文件,让 Web 服务器指向另一个 DB 实例),而只需要关注在部署业务代码上。从某种角度讲,通过 IaaS+服务开通的也是开发平台,用户不需要关注平台本身,而只需要在开通出的机器上部署业务代码即可。因为是 IaaS 平台的延伸,因此可以算是 PaaS 的一种,属于 IaaS+方式实现。典型的过程是,云平台提供一个开发平台开通服务,该服务生成实例时可以自动部署 Web 节点服务器、中间件节点服务器和数据库节点服务器;当用户申请该服务时,服务可以自动生成,根据该业务开发平台特点按顺序安装软件并互相对接访问关系,同时对于该平台安装的软件做好相应的配置。

2. 无服务器架构

顾名思义,无服务器架构(Serverless)是指无服务器的架构。用户不需要了解底层的部署和配置,开发人员直接编写运行在云上的函数、功能、服务,由云平台提供操作系统、运行环境、网关等一系列的基础环境,这里只需要关注编写业务代码即可。过去在实现一段业务逻辑时,需要调用很多方法或函数后进行程序编写,为此需要安装操作系统、JDK 和 Tomcat 并进行大量配置和调试,而无服务器架构的目的只有一个——基于现有函数进行扩展实现业务。无服务器架构的理念就在于此,用户可以直接访问云平台上的服务,实现函数调用和程序编写。

到底什么是 Serverless 呢?无服务器架构是基于互联网的系统,其应用开发不使用常规的服务进程。相反地,它仅依赖第三方服务(如 AWS Lambda 服务)、客户端逻辑和服务托管远程过程调用的组合。Serverless 的主要特点如下。

(1) 在 Serverless 应用中,开发者只需要专注于业务,剩下的运维等工作都不需要关心。

(2) Serverless 是真正的按需使用,请求到来时才开始运行。

(3) Serverless 是按运行时间和内存来计算成本的。

(4) Serverless 应用严重依赖特定的云平台和第三方服务。

Serverless 中的服务或功能代表的只是微功能或微服务。Serverless 是一种思维方式的转变,从过去"构建一个框架运行在一台服务器上,对多个事件进行响应"变为"构建或使用一个微服务或微功能来响应一个事件"。用户可以使用 Django or Node. js 和 Express 等实现服务,但是 Serverless 本身超越这些框架概念,因此框架也变得不那么重要了。

3. 容器即服务

容器即服务(CaaS,Container as a Service)也称容器云,是以容器为资源分割和调度的基本单位,封装整个软件运行时环境,为开发者和系统管理员提供用于构建、发布和运行分布式应用的平台。CaaS 具备一套标准的镜像格式,可以将各种应用打包成统一的格式,并在任意平台之间部署迁移。容器服务之间可以通过地址、端口服务互相通信,有序且灵活,既支持对应用的无限定制,又可以规范服务的交互和编排。

容器云的 Docker 容器几乎可以在任意的平台上运行,包括物理机、虚拟机、公有云、私有云、个人计算机、服务器等。容器云的兼容性类似于 Java 的 JVM,Java 程序可以运行在任意已安装 JVM 的设备上,便于迁移和扩展。

4. CaaS 与 IaaS 和 PaaS 的关系

作为后起之秀的 CaaS 介于 IaaS 和 PaaS 之间,起到屏蔽底层系统 IaaS、支撑并丰富上层应用平台 PaaS 的作用。

CaaS 解决了 IaaS 和 PaaS 的一些核心问题。例如,IaaS 很大程度上只提供机器和系统,需要自己把控资源的管理、分配和监控,没有减少使用成本,对各种业务应用的支持也非常有限;而 PaaS 的侧重点是提供对主流应用平台的支持,其没有统一的服务接口标准,不能满足个性化的需求。CaaS 的提出可谓是应运而生,以容器为中心的 CaaS 很好地将底层的 IaaS 封装成一个大的资源池。用户只需要将自己的应用部署到这个资源池中,不再需要关心资源的申请、管理,以及与业务开发无关的其他事情。

2.3.3 基础设施即服务

基础设施即服务(IaaS)使消费者可以通过 Internet 从完善的计算机基础设施获得服务。基于 Internet 的服务(如存储和数据库)是 IaaS 的一部分。在 IaaS 模式下,服务提供商将多台服务器组成的"云端"服务(包括内存、I/O 设备、存储和计算能力等)作为计量服务提供给用户。IaaS 的优点是用户只需要提供低成本硬件,按需租用相应的计算能力和存储能力。

IaaS 的主要功能如下。

(1) 资源抽象:使用资源抽象的方法,更好地调度和管理物理资源。

(2) 负载管理:通过负载管理,不仅使部署在基础设施上的应用能更好地应对突发情况,而且还能更好地利用系统资源。

(3) 数据管理:对云计算而言,数据的完整性、可靠性和可管理性是对 Iaas 的基本要求。

(4) 资源部署:将整个资源从创建到使用的流程自动化。

(5) 安全管理:IaaS 安全管理的主要目标是保证基础设施和所提供资源被合法地访问和使用。

(6) 计费管理:通过细致的计费管理使用户更灵活地使用资源。

几年前如果用户想在办公室或公司的网站上运行一些企业应用,则通常需要购买昂贵的服务器或其他硬件来控制本地应用。如果使用 IaaS,则用户可以将硬件外包到其他地方。IaaS 公司会提供场外服务器、存储和网络硬件,用户可以租用。这样就节省了维护成本和办公场地成本,并且可以随时利用这些硬件运行其应用。

常见的 IaaS 公司包括亚马逊、微软、VMware、Rackspace 和 Red Hat。这些公司各自都有自己的专长。例如,亚马逊和微软提供的不只是 IaaS,它们还会将计算能力出租给用户来管理其网站。

2.3.4　基本云交付模型的比较

三个交付模型之间没有必然的联系，只是三种不同的服务模式，都是基于互联网且按需按时付费。但是在实际的商业模式中，PaaS 的发展确实促进了 SaaS 的发展，因为 SaaS 的开发难度在获得开发平台的支持后就降低了。

从用户体验角度而言，它们之间的关系是独立的，因为它们面对的是不同的用户。从技术角度而言，它们并不是简单的继承关系，因为 SaaS 可以基于 PaaS 或直接部署在 IaaS 上，而 PaaS 可以构建在 IaaS 上或直接构建在物理资源上。

通过以上分析，表 2.1 对三种基本交付模型进行了比较。

表 2.1　三种交付模型的比较

云交付模型	服务对象	使用方式	关键技术	用户的控制等级	系统实例
IaaS	需要硬件资源的用户	使用者上传数据、程序代码、环境配置	虚拟化技术、分布式海量数据存储等	使用和配置	Amazon EC2、Eucalyptus 等
PaaS	程序开发者	使用者上传数据、程序代码	云平台技术、数据管理技术等	有限的管理	Google App Engine、Microsoft Azure 等
SaaS	企业和需要软件应用的用户	使用者上传数据	Web 服务技术、互联网应用开发技术等	完全的管理	Google Apps、Salesforce CRM 等

这三种交付模式都是采用外包的方式，以此减轻云用户的负担，降低管理、维护服务器硬件、网络硬件、基础架构软件和应用软件的人力成本。从更高的层次上看，它们都试图解决同一个问题——用尽可能少(甚至为 0)的资本支出，尽可能多的获得功能、扩展能力、服务和商业价值。成功的 SaaS 和 IaaS 可以很容易地延伸到平台领域。

2.4　云部署模式

部署云计算服务的模式有三大类：公有云、私有云和混合云。如图 2.3 所示，公有云是云计算服务提供商为公众提供服务的云计算平台，理论上任何人都可以通过授权接入该平

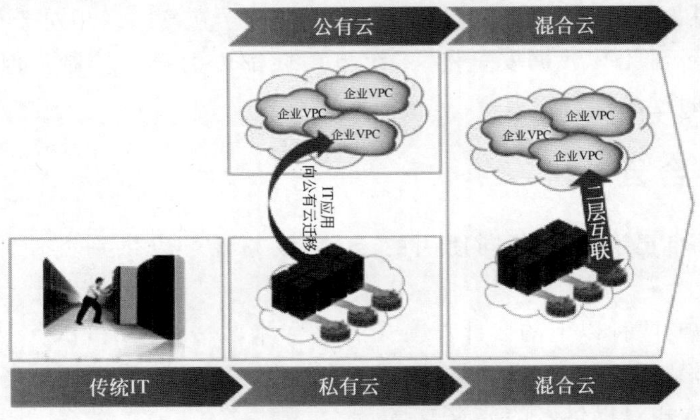

图 2.3　云部署模式

台。公有云可以充分发挥云计算系统的规模经济效益,但同时也增加了安全风险。私有云是云计算服务提供商为企业在其内部建设的专有云计算系统,存在于企业防火墙内,只为企业内部服务。与公有云相比,私有云的安全性更好,但管理复杂度也更高,其规模经济效益会受到限制,整个基础设施的利用率要远低于公有云。混合云是同时提供公有和私有服务的云计算系统,它是介于公有云和私有云之间的一种折中方案。

第三方评测机构曾经做过市场调查,发现公有云的使用成本在某些客户中会高于私有云,这往往与客户建设私有云所采用的厂商品牌有关。此外,公有云对外提供的服务是按月收取,大型部门有时可能无法及时准确洞察下属部门对公有云的使用量,因此会造成严重浪费。

2.4.1　公有云

公有云是指为外部客户提供服务的云,其服务供别人使用,而不供自己使用。

在该模式下,应用程序、资源、存储和其他服务都由云服务供应商提供给用户,这些服务多半都是付费的,也有部分出于推广和市场占有需要而提供免费服务。这种模式只能使用互联网进行访问和使用,且在私人信息和数据保护方面比较有保证。这种部署模型通常都可以提供可扩展的云服务并能高效设置。

目前,典型的公有云有微软的 Windows Azure Platform、亚马逊的 AWS、阿里巴巴的阿里云等。对于用户而言,公有云的最大优点是其所应用的程序、服务及相关数据都存放在公有云的提供者处,自己无须进行相应的投资和建设。目前最大的问题是数据不存储在用户自己的数据中心,其安全性存在一定风险。同时,公有云的可用性不受使用者控制,这方面也存在不确定性。

2.4.2　私有云

私有云是指企业自己使用的云,其服务不供别人使用,而供自己内部人员或分支机构使用。这种云基础设施专门为某一个企业服务,与自己管理或第三方管理、自己负责或第三方托管等都没有关系。

私有云的部署比较适合有众多分支机构的大型企业或政府部门。随着这些大型企业数据中心的集中化,私有云将会成为他们部署 IT 系统的主流模式。相对于公共云,私有云部署在企业自身内部,因此其数据安全性、系统可用性都可由自己控制。但其缺点是投资较大,尤其是一次性的建设投资较大。

2.4.3　混合云

混合云是指供自己和客户共同使用的云,其服务既可以供别人使用,也可以供自己使用。

混合云是两种或两种以上的云计算模式的混合体,如公有云和私有云混合。它们相互独立但在云的内部又相互结合,可以发挥出所混合的多种云计算模型的各自优势。相对而言,混合云的部署方式对提供者的要求较高。

2.5 云计算的优势与挑战

云计算具有以下优势。

1）超大规模

“云”具有相当的规模。谷歌云计算已经拥有100多万台服务器，亚马逊、IBM、微软、雅虎等的“云”均拥有几十万台服务器。企业私有云一般拥有成百上千台服务器。“云”能赋予用户前所未有的计算能力。

2）虚拟化

云计算支持用户在任意位置使用任意终端获取应用服务。所请求的资源来自“云”，而不是固定的、有形的实体。应用在“云”中某处运行，但实际上用户无须了解且不用担心应用运行的具体位置。通常只需要一台笔记本电脑或一部手机，即可通过网络服务实现应用所需要的一切，甚至包括超级计算这样的任务。

3）高可靠性

“云”使用数据多副本容错、计算节点同构可互换等措施保障服务的高可靠性，使用云计算比使用本地计算机更可靠。

4）通用性

云计算不针对特定的应用，在“云”的支撑下可以构造出千变万化的应用，同一个“云”可以同时支撑不同的应用运行。

5）高可扩展性

“云”的规模可以动态伸缩，满足应用和用户规模增长的需要。

6）按需服务

“云”是一个庞大的资源池，用户按需购买，可以像自来水、电、煤气那样计费。

7）便利性

无论是公有云还是私有云，其所采用技术的核心思想都是将人工处理转变为自动化。原来人工处理在接到用户请求时，需要由运维人员开通资源，这往往会花费数天甚至数周的时间。私有云可以让内部用户随时自动化地开通资源，这将大大缩短项目开发周期和业务交付周期。公有云则对外提供服务运营，用户不需要筹建数据中心即可随时获取资源，从而大幅提高了IT开发效率。

虽然云计算在国内的前景较为广阔，但也不得不面对一个现实：云计算需要应对众多的客观挑战，才能逐渐发展成为一个主流的架构。

对于私有云和混合云来说，建设的成本和管理复杂度都是较高的。不同于传统数据中心，云数据中心为了实现弹性、可伸缩、自服务、可计量、自动化等特性，需要采用虚拟化、一体化监控、容量规划、云CMDB、ITIL、安全、云管理、自动化运维、计费计量等技术，从而带来成本的提升和复杂度的提高。在企业端，受到招标要求的限制，往往不能锁定某一个厂商的产品，所以通常都是采用异构资源，因此也会提升标准化和管理的复杂度。

对于公有云，云计算所面临的挑战如下。

1）服务的持续可用性

云服务都是部署及应用在互联网上的，用户难免会担心是否服务一直可用。就像银行一样,储户将钱存入银行是基于对银行长期持续运营的信任。对一些特殊用户(如银行、航空公司)来说,他们需要云平台提供 7×24 的服务。而遗憾的是,微软公司的 Azure 平台在 2014 年 9 月运行期间发生的一次故障影响了 10 种服务,包括云服务、虚拟机和网站等,直到 2h 后才开始处理宕机和中断问题。谷歌的某些功能在 2009 年 5 月 14 日停止服务 2h。亚马逊在 2011 年 4 月故障 4 天。这些网络运营商的停机在一定程度上制约了云服务的发展。

2) 服务的安全性

云计算平台的安全问题由两方面构成。一是数据本身的保密性和安全性。因为云计算平台(特别是公共云计算平台)的一个重要特征是开放性,各种应用整合在一个平台上,对于数据泄露和数据完整性的考虑都是云计算平台要解决的问题。为此需要从软件解决方案、应用规划角度进行合理而严谨的设计。二是数据平台上软硬件的安全性。如果由于软件错误或硬件崩溃导致应用数据损失,则会降低云计算平台的效能。为此需要采用可靠的系统监控、灾难恢复机制,以确保软硬件系统的安全运行。

3) 服务的迁移

如果一个企业不满意现在所使用的云平台,那么它可以将现有数据迁移到另一个云平台上吗?如果企业绑定了一个云平台,当这个平台提高服务价格时,它又有多少讨价还价的余地呢?虽然不同的云平台可以通过 Web 技术等方式相互调用对方平台上的服务,但在现有技术基础上还是存在数据不兼容等各种问题,使服务的迁移非常困难。

4) 服务的性能

既然云计算通过互联网进行传输,那么网络带宽就成为云服务质量的决定性因素。在有大量数据需要传输时,云服务的质量就会不那么理想。当然,随着网络设备的飞速发展,带宽问题将不会成为制约云计算发展的因素。

云计算为产业服务化提供了技术平台,使生产流程的最终交付品是一种基于网络和信息平台的服务。可以预见的是,中国云计算市场近几年将会保持快速的增长。云计算市场仍处于发展初期,只要能把握好云计算这次巨大的浪潮,就有机会将信息化普及到各行各业,进而推动我国科技创新的发展。

2.6 典型云应用

“云应用”是“云计算”概念的子集,是云计算技术在应用层的体现。云应用与云计算的最大不同在于,云计算作为一种宏观技术发展概念而存在,而云应用则是直接面对客户解决实际问题的产品。如图 2.4 所示,云应用遍及各方面。下面将重点介绍云存储、云服务和云物联。

1. 云存储

云存储是基于云计算概念而延伸和发展出的新系统,是一种新兴的网络存储技术。它通过集群应用、网络技术或分布式文件系统等功能,将网络中各种不同类型的存储设备通过应用软件集合协同,共同对外提供数据存储和业务访问功能。

典型的云存储包括 Dropbox、百度云(见图 2.5)、阿里云、夸克网盘等,这些应用可以帮

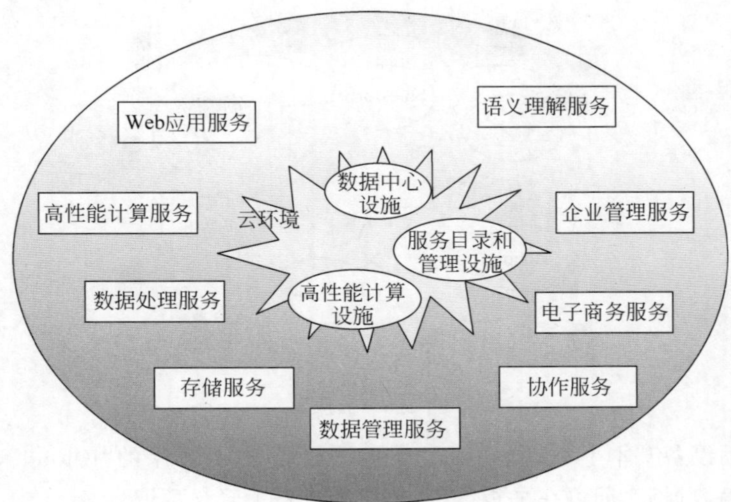

图 2.4　典型云应用

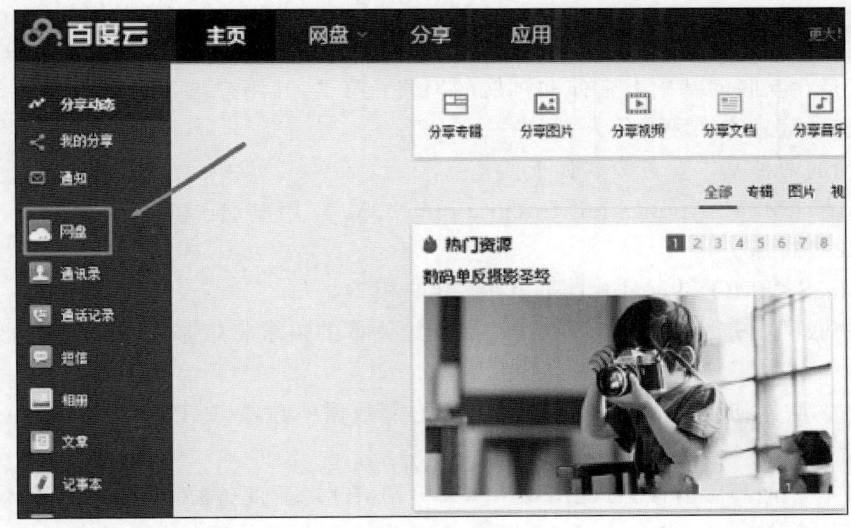

图 2.5　百度云

助用户存储资料,如大容量文件可以通过云存储进行下载,从而节省时间和经济成本。现在,除了互联网企业外,许多计算机厂商也开始研发自己的云存储服务,以达到吸引客户的作用,如联想的“乐云”、华为的网盘等。

2. 云服务

如图 2.6 所示,目前很多公司都有自己的云服务产品,如谷歌、微软、亚马逊等。典型的云服务包括微软“Hotmail”、谷歌“Gmail”、苹果“iCloud”等,这些服务主要以邮箱为账号,实现用户登录账号后的内容在线同步。当然,邮箱也可以达到这类效果,在没有 U 盘的情况下,人们经常会将文件发到自己的邮箱这也是云服务的最早应用,可以实现在线运行且随时随地接收文件。

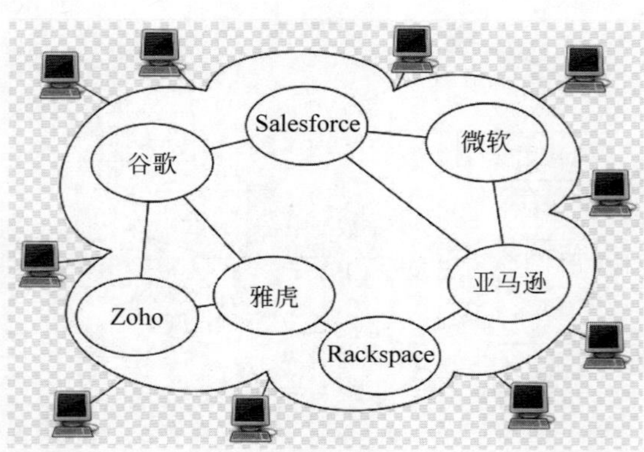

图 2.6 云服务

现在的移动设备基本上都具备了自己的账户云服务，如苹果的"iCloud"，用户存入联系人、音乐、图片等数据后，即可在平板电脑、手机等设备上轻松读取。

3. 云物联

"物联网就是物物相连的互联网"。这里有两层意思：第一，物联网的核心和基础仍然是互联网，是在互联网基础上延伸和扩展的网络；第二，其用户端延伸和扩展至任意物品，物品之间进行信息交换和通信。

物联网的两种基本业务模式如下。

(1) MAI(M2M Application Integration，M2M 应用整合)和内部 MaaS(M2M as a Service，M2M 即服务)。

(2) MaaS、MMO 和 Multi-Tenants(多租户模型)。

随着物联网业务量的增加，对数据存储和计算量的需求将带来对"云计算"能力的以下要求。

(1) 在物联网初级阶段，云计算从计算中心到数据中心，PoP(Point of Presence，拥有独自网址的上网连接点)即可满足需求。

(2) 在物联网高级阶段，可能出现 MVNO/MMO 运营商(国外已存在多年)，需要虚拟化云计算、SOA(Service-Oriented Architecture，面向服务的体系结构)等技术的结合，以实现互联网的泛在服务(everyTHING as a Service，TaaS)。

图 2.7 是一款叫作 ZigBee 系列智能开关的云物联产品，可应用于家庭、办公、医院和酒店等场合。

4. AI 和数据分析

依托云计算平台的数据存储和计算优势，可以构建针对海量数据进行机器学习、数据挖掘等分析处理的平台。云上的数据集成、处理速度更快，计算资源可以弹性调度。例如，银行可以分析用户行为提高风控能力，零售商可以优化商品推荐系统，医疗系统可以辅助临床决策。AWS、Azure、阿里云等服务商都提供了无服务器的大数据分析和 AI 服务，如数据湖分析、机器学习平台等。

图 2.7　单轨窗帘开关——云物联产品

5. 视频流服务

依托分布式云设施和 CDN 优化，视频流服务可以支持大规模的点播和直播业务。云服务器组成编码转码集群，实现海量视频文件处理；云数据库支持视频元信息存储；对象存储承载源文件和各种规格的转码文件；CDN 使全球用户高速获取边缘节点就近的视频流。云计算强大的处理能力和扩展性可以完美应对短时间内的视频访问高峰，视频网站的运营成本也因此大大降低。

6. SaaS 软件

软件即服务是比较成熟的云应用模式之一，销售 CRM、财务 ERP、办公 OA 等软件全面转入云端。用户无须本地安装和部署复杂系统，通过云端一站式应用即可实现企业数字化。云上软件具有自动升级、无须维护等优点，同时支持按使用量计费的灵活模式。领先的 SaaS 服务商 Salesforce、SAP、Oracle 等成功打开了云应用服务的巨大市场。

2.7　AWS 相关实验

本书的实践内容都是基于 AWS 所做的实验。

基于 AWS 的实验可以涵盖广泛的领域，包括云计算、数据分析、机器学习、物联网、安全性等。以下是一些基于 AWS 的实验项目的具体示例。

1. 基于 EC2 的 Web 应用程序部署

(1) 使用 AWS EC2 实例部署一个简单的 Web 应用程序，如一个静态网站或基本的动态网站。

(2) 选择适当的实例类型，配置安全组和密钥对，并设置自动扩展。

2．数据湖建设

(1) 使用 AWS S3 存储服务构建数据湖，将结构化和非结构化数据存储在 S3 存储桶中。

(2) 使用 AWS Glue 进行数据清洗和转换，并使用 Athena 或 Redshift Spectrum 进行数据分析。

3．机器学习模型训练和部署

(1) 使用 AWS SageMaker 服务训练一个机器学习模型，如一个图像分类器或文本分类器。

(2) 调整模型超参数和监控训练作业，并部署模型到 SageMaker 终端节点进行推理。

4．物联网传感器数据处理

(1) 模拟物联网传感器并将其连接到 AWS IoT Core 服务。

(2) 使用规则引擎处理传感器数据，存储数据到 S3 或 DynamoDB 并可视化数据。

5．Serverless 应用程序开发

(1) 使用 AWS Lambda 和 API Gateway 构建一个 Serverless 应用程序，如一个简单的 RESTful API。

(2) 编写 Lambda 函数，配置 API Gateway 端点，并监控应用程序的性能和成本。

6．安全性演练

(1) 配置 AWS 的安全服务，如 IAM、WAF、VPC 端点。

(2) 模拟常见的安全攻击，并学习如何检测和应对这些攻击。

7．容器化应用程序部署

(1) 使用 AWS 的 ECS 或 EKS 服务部署一个容器化的应用程序，如一个基于 Docker 的微服务架构。

(2) 创建和管理容器集群，配置负载均衡器，并监控容器的运行状态。

这些实验项目只是 AWS 提供的众多实验项目中的一部分，读者可以根据自己的兴趣和需求选择适合的实验项目，并通过 AWS 的文档和教程获得指导和支持。

习题

本书提供在线测试习题，扫描下面的二维码可以获取本章习题。

在线测试

第二部分

云计算详述

第3章

计　　算

CHAPTER 3

本章首先讲述主机,包括区域和可用区等;接着讲述容器及编排,包括K8s架构等。通过本章的学习,读者能够对计算有一个基本的认识。

本章目标

- 掌握云主机的区域和可用区、CPU;
- 熟悉操作系统、IP和网络接口、访问密钥、EBS磁盘、安全组;
- 了解镜像和快照;
- 掌握容器、容器编排、云托管的K8s架构;
- 掌握实验"创建一个EC2实例";
- 掌握实验"创建一个弹性高可用博客";
- 熟悉实验"基于AWS的K8s"。

3.1 云主机

云主机(也称云服务器、实例)是指托管在云服务提供商的大型服务器集群中的虚拟服务器。相比物理服务器,云主机更灵活、便宜和可靠,非常适合中小企业及需要弹性计算资源的客户。主流的公有云提供商(如亚马逊云科技、阿里云等)都提供了云主机服务。

云主机的主要特征如下。

(1) 弹性扩缩容:根据需要扩大或缩小云主机的 CPU、内存、存储等资源。

(2) 按需付费:只需要为实际使用的资源付费,可以按小时或按月付费。

(3) 高可用性:云提供商会确保主机具有高可用性,因为数据经常需要备份。

(4) 易于管理:通过简单的控制台或 API 启动、监控和管理云主机。

(5) 高安全性:提供访问控制、网络隔离等安全防护措施。

(6) 配置多样性:可以选择不同的操作系统、预装的软件、硬件配置等。

1. 区域和可用区

区域(region)和可用区(Availability Zone,AZ)是公有云提供商组织云资源的两种方式,理解它们对于部署云应用架构很重要。

区域是指云提供商在全球不同地理区域部署的云资源中心,这些区域之间距离遥远且独立运营,通常以一个城市为中心构成一个区域,如北京区域、东京区域等。用户一般根据就近原则,选择靠近自己或目标用户的区域来部署云资源和应用。

通常每个区域会包含多个可用区。可用区是指在同一地域内电力、网络等方面相互独立的数据中心。例如,北京区域有 3 个可用区 AZ01、AZ02、AZ03,它们之间通过低延迟网络相连。可用区实现了故障的物理隔离,当一个可用区发生故障时,不会影响到同一区域内的其他可用区。

利用区域和可用区的这种隔离方式,可以提高云应用的高可用性和容灾能力。用户可以在一个区域下的不同可用区中部署云服务器、数据库等资源,以实现跨可用区的冗余。当某一个可用区故障时,整个应用也不会中断,这比单区域单可用区的部署架构更加可靠。

总的来说,区域决定了用户与云资源的网络距离,可用区实现了同一区域内部资源的故障隔离。合理利用区域和可用区可以大幅提高云应用的可用性,这也是现代云架构设计的重要方法。

2. CPU

云主机大部分都是虚拟化的,公有云采用硬件虚拟化技术,多个虚拟机共享同一个物理服务器的 CPU。用户感知不到实际的物理 CPU,但可以根据需要调整 CPU 的核数和主频,以获得更强劲的计算性能。一些云厂商提供爆发式或突增式 CPU,可以在短时间内获得超高计算能力。

公有云提供的 CPU 主要类型如下。

(1) 标准型 CPU:最常见的 CPU 类型,计算性能稳定但单线程性能一般,适合大多数通用型应用。

(2) 计算优化型CPU：提供高性能的CPU配置，核心数多且主频高，单线程性能强，适合计算密集型应用和高性能计算。

(3) 内存优化型CPU：针对内存密集型应用设计，提高了内存带宽和容量，减少了内存延迟，但计算能力比较弱。

(4) 存储优化型CPU：增强了内存与本地存储之间的I/O速度，降低了存储延迟，可用于大数据分析和高速缓存应用。

(5) 节约优化型CPU：相对配置比较低，核心数和频率都比较低，但是价格便宜，适合一些轻量小型应用。

(6) 自定义CPU：一些云也支持定制化的CPU配置，用户可以自由指定CPU的型号、核心数和主频等。

不同类型的CPU各有其优化方向，用户可以根据自己应用的实际需求选择合适的CPU配置。当应用需求变更时，也可以动态调整云主机的CPU。

在支持的CPU芯片厂商上，主流的CPU芯片厂商的产品都可以适配，包括Intel、AMD和云厂商自研的ARM芯片等。通常ARM芯片可以提供更高的性价比。

主流的服务器芯片厂商会根据云服务商的需求来定制优化自己的服务器处理器。例如，根据虚拟化平台作指令集优化，提高虚拟机的运行效率；增加对云环境中常见数据类型和计算模式的支持，如浮点运算、数据压缩等的性能；增加芯片对内存、存储等的访问带宽和交互速度，这对云环境非常重要；添加一些针对云安全和隔离的硬件增强指令，以加速相关功能执行。此外，可以采用云服务商的数据中心的形式因素和电源参数，以此设计芯片和电源规格。

3. 操作系统

在云主机中，通常会预置操作系统。在选择一台云主机并启动前，用户需要提前选好操作系统、硬件配置等。云主机的操作系统通常会具备以下特征。

(1) 预置镜像：公有云提供了各种标准操作系统的镜像，如Windows Server和多种Linux发行版等。

(2) 自带软件栈：一些预置操作系统会自带Web Server、数据库等软件，方便快速部署应用。

(3) 自动更新补丁：云供应商会定期帮助更新操作系统和软件组件的补丁，以提高安全性。

(4) 免许可证使用：在云服务器上使用操作系统一般不需要用户提供许可证。

(5) 易于调整配置：根据部署的应用，可以选择调整操作系统类型或版本。

一些大型的云服务提供商会自主研发设计自己品牌的操作系统，以更好地适配云基础设施。云厂商自研的操作系统通常会提供很好的自定义性，可以针对自家的服务器、虚拟化平台进行细致的优化和定制，减少硬件兼容性问题并提高性能。自研操作系统的主要特点如下。

(1) 深度集成云服务，将各种云服务(如存储、数据库、安全等)深度集成到操作系统中，简化管理和调用。

(2) 强化安全机制，增加针对云环境的安全防护与访问控制机制，提高安全性。

(3) 简化许可证管理,避免客户自己购买操作系统许可证,降低使用成本。

总的来说,云厂商自研操作系统的最大优点是可以减少硬件和平台的兼容问题,真正实现硬件与软件的良好集成,给客户提供更优的云服务体验。当然,自研操作系统的研发成本也非常高昂。

4. IP 和网络接口

云平台中的 IP 主要分为以下两类。

(1) 公有 IP:与实例直接关联的公网可访问的 IP 地址,可以随时分配和释放。

(2) 私有 IP:实例在 VPC 内部的本地 IP 地址,与所在的子网相关联。

用户可以通过公有 IP 从公网访问 EC2 实例,也可以通过私有 IP 在同一个 VPC 内的实例之间互相通信。公有 IP 可以是动态的或静态的,其中动态公有 IP 可能在实例重启后发生变化。此外也可以为实例分配一个弹性公有 IP,它是一个静态、固定不变的公有 IP 地址,方便绑定域名或防火墙规则。用户可以通过控制台或 API 管理 IP 地址分配、实例释放和实例绑定。

网络接口(Network Interface,NI)是连接实例与网路的中间组件。用户可以通过网络接口管理实例的网络属性,包括 IP 地址、MAC 地址、入站/出站的网络流量等。

每个实例在启动时默认都会附带一个主网络接口,用户可以在实例上创建并附加多个辅助网络接口,以实现更灵活的网络管理功能。

云服务器提供了 IP 地址管理(IP Address Management,IPAM)功能,这是一种管理 IP 地址的相关服务,其主要功能如下。

(1) 自动分配管理 VPC 和子网的 IP 地址范围,用户不需要手工计算和配置 IP 段。

(2) 跟踪 VPC 和子网中可用和已分配的 IP,避免地址冲突或耗尽。

(3) 支持将部分 IP 保留不做分配,配合网络 ACL 做访问控制。

(4) 支持给 EC2 实例分配多个私有 IP。

(5) 方便查看各子网、各层的 IP 使用率,以进行资源规划。

IPAM 可以极大简化网络环境的管理,提高运维自动化程度。IPAM 可以在以下场景中应用。

(1) 自动管理大规模 VPC 的 IP 段,避免复杂规划和配置。

(2) 对实例 IP 做访问限制时,无缝整合 ACL 控制。

(3) 部署多层服务拓扑时,合理分配各层网络的 IP 段。

(4) 在容灾场景中快速恢复网络配置。

总的来说,合理利用多种类型的 IP 地址和多网络接口,可以让应用实现强大的网络部署能力。

5. 访问密钥

云主机创建完成后,需要通过密钥进行访问。密钥对是一组由公有密钥和私有密钥组成的安全凭证,用于与云主机建立连接时验证用户的身份。云主机会在实例中存储公有密钥,而用户需要自行妥善保管对应的私有密钥。对于 Linux 实例,私有密钥使用户能通过 SSH 安全地登录实例。

在启动云主机时，用户可以指定一个密钥对。如果计划通过 SSH 访问 Linux 实例，则必须指定密钥对。用户可以使用已存在的密钥对或创建新的密钥对。根据不同的安全需要，用户可以为所有实例指定同一密钥对，也可以分别指定不同的密钥对。云主机首次启动时，用户在启动配置中指定的公有密钥会被置入该 Linux 实例的～/. ssh/authorized_keys 文件中。用户使用 SSH 链接到 Linux 实例时，必须提供对应的私有密钥来完成认证登录。

在创建密钥对时，用户也可以使用第三方工具生成密钥对，然后将公有密钥导入亚马逊 EC2 进行使用。需要注意的是，云服务商不会保留用户的私钥副本。如果用户丢失了私钥，则无法轻易恢复。当然，还有一些方法可以连接到丢失密钥的实例，这里不再赘述。

6. EBS 磁盘

弹性可持续存储(Elastic Block Store，EBS)是云服务商提供的一种块存储服务。

EBS 允许用户创建和配置可按需扩展的块级存储卷，这些存储卷可以附加到云主机以提供持久化存储。EBS 卷跟随在同一个可用区内的云主机，如果云主机迁移到另一个可用区，则存储卷也会随之迁移。

EBS 是 AWS 云服务不可或缺的存储组件，其关键特性如下。

(1) 持久化存储：EBS 卷能提供持久化存储，数据可以长期保存，不会因为实例被终止而丢失。

(2) 灵活配置：存储卷支持按需调整容量和性能参数，如大小、每秒读写次数等。

(3) 高可用性：存储卷会自动复制以实现冗余备份，从而提高可用性。

(4) 按需付费：用户只为实际使用的 EBS 存储付费。

(5) 多样化存储：支持 SSD、HDD 等多种存储类型，具有不同场景可供用户选择。

7. 安全组

云中安全组(Security Group，SG)是一种网络访问控制方法。它作为虚拟防火墙，控制云资源开放的网络端口和允许进行网络访问的资源。

安全组的主要使用场景如下。

(1) 控制 EC2 实例的入站/出站网络流量。例如，设置 SSH 端口 22 只向特定 IP 开放，数据库端口 3306 只在内部网络可见。

(2) 在 Auto Scaling Group 中统一应用安全组规则，新建的 EC2 实例会继承同样的访问限制。

(3) 不同安全组可以赋予不同的访问权限。例如，Web 服务器开放 80 端口，后台管理只开放 22 端口。

(4) VPC 内的其他资源实例(如 RDS 数据库实例、缓存实例等)会绑定安全组控制网络访问。

总的来说，安全组相当于内部软防火墙，是实现 AWS 云网络安全和访问控制的重要方式。针对不同实例类型和业务功能，通常可以指定不同安全访问策略。

8. 镜像和快照

AMI 即自定义的云主机镜像，它封装了启动 EC2 实例所需的全部信息，包括操作系统、预装软件栈、配置参数、启动脚本等。AMI 使得用户可以自由定制自己的虚拟机镜像,然后快速启动配置一致的实例。

AMI 的主要特性如下。

(1) AMI 通常由一个或多个 Amazon EBS 快照组成。对于由实例存储支持的 AMI,还包括一个用于实例(如操作系统、应用程序服务器和应用程序等)根卷的模板。

(2) AMI 能控制 AWS 账户的启动许可,该账户可以使用 AMI 启动实例。

(3) 数据块设备映射指定在实例启动时要附加到实例的卷。

常用 AMI 场景如下。

(1) 配置某类应用环境后,将其制作为 AMI 镜像,以快速部署同类实例。

(2) 将开发、测试的镜像迁移到生产环境中,以创建稳定一致的实例。

(3) 优化和调整实例配置后,更新生成新的 AMI 版本。

快照是某一 EBS 数据卷在某个时间点的备份,相当于存储卷的镜像保存了数据状态。基于快照可以创建新的 EBS 卷。常用快照场景如下。

(1) 定期为关键数据盘创建快照,用于容灾恢复。

(2) 在调整存储容量时使用,避免数据迁移。

(3) 在新实例间迁移数据卷。

图 3.1 总结了 AMI 生命周期。创建并注册一个 AMI 后,用户可以将其用于启动新实例。如果 AMI 拥有者向用户授予启动许可,则用户也可以从 AMI 启动实例。用户可以在同一区域中复制 AMI,也可以将 AMI 复制到其他区域。不再需要某个 AMI 时,可以随时将其注销。

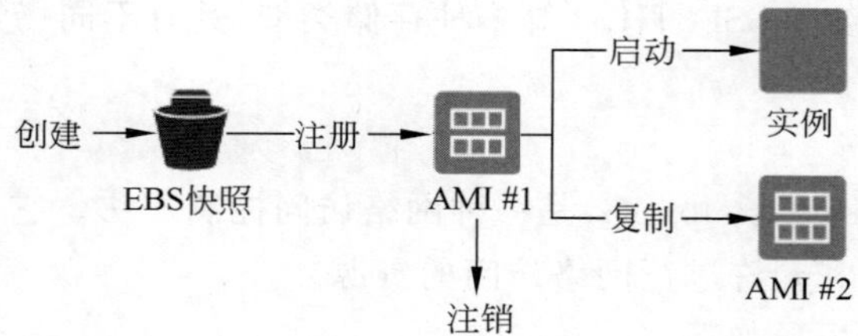

图 3.1 AMI 生命周期

总的来说,AMI 可以制作整个虚拟机环境的镜像,快照是存储盘数据的备份,两者都使得 EC2 实例的启动和数据管理更加高效、便捷。

3.2 容器及编排

3.2.1 容器

容器(container)是一种轻量级的操作系统级虚拟化技术,可以提供一个相对独立的运行环境。容器与虚拟机不同,不需要模拟完整的操作系统内核和硬件设备,而是直接运行于宿主机的内核,并与其他容器共享宿主机的操作系统内核。每个容器之间彼此隔离,使用自己的网络配置、文件系统等。

容器的主要特点如下。

(1) 轻量和高效：启动速度很快，几乎无性能开销。

(2) 标准化：容器镜像中包含运行应用程序所需的所有依赖项和配置。

(3) 便携性：可以在任何操作系统上运行。

(4) 隔离性：每个容器使用自己的环境、文件系统等资源。

(5) 伸缩性：可以基于容器轻松实现扩展和弹性。

常见的容器技术包括 Docker、LXC 等。容器使得应用部署和管理极为轻量、高效。

3.2.2 容器编排

容器编排是管理容器化应用生命周期的一种机制，它可以提供部署、扩缩容、负载均衡、服务发现、故障转移等功能。

常见的容器编排系统如下。

(1) Kubernetes：目前最流行的开源容器编排平台，可以实现大规模容器集群的自动化部署和操作。它具有服务发现和负载均衡、存储编排、批处理、滚动更新等功能。

(2) Docker Swarm：Docker 自身的原生编排器，将多台 Docker host 汇聚成一个虚拟的 Docker Engine，操作比较简单且适用于小规模应用。

(3) Apache Mesos：一个资源管理和编排的项目，可以在动态共享的分布式环境中有效调度容器。

(4) Amazon ECS：亚马逊的容器管理服务，与 EC2 深度整合，支持容错、伸缩、流量转发等功能。

容器编排系统是运行和管理容器化应用的基础平台，通过自动操作容器的部署和联网，实现了应用的高可用、伸缩性、复原性等特性。目前主流的容器编排平台是 Kubernetes(简称 K8s)。

3.2.3 云托管的 K8s 架构

本书重点介绍在云上托管的 K8s 提供的服务和特点，关于其技术框架和功能不再赘述。

云上的 K8s 是一项托管服务，无须在云平台中上安装、操作和维护自己的 K8s 控制面板。云上托管的 K8s 服务相比自建 K8s 集群，可以大大降低维护成本：用户无须自己设置和升级主机及 K8s 组件，云服务商会进行全面维护。托管的 K8s 会提高可靠性，云 K8s 平台具有超高可用性设计，如多云区冗余、失败或更新时自动转移等。托管服务托管关键附加功能包括直接提供服务发现、负载均衡、监控、日志，提供托管节点组，自动调度 EC2 云主机加入 K8s 集群，无缝对云原生服务(如存储、数据库、网络等)的支持等。此外，托管服务更新版本简单快速，可以一键更新 K8s 版本和后台系统，在集成身份认证等安全方面可以直接使用云平台的 IAM。

K8s 集群会分为控制平面和计算平面。云平台托管了控制平面，控制面板将至少两个 API 服务器实例和三个 etcd 实例放置在区域内的三个可用区中，并且会主动监控和调整控制面板实例，以保持最高性能。

计算平面为用户提供了以下多种部署方式选择。

(1) 无服务器计算：一个用于容器的无服务器计算引擎，无须管理底层实例。借助无服务器计算，用户可以指定应用程序的资源需求，然后云平台自动预置、扩展和维护基础设施。对于优先考虑易用性并希望专注于应用程序开发和部署的用户来说，该选项非常合适。

(2) Karpenter：一款灵活、高性能 K8s 集群自动缩放器，可以帮助提高应用程序可用性和集群效率。Karpenter 可以启动适当规模的计算资源，以响应不断变化的应用程序负载。该选项可以预置即时计算资源，以满足用户的工作负载要求。

(3) 托管节点组：自动化和自定义的混合体，用于管理托管 K8s 集群中的云主机集合。云平台负责修补、更新和扩展节点等任务，从而简化操作方面的工作。此外还支持自定义 kubelet 参数，为高级 CPU 和内存管理策略提供可能性。通过服务账户的 IAM 角色可以增强安全性，同时限制每个集群对单独权限的需求。

(4) 自行管理节点：该方式可以完全控制 K8s 集群中的云主机。用户负责管理、扩展和维护节点，从而完全控制底层基础设施。对于需要对节点进行精细控制和自定义，并准备投入时间管理和维护基础设施的用户来说，该选项非常合适。

3.3 实验

本章实验的具体步骤详见第 10 章、18.1 节和 18.2 节的实验。

习题

本书提供在线测试习题，扫描下面的二维码可以获取本章习题。

在线测试

第4章

网　　络

CHAPTER 4

本章首先讲述虚拟私有网络 VPC,包括 VPC 的基本概念和工作原理等；接着讲述 DNS 解析,包括域注册的工作原理等；然后讲述专线和 VPN；最后讲述 CDN 和负载均衡器。通过本章的学习,读者能够对网络有一个基本的认识。

本章目标

- 掌握 VPC 的基本概念和工作原理；
- 熟悉 IP 寻址、DHCP、DNS,以及 VPC 如何连接 Internet；
- 掌握子网；
- 了解 VPC 的通信原理；
- 掌握域名系统的相关概念、域注册的工作原理,以及如何将 Internet 流量路由到 Web 应用程序；
- 熟悉域名防火墙；
- 掌握站点到站点 VPN、站点到客户端 VPN；
- 掌握 CDN 的使用场景、分发内容；
- 掌握负载均衡器的原理；
- 熟悉应用负载均衡器、网络负载均衡器；
- 了解网关负载均衡器；
- 掌握实验“AWS 计算存储网络基础入门”；
- 掌握实验“通过 CDN 实现加速”；
- 熟悉实验“Client VPN 搭建”。

4.1 虚拟私有网络 VPC

1. VPC 的基本概念

VPC(Virtual Private Cloud,虚拟私有云)是云平台构建网络环境的基础,它可以提供一个隔离的网络空间来启动 AWS 资源。

VPC 的主要功能和特点如下。

(1) 每个 VPC 都有一个独立的 IP 地址范围,这些 IP 只在 VPC 内部可见。

(2) VPC 可以自定义子网进行网络划分,将不同类型的实例和服务分组到不同子网。

(3) 网络 ACL 和安全组可以设置网络访问控制策略,实现 VPC 的防火墙功能。

(4) 在 VPC 内可以创建并连接到 VPN、Direct Connect 等专线服务。

(5) VPC 之间可以使用对等连接实现跨 VPC 的资源互访。

(6) VPC 提供内网 DNS 解析、网络地址转换等功能。

(7) VPC 可以让用户全面控制和自定义网络拓扑,在云上构建属于自己的逻辑上隔离且安全的网络空间,这是 AWS 云的重要基础能力。

(8) 从网络接口复制网络流量,然后将其发送到安全和监控设备,以进行深度数据包检查。

(9) 将中转网关作为中央枢纽,在 VPC、VPN 连接和 AWS Direct Connect 连接之间路由流量。

(10) 流日志捕获在 VPC 中传入和传出网络接口的 IP 流量的相关信息。

2. VPC 的工作原理

通过 VPC 提供的云服务,用户可以在一个逻辑上隔离的自定义虚拟网络内启动资源。这个虚拟网络与用户数据中心的传统网络极其相似,不同的是还提供了云基础设施的伸缩性优势。

在管理控制台中创建一个 VPC 时,预览窗口会显示 VPC 及其包含的网络资源,如图 4.1 所示。对于已经存在的 VPC,用户也可以在"资源地图"选项卡上访问这种可视化功能。这个示例展示了最初在创建 VPC 页面上选择的资源配置情况,即一个 IPv4 CIDR 和一个 IPv6 CIDR,跨越两个可用区,包含多个子网、三个路由表、一个互联网网关和一个网关端点。由于启用了互联网网关,流量图显示从公共子网到互联网的流量将通过相应的路由表路由到互联网网关。

3. IP 寻址

IP 地址的主要作用是使 VPC 中的资源能够相互通信,并与 Internet 上的资源进行通信。

无类别域间路由(Classless Inter-Domain Routing,CIDR)表示法是一种表示 IP 地址及其网络掩码的方法,其表示格式如下。

(1) 单个 IPv4 地址为 32 位,分为 4 组,每组最多包含 3 个十进制数字。例如,100.0.1.0。

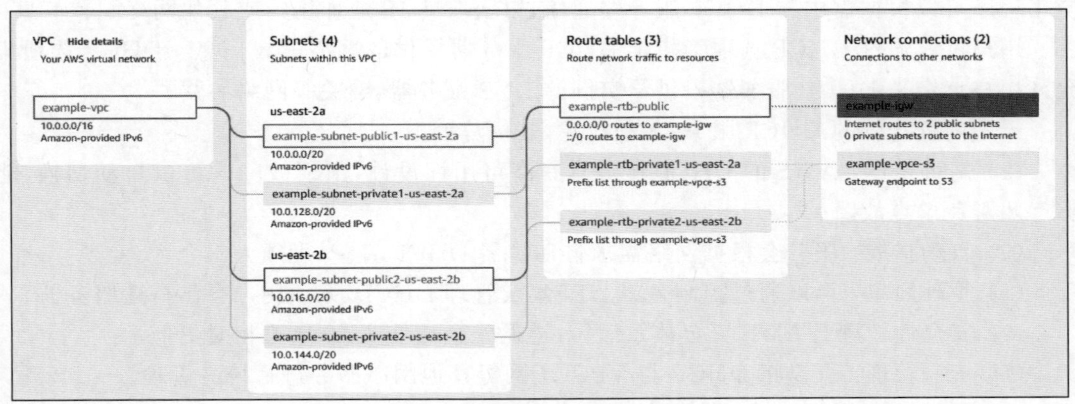

图 4.1　创建 VPC 时的预览窗口

(2) IPv4 CIDR 块分为 4 组，每组最多包含 3 个十进制数字(0～255，以句点分隔)，后跟斜杠和一个 0～32 的数字。例如，100.0.0.0/16。

(3) 单个 IPv6 地址为 128 位，分为 8 组，每组最多包含 4 个十六进制数字。例如，2001:0db8:85a3:0000:0000:8a2e:0370:7334。

(4) IPv6 CIDR 块分为 4 组，每组最多包含 4 个十六进制数字(以冒号分隔)，后跟双冒号、斜杠和一个 1～128 的数字。例如，2001:db8:1234:1a00::/56。

私有 IPv4 地址(也称私有 IP 地址)无法通过 Internet 访问，但可用于 VPC 实例间的通信。当在 VPC 中启动实例时，系统会将子网地址范围中的一个主要私有 IPv4 地址分配给该实例的默认网络接口(eth0)，并为每个实例指定一个可解析为实例私有 IP 地址的私有(内部)DNS 主机名。主机名可以分为两种类型：基于资源或基于 IP。如果系统未指定主要私有 IP 地址，则会在子网范围内为用户选择可用于 IP 地址。

通常可以为 VPC 中运行的实例分配其他私有 IP 地址，即辅助私有 IP 地址。与主要私有 IP 地址不同的是，用户可以将一个网络接口的辅助私有 IP 地址重新分配给另一个网络接口。私有 IP 地址会在实例停止并重新启动时保持与网络接口的关联，并在实例终止时释放。

所有子网都有一个特有的属性，用于确定网络接口是否自动接收公有 IPv4 地址(也称公有 IP 地址)。因此，当用户在启用了此属性的子网中启动实例时，系统会向为此实例创建的主网络接口(eth0)分配一个公有 IP 地址。公有 IP 地址通过网络地址转换(Network Address Translation，NAT)映射到主要私有 IP 地址。公有 IP 地址将从公有 IP 地址池分配，它不与用户的账户关联。在公有 IP 地址与用户的实例取消关联后，该地址立即释放回该池，并且不再可供用户使用。用户不能手动关联或取消关联公有 IP 地址，而是在某些情况下，由系统从用户的实例释放该公有 IP 地址或向其分配新地址。

4. DHCP

TCP/IP 网络中的每台设备都需要一个 IP 地址才能进行通信。IP 地址在以前需要手动分配给网络中的每台设备。现在，用户可以使用动态主机配置协议(Dynamic Host Configuration Protocol，DHCP)和 DHCP 服务器来动态分配 IP 地址。在云主机上运行的应用程序可以根据需求与 DHCP 服务器通信,以获取其 IP 地址租约或其他网络配置信息。

用户可以通过 DHCP 选项集指定 DHCP 服务器提供的网络配置信息。DHCP 选项集允许用户自定义 DHCP 服务器提供给实例的 DNS 服务器、网关等网络参数。

云中内置托管的 DHCP 服务,无须自建,其优势如下。

(1) 高可用性:AWS 的 DHCP 服务具有高可用性设计,出现故障时可以自动切换,能够有效避免单点故障。

(2) 自动扩展:服务会根据网络需求自动扩展 DHCP 容量,无须人工介入。

(3) 管理简单:可以通过控制台或 API 集成管理 DHCP,无须用户自己搭建服务器。

(4) 安全性:基于 AWS 安全体系运行,遵循安全最佳实践,风险相对更低。

(5) 统一管理:可以将 DHCP 与 VPC、子网等其他网络服务进行统一管理。

(6) 更新维护:AWS 会定期升级补丁并保证系统稳定运行。

(7) 计费灵活:只针对实际租用 IP 的容量和时间进行收费。

总体来说,利用 AWS 托管的 DHCP 服务,可以避免建设维护自己的 DHCP 基础设施的高成本和运维负担,更加高效便捷。

5. DNS

域名系统(Domain Name System,DNS)用于将名称解析到各自相应的 IP 地址。DNS 主机名是可以唯一并绝对区分计算机的名称,它由主机名和域名组成。DNS 服务器会将 DNS 主机名称解析到其相应的 IP 地址。

公有 IPv4 地址可以实现 Internet 间的通信,而私有 IPv4 地址可以实现实例网络内的通信。

Route 53 解析器是一项 DNS 解析器服务,内置在云平台的每个可用区域中。当 VPC 中的实例启动时,该服务会为实例提供一个私有 DNS 主机名。如果该实例配置了一个公有 IPv4 地址并启用了 VPC DNS 属性,则还会提供一个公有 DNS 主机名。私有 DNS 主机名的格式取决于用户在启动 EC2 实例时的相关配置。

用户 VPC 中的 Amazon DNS 服务器用于解析在 Route 53 私有托管区域中指定的 DNS 域名。

6. 子网

子网是 VPC 内的 IP 地址范围,在特定子网中可以创建资源。每个子网都必须完全位于一个可用区之内,不能跨越多个可用区。通过在独立的可用区内启动 AWS 资源,可以保护应用程序不受单一可用区故障的影响。

子网类型的划分取决于用户如何为子网配置路由。例如:

(1) 公有子网:子网具有一条指向某个互联网网关的直接路由,其中的资源可以访问公有互联网。

(2) 私有子网:子网不具有指向任何互联网网关的直接路由,其中的资源需要使用 NAT 设备才能访问公有互联网。

(3) 仅限 VPN 的子网:子网具有一条通过虚拟私有网关指向某个站点到站点 VPN 连接的路由,但不具有通向互联网网关的路由。

(4) 隔离子网：子网没有通往其 VPC 之外目的地的路由，其中的资源只能访问同一 VPC 中的其他资源或被同一 VPC 中的其他资源访问。

每个子网都必须关联一个路由表，该路由表可指定允许出站流量离开子网的可用路由。用户创建的每个子网都会自动关联 VPC 的主路由表。用户可以更改关联，也可以更改主路由表的内容。

为了保护用户的资源，建议用户使用私有子网，即使用堡垒主机或 NAT 设备为私有子网中的资源提供互联网访问，如 EC2 实例。

云提供了多种可以用于提高 VPC 资源安全性的功能。例如，安全组用于允许关联资源（如云主机）的入站和出站流量，网络 ACL 用于允许或拒绝子网级别的入站和出站流量。在大多数情况下，使用安全组即可满足用户的需求。如果用户需要为 VPC 增加额外的安全保护，则可以使用网络 ACL。

每个子网必须与一个网络 ACL 关联，所创建的每个子网均自动与 VPC 的原定设置网络 ACL 关联。默认网络 ACL 允许所有入站和出站流量，可以更新默认网络 ACL，也可以创建自定义网络 ACL 并将其与用户的子网关联。

7. VPC 连接 Internet

互联网（Internet）网关是一种横向扩展、冗余且高度可用的 VPC 组件，支持在 VPC 和 Internet 之间进行通信。它支持 IPv4 和 IPv6 流量，不会对用户的网络流量造成可用性风险或带宽限制。

借助互联网网关，公有子网中具有公有 IPv4 地址或 IPv6 地址的资源（如 EC2 实例）可以连接到互联网。同样，互联网上的资源也可以使用公有 IPv4 地址或 IPv6 地址发起到子网资源的连接。例如，用户可以通过互联网网关，使用本地计算机连接到 AWS 中的 EC2 实例。

互联网网关为用户 VPC 路由表中可通过互联网路由的流量提供目标。对于使用 IPv4 的通信，互联网网关还会执行网络地址转换。对于使用 IPv6 的通信，则不需要 NAT，因为 IPv6 地址是公有的。如果要为用户的实例提供 Internet 访问，而不为其分配公有 IP 地址，则可以改用 NAT 设备。NAT 设备允许私有子网中的实例连接到 Internet，但阻止 Internet 上的主机发起与实例的连接。

如果子网的关联路由表包含指向互联网网关的路由，则该子网称为公有子网。如果子网的关联路由表没有指向互联网网关的路由，则该子网称为私有子网。在公有子网路由表中，用户可以将互联网网关的路由指定为路由表未明确知晓的所有目的地（对于 IPv4 为 0.0.0.0/0，对于 IPv6 为::/0）。此外，用户也可以将路由范围设定为一个较小的 IP 地址范围。例如，公司在 AWS 以外的公有终端节点的公有 IPv4 地址，在 VPC 以外的其他实例的弹性 IP 地址。

在图 4.2 中，可用区 A 中的子网是公有子网。该子网的路由表具有将所有互联网绑定 IPv4 流量发送到互联网网关的路由。公有子网中的实例必须具有公有 IP 地址或弹性 IP 地址，才能通过互联网网关与互联网进行通信。为了进行比较，可用区 B 中的子网是私有子网，因为其路由表没有通往互联网网关的路由。私有子网中的实例无法通过互联网网关与互联网进行通信，即使它们具有公有 IP 地址也是如此。

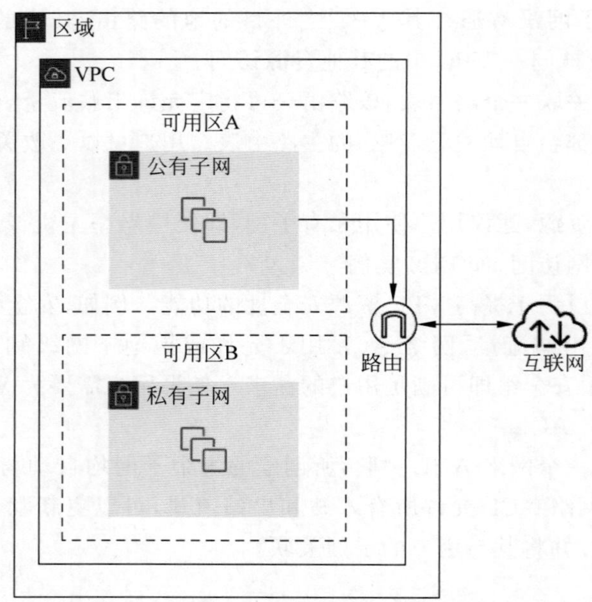

图 4.2　VPC 通过公有子网连接互联网

通常可以使用 NAT 设备允许私有子网中的资源连接到互联网、其他 VPC 或本地网络。这些实例可以与 VPC 外部的服务进行通信,但它们无法接收未经请求的连接请求。NAT 设备将实例的源 IPv4 地址替换为 NAT 设备的地址,在向实例发送响应流量时将地址转换回原始源 IPv4 地址。

用户可以使用托管式 NAT 设备(也称 NAT 网关),也可以在云主机(也称 NAT 实例)中创建自己的 NAT 设备。建议用户使用 NAT 网关,因为它们提供了更好的可用性和带宽,而且管理的工作量更少。

8. VPC 通信

VPC 对等连接是指在两个 VPC 之间通过网络建立私密连接通道,如图 4.3 所示。通过该对等连接,这两个 VPC 可以进行非公开的流量路由,其中的资源可以像在同一个网络内部一样相互通信。用户可以在自己的多个 VPC 之间创建对等连接,也可以与其他 AWS 账户中的 VPC、不同区域的 VPC 创建 VPC 对等连接。对等连接使得不同 VPC 之间的流量只通过内部通道传输,而不会通过公网。

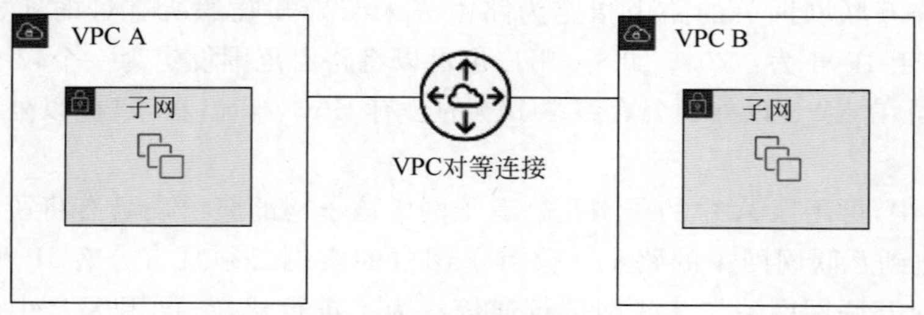

图 4.3　VPC 对等连接

通常使用 VPC 的现有基础设施创建 VPC 对等连接。VPC 对等连接既不是网关,也不是 AWS 站点到站点 VPN 连接，并且不依赖任何单独的物理硬件。VPC 对等连接既没有单点通信故障，也没有带宽瓶颈。

4.2 DNS 解析

DNS 解析是指将域名转换为 IP 地址的过程，其基本原理如下。

当用户访问一个域名(如 www.example.com)时，本地 DNS 解析器无法解析则会向递归 DNS 服务器发起解析查询。递归 DNS 服务器位于 ISP 或公共 DNS 提供商处，它会在全球分布的根服务器、顶级域名服务器和权威 DNS 服务器之间迭代查询，获取最终域名所映射的 IP 地址。递归 DNS 服务器将查询结果返回给用户的本地机器，用户机器获得实际 IP 后通过 IP 寻址的方式访问网站服务器。

这就是从域名到 IP 地址的基本解析过程。DNS 系统也负责处理反向解析从 IP 地址查域名。DNS 的分布式异步解析使得域名解析速度很快，隐藏了背后复杂的流程，非常方便用户访问互联网。

云上的域名 DNS 服务是一种可用性高、可扩展性强的域名系统 Web 服务。用户可以使用云 DNS 解析，以任意组合执行 3 个主要功能：域注册、DNS 路由和运行状况检查。

4.2.1 域名系统的相关概念

域名：互联网上用于标识和定位计算机或网络的名称，是 IP 地址的抽象表示。从用户角度看，域名由一系列用点分隔的部分组成，从右至左依次为

(1) 顶级域名：如.com、.cn，表示网站的性质或所在国家。

(2) 二级域名：注册的唯一名称，代表网站品牌，如 baidu。

(3) 主机名：通常是 www，表示网站服务器。

在技术实现上，域名由全球分布的 DNS 服务器翻译解析成 IP 地址，指向网站实际托管的服务器。域名简化了互联网地址，易于人们记忆，使网络通信更加方便且有意义。一个容易读写的域名通常也具有商业价值。总体而言，域名解决了 IP 地址易记性差的问题。

域注册商：经 Internet 名称和数字地址分配机构认可的公司，接受用户的域名注册申请，检查所申请的域名是否可以注册，提供域名解析，收取注册和续费费用，维护域名状态。

域名经销商：向下级分销和出售域名注册服务的中间商。

别名记录：通常使用 DNS 服务创建的一种记录，用于将流量路由到云资源。

权威名称服务器：一个名称服务器，具有关于域名系统的部分明确信息，并通过返回适用的信息响应来自 DNS 解析程序的请求。例如，com 顶级域 (Top-Level Domain，TLD)的权威名称服务器知道每个已注册 .com 域的名称服务器的名称。当 .com 权威名称服务器收到来自 example.com 的 DNS 解析程序的请求时，它会使用 example.com 域的 DNS 服务的名称服务器的名称进行响应。这些名称服务器知道，用户希望基于在域的托管区域中创建的记录来路由域和子域的流量。例如，如果 AWS 的 Route53 名称服务器收到对 www.example.com 的请求，则它将找到该记录并返回记录中指定的 IP 地址(如 192.0.2.33)。

域名系统：一个全球服务器网络，可以帮助计算机、智能手机、平板电脑和其他已启用

IP 的设备进行相互通信。域名系统会将容易理解的名称(如 example.com)转换为数字,这些数字(即 IP 地址)允许计算机在 Internet 上相互找到对方。

托管区域:一个记录容器,其中包含有关用户希望如何路由域(如 example.com)及其所有子域(如 www.example.com、retail.example.com 和 seattle.accounting.example.com)的流量的信息。托管区域具有与相应域相同的名称。例如,example.com 的托管区域可能包括如下两个记录:一个记录具有关于将 www.example.com 的流量路由到 IP 地址为 192.0.2.243 的 Web 服务器的信息;另一个记录具有关于将 example.com 的电子邮件路由到两个电子邮件服务器(mail1.example.com 和 mail2.example.com)的信息。每个电子邮件服务器还需要自己的记录。

名称服务器:域名系统中的服务器,可以帮助将域名转换为计算机用于相互通信的 IP 地址。通常使用递归名称服务器(也称 DNS 解析器)或权威名称服务器。

私有 DNS:域名系统的本地版本,允许用户将域及其子域的流量路由到一个或多个 VPC 内的云主机实例。

子域:一个域名,拥有添加到已注册域名前面的一个或多个标签。例如,如果用户注册了域名 example.com,则 www.example.com 为子域;如果用户为 example.com 域创建了托管区域 accounting.example.com,则 seattle.accounting.example.com 为子域。如果要为子域路由流量,则应创建一个具有所需名称(如 www.example.com)的记录并指定适用的值,如 Web 服务器的 IP 地址。

4.2.2 域注册的工作原理

用户的网站需要一个名称,如 example.com。利用云 DNS 服务可以为用户的网站或 Web 应用程序注册名称。用户需要选择一个域名并确认它是可用的,也就是说,用户想要的域名没有被注册过。如果用户想要的域名已经被使用,则用户可以尝试其他名称,或者仅将顶级域名(如.com)更改为另一个顶级域名,如.ninja 或.hockey 等。在注册域时,用户可以提供域所有者和其他联系人的相关信息。当用户向 Route 53 注册域时,相应服务会将其自身设为域的 DNS 服务;当用户向域名管理服务注册域时,相应服务也会将其自身设为域的 DNS 服务。注册商会将用户的信息发送给域的注册机构,以销售一个或多个顶级域。注册机构将有关用户的域的信息存储在自己的数据库中,并将其他信息存储在公共 WHOIS 数据库中。

4.2.3 如何将 Internet 流量路由到 Web 应用程序

Internet 上的所有计算机(从用户的智能手机或笔记本电脑,到为海量零售网站提供内容的服务器)均使用数字相互通信,其中 IP 地址的可用格式如下。

(1) Internet 协议版本 4(IPv4)格式,如 192.0.2.44。

(2) Internet 协议版本 6(IPv6)格式,如 2001:0db8:85a3:0000:0000:abcd:0001:2345。

当用户打开浏览器访问某个网站时,不需要记住并输入一串长字符。相反地,用户可以输入如 example.com 的域名,仍然可以访问预期的网站。DNS 服务有助于在域名和 IP 地址之间建立连接。

如果要将流量路由到用户的资源，则需要在用户的托管区域中创建记录（也称资源记录集）。每个记录都包含为用户的域路由流量的信息，具体如下。

名称：记录名称对应于用户希望 Route 53 路由流量的域名（如 example.com）或子域名（如 www.example.com、retail.example.com）。托管区域中每个记录的名称必须以托管区域的名称结尾，控制台会为用户自动执行此操作。例如，如果托管区域的名称为 example.com，则所有记录名称均必须以 example.com 结尾。

类型：记录类型通常决定了用户希望流量路由资源的类型。例如，如果要将流量路由到电子邮件服务器，则应将“Type”（类型）指定为“MX”。如果要将流量路由到具有 IPv4 IP 地址的 Web 服务器，则应将“Type”指定为“A”。

值：记录值“Value”与“Type”密切相关。如果用户将“Type”指定为“MX”，则应为“Value”指定一个或多个电子邮件服务器的名称。如果用户将“Type”指定为“A”，则应指定 IPv4 格式的 IP 地址，如 192.0.2.136。

DNS 名称服务器在 DNS 系统中主要起到以下两个作用。

(1) 解析名称查询：名称服务器负责处理客户端的域名查询请求，使用本地映射数据或迭代查询其他名称服务器，将域名解析为 IP 地址后返回给客户端。

(2) 存储和管理域名与 IP 地址的映射记录：权威名称服务器负责存储和维护自己权威管理的某些域或子域的域名数据，包括 A 记录、CNAME 记录等。这些记录将特定的域名映射到实际的 IP 地址。

名称服务器存储这些记录就像一个分布式的数据库。当用户查询某个域名时，全球的名称服务器网络会协同工作，根据各自的记录最终解析出该域名对应的 IP 地址。

总体而言，DNS 名称服务器在整个 DNS 系统中主要负责解析查询和提供可靠的域名-IP 映射，这对维持互联网正常工作至关重要。DNS 名称服务器的运作流程如图 4.4 所示。

DNS 名称服务的执行步骤如下。

(1) 用户在浏览器中输入域名（如 www.example.com），向本地 DNS 解析器发起域名解析查询。

(2) 本地 DNS 解析器检查其本地缓存，如果未命中或已过期，则向上级递归 DNS 服务器发起递归查询请求。

(3) 递归 DNS 服务器向根域发起请求，根服务器向递归 DNS 服务器返回负责各个顶级域的权威名称服务器信息。

(4) DNS 服务器向顶级域（.com）权威名称服务器发起请求，如果查询的域名在该 TLD 中已注册，则返回其权威的 IP 地址或其他 CNAME 等记录信息，并返回负责该域名的权威名称服务器地址。

(5) 递归 DNS 服务器从名称服务器获取 IP 地址结果，并将其打包在 DNS 响应报文中返回给本地 DNS 解析器。

(6) 本地解析器将 IP 地址响应回复给发起请求的用户机器（如浏览器）。

(7) 浏览器根据获得的 IP 地址，通过 HTTP/HTTPS 访问目标网站服务器。

(8) 服务器处理业务逻辑，将包含网站内容的响应返回给用户浏览器。

(9) 浏览器渲染页面，完成整个域名访问过程。

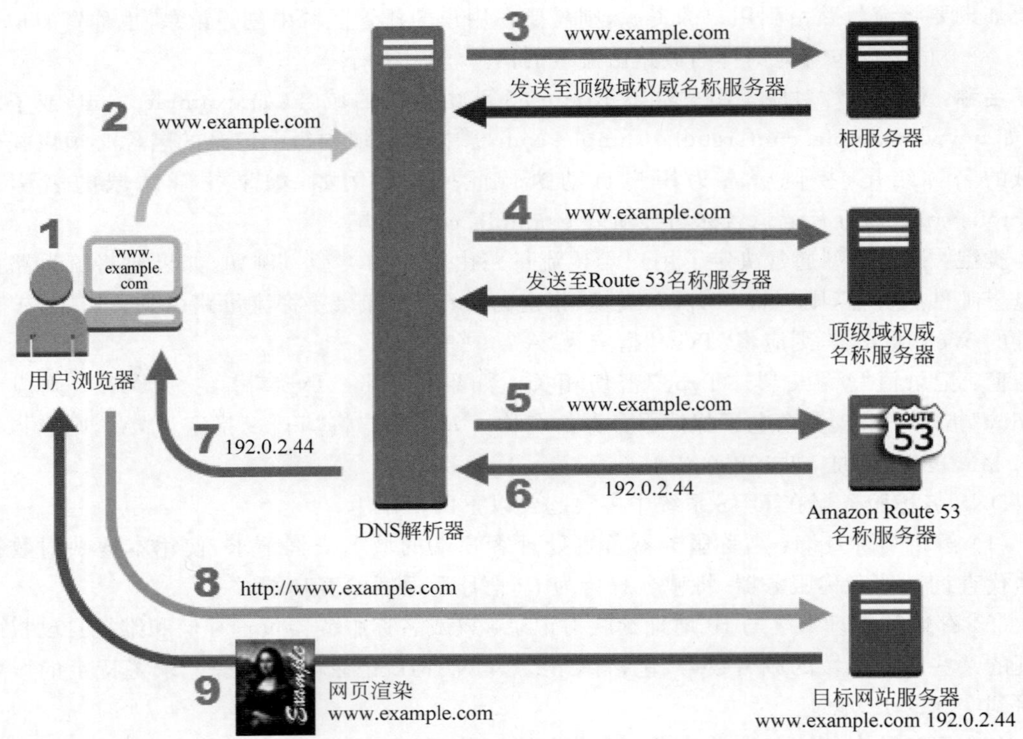

图 4.4 DNS 名称服务器的运作流程

4.2.4 域名防火墙

DNS 防火墙(DNS firewall)是一种基于 DNS 的网络安全防护技术,其主要功能和作用如下。

(1) 拦截访问恶意网站的 DNS 查询,实现威胁情报分析和网络入侵防御。

(2) 阻止针对 DNS 服务器的攻击,如拒绝服务(Denial of Service,DoS)攻击或缓存投毒攻击。

(3) 强制实施内部的域名使用策略,禁止或重定向对某些域名的访问。

(4) 通过深度分析 DNS 流量,检测网络中的可疑活动和异常行为。

(5) 保护内部 DNS 基础设施的安全,防止数据泄露。

与传统防火墙相比,DNS 防火墙可以实现更精准地域名/IP 层面的过滤,是新型网络边界防御的重要组成部分。

4.3 专线

除云厂商在基础架构中大量采用光纤专线外,云平台与外部环境之间经常会产生专线连接的需求。例如,客户的数据中心可以通过专线打通到公有云环境,从而更容易打造混合云架构。通过专线打通企业互联网数据中心(Internet Data Center,IDC)和云平台的主要步骤如下。

(1) IDC端需要有连接服务商的专线接入点,或者自主敷设光纤/电缆接入公网运营商的POP机房。

(2) 向公有云服务商申请专线连接服务,订购指定带宽的接口,配置云端接入点。

(3) 通过公网运营商提供的云连接服务或独立IXP,在IDC和云供应商的数据中心之间建立物理链路。

(4) 在IDC和云供应商接入点之间配置动态路由协议,建立隧道以进行路由信息交换。

(5) 通过云控制台或API,将本地IDC中的部分子网与云VPC建立连接。

最终通过云专线可实现IDC和云环境中的资源互访,并实现混合云部署。整个过程的关键是利用专业的第三方网络服务商完成专线链路铺设和互联,实现不同机房之间的内部网络连接。

云端通常提供专线接口服务,通过标准的以太网光纤电缆将用户的内部网络连接到指定位置。电缆的一端接到用户的路由器,另一端接到云端专线接口路由器。通过该连接,用户可以创建直接连接到云公有服务(如连接到 Amazon S3)或VPC的虚拟接口,从而绕过网络路径中的互联网服务提供商。

4.4 VPN

为了实现混合云架构,可以通过VPN将企业IDC网络与公有云网络相连接,从而更便捷地实现云化进程。VPN通过加密隧道技术,在公网建立安全、专用的虚拟网络,其应用十分广泛。

4.4.1 站点到站点 VPN

站点到站点VPN(site-to-site VPN)是指在企业IDC与云VPC之间通过公网建立加密的隧道连接,以实现安全地相互访问。

站点到站点VPN的主要特点如下。

(1) 利用IPSec、IKE等隧道协议,通过公网建立加密通道,确保数据安全。

(2) 企业IDC和云VPC通过该VPN隧道互相访问对方的私有IP地址和资源。

(3) 为访问云资源的企业提供更高安全性、更低延迟的网络。

(4) 支持动态路由协议,简化路由管理。

(5) 实现IDC到多云的混合云部署架构。

(6) 与公网访问相比,站点到站点VPN可以提供更高速的专线体验。

通过这种安全隧道连接,站点到站点VPN使企业IDC网络和公有云VPC之间的无缝互操作成为可能,是混合云的重要网络基础。

默认情况下,用户在VPC中启动的实例无法与用户自己的远程网络(如企业IDC)进行通信。用户可以通过创建站点到站点VPN连接,并且配置路由规则指向该VPN连接,从而实现用户VPC访问远程网络的功能。

这里提到的VPN连接是专指用户的VPC网络和本地自有网络之间的安全隧道连接。

站点到站点 VPN 支持基于 IPSec 协议的加密 VPN 连接,可以提供一个安全可靠的通道,从而实现不同网络之间的资源互访和访问。VPN 连接在云端虚拟私有网关与本地侧的客户网关之间提供两个 VPN 隧道,如图 4.5 所示。

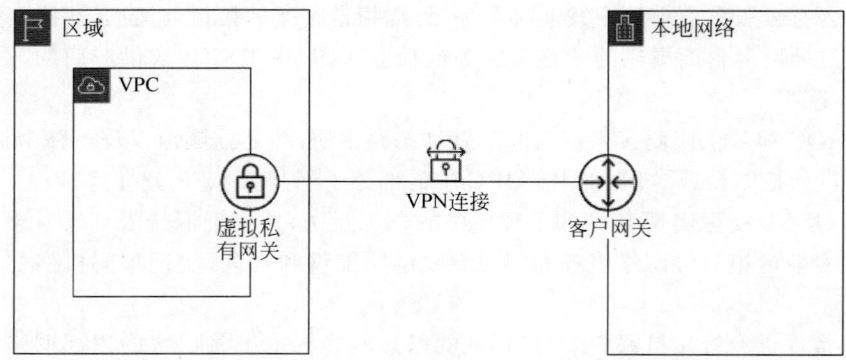

图 4.5 VPC 和本地网络之间使用虚拟私有网关的 VPN 连接

4.4.2 站点到客户端 VPN

站点到客户端 VPN(site-to-client VPN)是指在企业内部网络和移动客户端之间建立安全 VPN 连接,以使企业用户通过公共网络也能安全访问公司内部网络。

站点到客户端 VPN 与传统的站点到站点 VPN 最显著的区别在于,客户端 VPN 是在单个的终端用户(如笔记本电脑、手机等)和企业 IDC 之间建立安全连接通道,一般采用 SSL VPN 技术实现。

站点到客户端 VPN 的典型应用场景如下。

(1) 支持员工在出差或居家办公的场合安全地远程访问企业内部的文件、数据库、应用和其他资源。

(2) 提供对外承包商精准的内网资源访问权限,如维护公司服务器等。

(3) 弥补在公共网络使用移动设备的安全威胁。

这里所提及的站点特指企业内部网络,而客户端则为远程终端用户。合理应用站点到客户端 VPN,可以使企业更灵活地支持远程办公和不同用例的访问要求。

4.5 CDN

内容分发网络(Content Delivery Network,CDN)是分布在不同地理区域的代理服务器集群,是一种可以加速用户访问和分发静态内容的网络架构。

CDN 的主要作用如下。

(1) 通过就近原理,提高用户访问网站和下载文件的速度。

(2) 分散和减轻源站的访问流量,提高网站峰值抗压能力。

(3) 加速分发缓存静态内容(如图片、视频等)。

(4) 通过负载均衡和故障转移,提高服务的高可用性。

(5) 通过对代理内容进行控制,增强网站访问的安全性。

公有云和CDN经常搭配使用,形成混合的网络架构,以发挥各自的优势。公有云提供计算和存储的基础资源,同时IaaS平台(如AWS)允许用户在CDN边缘侧处理业务逻辑、对象存储等,这是部署服务的基础。此外,CDN可以利用各PoP节点的缓存加速用户访问。用户将网站或应用主要部署在低成本、计算丰富的公有云基础设施上,通过CDN分发静态内容,将读请求流量分散在各地CDN节点,并利用CDN的DDoS防护、WAF等安全服务提高防御能力。这样,公有云和CDN可以有机地结合,发挥各自在计算与分发上的优势,帮助用户构建高性能、可扩展的服务。它们已成为云生态系统中最重要的两类互补式网络基础服务。

当用户请求使用CDN提供的内容时,该请求会被路由到提供最低延迟(时间延迟)的边缘站点,从而以尽可能最佳的性能传送内容。在发送请求时,需要注意以下几点。

(1) 如果该内容已经在延迟最低的边缘站点上,则CDN将直接提供它。

(2) 如果该内容不在边缘站点中,则CDN将从已定义的源(如已确定为内容最终版本来源的存储桶、MediaPackage通道或HTTP服务器)中检索内容。

例如,假设用户要从传统的Web服务器中提供图像,而不是从CDN中提供图像。如果用户使用URL(如https://example.com/sunsetphoto.png)提供图像sunsetphoto.png,则用户可以轻松导航到该URL并查看图像。但用户可能不知道请求需要从一个网络路由到另一个网络(通过构成互联网的相互连接的复杂网络集合),直到找到图像为止。

CDN通过云骨干网络将用户请求传送到能以最佳方式提供内容的边缘站点,以加速分发用户的内容。通常使用云骨干网络可以大大降低用户请求必须经由的网络数量,从而提高性能。用户将会拥有延迟(加载文件的第一个字节所花费的时间)更低、数据传输速率更高的体验。此外,用户还会获得更高的可靠性和可用性,因为用户的文件(也称对象)副本存储(或缓存)在全球各地的多个边缘站点上。

4.5.1 应用场景

通过使用CDN,可以实现以下各种场景。

1. 加快静态网站内容分发速

CDN可以加快将静态内容(如图像、样式表、JavaScript等)分发给全球范围内的查看器的速度。通过使用CDN,用户可以充分利用云骨干网络和CDN边缘服务器,在查看器访问用户的网站时为其提供快速、安全、可靠的体验。存储和交付静态内容的简单方式是使用对象存储中的存储桶。将对象存储与CDN结合使用可以获得许多好处,包括选择使用源访问控制以轻松限制访问对象存储内容等。

2. 提供点播视频或实时流视频

CDN提供了多个选项,用于将媒体流式传输到全球查看器中预先录制的文件和实时内容。对于点播视频流,用户可以通过CDN以常见格式(如MPEG DASH、Apple HLS、Microsoft平滑流和CMAF)将内容流式传输到任何设备。对于广播实时流,用户可以在边缘站点缓存媒体片段,以便按正确顺序组合传输片段清单文件的多个请求,从而减小源服务器的负载。

3. 在整个系统处理过程中加密特定字段

在对 CDN 配置 HTTPS 时,用户已获得与源服务器的安全的端到端连接。在添加字段级加密时,用户可以在整个系统处理过程中保护特定的数据并实施 HTTPS 安全,以便只有源中的某些应用程序可以查看数据。如果要设置字段级加密,则用户可以将公有密钥添加到 CDN 并指定要使用该密钥加密的字段集。

4. 在边缘进行自定义

通过在边缘站点上运行无服务器代码,增加了查看器自定义内容体验的可能性,并降低了延迟。例如,用户可以在源服务器停机进行维护时返回自定义错误消息,查看器不会获得一般的 HTTP 错误消息。用户可以在 CDN 将请求转发到源服务器前,使用函数帮助授权并控制对其内容的访问。通常将函数与 CDN 配合使用,以多种方式自定义 CDN 提供的内容。

4.5.2　如何分发内容

配置 CDN 以传输用户的内容后,用户请求对象时将执行以下操作。

(1) 用户访问网站或应用程序,并发送对于某个对象的请求,如图像文件和 HTML 文件。

(2) DNS 将该请求传送到能以最佳方式实现的 CDN 边缘站点,通常以延迟衡量最近站点。

(3) CDN 检查其缓存中是否有所请求的对象。如果对象在缓存中,则 CDN 会将其返回给用户;如果对象不在缓存中,则 CDN 将执行以下操作。

① CDN 将请求与分配中的说明进行比较,然后针对相应的对象将该请求转发到源服务器。例如,转发到 Amazon S3 存储桶或 HTTP 服务器。

② 源服务器将该对象发回给边缘站点。

③ 源中的第一个字节到达后,CDN 就开始将该对象转发到用户。CloudFront 还将该对象添加到缓存中,方便再次请求。

4.6　负载均衡器

1. 基本概念

负载均衡器可以自动将传入的网络流量分发到跨多可用区的多个后端服务实例,如云主机实例、容器或 IP 地址等。负载均衡器会监测已经注册的后端服务的运行状况,只将流量转发给运行正常的后端目标。负载均衡器还可以根据流量负载的变化情况,自动扩展和缩减自身的负载均衡容量,从而动态应对流量的增长,实现高可用的负载分发功能。

与自建的负载均衡器相比,云托管的负载均衡器具有以下特点和优势。

(1) 高可用性：由云提供商全面维护，多可用区或多节点部署，具备非常高的可用性。

(2) 自动扩展：根据流量负载自动调整规模，无须人工干预。

(3) 付费灵活：为实际使用的流量或管理的资源付费，可随时升级和退订服务。

(4) 全球覆盖：利用云平台的全球节点布局，为用户提供就近的流量分发能力。

(5) 功能丰富：提供各种负载均衡算法，同时集成多种安全能力，如访问控制等。

(6) 易于集成：无缝与云平台中的其他服务集成，如计算、存储、数据库等。

(7) 简化管理：通过控制台或 API，提供对负载均衡器的便捷管理和监控。

总体来说，云托管负载均衡器可以大大减轻用户的运维工作量，提高服务可靠性，是构建可扩展服务的基础。

2. 实现原理

负载均衡器接收来自客户端的传入流量，并将请求路由到一个或多个可用区中的已注册目标(如 EC2 实例)。负载均衡器还会监控已注册目标的运行状况，并确保只将流量路由到正常运行的目标。当负载均衡器检测到不正常目标时，它会停止将流量路由到该目标；当检测到目标再次正常时，它会恢复将流量路由到该目标。

用户通过指定一个或多个侦听器将用户的负载均衡器配置为接收传入流量。侦听器是用于检查连接请求的进程，它配置了用于从客户端连接到负载均衡器的协议和端口号。同样地，它也配置了用于从负载均衡器连接到目标的协议和端口号。

客户端请求访问负载均衡器的流程如下。

(1) 客户端利用 DNS 解析负载均衡器的域名，获取负载均衡器节点的一个或多个 IP 地址。

(2) 客户端选择一个 IP，将请求发送到该负载均衡器节点。

(3) 负载均衡器节点接收到请求后，基于负载均衡算法选择一个健康的注册目标实例，使用实例的私有 IP 转发请求。

(4) 目标实例处理完请求后，将结果返回给负载均衡器节点。

(5) 负载均衡器节点再将结果返回给最初发出请求的客户端。

(6) 负载均衡器会根据流量情况弹性调整节点数量，并实时更新 DNS 记录，以保证可用性。

整个过程中，客户端只需要知道负载均衡器的域名即可，后面的节点选择、流量分发都是由负载均衡器自动完成的。这样可以有效降低客户端的负载，同时提高服务的高可用性。

对于 HTTP 连接，客户端的前端连接支持管道化 HTTP 和 WebSocket。对于延迟敏感、单向请求、无状态等场景，通常采用管道化 HTTP；WebSocket 通信更简单，适合频繁的双工通信。负载均衡器和目标服务器之间的后端连接支持长连接(多路复用的 keep-alive)，可以通过控制 keep-alive 开关进行实现。

3. 应用负载均衡器

应用负载均衡器工作在 OSI 模型的第 7 层，即应用层。它在收到一个请求后，根据优先级对侦听器规则进行评估，决定使用哪条规则，然后再根据该规则从目标组中选择一个目标。通过配置不同的侦听器规则,可以根据请求的内容将流量路由到不同的目标组。每个目标组中的实例之间是互相独立的,即使同一个实例注册到多个目标组也会独立路由。目标组内部可以配置不同的路由算法,默认是轮询,也可以设成最小未完成请求数。

负载均衡器可以动态地添加和删除目标实例,而不会中断整体的请求流量。它可以根据流量的变化情况弹性扩缩容,大多数情况下可以自动扩展来处理更大的工作负载。此外还可以配置健康检查以监控目标实例的状态,这样只会将请求路由到运行正常的实例上。

侦听器是一个使用用户配置的协议和端口检查连接请求的进程,在开始使用应用负载均衡器之前,必须添加至少一个侦听器。如果用户的负载均衡器没有侦听器,则无法接收来自客户端的流量。用户为侦听器定义规则,负载均衡器以此将请求路由到用户注册的目标,如图 4.6 所示。

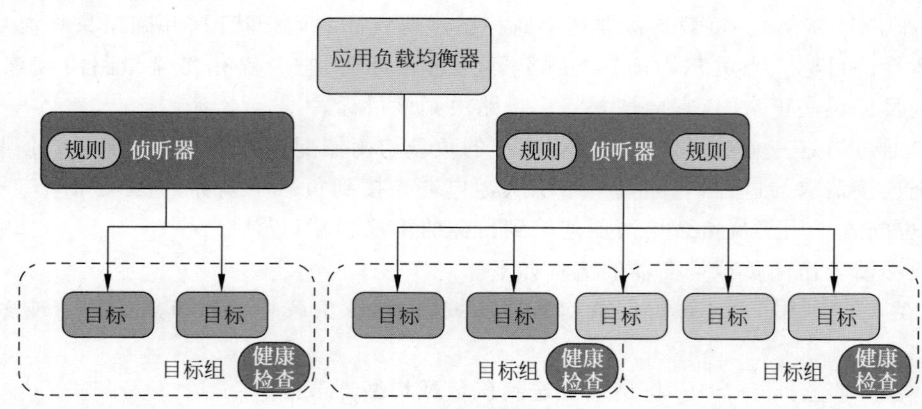

图 4.6 应用负载均衡器

4. 网络负载均衡器

网络负载均衡器工作在 OSI 模型的第 4 层,即传输层,每秒可以处理几百万个请求。当收到一个连接请求时,网络负载均衡器会根据默认规则从目标组选取一个目标,然后试图在指定的端口上建立一个 TCP(Transmission Control Protocol,传输控制协议)连接。

负载均衡器可以跨多个可用区工作。默认情况下,每个可用区的负载均衡器节点只在本可用区的目标间分配流量。如果启用跨可用区负载均衡,则每个节点会跨所有可用区分配流量。此外,启用多个可用区可以提高应用的容错能力。

对于 TCP 流量,负载均衡器根据各种参数利用流哈希算法选择目标,每个 TCP 连接会路由到单个目标。对于 UDP(User Datagram Protocol,用户数据报协议)流量也使用流哈希算法,但每个 UDP 流会路由到单个目标。

负载均衡器会为每个可用区创建一个网络接口,以获取静态 IP。通常选择为每个子网关联一个弹性 IP,灵活地调整目标数目而不会中断请求流。负载均衡器可以自动扩容和缩容,以处理流量变化。此外,也可以配置健康检查,以监测目标健康状态。

5. 网关负载均衡器

网关负载均衡器可以让用户部署、扩展和管理各种虚拟网关设备，如防火墙、入侵检测系统等。它提供了一个透明的网关入口，使所有流量都通过该入口，然后根据需求分配流量并扩展虚拟设备。

网关负载均衡器工作在网络层，可以监听所有端口和 IP 数据包，根据规则将流量转发到目标组。它使用 GENEVE 协议与虚拟设备通信，通常使用五元组或三元组来保持流量黏性，始终发往同一个目标设备。

网关负载均衡器使用端点跨 VPC 边界交换流量。这些端点提供私有连接，流量从使用者 VPC 通过端点到服务者 VPC 中的网关负载均衡器，然后返回使用者 VPC。如果要正确配置路由表以路由端点流量，则还需要将端点和服务器置于不同子网，以便配置端点作为服务器的下一个目标。这样，网关负载均衡器就可以作为虚拟网关的入口，扩展各种网络功能设备，并安全地跨 VPC 交换流量。

网关负载均衡器如同一个虚拟的网关，它可以帮助用户部署和管理各种网关设备，如防火墙、入侵检测系统等。它提供了一个统一的入口，所有进出的网络流量都通过这个网关负载均衡器。它工作在网络层，可以接收所有端口的数据包，然后根据配置的规则将流量转发到不同的虚拟设备组。它会将同种类型的流量始终转发到同一个虚拟设备，以保证网络安全。

网关负载均衡器使用私有网络端点在不同的网络之间传递流量。服务使用者的网络通过端点连到服务提供者网络中的网关负载均衡器，流量在两个网络之间传递。此时需要正确设置路由表，以管理端点流量的路由。这样，网关负载均衡器就可以作为一个统一的虚拟网关入口，帮助扩展各种网络功能设备，并安全地在不同网络之间传递流量，如图 4.7 所示。

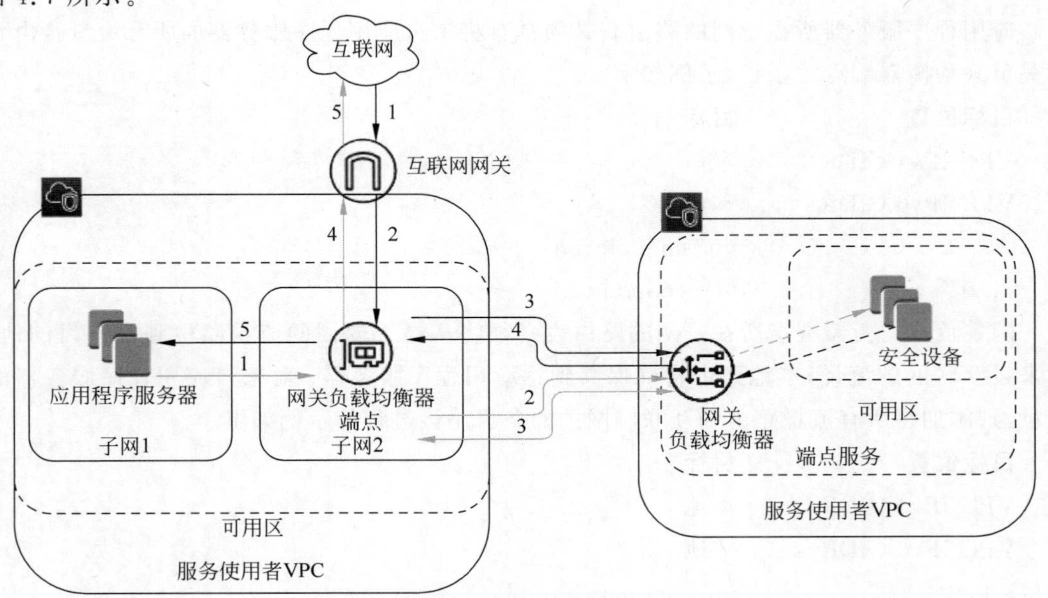

图 4.7　网关负载均衡器

通过网关负载均衡器在不同网络之间传递流量的过程可分为以下两类。

1) 从互联网到应用程序的流量(深色箭头)

(1) 流量通过互联网网关进入服务使用者 VPC。

(2) 根据入口路由将流量发送到网关负载均衡器端点。

(3) 将流量发送到网关负载均衡器,然后由后者将流量分配到其中的一个安全设备。

(4) 安全设备完成检查后,将流量发送回网关负载均衡器端点。

(5) 将流量发送到应用程序服务器(目的地子网)。

2) 从应用程序到互联网的流量(浅色箭头)

(1) 根据应用程序服务器子网上配置的默认路由表,将流量发送到网关负载均衡器端点。

(2) 将流量发送到网关负载均衡器,然后由后者将流量分配到其中的一个安全设备。

(3) 安全设备完成检查后,将流量发送回网关负载均衡器端点。

(4) 根据路由表配置,将流量发送到互联网网关。

(5) 流量被路由回互联网。

互联网网关的路由表必须具有将发往应用程序服务器的流量路由到网关负载均衡器端点的条目。如果要指定网关负载均衡器端点,则应使用 VPC 端点的 ID。以下示例显示了双栈配置的路由。

目标位置	**目标**
VPC IPv4 CIDR	本地
VPC IPv6 CIDR	本地
子网 1 IPv4 CIDR	vpc-endpoint-id
子网 1 IPv6 CIDR	vpc-endpoint-id

应用程序服务器所在子网的路由表必须具有将来自应用程序服务器的所有流量路由到网关负载均衡器端点的条目,示例如下。

目标位置	**目标**
VPC IPv4 CIDR	本地
VPC IPv6 CIDR	本地
0.0.0.0/0	vpc-endpoint-id
::/0	vpc-endpoint-id

网关负载均衡器端点所在子网的路由表必须将从检查返回的流量路由到最终目的地。对来自互联网的流量,本地路由将确保其到达应用程序服务器;对来自应用程序服务器的流量,则添加将所有流量路由到互联网网关的条目。该过程的示例如下。

目标位置	**目标**
VPC IPv4 CIDR	本地
VPC IPv6 CIDR	本地
0.0.0.0/0	internet-gateway-id
::/0	internet-gateway-id

4.7 实验

本章实验的具体步骤参见第 11～13 章的实验。

习题

本书提供在线测试习题，扫描下面的二维码可以获取本章习题。

在线测试

第5章

云存储

CHAPTER 5

本章首先讲述对象存储，包括对象存储功能、对象存储的工作原理等；接着讲述块存储，包括 EBS 卷、快照等；最后讲述文件系统和数据备份。通过本章的学习，读者能够对存储有一个基本的认识。

本章目标

- 掌握对象存储、对象存储功能、对象存储的工作原理；
- 熟悉数据一致性模型；
- 掌握块存储的 EBS 卷、快照；
- 了解加密；
- 熟悉弹性文件系统；
- 了解高性能文件系统；
- 了解在云上如何备份、数据备份的工作原理、备份计划；
- 掌握实验“使用 S3 实现静态网站”；
- 熟悉实验“EFS 弹性文件系统”。

5.1 对象存储

1. 基本概念

对象存储(object storage)是一种用于存储和检索非结构化数据的存储模式,其主要特征如下。

(1) 面向对象：对象存储将数据以对象的形式组织存放,每个对象包含数据本身、元数据和一个全局唯一标识符。对象是存储和操作的基本单位。

(2) 扁平式命名空间：对象存储将对象放在一个共享存储池中,没有目录层次结构。对象名称是全局唯一键。

(3) 大规模：单个存储集群可横向扩展到数十 PB 存储能力,单个胶囊对象最大可达 5TB。对象存储支持几乎无限的扩展。

(4) 高持久性：对象存储数据通常会同时保存多个副本,只能覆盖而无法修改,以保证数据不被篡改。

(5) 高可用性：可同时访问多个副本,服务器可热插拔,故障时自动转移。

(6) 弹性扩展：存储和取用可根据需求弹性扩展,按使用量计费。

(7) 通过 RESTful API 或 SDK 访问：支持 HTTP 操作访问,也可通过多语言 SDK 使用。

常见的对象存储服务包括 Amazon S3 和 Azure Blob Storage 等。对象存储适合存储图片、视频、日志等大规模非结构化数据。各种规模和行业的客户都可以使用对象存储和保护任意数量的数据,用于数据湖、网站、移动应用程序、备份和恢复、归档、企业应用程序、IoT 设备和大数据分析等。对象存储提供了管理功能,使用户可以优化、组织和配置对数据的访问,以满足用户的特定业务、组织和合规性要求。

2. 主要功能

对象存储的主要功能如下。

(1) 存取对象：可以通过 API 或 SDK 上传、下载、删除对象。对象包含数据和元数据。

(2) 存储桶(bucket)：用于组织和管理对象,相当于目录。可以控制桶的访问权限、策略等。

(3) 数据持久性：数据通常同时存在多个副本,以保证持久性。对象一旦写入就无法修改。

(4) 版本控制：支持版本控制,可以保存对象的多个版本。

(5) 生命周期管理：可以指定对象的存活时间,过期后自动删除。

(6) 加密：支持使用服务器端加密保护数据安全。

(7) 访问控制：支持基于 IAM 的细粒度访问控制。

(8) CDN 集成：可以配合 CDN,就近访问对象加速传输。

(9) 事件通知：对象创建、删除等事件可以触发通知。

(10) 统计分析：提供存储空间、流量等统计信息。

(11) 数据克隆和复制：可以在区域之间复制对象。

综上所述，对象存储提供了可大规模扩展的数据存储，并支持全生命周期管理、安全保护等功能。

3. 工作原理

对象存储的工作原理包括以下几点。

(1) 数据分片：对象存储会将数据拆分成一些较小的块(chunk)进行存储，典型的块大小一般为几兆到几十兆字节。

(2) 冗余存储：为确保数据持久性，每个数据块会存在多个副本(通常为 3 个或更多)。这些副本分布在不同服务器上。

(3) 哈希地址：每个数据块都有一个对应的哈希地址，用于确定数据块在存储集群中的物理位置。

(4) 元数据索引：对象存储会维护一个元数据索引表，记录每个对象的名称、存储地址、版本、元信息等。用户的访问请求通过该索引表定位对象。

(5) 无文件系统：对象存储采用的是扁平化的存储，而非传统文件系统的分层组织方式。对象名称可直接访问，而无须文件路径。

(6) RESTful API：对象存储通过 RESTful API 接收客户端请求，包括操作类型(PUT/GET/DELETE 等)及对象地址信息。

(7) 弹性扩展：对象存储可以轻松扩展。通常只需要添加服务器即可，现有数据会自动迁移和重新平衡。

综上所述，对象存储通过分散式的对象管理和扁平化的命名空间实现了海量数据的高效存储。

4. 数据一致性模型

对象存储的数据一致性模型主要可分为以下两类。

(1) 强一致性(strong consistency)模型。

强一致性要求每次读请求都能获取最新写入的数据副本。例如，先写入再读取同一个对象，该模型能保证读取的对象包含之前的写入内容。实现强一致性需要引入额外的协调和同步机制，可能会造成较高的访问延迟，如等待副本之间的数据同步。

(2) 最终一致性(eventual consistency)模型。

最终一致性允许在不同副本之间存在短暂的不一致状态，但要求最终所有的副本能够达到一致。例如，先写后读同一个对象，读取时可能取得的是旧数据，但经过一段时间后存储系统能够自动将所有副本间的数据状态重构一致。最终一致性实现简单，访问延迟较低，但可能读取过期数据。

主流的对象存储服务如 Amazon S3、Azure Blob Storage 等都默认采用最终一致性模型，但也提供一些强一致性的访问方式，以对应用的一致性需求进行权衡。

5.2 块存储

1. EBS 卷

EBS(Elastic Block Store,弹性块存储)是一项基础服务,主要附加到云主机实例的持久性块存储设备,相当于虚拟机中的硬盘。EBS 提供了可自定义的块存储空间,可以用于保存文件系统、数据库、应用程序等持久化数据。它的存储空间以指定的字节大小创建,可以按需调整存储容量。它支持多种类型,包括 SSD、HDD 和频繁访问等,以满足不同的性能和成本需求。EBS 卷与 EC2 实例在同一个可用区,通过网络连接挂载实例,类似物理服务器的本地存储方式。EBS 卷的数据独立于实例的生命周期,即使实例被终止,数据仍保存在 EBS 中。

综上所述,EBS 卷是云提供持久化块存储的主要服务,用于满足云主机实例对高可靠数据存储的需求。

2. 快照

快照(snapshot)是指在某个时间点对 EBS 卷数据的完整备份。EBS 快照的主要特点如下。

(1) 快照在创建时保存 EBS 卷的完整数据,即静态备份版本。

(2) 快照创建非常快速,不会造成 EBS 卷的停机或性能下降。

(3) 快照的数据可用于从故障中恢复 EBS 卷,或者创建新的 EBS 卷。

(4) 可以有针对性地创建增量快照,以节省存储成本。

(5) 支持跨可用区和跨区域复制快照。

(6) 可以共享快照给其他账号或自身账号下的其他用户。

(7) 定期创建快照可以实现 EBS 卷数据的持续备份。

总之,EBS 快照提供了创建 EBS 卷定期静态备份的能力,是保护 EBS 数据的重要手段。

3. 加密

EBS 加密和快照加密可以分别保护相关数据的机密性和安全性。在加密时需要注意以下几点。

(1) EBS 加密可以对 EBS 卷的数据加密,防止未经授权的访问。管理数据加密密钥,启用加密会略微降低 EBS I/O 性能。

(2) 为未加密的 EBS 卷创建快照时,该快照不会被加密,此时需要手动对已有快照启用加密。

(3) 从加密的快照创建新的 EBS 卷时,新卷默认会被加密。

(4) 跨区域复制加密快照时,需要在源和目标区域都启用 KMS 加密密钥,否则目标快照无法使用。

(5) 删除加密密钥会导致无法访问使用该密钥加密的快照,需要谨慎操作。

(6) EBS 加密和快照加密有一定的性能影响,需要根据安全需求选择是否启用。

(7) 启用加密会增加一定的使用成本,需要考虑额外的费用。

(8) 快照加密只针对已存在的快照,不能用于之后新创建的快照。

总之,使用 EBS 加密和快照加密需要慎重评估性能和成本影响,并注意密钥管理的注意事项。

5.3 文件系统

5.3.1 弹性文件系统

弹性文件系统(Elastic File System,EFS)提供了一种可弹性扩展的网络文件存储服务,其主要特点如下。

(1) EFS 支持弹性扩容,可以根据实际存储需求动态调整文件系统的容量。

(2) EFS 可以自动扩展以支持大量并发连接,并支持上千个 EC2 实例同时访问。

(3) EFS 文件系统可以跨过可用区挂载,一个文件系统可以同时被多个可用区的实例访问。

(4) EFS 作为托管服务,无须管理基础设施,具有高可用性。数据同步存放在多个可用区的服务器上,一个可用区故障不会导致服务中断。

(5) EFS 支持 On-Premises 服务器通过 Direct Connect 或 VPN 连接挂载。

(6) EFS 可以通过安全组进行网络访问控制和用户级权限设置。

EFS 提供了云端可无限扩展、高可靠的共享文件存储服务,可用于大数据分析、内容管理、Web 服务等需要共享文件存储的应用场景。

5.3.2 高性能文件系统

高性能文件系统通常是指可以提供高吞吐量和 IOPS 的并行文件系统,用于需要高速读写大量数据的场景,如高性能计算、大数据分析等。Lustre 就是一个典型的开源高性能分布式文件系统,其主要特点如下。

(1) 支持超大规模的数据和数千个客户端并发访问。

(2) 基于对象存储设计,文件分布在多个对象存储目标(Object Storage Target,OST)上,支持并行读写。

(3) 通过元数据服务器协调客户端和 OST 之间的交互。

(4) InfiniBand 或 RDMA 网络直连提升吞吐量。

(5) 支持冗余数据条带化,以提高可靠性。

(6) 可以扩展到 PB 级的存储容量和 GB 级的吞吐速度。

(7) 需要专业技能部署和管理复杂的 Lustre 集群。

与自建 Lustre 集群相比,使用这类托管文件系统可以简化管理,并获得弹性扩缩容的能力。但是,自建集群的优点在于细粒度调优和每一层定制。

5.4　数据备份

1. 备份方式

在云环境中备份数据有以下几种常见方式。

(1) 快照：对于块存储(如 EBS 卷)，可以定期创建快照以备份数据。快照增量可以加速备份并节省空间。

(2) 备份服务：使用云备份服务，可以自动备份 EBS 卷、RDS 数据库等资源，并保存到对象存储中，同时支持增量备份。

(3) 数据复制：将数据同步复制到其他区域或账号下，以提供冗余备份。例如，跨区域复制 RDS 实例。

(4) 文件版本控制：对于文件存储(如 Amazon S3)，开启版本控制可以保留多个文件版本，以防止误操作。

(5) 本地备份：如果有相关规定要求，则可以定期将云数据同步到 On-Premises 的本地存储设备。

(6) 数据加密：对敏感数据启用加密，防止非授权访问备份数据。

(7) 测试恢复：定期进行备份数据的还原测试，确保数据可以正常恢复。

综合运用多种备份手段可以提高数据在云上的安全性和可恢复性。

2. 备份原理

下面以 AWS 的 Backup 服务为例说明备份原理，AWS Backup 服务的工作原理可以概括如下。

(1) AWS Backup 是一项完全托管的备份服务，可以集中管理 AWS 云资源的备份策略。

(2) 支持备份对象包括 EBS 卷、RDS 数据库实例、DynamoDB 表等。

(3) 用户定义备份策略，指定备份的时间间隔、保留天数等设置。

(4) 备份根据策略定期自动启动，对 EBS 卷默认通过创建快照实现备份。

(5) 完成的备份会存放在 Amazon S3 中，以高持久性保存数据。

(6) 支持为备份设置加密，以及跨账户、跨区域复制。

(7) 若原始数据丢失或损坏，可以一键从备份中恢复。

综上所述，AWS Backup 通过自动化的策略驱动备份流程，提供简单、安全、集中化的云资源备份和恢复功能，其核心是基于快照实现对 EBS、RDS 等服务的数据备份。

3. 备份计划

AWS Backup 中的备份计划是设置自动备份策略的一种方式，它可以定义备份资源的时间和方式，如 DynamoDB 表或 EFS 文件系统。用户可以为备份计划指定需要备份的资源，AWS Backup 会根据计划定期自动创建备份并保存一段时间。如果有不同备份需求，则可以创建多个备份计划。备份时间窗口默认由 AWS Backup 优化，也可以自定义。

AWS Backup 使用增量备份来高效存储数据。第一次备份会保存完整数据,之后的增量备份只备份数据变化部分。增量备份可以在频繁备份的同时尽量减少存储量。

总之,AWS Backup 提供方便的策略驱动备份方式,使用增量备份提高存储效率,并可以随时回溯到任意数据状态点。

5.5 实验

本章实验的具体步骤详见 18.3 节和 18.4 节的实验。

习题

本书提供在线测试习题,扫描下面的二维码可以获取本章习题。

在线测试

第6章

数据库

CHAPTER 6

本章首先讲述托管开源数据库，包括关系数据库、内存数据库等；接着讲述云原生数据库，包括时序数据库、键值数据库等。通过本章的学习，读者能够对数据库有一个基本的认识。

本章目标

- 掌握关系数据库、内存数据库、文档数据库、键值数据库；
- 熟悉图数据库；
- 了解云原生数据库；
- 掌握实验“AWS 关系数据库入门”；
- 掌握实验“托管 MongoDB”；
- 掌握实验“托管 Redis”。

6.1 托管开源数据库

6.1.1 关系数据库

云上托管的关系数据库服务(Relational Database Service,RDS)是指云服务提供商(如 AWS、阿里云等)在自己的云平台上提供的托管式关系数据库服务,如 MySQL、PostgreSQL 等。

RDS 的主要优势和特点如下。

(1) 管理方便。

RDS 将数据库软件、服务器硬件和数据均交由云服务商管理运维,用户只需要通过控制面板或 API 进行数据库配置管理即可,无须自己购买和维护硬件,也无须进行日常的数据库软件和操作系统的版本升级等管理工作,大大减轻了用户的管理负担。

(2) 可靠性强。

云服务商的 RDS 通过硬件冗余设计和实时数据备份等机制保证数据库的高可用性,一旦主库出现问题则可以快速切换到从库,从而实现无感知失败切换。同时定期进行数据备份,以便于实现数据恢复。

(3) 扩缩容便利。

当业务负载增加时,用户可以通过控制面板对数据库进行单机性能配置上调(如 CPU、内存等配置升级),也可以通过扩容读写分离架构等提高吞吐数。反之,业务下滑时也便于进行缩容以节约开支。

(4) 安全性高。

云服务商会对所有硬件设备和软件进行严格限制和监控管理,同时提供多层网络和主机防火墙等机制来保护数据安全,比用户自建数据库的安全性要高。

总体来说,RDS 通过云服务商专业运维管理数据库并提供弹性伸缩等优势,给用户带来很大的便利。

6.1.2 内存数据库

云托管的内存数据库无须购买和管理硬件,由云供应商全包运维,其主要优势和特点如下。

(1) 托管服务性能高,专业的内存硬件和集群架构可以发挥内存数据库的极致性能。

(2) 定价透明和使用灵活,按实际使用量收费。

(3) 使用和管理操作简单,通过 Web 界面或开放 API 进行配置和管理。

(4) 具有备份恢复功能,对数据安全和恢复能力提供保障。

常见的云托管的内存数据库有以下几类。

(1) Redis:Redis 是目前最流行的内存数据库之一,支持数据持久化,拥有高性能、丰富的数据类型和功能。阿里云和腾讯云等云服务商均提供 Redis 托管版产品,能够以很低的价格搭建高性能的 Redis 缓存集群。

(2) Memcached:Memcached 是传统的分布式内存对象缓存系统,支持 Get/Set 数据操作，通常作为 Web 和移动应用的缓存层。国内外主流云上也有 Memcached 托管产品。

（3）Redis Cluster：基于 Redis 开发的分布式集群方案，支持水平拓展 Redis 的内存和请求负载能力。各大云服务商也提供 Redis Cluster 的托管服务。

（4）专有内存数据库：如 SAP HANA 等商业内存数据库，部分云也提供其托管版本。

总体来说，云托管的内存数据库可以很好地解决内存数据库的部署和运维难题。

6.1.3　文档数据库

文档数据库是一类支持文档式存储和使用的数据库类型。

文档数据库的主要特点如下。

（1）保存结构化的文档数据，即 JSON 或 XML 格式的文档。与关系数据库的多表多字段不同，文档数据库的一条记录即整个文档。

（2）没有预定义的模式，同一内存的文档可以有不同的结构和字段，这提供了很高的灵活性和扩展性。

（3）支持嵌套的数据结构和混合数据类型，便于存储半结构化或非结构化的数据。

（4）支持面向文档的查询，允许根据文档内字段或子文档进行过滤和排序查询。

（5）以文档为单位实现分布式存储和并发控制。

文档数据库适用于动态数据结构变化频繁的场景，如内容管理系统、用户数据等。MongoDB 就是主流的文档数据库。不同云上的 MongoDB 方式各不相同，有云上托管的 MongoDB，也有自研的 MongoDB。AWS DocumentDB 的云架构主要由以下几部分组成。

（1）计算（compute）：DocumentDB 使用 AWS 自研的文档数据库引擎，该引擎通过 EC2 实例提供计算能力。用户可以选择实例规格，以确定 CPU 和内存的配置。

（2）存储（storage）：DocumentDB 使用 AWS 的云硬盘 EBS 提供持久化存储。数据被复制到 3 个可用区的 EBS 卷中，以实现跨可用区的高可用性。

（3）网络（networking）：DocumentDB 部署在用户的 VPC 网络内，通过 VPC 的安全组进行网络访问控制。不同可用区的实例通过 VPC 的内网互联，对外提供 SSL 加密的连接端点。

DocumentDB 集群由一个 Writer 节点和多个 Reader 节点组成。Writer 节点负责处理写入操作，Reader 节点负责读取操作，从而实现读写分离。DocumentDB 支持跨可用区的备份与恢复，可以将集群数据异步复制到其他可用区，从而实现灾难恢复。

DocumentDB 充分利用了 AWS 的托管计算、存储和网络服务，实现了一个可靠、安全、可扩展的全托管文档数据库，无须用户管理底层基础设施。

6.1.4　键值数据库

键值数据库是一种非关系数据库，它使用键值对存储数据，键用于唯一标识值。键值数据库具有性能完善、灵活性高的特点，非常适合存储简单的结构化数据。

云上常见的键值数据库如下。

（1）Redis：开源的内存键值数据库，支持多种数据结构，读写性能极高，常用于缓存、消息队列等场景。AWS 提供托管的 Redis 服务，如 ElastiCache。

(2) DynamoDB：亚马逊的全托管 NoSQL 数据库服务，是一个快速、灵活的键值和文档数据库，支持毫秒级延迟和任意存储量扩展。

(3) Cosmos DB：Azure 提供的全球分布式多模型数据库服务，支持键值、文档、图形等数据模型，具备高性能、全球展布、弹性缩放的特点。

(4) Cloud Bigtable：Google Cloud 的托管大数据 NoSQL 数据库服务，是一个高性能、大容量的键值数据库，支持 PB 级海量数据。

(5) etcd：一种开源、高可用的键值数据库，使用 Go 语言实现，常用于服务发现、配置共享等场景。

云提供了多种键值数据库选择，用户可以根据实际需求场景进行选择，以获得最佳性能和使用体验。

键值数据库的主要特点如下。

(1) 高灵活性：键值数据库通常没有固定的表结构，可以动态添加字段，非常灵活。此外，它还可以存储各种格式的数据，如字符串、哈希、列表等。

(2) 易扩展性：键值数据库可以通过简单添加节点实现横向扩展，存储容量和读写吞吐能力都可以轻松扩展。

(3) 高可用性：键值数据库支持数据复制，通过副本实现高可用性。部分键值数据库还支持分区，以实现更高级别的可用性。

(4) 内存存储：常见的键值数据库(如 Redis)采用内存存储，读写速度极快，但数据易失。内存存储也可以基于硬盘实现。

(5) 简单的 API：键值数据库提供简单的 Put/Get 接口来管理数据，易于开发使用。

(6) 轻量级：键值数据库服务占用资源较少，通常只需要分配 CPU/内存而无须进行复杂设置。

(7) 丰富的数据类型：支持字符串、哈希、列表、集合等多种数据类型，可以实现复杂的数据结构。

由此可知，键值数据库非常适合缓存、会话管理、用户信息等简单数据场景。

6.1.5 图数据库

图数据库是一种非关系数据库，它使用图结构进行语义查询，主要用于存储网络结构化的数据，如社交关系、知识图谱等。

图数据库的主要特点如下。

(1) 采用图结构表示数据，节点是实体，边是实体间的关系。这种结构直观反映实体间的关联。

(2) 易于表示网络关系，进行复杂的关联查询，并快速找出多个节点间的最短路径等。

(3) 水平扩展能力好，适合存储大规模网络结构数据。

(4) 典型的图数据库有 Neo4j、JanusGraph、Amazon Neptune 等。

(5) 应用场景包括社交网络、知识图谱、推荐系统、网络安全、生物信息等复杂网络结构领域。

(6) 与关系数据库相比，图数据库通过直接建模实体间的关系，进行更复杂、更自然的关联查询。

(7) 图数据库不擅长事务处理,也不适合存储大量具体属性的数据。

(8) 图数据库通常作为其他数据库的补充,提供复杂关系网络建模及快速关联查询的能力。

总体来说,图数据库具有表示关联关系和网络拓扑的独特优势,在许多场景下可以发挥关键作用。但图数据库也有自己的使用局限性,需要与其他数据库形成互补。

目前云提供了以下几种主流的托管图数据库服务。

(1) Amazon Neptune:亚马逊推出的快速、可靠、完全托管的图数据库服务,支持PROPERTY图数据库模型和W3C's RDF图数据库模型。

(2) Azure Cosmos DB:微软提供的全球分布式多模型数据库服务,其中包括图数据库模型。

(3) Google Cloud Bigtable:Google提供的托管大数据NoSQL数据库服务,支持图数据模型。

(4) JanusGraph:一种开源的分布式图数据库,可以部署在云平台上,如AWS、Azure等。

(5) Neo4j:一种流行的开源图数据库,提供Neo4j Aura DBaaS在云上的托管服务。

(6) TigerGraph Cloud:基于图分析的云数据库服务。

(7) AnzoGraph:Cambridge Semantics推出的支持大规模RDF图数据的云数据库。

这些服务大多提供高可用、故障恢复的保障,管理图数据库的部署和维护工作。用户可以更加轻松地使用图数据库,无须自行搭建和维护复杂的分布式图数据库集群。

6.2 云原生数据库

云原生数据库是专门针对云计算环境设计和构建的数据库,可以利用云平台的优势提供更高的可扩展性、可靠性和灵活性。

云原生数据库的主要特点如下。

(1) 作为服务提供,无服务器架构。

(2) 利用云上可无限扩展的计算和存储资源。

(3) 支持多租户、自动伸缩、自修复等。

(4) 使用与微服务架构和状态无关的设计。

(5) 无缝集成云平台的服务,如对象存储、消息队列等。

(6) 支持标准SQL和NoSQL数据库接口。

(7) 高度可配置化和可编排性。

(8) 基于开源数据库技术而构建。

常见的云原生数据库有AWS Aurora、Azure Cosmos DB、Google Cloud Spanner等。与传统数据库相比,云原生数据库更适合云端部署,可以提供更高的性能、可靠性、可扩展性和灵活性。但需要注意的是,应用系统应进行一定程度的重构,以适应云数据库的规范和特性。

6.3 实验

本章实验的具体步骤详见第 14～16 章的实验。

习题

本书提供在线测试习题，扫描下面的二维码可以获取本章习题。

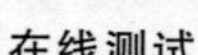

在线测试

第7章 安全

CHAPTER 7

本章首先讲述数据加密，包括静态加密、传输中加密等；然后讲述身份及权限管理，包括组织和账号、单账号内的认证授权等；接着讲述网络及基础设施，包括抵御 DDoS 攻击、应用防火墙等；最后讲述检测及风险控制，包括入侵检测、安全运营中心等。通过本章的学习，读者能够对安全有一个基本的认识。

本章目标

- 掌握云端加密方式、静态加密、传输中加密、客户端加密；
- 掌握身份及权限管理的组织和账号、单账号内的认证授权；
- 掌握抵御 DDoS 攻击、应用防火墙；
- 熟悉漏洞扫描、补丁管理；
- 熟悉入侵检测；
- 了解安全运营中心；
- 熟悉实验“保护 Windows 服务器”；
- 掌握实验“应用防火墙”。

7.1 数据加密

云端数据加密方式主要分为以下几类。

(1) 静态加密(encryption at rest):云端存储数据的静态加密,如对象存储 S3、云数据库 RDS 等的数据加密,通过服务端加密机制让存储数据处于加密状态,这可以防止数据被非法访问或窃取。

(2) 传输中加密(encryption in transit):数据在客户端与云服务端之间传输时的加密,典型的手段是使用 TLS/SSL 加密通道,这可以防止数据在公网传输过程中被窃听。

(3) 客户端加密(client-side encryption):由客户端在数据上传云端之前加密,并在下载时解密。云服务提供商无法访问解密后的明文,客户完全控制密钥,提供更高安全性。但是,这种方式也增加了密钥管理难度。

(4) 基于文件的加密、列级/行级数据库加密、内存数据加密等技术。

通过综合运用以上加密手段,可以保证云端数据在传输、存储及处理时的安全性。正确使用加密是云安全的重要组成部分。

1. 静态加密

静态加密是指数据写入云存储并处于静态存放状态时的加密,其主要目的是防止数据在云端被篡改或窃取。

静态加密主要包括以下几种情况。

(1) 对象存储服务加密:对象存储通过服务端加密将文件静态加密后再存入存储,如 S3、OSS 等。

(2) 云数据库存储加密:云数据库提供存储级加密,在写入数据时加密,在读取数据时解密,如 AWS ROS 等。

(3) 磁盘和快照加密:对云服务器的磁盘卷、快照等存储进行加密。

(4) 服务器端文件系统加密:对云服务器上的文件系统进行静态加密。

(5) 数据仓库加密:对大数据存储(如数据仓库中的数据)进行静态加密。

静态加密可以基于软件或硬件实现,部分还支持用户管理密钥。与客户端加密相比,静态加密对用户透明,不需要修改应用,但安全性也略低于客户端加密。静态加密成本低且易用,是云存储环境下不可或缺的重要安全防护措施。

2. 传输中加密

传输中加密是指数据在网络传输过程中的加密,以防止被非法窃听或截取。传输中加密的典型实现是使用 SSL/TLS 等安全传输层协议,在客户端和服务器之间建立加密通信通道。

在云环境下,用户与云服务端之间的通信及云服务内部的通信都需要采用传输中加密。传输中加密可以应用于数据的上传和下载,以及数据库连接、远程登录会话等场景。与静态加密相比，传输中加密更多地保护数据在网络上的传输安全，而不是存储状态。

传输中加密依赖CA机构签发的数字证书来验证身份。常用的传输层加密协议有SSL、TLS、HTTPS、FTPS、SFTP等。使用传输中加密需要客户端和服务器端同时支持加密协议，老旧设备可能需要升级。传输中加密会有一定的性能影响，但通过算法和协议优化可以降低影响。

传输中加密是云安全不可缺少的一环，通过加密网络传输来保障云数据的机密性和完整性，但也需要与其他安全措施（如访问控制等）配合使用。

传输中加密中涉及证书管理，云厂商通常提供证书管理服务。例如，ACM是亚马逊提供的证书托管服务，在云环境的传输中加密中起到以下作用。

（1）证书颁发：ACM可以免费为AWS用户颁发公共SSL/TLS证书，用于保护客户端和服务端之间的通信。

（2）自动续期：ACM会自动为证书续期，用户不需要担心证书过期问题。

（3）部署支持：ACM可以让证书在AWS各服务之间自动部署，如ALB、CloudFront等。

（4）符合规范：ACM颁发的证书可以帮助用户满足合规性要求。

（5）集中管理：ACM集中存储和管理用户的SSL/TLS证书，方便查阅和使用。

（6）与服务集成：ACM能够与AWS的各种服务（如负载均衡器）集成，简化证书部署和使用。

（7）加密通信：ACM颁发的SSL/TLS证书可以启用客户端和服务端之间的加密通信。

总之，ACM实现了证书的全托管，简化了云环境传输层加密TLS的启用过程，使得用户可以轻松实现云服务的加密传输。

3. 客户端加密

客户端加密是指在数据离开客户端向云端传输之前，由客户端对数据进行加密。在云端，服务提供商只能看到并存储加密后的密文，无法查看真实的数据内容。客户端加密的密钥完全由客户管理和控制，云服务提供商无法获取解密密钥。在下载和使用数据时，需要在客户端进行解密，以获得原始明文数据。客户端加密安全性更高，因为密钥角色由客户全权控制，但也增加了密钥管理的难度。

客户端加密可以应用于对象存储、数据库等多种云服务，以增强数据的保密性。常用的客户端加密SDK包括Amazon S3客户端加密、Azure客户端加密等。客户端加密需要修改原有应用，以集成加密模块和密钥管理模块。

7.2 身份及权限管理

7.2.1 组织和账号

组织（organization）和账号（account）之间存在包含关系，具体如下。

（1）账号：最基本的实体单位，用于标识和计费。一个账号对应一组服务和资源，一个实体用户/公司可以拥有多个账号。

(2) 组织：将多个账号集中统一管理的一种结构(可以理解为容器),包含多个账号。组织内可以进行资源共享、统一认证管理、统一付款方式等。

(3) 关系：一个组织可以包含多个账号,一个账号只能属于一个组织。账号是基本管理单位,组织对账号进行集中化管理。

(4) 应用场景：组织避免了在不同账号间重复的认证管理工作,也便于对多个账号的资源进行统一管理控制。大公司可以将不同部门或项目的账号集中到一个组织中。

总之,组织是对账号的管理容器。组织与账号是包含关系,组织内可以有多个账号,用于统一管理多个账号。这种管理模型提高了管理效率,也符合企业的职能需求。

7.2.2 单账号内的认证授权

IAM(Identity Access Management,认证授权管理)是云厂商提供的身份认证和访问控制服务。IAM 的原理是：通过创建用户(user)、角色(role)、策略(policy)等管理访问权限和授权,其中用户代表个人或应用,角色代表工作职能,策略定义一条或多条访问权限规则。通过给用户和角色挂载不同的策略,可以控制他们对资源的访问权限。

IAM 的主要功能如下。

(1) 集中管理用户、角色、组：可以按业务职能分类组织。

(2) 支持多因素认证：增强登录安全性。

(3) 细粒度访问控制：通过策略配置授权规则。

(4) 认证联盟：支持第三方身份提供商。

(5) 托管式策略：预定义的常用策略。

(6) 角色切换：不同身份之间的快速切换。

(7) 访问审计：记录用户操作日志。

综上所述,IAM 通过用户(和角色)识别和授权策略管理,实现对资源的精细访问控制。IAM 是云中最基础的服务,也是必不可少的安全服务。

7.3 网络及基础设施

7.3.1 抵御 DDoS 攻击

通常面对 DDoS 攻击,云厂商如何抵御呢?

(1) 边缘防护：云厂商会在边缘节点部署 DDoS 防护系统,对常见的 DDoS 流量进行清洗过滤。例如,AWS 的 Shield 服务。

(2) 超额部署：云厂商的基础设施具有超额部署能力,可以提供海量带宽和计算资源,拥有承受大流量攻击的能力。

(3) 流量分析：通过智能分析网络流量模式,快速识别流量异常,采取隔离或清洗操作。

(4) 黑洞路由：针对大流量攻击,可以通过 BGP 路由将攻击流量导向黑洞,以快速丢弃攻击流量。

(5) 用户隔离：使用 VLAN、安全组等技术，将受攻击用户与正常用户进行隔离，保护其他用户的业务。

(6) 带宽扩容：弹性扩大带宽资源，增加攻击承载能力。

(7) 业务应急响应：针对大规模或持续的 DDoS 攻击，启动应急响应机制，快速地应对攻击事件。

综上所述，云厂商通过多层的网络安全防护体系，可以在一定程度上抵御和减轻 DDoS 攻击的影响，确保主流服务的稳定运行。

对于云上部署的业务，可以通过以下几方面的架构设计来抵御 DDoS 攻击。

(1) 采用云的负载均衡服务并启用 DDoS 防护功能，可以过滤大量攻击流量。例如，AWS Shield 或阿里云 DDoS 高防包。

(2) 使用云的 CDN 服务，通过 CDN 上的 DDoS 防护功能缓解攻击，同时隐藏源服务器 IP。

(3) 将应用和数据库服务器部署在不同子网或 VPC 中，通过安全组策略限制流量。

(4) 对关键业务采用多可用区部署，当一个可用区被攻击时，另一个可用区可以正常服务。

(5) 利用云服务器的自动伸缩，受攻击时快速增加实例数量，提高应用的抗压能力。

(6) 通过流量监控分析检测异常流量，并设置黑洞路由快速排除大流量攻击。

(7) 设置正确的安全组策略，限制非业务所需端口的外部访问。

(8) 对重要服务器或服务使用 VPC 内的堡垒主机作为跳板机，避免直接外网访问。

(9) 关闭所有非必要的外网打开端口，避免被利用攻击。

综上所述，合理利用云的网络架构和各种安全防护服务，可以大幅提高应用抵御 DDoS 攻击的能力。

7.3.2 应用防火墙

与抵抗 DDoS 的 4 层网络连接服务不同，应用防火墙主要是保护 7 层的应用服务。两者的抵御方式也不同：应用防火墙通过规则引擎分析应用请求，实现语义级 Web 安全防护；DDoS 通过流量清洗、黑洞等方式抵御流量型 DDoS 攻击。

云应用防火墙通常以反向代理模式部署在应用前端，所有用户流量需要先通过防火墙才能访问后端应用服务器。防火墙本身可以实现高可用部署，其主要功能如下。

(1) Web 应用防护：通过规则引擎检测 SQL 注入、XSS 等 Web 攻击。

(2) CC 防护：保护应用免受 HTTP Flood、Layer 7 DDoS 等不同的 CC 攻击。

(3) Bot 管理：通过行为分析检测并管理机器人流量。

(4) 自定义策略：用户可以根据业务需求自定义防护策略规则。

(5) 威胁情报：结合全局威胁情报进行零时差防护。

(6) 人工智能机器学习：使用人工智能技术自动分析流量并优化防护策略。

(7) 安全报表：提供实时的监控数据和安全报表。

(8) 多云支持：可以部署到公有云和私有云环境。

综上所述，云应用防火墙能提供全面的应用防护能力，保障云应用的稳定性和安全性。

7.3.3　漏洞扫描

云端的漏洞扫描服务在架构方面由扫描引擎集群、管理控制台、资产库、规则库等组成。通常采用主从架构,主节点处理扫描任务调度,从节点运行扫描引擎。扫描引擎和资产库分离,资产数据存储在云端,扫描引擎集群可以扩展。漏洞扫描服务支持扩展从节点实现分布式扫描,也支持对云主机、容器、服务器等资产进行定期扫描,还支持采用代理程序或 API 直接连接进行非入侵式扫描。

漏扫服务的主要特点如下。

(1) 高性能扫描速度快,可以并行扫描数万资产,从而缩短扫描周期。

(2) 自动化:实现资产发现、定期扫描、报告生成等流程的自动化。

(3) 威胁情报:结合最新的漏洞库、恶意程序样本等威胁情报进行扫描。

(4) 规则定制:允许用户根据需要自定制扫描策略规则。

(5) 统一管理:集中管理不同云上环境的资产和扫描报告。

漏扫服务的主要功能如下。

(1) 漏洞扫描:主动发现系统和应用程序漏洞。

(2) 配置审计:检查资产配置,标识不安全的配置。

(3) 基准检查:评估资产配置与行业基准的符合性。

(4) 报告展示:以图表形式展示扫描结果,并进行趋势分析。

(5) 集成运维:与 Ticket、CMDB 等系统集成。

(6) 在线修复:提供一键修复指引,功能辅助修复漏洞。

综上所述,云端扫描服务具备自动化、高性能、可定制等特点,可以帮助客户快速发现和修复云环境的漏洞。

7.3.4　补丁管理

云端补丁管理服务的采用典型服务器+代理程序模式,服务器端负责补丁管理,代理程序负责资产连接。服务器端包含补丁仓库、任务调度、报告模块等,而资产信息和任务数据等存在云端。该服务支持对多种平台的资产进行补丁扫描和部署,包括 Windows、Linux、通用应用等。通常采用主动推送方式,无须资产主动访问服务器,并支持自动或手动部署。

云端补丁管理服务的主要功能如下。

(1) 资产管理:发现管理所有需要补丁的资产。

(2) 补丁仓库:提供操作系统和应用补丁包。

(3) 部署策略:配置时间表和机制,以实现自动化补丁部署。

(4) 风险分析:评估缺失补丁的系统风险。

(5) 部署报告:展示补丁部署情况和结果。

(6) 集成运维:与监控、CMDB 等系统对接统一管理。

(7) 回滚功能:在补丁出问题时,可以回滚到原先的稳定版本。

综上所述,云补丁管理服务可以实现全自动化补丁管理,从而确保系统安全稳定。

7.4 检测及风险控制

7.4.1 入侵检测

云入侵检测系统(Intrusion Detection System,IDS)通常以服务形式提供,部署在云环境的流量出入点,对流量进行监测。云IDS通常包括日志模块、报警模块等,其核心是检测引擎,根据规则集和威胁情报来判断流量是否存在恶意。云IDS通过匹配和算法模型检测已知威胁,通过异常行为分析发现未知威胁。云IDS支持通过API与其他云安全服务集成,如云防火墙可以直接使用云IDS的检测结果进行拦截。

云IDS的主要功能如下。

(1) 实时威胁监测:分析流量和请求是否存在漏洞利用、恶意代码等特征。

(2) 攻击阻断:与云防火墙等联动,自动屏蔽检测到的攻击流量。

(3) 安全日志分析:云主机或应用的访问日志可以集中发送到云IDS,以进行安全分析。

(4) 异常行为检测:使用机器学习技术检测流量异常,发现未知威胁。

(5) 可视化与报警:对监测结果进行呈现,并设置阈值报警。

(6) 动态规则更新:规则库可以自动升级,响应新出现的攻击模式。

(7) 事件关联分析:相关的多条安全事件可以相互关联,辅助发现隐藏的攻击链。

综上所述,云IDS提供实时、自动化的入侵检测和防护能力,是云环境中必不可少的安全服务。

7.4.2 安全运营中心

云安全运营中心服务采用典型的Serverless架构,基于各种云安全服务组合构建,主要组件包含事件收集、关联分析、威胁情报、数据仓库、可视化平台等。该服务通过开放API将各种安全工具连接导入,实现安全数据的集中化,基于微服务框架,并具有弹性扩展性。

云安全运营中心的主要特点如下。

(1) 集中化:实现不同安全工具和数据的集中可视化和管理。

(2) 关联分析:通过人工智能进行事件关联分析,凸显隐藏的攻击链。

(3) 安全情报:整合各种威胁情报源,进行情报驱动的安全运营。

(4) 自动化响应:针对高危事件,可以自动触发响应流程。

(5) 持续监控:7×24h不间断监控云上资产和环境。

云安全运营中心的主要功能如下。

(1) 资产管理:发现并分类管理云上的所有资产。

(2) 安全监控:利用各类工具进行安全日志、流量、配置的监测。

(3) 事件管理:对各类安全事件进行聚合、关联、响应。

(4) 合规评估:评估资产和环境安全配置的合规状态。

(5) 报表统计:提供安全风险、合规趋势的报表。

(6) 威胁情报:利用全球威胁情报进行主动防御。

(7) 自动化响应：对关键安全事件主动触发自动化的应急响应。

综上所述，云安全运营中心可以实现各项安全能力的高度集成化，是云环境下安全运营的大脑。

7.5 实验

本章实验的具体步骤详见 18.5 节和 18.6 节的实验。

习题

本书提供在线测试习题，扫描下面的二维码可以获取本章习题。

在线测试

第8章

云运维

CHAPTER 8

本章首先讲述监控，包括指标监控、日志监控等；然后讲述配置管理和 API 审计；最后讲述自动化。通过本章的学习，读者能够对云运维有一个基本的认识。

本章目标

- 掌握指标监控、日志监控、应用性能监控；
- 熟悉配置管理；
- 了解 API 审计；
- 熟悉自动化；
- 掌握实验“自动化运维”。

8.1 监控

8.1.1 指标监控

云监控服务由数据采集、数据处理、可视化展示等模块组成。部署在资产主机上的代理程序,用于收集主机和应用运行指标,并将其推送到后端。后端集群对采集的数据进行聚合分析,支持自定义告警策略。

指标监控通过图表的方式展示监控数据,支持自定义仪表盘,支持对云主机、容器、服务等多种资源类型进行监控,且通常与其他云服务深度集成。指标监控的主要功能如下。

(1) 资源监控:监控 CPU、内存、流量等基础资源的利用和性能指标。

(2) 应用性能:监控应用响应时间、请求失败率等应用性能指标。

(3) 自定义指标:支持采集和监控自定义的业务指标。

(4) 告警通知:设置告警阈值和通知策略,出现异常时报警。

(5) 仪表盘:支持自定义仪表盘,关联显示关键监控图表。

(6) 日志分析:汇集和分析日志,获取操作洞见。

(7) 多云支持:监控混合云和多云环境。

综上所述,指标监控可以实现全面、自动化的监控数据收集和分析,用于提高系统及应用的可用性。

8.1.2 日志监控

在日志监控架构中,ELK(Elasticsearch、Logstash、Kibana)组合被广泛使用。ELK 日志监控架构主要用于实时分析和搜索日志以发现异常行为,构建监控大盘以实现可视化监控。ELK 组件可以部署在云平台上,也可以部署在本地虚拟机上,通过云服务加速搜索分析。

常用的日志监控架构如下。

(1) Elasticsearch:用于存储和索引日志数据,支持快速的全文搜索和分析,且可以扩展构建日志数据仓库。

(2) Logstash:用于收集各种日志数据,支持从文件、数据库等来源收集,并解析日志格式。

(3) Kibana:ELK 的可视化工具,可以索引日志并通过图表展示日志分析结果,构建自定义的监控仪表盘页面。

(4) Beats:轻量级日志采集代理,安装在服务器上采集日志并发送给 Logstash。

(5) X-Pack:Elastic Stack 的安全、监控、报告和机器学习功能模块,提供警报、用户访问控制等功能。

综上所述,ELK 作为云监控热门开源组合,可高效、快速地分析处理海量日志,实现监控与安全分析。

此外,云还提供无服务器化的日志监控服务。例如,AWS 提供 CloudWatch Logs 作为日志监控，很多服务也直接将日志发到 Amazon S3。常用的日志监控服务如下。

(1) CloudWatch Logs 可以收集、监控和存储日志，包含日志代理、日志组、日志流等概念，支持将日志路由到 Elasticsearch 等其他服务进行分析。

(2) Kinesis Firehose 可以接近实时处理和加载日志流数据，并将其直接加载到 Amazon S3、Elasticsearch 等存储和分析服务。

(3) CloudTrail 记录 AWS 账号的操作日志 API 调用日志。日志存储在 Amazon S3 中，可以用于审计和监控。

(4) Lambda 函数可以进行日志处理和解析，输出结果到其他服务(如 Amazon S3)。

云端提供了全面的日志收集、处理、分析和存储服务，构成了完整的日志监控和审计架构。

8.1.3 应用性能监控

应用性能监控区别于基础架构监控，更多关注在应用性能本身的监控上，诊断应用性能中存在的缺陷。下面以 AWS 的应用性能服务 AWS X-Ray 为例进行分析。该服务用于应用性能跟踪和问题定位，其工作过程和架构如下。

(1) X-Ray Agent：安装在应用服务器上，采集并上报追踪数据给 X-Ray 服务。

(2) X-Ray SDK/客户端：嵌入在应用代码中，对请求进行注入跟踪 header，调用 X-Ray API 上传数据。

(3) X-Ray 服务端：接收、处理和分析跟踪数据，生成请求的服务图等数据，保存数据到后端存储。

(4) X-Ray 控制台：通过 UI 展示请求的服务图，可以查看请求在各个组件上的耗时，并查找应用性能瓶颈。

(5) 其他服务集成：X-Ray 可以与云监控、日志等其他 AWS 服务集成，提供更强大的分析能力。

通过应用级端到端的请求跟踪，X-Ray 可以帮助开发者快速定位应用性能问题和错误，是云原生应用不可或缺的调试工具。

下面通过示例加强理解。假设用户通过浏览器发起请求，X-Ray 在每个阶段诊断性能问题的过程如下。

(1) 用户端：在浏览器中安装 X-Ray 浏览器扩展程序，用户发起请求时在 HTTP 头中注入一个追踪 header。

(2) 负载均衡器：如果设有负载均衡器，则它也需要部署一个 X-Ray 代理，该代理会将收到的追踪 header 发送给后端服务。

(3) 应用服务器：在应用服务器上部署 X-Ray Agent，它会截取带追踪 header 的请求，生成一段追踪并上报给 X-Ray 服务。

(4) 后端服务：如果设有后端远程服务，则通过 X-Ray SDK 也可以生成子段的追踪信息，并关联到主追踪流中。

(5) X-Ray 服务端：收集所有服务上报的追踪信息，生成请求的端到端服务图，并保存以供查询。

(6) X-Ray 控制台：开发者可以在控制台上查看每个请求走过的路径，并看到每个组件上的请求耗时数据,从而找出性能瓶颈。

通过这种端到端的请求跟踪,开发者可以清楚地看到一个请求在整个调用链上的情况,从而快速定位性能问题。

8.2 配置管理

云厂商通常提供配置管理服务,以应对以下场景。

(1) 合规性审计和风险评估:根据行业标准、内部策略等要求配置合规性规则,配置管理服务会自动检查资源配置是否符合这些规则,以识别存在的风险。

(2) 安全性和漏洞管理:配置相关规则以识别不安全的资源配置,如开放的安全组、访问密钥未轮换等,有助于提高安全性。

(3) 故障排除和审计:通过配置管理服务记录的配置历史和变更事件,可以回溯前期的配置状态以辅助故障排除,或者用于审计系统变更。

(4) 优化成本和资源:通过分析配置管理服务收集的配置数据,以找到可以优化的地方,如识别无用资源等。

(5) 调查事故的根本原因:通过历史配置数据,可以查看事故发生前的配置状态,回溯配置变更,以找出事故的根因。

(6) 验证软件部署和迁移:通过配置管理服务评估软件部署或迁移后产生的配置变更是否符合预期。

总之,云配置管理服务适用于需要持续监控资源配置状态的各种场景,特别是与合规性、安全性和运维相关的场景。它能提供持续的配置视图,以实现优化管理。

配置管理服务的主要功能如下。

(1) 资源库存:记录用户的资源配置详情,并存储这些配置信息,以便用户追踪资源的配置变更。

(2) 配置历史记录:记录用户的资源配置详情和变更事件,使得用户可以查询任何时间点的资源配置状况。

(3) 合规性检查:用户可以根据最佳实践、规范要求等自定义规则来检查资源配置的合规性,并评估资源配置是否符合这些规则。

(4) 通知和事件:用户可以为合规性变更设置通知,通过配置事件触发自动化的纠正流程。

(5) 配置分析:通过配置管理服务的配置分析,用户可以识别资源关系,找出配置改变的趋势等。

8.3 API 审计

API 审计的主要架构包括事件记录器、Amazon S3 存储桶和控制台 3 部分,其主要功能是记录 AWS 账户中的 API 调用活动。例如,当用户通过控制台或 CLI 访问 AWS 的某个 API 时,CloudTrail 会记录此次 API 调用的相关信息,具体如下。

(1) 事件时间：API 被调用的确切时间。

(2) 事件源：生成该事件的服务或资源类型(如 Amazon S3、EC2 等)。

(3) 用户代理：发起调用的用户或角色的信息。

(4) 源 IP 地址：发起调用的 IP 地址。

(5) 调用操作：调用的 API 操作名称(如 CreateBucket、RunInstances 等)。

(6) 调用参数：调用 API 时传递的参数信息。

(7) 响应元素：API 返回的信息。

(8) 请求 ID：唯一标识该条记录的 ID。

通过记录和分析这些信息，CloudTrail 允许对用户和应用程序的活动进行安全审计、资源变更跟踪等。它构成了 AWS 云环境中的基础运维和审计服务。

API 审计的主要应用场景如下。

(1) 安全审计和监测：记录关键操作的历史，如 IAM 策略变更、用户登录、权限提升等操作，以检测异常活动和安全事件。

(2) 诊断运维故障：当系统故障或出现性能问题时，提供所有的 API 调用历史，可以快速定位问题根源。

(3) 合规性检查：通过审计日志可以核对环境和资源的变更历史，确保运行符合行业和公司的各项合规性要求。

(4) 数据查询和分析：审计日志可以导出到其他分析平台，通过使用日志关联和数据查询，可以了解用户行为模式并发现数据趋势。

(5) 账单优化：分析审计日志可以了解资源和服务的使用模式，优化账单结构，减少不必要的开支。

(6) 故障复盘：为重大故障事件提供全方位的时间线和顺序记录，可以辅助复盘分析，防止类似故障再次发生。

API 审计可以记录用户和应用在云环境中的所有操作和活动，是一项核心的安全审计和运维服务，具有多种重要应用场景。

8.4　自动化

云端自动化运维的核心是通过代码和脚本实现运维、部署和管理工作的自动化，主要的技术和服务如下。

(1) 配置管理：使用 Ansible、Chef、Puppet 等工具自动部署和管理云资源的配置。

(2) 基础设施即代码(Infrastructure as Code，IaC)：使用 Terraform、CloudFormation 等将基础设施部署和管理过程代码化。

(3) CI/CD 流水线：借助 Jenkins、CodePipeline 等构建持续集成和持续交付流水线，实现自动化测试和部署上线。

(4) 监控报警：使用 CloudWatch、Prometheus 等服务监控云上资源和服务，设置报警规则。

(5) 自动伸缩：根据目标指标和规则，自动调整资源容量，如自动伸缩 EC2 实例数量。

(6) 脚本化运维工具：使用 Python、Bash 等编写脚本进行自动化运维，凭证和权限管理采用 IAM 角色。

通过端到端的自动化和程序化方式,云端运维效率可以显著提高,并能实现基础设施快速弹性扩展。

在实际运维中,通过 IaC 可以实现自动化部署基础架构,而通过 CI/CD 可以实现自动化部署应用。云端通常提供了自动弹性和伸缩的能力。除此之外,需要注意的就是基于事件的自动化运维,其中事件可以是监控指标或系统事件触发的。

下面以 AWS 服务为例简要分析基于事件的自动化运维。假设通过 EventBridge 实现自动化运维的流程,现有一批 EC2 实例运行关键业务系统,使用 CloudWatch 监控这些实例的 CPU 利用率指标。此时的自动化需求是,当 CPU 利用率持续 5min 超过 90%时,自动增建一台相同配置的 EC2 实例来分担负载,并发送通知给运维人员。该示例的具体技术实现流程如下。

(1) 在 CloudWatch 中为 CPU 利用率设置报警阈值,当超过阈值时向 EventBridge 发送事件。

(2) 在 EventBridge 创建规则,事件源为 CloudWatch 报警,目标为一个 Lambda 函数。

(3) Lambda 函数通过读取报警事件,调用 Auto Scaling 的 API expand 实例数量。

(4) 同时 Lambda 函数利用 SNS 服务发出通知,告知运维人员已启用自动扩容。

(5) 验证 EC2 实例数增长了 1 台,SNS 也收到通知,至此流程完成。

这就是一个端到端的、完全事件驱动的自动化运维流程。类似的模型可以应用到很多其他监控驱动的自动化运维中,是云端的重要实践。

8.5　实验

本章实验的具体步骤详见第 17 章的实验。

习题

本书提供在线测试习题,扫描下面的二维码可以获取本章习题。

在线测试

第9章

数据分析

CHAPTER 9

本章首先讲述数据湖，然后讲述数据仓库和BI报表，最后讲述消息中间件、大数据Hadoop集群和日志分析Opensearch。通过本章的学习，读者能够对数据分析有一个基本的认识。

本章目标

- 掌握数据湖；
- 掌握数据仓库；
- 熟悉BI报表；
- 熟悉消息中间件；
- 熟悉大数据Hadoop集群；
- 熟悉日志分析Opensearch；
- 熟悉实验“云端Hadoop”；
- 掌握实验“托管Kafka”；
- 熟悉实验“托管的Opensearch”。

9.1 数据湖

9.1.1 数据湖的特征

数据湖(data lake)是一种存储和使用大量不同格式、结构化或非结构化数据的方法,其主要特征如下。

(1) 存储任意类型和格式的原始数据,包括结构化、半结构化和非结构化数据。

(2) 具有强大的扩展性和弹性,可以存储和处理大量数据,通常为 PB 到 EB 级的数据。

(3) 提供数据探索、分析和可视化等功能,支持 ad-hoc 查询。

(4) 通常建立在低成本的对象存储系统上,如 Amazon S3。

(5) 数据湖存放的是原始数据,在提取和处理前不进行转换或删除。这使得数据科学家和分析师能够访问并分析全量历史数据,以洞察数据之间的关系和趋势。

总体来说,数据湖为分析师和数据科学家提供了一个集中存放和处理海量多样性数据的环境,是构建大数据平台的基础。

9.1.2 数据湖的意义

数据湖对现代应用架构是非常有意义的,主要体现在以下几方面。

(1) 实时数据和历史数据的集中存储:数据湖允许企业将生成的各类结构化、半结构化和非结构化数据以原始格式存储在一个中心化数据存储平台上,这为数据分析提供了更全面和统一的数源。

(2) 更灵活的数据提取和转换:与只存储处理后的数据相比,数据湖可以存放原始数据,允许数据分析师在需要时对数据进行转换和处理,这种按需处理更加灵活高效。

(3) 更多样化的分析功能:数据湖构建在高性能对象存储之上,可以提供大规模数据的查询、机器学习、数据挖掘、文本分析等多种模式化和非模式化的分析能力。

(4) 更快的分析迭代速度:数据湖使分析师能在一个平台上直接访问各类数据,大大提高了他们从问题到数据再到模型和分析成果等迭代开发的效率。

(5) 更低成本数据存储和处理:对象存储使数据湖的建设和扩展变得便宜可靠,在简化数据管理的同时也降低了计算和处理成本。

9.2 数据仓库

9.2.1 典型架构和组件

云数据仓库是一种云托管数据仓库服务,可以看作是传统数据仓库到云端的延伸。云数据仓库的典型架构包括以下组件。

(1) 云数据存储:高性能的分布式数据存储,支持 PB 级数据规模,一般使用列式存储格式。

(2) 计算引擎:支持交互式分析的高性能分布式查询引擎,与存储引擎结合支持 SQL

查询。

(3) 云数据服务：提供开箱即用的数据提取、加载、转换，支持实时流式处理和机器学习等。

(4) 元数据管理：注册、标注和管理数据资源的结构/业务元数据。

(5) 数据访问和查询接口：支持标准的 SQL 查询、业务智能和可视化分析工具对接。

9.2.2 云数据仓库的优势

与传统数据仓库相比，云数据仓库具备弹性扩展、快速部署、按需计费等优势，可以支持更复杂和大规模的数据应用，从而降低企业数据仓库建设的门槛。主流的商业云数据仓库服务包括 AWS Redshift、Azure Synapse Analytics、Snowflake 等。

云数据仓库的主要特点如下。

(1) 更高的弹性和扩展性：云数据仓库运行在基础架构即服务的云平台上，计算和存储都可以弹性扩展，能够按需应对数据量和并发访问量的变化。

(2) 更低的运维代价：作为托管服务，云数据仓库解决了系统运维、软硬件故障、升级等系列管理工作，大幅降低了管理成本。

(3) 更高的性价比：用户只需要为使用的计算和存储量付费，从而避免过度前期投资。同时，云基础架构带来的使用成本优势也使整体数据仓库运营成本大幅下降。

(4) 更快的交付期：云数据仓库是开箱即用的托管服务，避免了传统模式下的采购配置、搭建调试等环节，大大缩短了从决策到上线运营的交付时间。

(5) 更高的安全性：云服务商可以提供企业级的数据加密、访问控制、审计等安全机制，从而保障重要数据的安全。

综上所述，云数据仓库能为用户带来高性能、高弹性、低成本和快速交付的优势，是构建数据平台的最佳选择。

9.3 BI 报表

9.3.1 什么是 BI 报表

BI(Business Intelligence，商业智能)报表是指通过数据分析和可视化技术，将企业数据转换为有用的信息和洞见，并以报表的形式呈现，是一种为企业决策提供支持的工具或应用程序。

BI 报表的主要特点如下。

(1) 数据集成：能够从不同的数据源(如数据库、文件、API 等)收集并整合数据。

(2) 数据分析：提供各种分析功能，如多维分析、关联分析、数据挖掘等，帮助发现数据中的模式和趋势。

(3) 数据可视化：使用图表、仪表盘等直观的可视化方式展现分析结果，方便理解和解读。

(4) 交互式探索：允许用户通过拖拽、钻取等操作，自助式地探索和查询数据。

(5) 自动化调度：可以定期自动生成并发布报表，无须人工干预。

(6) 移动支持：支持在移动设备上查看和浏览报表。

BI 报表广泛应用于各个行业和领域，如销售、财务、运营、营销等，为企业提供数据驱动的决策支持。常见的 BI 报表工具包括 Tableau、Power BI、QlikView、FineReport 等。通过 BI 报表，企业可以全面了解业务运营情况，发现潜在的问题和机会，优化业务流程，提高决策的准确性和效率。

9.3.2　云 BI 服务的特点

云厂商通常提供云原生的商业智能服务，支持大规模数据的快速准互分析，可以即时地对来自多个数据源的数以亿计的行进行计算。云 BI 服务是无服务器架构，开箱即用，简化了 BI 基础架构的搭建。它提供了丰富的可视化组件和仪表盘构建功能，业务用户可以自助分析和创建报表；集成了自然语言生成和机器学习驱动的洞察功能，用户无须自己建模就可以获得智能分析。此外，云 BI 服务还提供了基于用户角色的细粒度的数据和仪表盘访问控制。

下面以 AWS 的 QuickSight 为例进行说明，其主要特点如下。

(1) 无服务器架构 QuickSight 后端基于 AWS 托管服务构建，如 Amazon S3、Athena、Lambda 等，用户不需要维护任何硬件或软件基础设施。

(2) 高度弹性：利用 AWS 无限的计算和存储容量，QuickSight 可以根据分析需求自动缩放计算资源，支持从小规模到超大规模用户的交互式分析。

(3) 分离存储和计算：数据存储在 Amazon S3 中，计算和分析通过无服务器资源弹性执行，两者可独立扩展。

(4) 分布式内存缓存：使用高速缓存和查询优化，可以获得卓越的大数据分析性能。

(5) 多租户架构：单个 QuickSight 实例可以为多个客户提供服务，并使数据和分析模型实现逻辑隔离。

(6) 云原生安全：基于 AWS 安全机制构建安全、访问控制和防护。

综上所述，这种高度优化的无服务器云架构带来了易用性、弹性、性能和安全的综合优势。

9.4　消息中间件

9.4.1　什么是消息中间件

消息中间件(message queue)是一种基础设施层面的软件，用于实现不同应用程序或系统之间的异步通信。它提供了一个可靠、高效的消息传递机制，使得应用程序之间可以通过发送和接收消息进行松散耦合的集成。

消息中间件的主要作用如下。

(1) 解耦：发送方和接收方之间完全解耦，彼此不需要知道对方的存在。

(2) 异步通信：发送方只需将消息发送到消息中间件，不需要等待接收方处理完消息后再继续执行。

(3) 负载均衡：消息中间件可以将消息分发给多个接收方，实现负载均衡和高可用性。

(4) 缓冲：消息中间件可以暂时存储消息，防止发送方和接收方的处理速度不匹配导致的数据丢失。

(5) 可靠性：消息中间件通常提供了持久化、重试、事务等机制，保证消息传递的可靠性。

9.4.2 云消息中间件的优势

云端常见的消息中间件主要分为以下两类。

(1) 消息队列：典型的有 Amazon SQS 和 Amazon MQ(支持 ActiveMQ 和 RabbitMQ)等。这类消息队列提供简单的队列模型，支持解耦和缓冲、应用程序之间的异步消息传递。

(2) 消息流/事件总线：典型的有 Amazon Kinesis Data Streams 和 Amazon MSK(托管 Kafka)等。这类消息流提供更强大的数据流处理和分析能力，可以持久化和重播海量消息，支持多个应用连接和复杂处理逻辑。

两者的主要差别在于：消息队列关注点到点的消息传递，消息流侧重流数据的持久化、重放和并行处理。消息队列只有简单的队列模型，消息流支持复杂的发布-订阅模型。

此外，云消息中间件具有高可用、高吞吐、持久存储、弹性扩展、托管运维等优点，可以根据应用的耦合、扩展、数据处理需要选择合适的消息服务。

9.5 大数据 Hadoop 集群

9.5.1 Hadoop 的核心组件

Hadoop 是一个分布式系统基础架构，其核心组件如下。

(1) HDFS(Hadoop Distributed File System，Hadoop 分布式文件系统)：Hadoop 的分布式文件系统，用于存储大量数据。它提供高吞吐量的数据访问，适合运行在廉价的商用硬件上。

(2) YARN(Yet Another Resource Negotiator，另一种资源协调者)：Hadoop 的资源管理和任务调度系统，负责集群资源管理和作业调度。

(3) MapReduce：Hadoop 的分布式数据处理引擎，用于并行处理大规模数据集。它将计算过程分为两个阶段：Map 阶段和 Reduce 阶段。

(4) Hadoop Common：Hadoop 的一组通用工具和库，为其他 Hadoop 模块提供支持。

除上述核心组件外，Hadoop 生态系统还包括以下常用组件。

(1) Hive：基于 Hadoop 的数据仓库软件，提供类 SQL 接口以查询和管理存储在 HDFS 中的数据。

(2) Pig：一种高级数据流语言，用于并行计算大数据集。

(3) HBase：基于 HDFS 的分布式、可伸缩的 NoSQL 数据库。

(4) Spark：一个快速、通用的集群计算系统，用于大数据分析。

(5) Oozie：一个工作流调度系统，用于管理 Hadoop 作业。

(6) Sqoop：一个工具，用于在 Hadoop 和关系数据库之间高效地传输数据。

(7) Flume：一个分布式、可靠、高可用的日志收集系统。

(8) Kafka：一个分布式流处理平台,用于构建实时数据管道和流应用程序。

(9) ZooKeeper：一个分布式协调服务,用于管理分布式应用程序。

这些组件共同构建了 Hadoop 的生态系统,为大数据处理、分析和存储提供了强大的功能。

9.5.2　云端托管 Hadoop 的优势

云端托管 Hadoop(云 Hadoop)集群与自建集群在架构上主要有以下不同。

(1) 存储架构：云 Hadoop 使用云端的对象存储服务(如 AWS S3),而不是 HDFS。这简化了数据存储层,也使得云 Hadoop 可以独立伸缩计算资源而不受存储限制。

(2) 计算资源：云 Hadoop 计算节点由云服务商托管,用户不需要管理基础设施。用户可以通过简单的网页或 API 调用弹性扩展节点。

(3) 网络架构：云 Hadoop 集成了云上的虚拟网络相关服务,节点之间带宽更高且延迟更低。

与自建集群相比,云 Hadoop 的主要优势如下。

- 使用和运维简单方便。
- 硬件故障风险最小化。
- 计算和存储可以伸缩,相对更经济高效。
- 整体安全性和稳定性更高。

总体而言,云端 Hadoop 降低了用户的前期投入和运维成本,提升了集群的性能、可靠性和安全性,非常适合新手用户和中小企业构建大数据平台。

9.6　日志分析 OpenSearch

9.6.1　OpenSearch 的核心组件

以 AWS 的 OpenSearch 服务为例,其核心组件如下。

(1) 数据节点：负责处理搜索分析、文档存储和索引相关任务的主要数据处理节点。AWS 帮助用户搭建、监控和管理数据节点。

(2) 主节点：主节点专注于集群管理操作,如创建或删除索引、跟踪节点运行状况等。主节点也由 AWS 全面托管。

(3) 可视化和控制台：AWS 提供 OpenSearch Dashboards 和控制台进行数据可视化、集群监控管理,免除用户搭建工具的麻烦。

(4) 托管虚拟网络：OpenSearch 集群部署在用户自定义的 VPC 中,获得隔离安全的网络环境。

(5) 托管存储：AWS EC2 实例具有本地超快速 NVMe SSD 存储和 Amazon S3 云存储,由 AWS 负责设备管理。

云 OpenSearch 通过完全托管的模式,不仅省去了机器配置、软件维护、版本升级等基础工作,也最大程度减少了安全漏洞风险,使得用户专注数据实值而不是基础架构。

9.6.2 云端托管 OpenSearch 的优势

云端托管 OpenSearch(云 OpenSearch)服务与自建 ElasticSearch 集群的主要区别如下。

(1) 存储架构：云 OpenSearch 使用托管存储服务，如 Amazon OpenSearch Service 的 UltraWarm 存储。这是高度优化的托管存储层，而自建需要配置本地磁盘来存储索引和数据。

(2) 计算资源：云 OpenSearch 的计算资源完全由服务商托管，支持通过简单的 API 调用完成集群扩容。自建集群扩容则需要手动添加物理服务器。

(3) 数据持久化：云 OpenSearch 提高内置了多重数据副本机制、自动快照备份、数据恢复等，大大增强了服务的高可用性，从而有效避免单点失败风险。

(4) 安全管理：云 OpenSearch 集成了 IAM、VPN、ACL 等安全管理功能。相比之下，自建集群的安全功能往往需要自行开发接入。

综上所述，云端 OpenSearch 可以轻松应对大规模数据场景，并大幅减轻运维工作量。

9.7 实验

本章实验的具体步骤详见 18.7～18.9 节的实验。

习题

本书提供在线测试习题，扫描下面的二维码可以获取本章习题。

在线测试

第三部分

云计算实践

第10章

实验：创建一个EC2实例

CHAPTER 10

在开始使用AWS之前，用户需要创建一个账户。AWS账户是客户拥有所有资源的一个前提。如果多个人需要访问该账户，则可以将多个用户添加到一个账户下面。在默认情况下，用户的账户将有一个root用户。

视频讲解

10.1　创建一个 AWS 账号

注册流程包括以下 5 个步骤,具体操作如下。

(1) 提供登录凭证。

用户需要在注册页面提供 root 用户电子邮件地址和 AWS 账户名称,并单击“验证电子邮件地址”按钮,如图 10.1 所示。

图 10.1　注册页面

(2) 提供联系信息。

填写表单中要求的全部信息,单击“创建账户并继续”按钮。

(3) 提供支付信息的细节。

在支付信息细节页面,填写信用卡信息(AWS 支持 MasterCard 和 Visa 信用卡)。如果不想以美元支付自己的账单,则可以稍后再设置首选付款货币。

(4) 验证身份。

接下来验证身份。当完成这部分以后,用户会接到一个来自 AWS 的电话呼叫,一个机器人的声音会询问用户的 PIN 码。身份被验证后,即可执行最后一步。

(5) 选择支持计划。

如果计划为自己的业务创建一个 AWS 账户,则建议用户选择 AWS 的“业务方案”。用户也可以在以后切换支持计划。

通过完成上面的步骤,用户可以使用 AWS 管理控制台登录自己的账户,如图 10.2 所示。

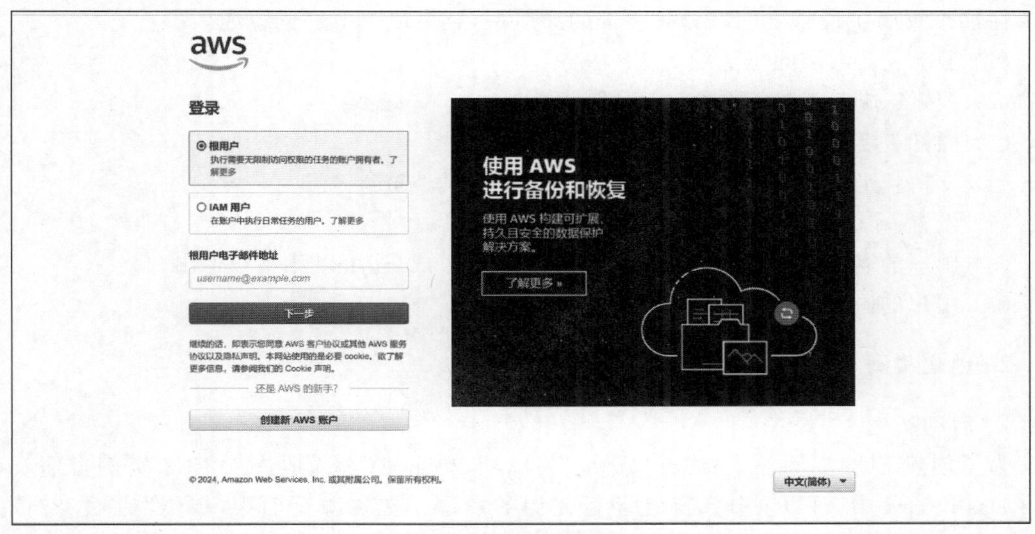

图 10.2　登录页面

10.2　创建一个 EC2 实例

用户拥有 AWS 账户后，可以登录 AWS 管理控制台。管理控制台是一个基于 Web 的工具，可以用于控制 AWS 资源。

1. 进入控制台

管理控制台使用 AWS API 实现用户需要的大部分功能。输入用户的登录凭据，然后单击"下一步"按钮，即可看到如图 10.3 所示的管理控制台。

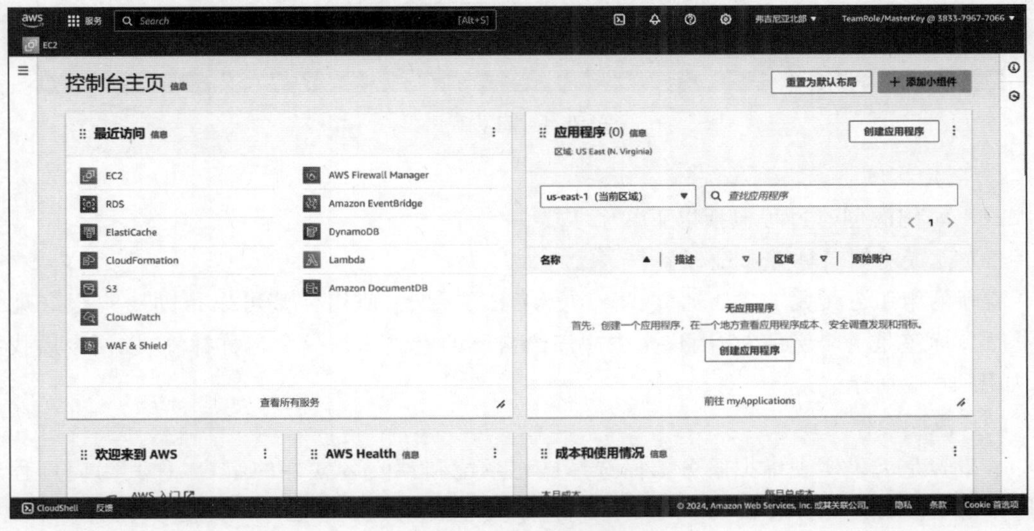

图 10.3　AWS 管理控制台

在这个页面中最重要的部分是顶部的导航栏,它由以下 7 部分组成。

(1) 服务:提供访问全部的 AWS 服务。

(2) 搜索:快速查找需要的 AWS 服务。

(3) 通知:接收相关通知。

(4) 支持:让用户可以访问论坛、文档、培训及其他资源。

(5) 设置:设置浏览器界面和用户设置。

(6) 用户的名字:让用户可以访问账单信息及账户,还可以让用户退出。

(7) 用户的区域:让用户选择自己的区域。

2. 创建实例

1) 启动实例

为了创建 EC2 实例,需要展开"服务"菜单项,单击 EC2 选项进入 EC2 实例页面。在 EC2 Dashboard 中,可以看到已经在运行使用的资源。在资源页面中,单击"启动实例"按钮,如图 10.4 所示。

图 10.4　启动实例

2) 创建实例

EC2 实例的创建过程包括以下 8 个步骤。

(1) 设置实例名称并添加标签。

清晰的组织分类是非常有必要的。在 AWS 平台上,使用标签可以帮助用户很好地组织资源。标签是一个键值对,用户至少应该给自己的资源添加一个名称标签,以便今后找到它,如图 10.5 所示。

(2) 选择操作系统。

本步骤是为了实现虚拟服务器而选择操作系统和预安装软件的组合,称其为应用程序和操作系统映像(亚马逊机器映像)。用户需要单击"浏览其他 AMI"选项进行选择,如图 10.6 所示。虚拟服务器是基于 AMI 启动的,AMI 由 AWS、第三方供应商及社区提供,且 AWS Marketplace 提供预装了第三方软件的 AMI。

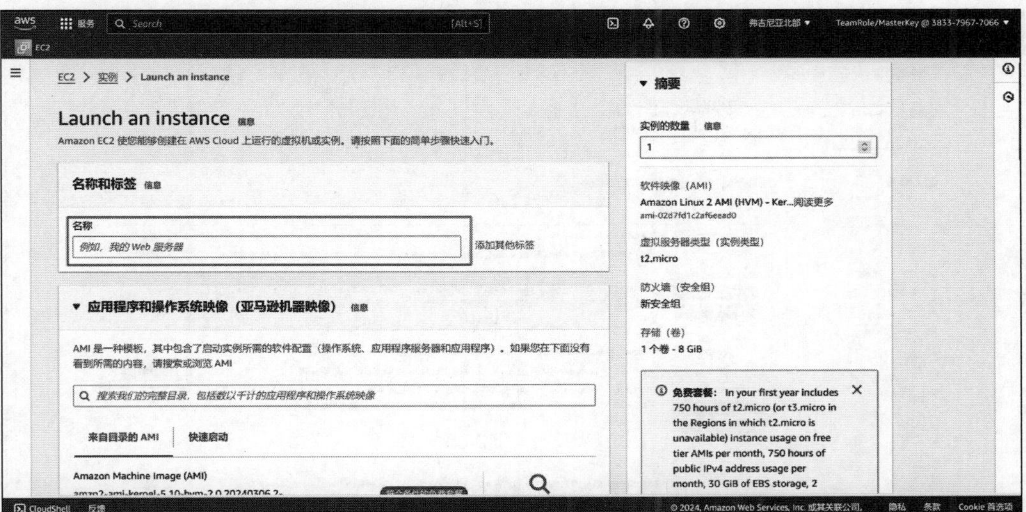

图 10.5　设置名称和标签

图 10.6　选择应用程序和操作系统映像

本实验为虚拟服务器选择 Amazon Linux 2 AMI(HVM) - Kernel 5.10，SSD Volume Type，如图 10.7 所示。

(3) 选择虚拟服务器的尺寸。

现在为虚拟服务器选择所需的计算能力。在 AWS 上，计算能力被归类到实例类型中，实例类型主要描述了 CPU 的个数及内存数量等资源。由于计算机的运算速度越来越快且技术越来越专业化，因此 AWS 需要持续不断地引入新的实例类型与家族。它们中有些是对已存在的实例家族的改进，有些则专注于特殊的工作负载。用户进行最初的实验时使用最小且便宜的虚拟服务器即可。

本实验选择实例类型 t2.micro，如图 10.8 所示。

图 10.7　选择操作系统

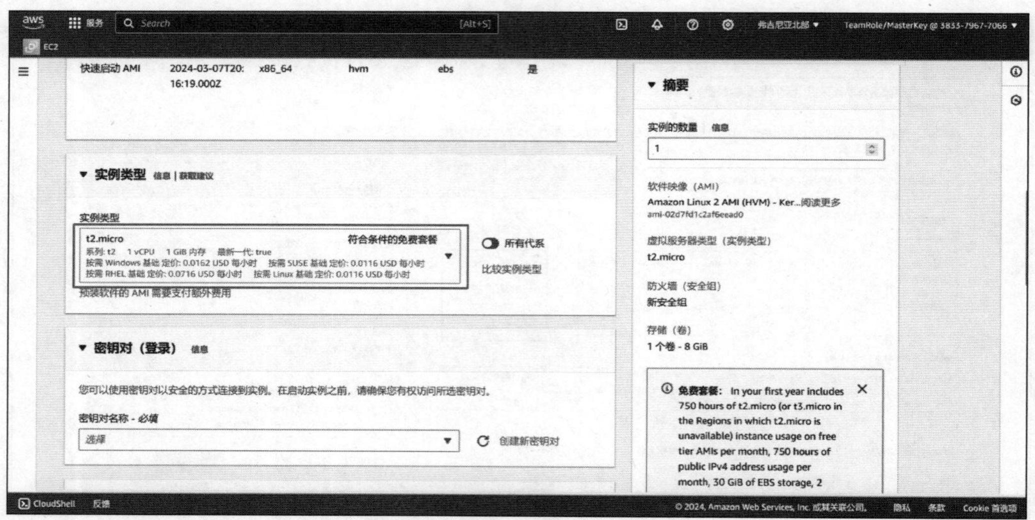

图 10.8　选择虚拟服务器尺寸

(4) 网络设置。

网络设置的相关说明如下。

① 网络 VPC 设置：可以获得对虚拟联网的绝对控制权，在 VPC 里设置自己的 IP 范围、子网、配置路由表及网络网关。

② 子网设置：用来隔离 EC2 资源，每个子网位于一个可用区。

③ 自动分配公有 IP：可以从亚马逊的公有 IP 地址中申请，从而能够通过 Internet 访问实例。在大多数情况下，公有 IP 地址与实例相关联，直到它停止或终止，此后将无法继续使用它。如果需要一个可以随意关联或取消关联的永久公有 IP 地址，则应该使用弹性 IP 地址。用户可以分配自己拥有的 EIP，并在启动后将其与实例相关联。

④ 置放群组：在置放群组中启动实例，以从更大的冗余或更高的网络吞吐量中受益。

⑤ 关闭操作：在执行操作系统级关闭时指示实例操作，实例可以终止或停止。

⑥ 启用终止保护：可以防止实例意外终止。启用后将无法通过 API 或 AWS 管理控制台终止此实例，直到禁用终止保护。

该步骤选择默认选项即可，如图 10.9 所示。

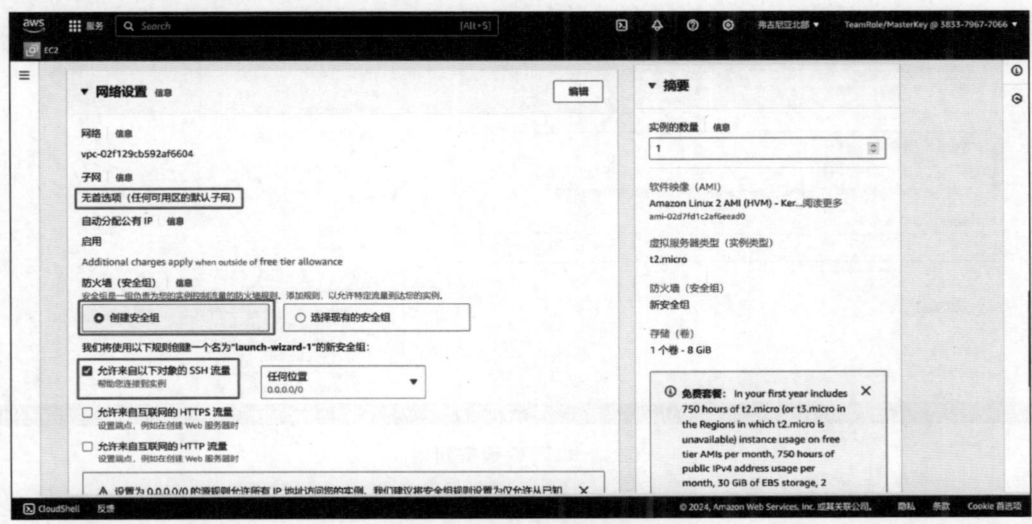

图 10.9　进行网络设置

(5) 配置存储。

在存储类型上，可以选择标准的存储，也可以选择性能更好的 SSD 及更高标准的 IOPS SSD。加密选项仅对第二块磁盘生效，已经存在的根磁盘是无法加密的。新创建的根卷可以选择加密方式。

该步骤选择默认值，如图 10.10 所示。

图 10.10　配置存储

(6) 设置密钥对。

如果用户事先并未保存密钥对,则可以选择“创建新密钥对”,如图 10.11 所示。

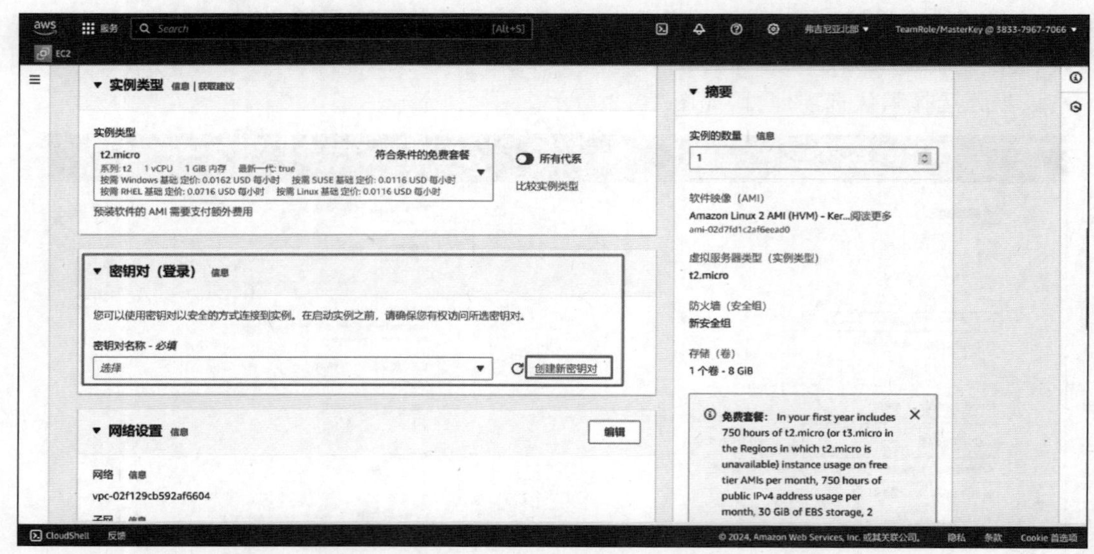

图 10.11　设置密钥对

这里设置密钥对名称为“JamesBai”(自定义),密钥对类型为“RSA”,私钥文件格式为“.pem”,如图 10.12 所示。

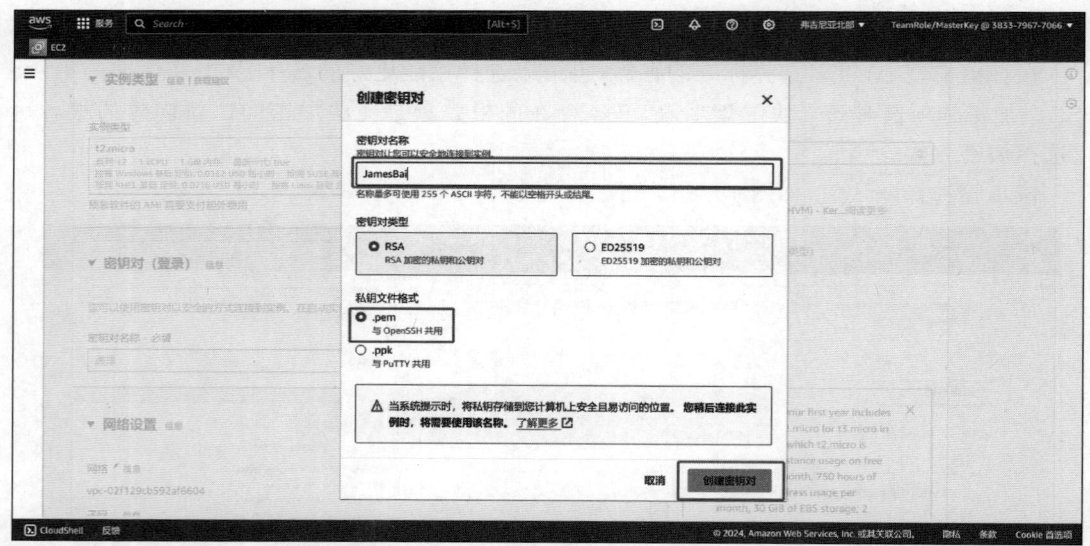

图 10.12　创建新密钥对

(7) 配置安全组。

防火墙可以帮助用户保护虚拟服务器的安全。

本实验选择“创建安全组”“允许来自以下对象的 SSH 流量”选项,然后该安全组名称会自动生成,如图 10.13 所示。

图 10.13　配置安全组

（8）启动实例。

最后一步，确认所有输入信息无误，单击"启动实例"按钮。当看到实例状态栏为"成功"时，该实例已经可以访问使用，如图 10.14 所示。

图 10.14　实例列表

10.3　连接 EC2 实例

在 EC2 实例创建好后，用户可以选择对 EC2 实例做连接访问、启动、停止、重启、终止、添加标签、更改用户权限、创建 AMI 等操作，这里不做详细介绍，用户可以自己操作尝试每个功能，以便更深入地了解。当申请的实例数量变多后，也可以在搜索框中通过在 10.2 节设置的标签进行搜索。

用户可以远程在虚拟服务器上安装额外的软件及运行命令,如果要登录到虚拟服务器,则需要用户先找到公有 IP 地址。在 EC2 实例页面中选择实例,单击“连接”按钮,打开连接到实例的说明,如图 10.15 和图 10.16 所示。

图 10.15 实例连接

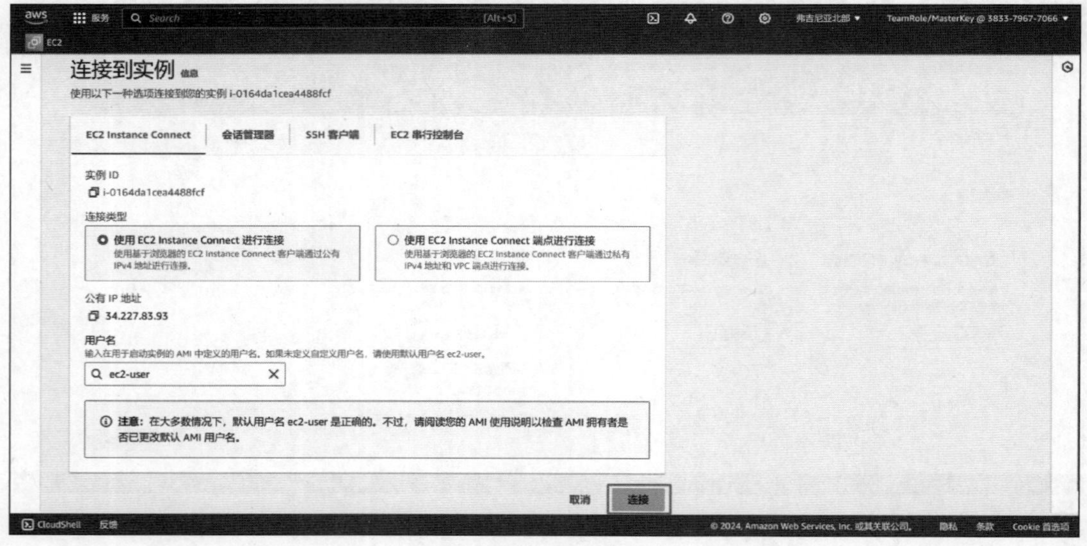

图 10.16 连接到实例

有了公有 IP 地址及用户名,用户就能够登录虚拟服务器了。访问成功后,如图 10.17 所示。

通过以上操作,本实验已经完成对一个虚拟服务器的创建,同时连接并成功访问该虚拟服务器。用户可以根据自己的业务场景安装软件或丰富虚拟服务器中的场景。

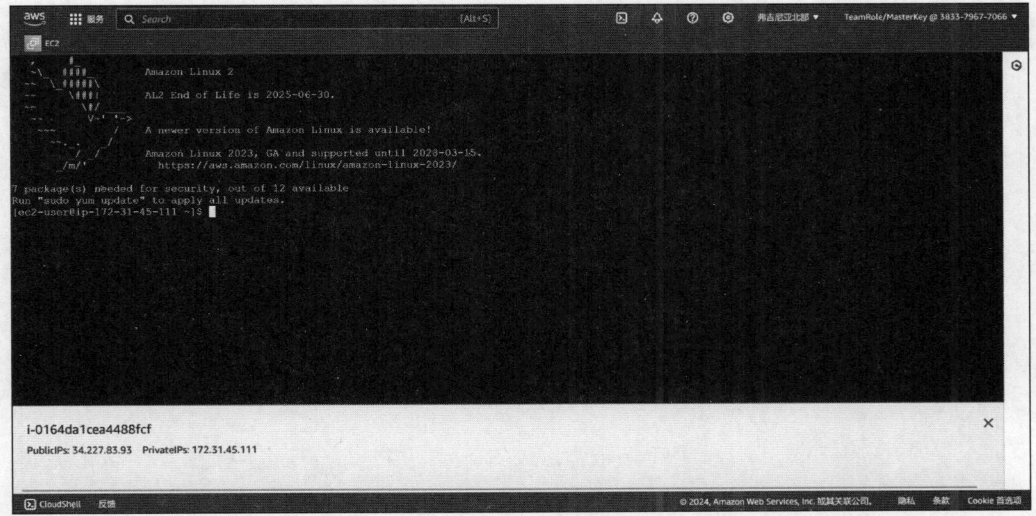

图 10.17　连接虚拟服务器成功

CHAPTER 11

第11章

本实验是依靠AWS服务进行的计算机网络、云存储相关实践。本实验主要分为以下几部分：创建虚拟私有云网络(VPC)、使用Amazon S3云存储、体验集群自动扩展伸缩策略(Auto Scaling)。

在创建VPC时需要创建弹性IP(可动态分配的公有IP地址)，只有分配了弹性IP才能够被外部网络访问。另外，一个网络需要有对应的安全组，所以需要设置对应的ACL规则，这样才能控制访问和请求的出入。最后，需要有能够处理请求的实例，即网络中的节点，所以需要配置EC2服务。EC2服务简单理解就是一个云服务器服务。此外，为了方便访问，还需要配置SSH进行远程登录，使用Ping验证网络的连接性。

Amazon S3是AWS提供的存储桶服务，使用Amazon S3能够在云端存储、管理资源与数据。Amazon S3由庞大的集群节点组成，能够支持高并发，并提供优秀的存储访问。本实验会简单使用Amazon S3进行文件的上传、删除、版本控制等。

Auto Scaling是一个控制策略，它有许多具体的类型，通常被用于管理私有云中节点的自动扩展、伸缩等，主要是为了适应网络在不同场景和时期所有的不同流量。本实验会简单配置一个Auto Scaling控制策略。

11.1 创建 VPC

1. 创建弹性 IP

首先进入 VPC 的仪表盘，然后在导航栏依次单击"弹性 IP"选项和"分配弹性 IP 地址"选项，最后单击"分配"按钮即可，此时页面会显示"已成功分配弹性 IP 地址"，如图 11.1 所示。

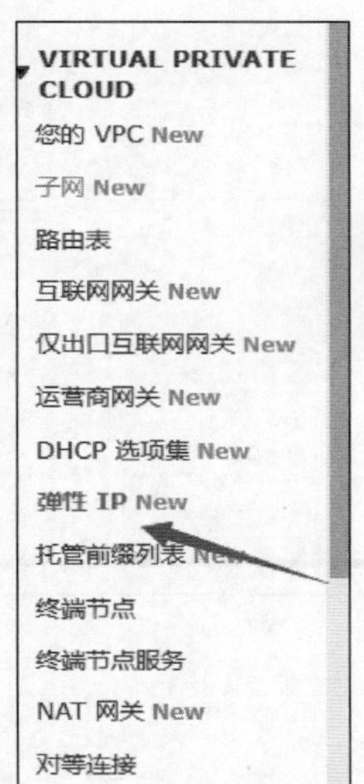

图 11.1 弹性 IP 地址的创建

2. 创建带有公网和私网的 VPC

在 AWS 控制台搜索"VPC"，并单击"用户的 VPC"选项。在"创建 VPC"页面选择"VPC 等"选项，其他选项保持默认，然后单击"创建"按钮。此时在 VPC 控制台查看，如图 11.2 所示。

3. 创建 EC2 实例

在 AWS 控制台搜索 EC2，单击"实例"选项，启动新实例；在密钥对登录处输入密钥对名称，格式选择.pem，单击"创建密钥对"选项；在网络设置处单击"编辑"选项，VPC 选择刚刚创建的 VPC，其他选择默认配置，最终得到如图 11.3 所示的结果。

4. 测试公有网络实例的连接性

(1) 将弹性 IP 与 EC2 实例进行关联，在 EC2 界面单击"弹性 IP"选项，选中用户刚刚创建的弹性 IP，依次单击右上角"操作"选项和"关联弹性 IP 地址"选项，选择相关的实例和 IP 地址，单击"关联"按钮。

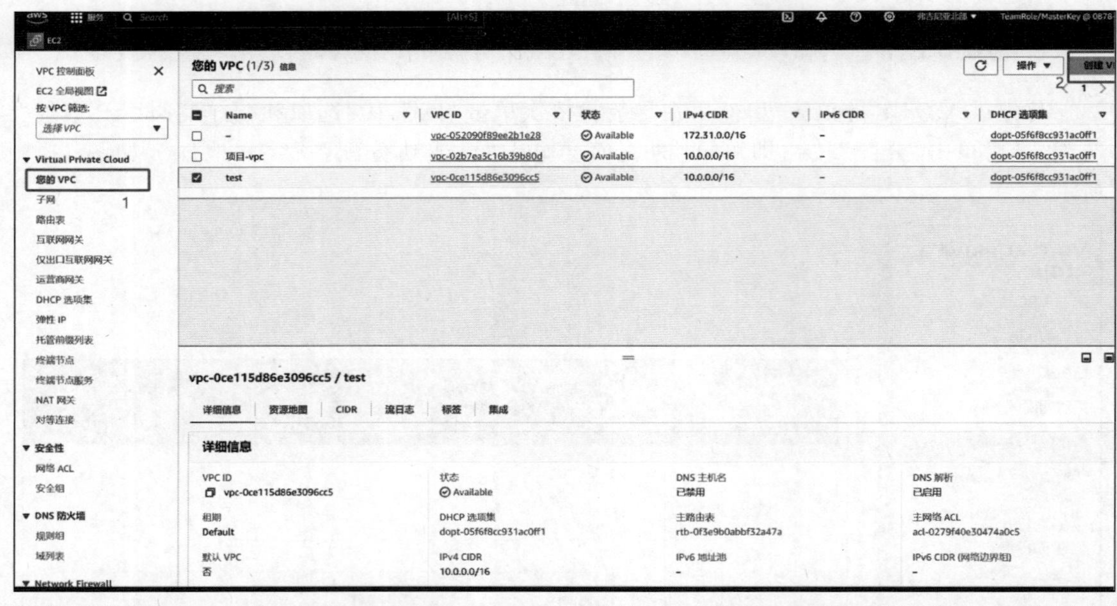

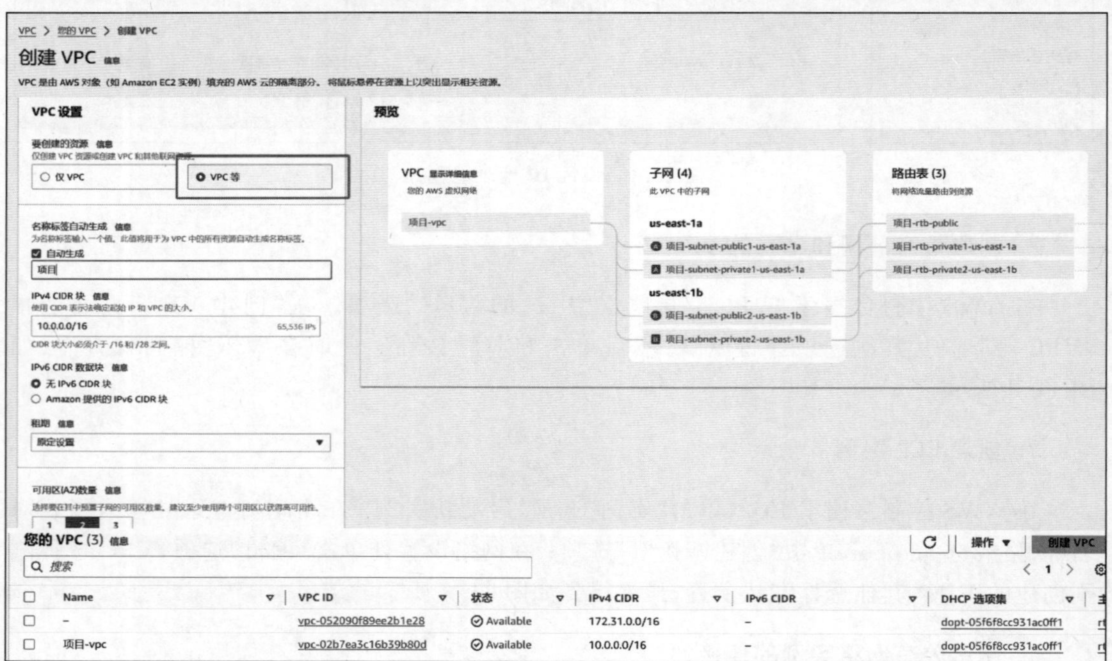

图 11.2　VPC 创建成功

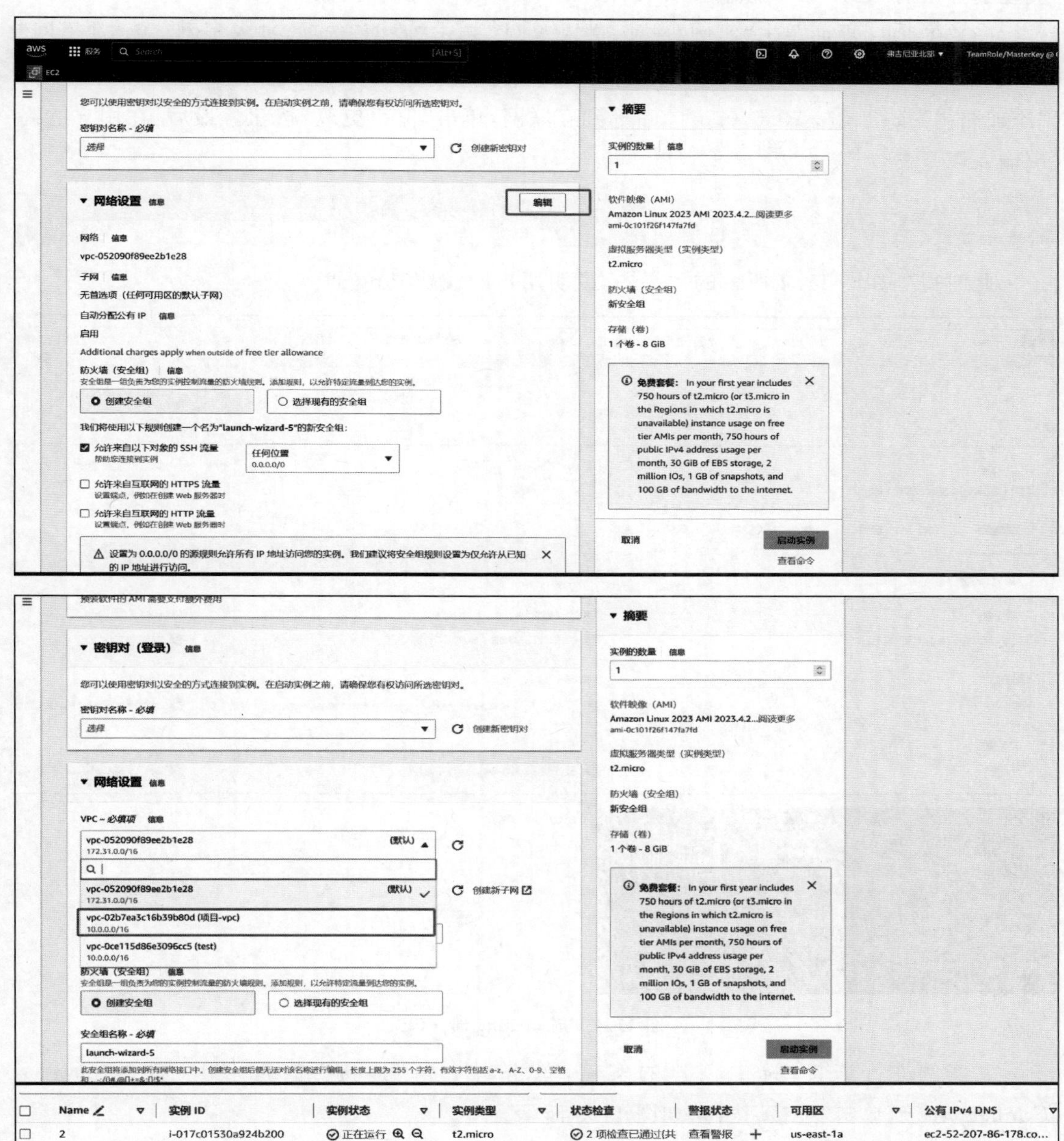

图 11.3　EC2 创建成功

(2) 在 EC2 界面单击“实例”选项,选中实例；依次单击“安全”选项和“入站规则的安全组”选项,选中安全组；单击右上角“操作”按钮,选中编辑入站规则；单击“添加规则”按钮,类型选择所有 ICMP-IPv4,输入 0.0.0.0/0,单击“保存规则”按钮。

(3) 在 EC2 界面单击“实例”选项,进入实例；单击“联网”选项,进入子网；单击“子网”选项,找到路由表；进入路由表,选中路由表；单击右上角“操作”按钮,选择编辑路由；单击“添加路由”按钮,输入 0.0.0.0/0,目标到互联网,单击“保存更改”按钮。最后,在用户的终端输入以下命令。

```
ping 3.217.241.180
```

此时得到如图 11.4 所示的效果图,说明用户已成功 Ping 通。

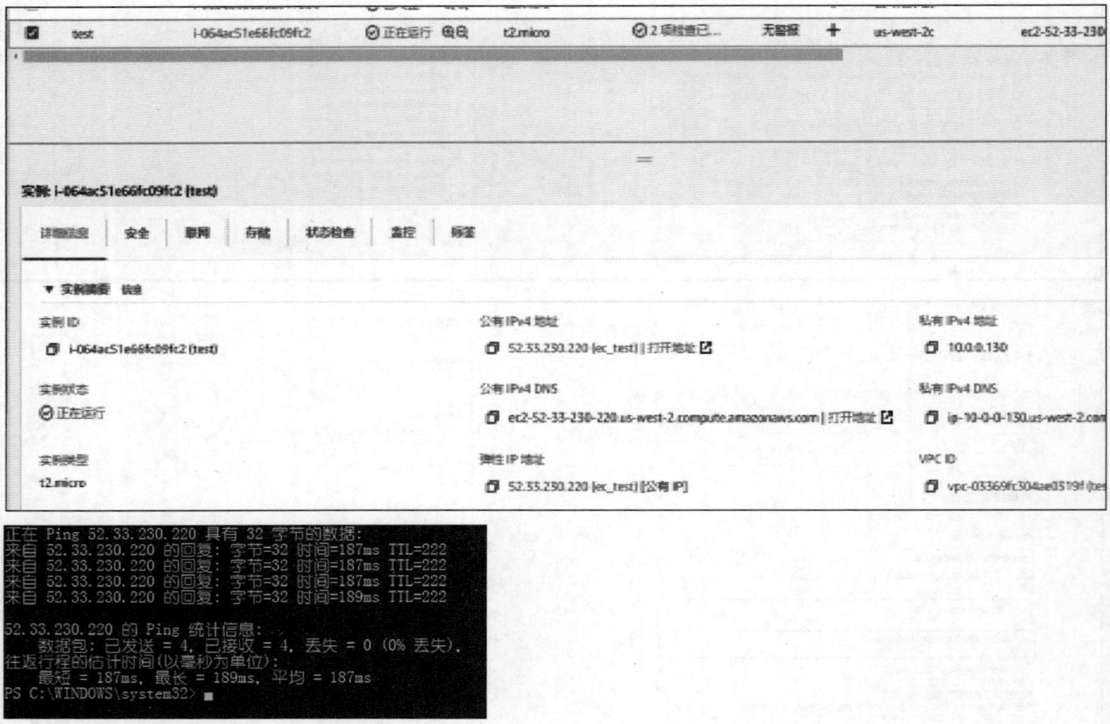

图 11.4　成功 Ping 通 VPC

对实例进行连接,选中创建的实例,单击右上角“连接”按钮,使用 EC2 Instance Connect 连接,单击“连接”按钮,如图 11.5 所示。

5. 清除实验环境

释放 EC 实例,释放弹性 IP 和 NAT 网关,释放 VPC。

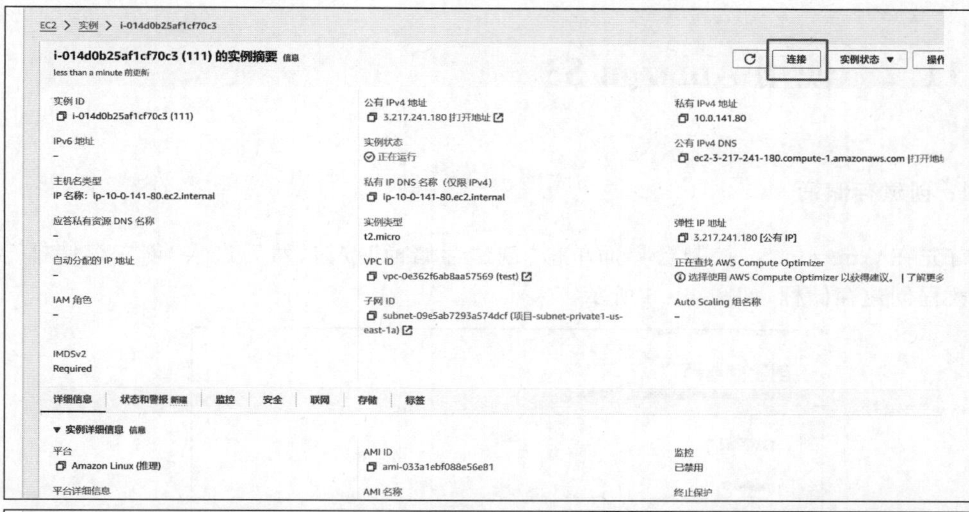

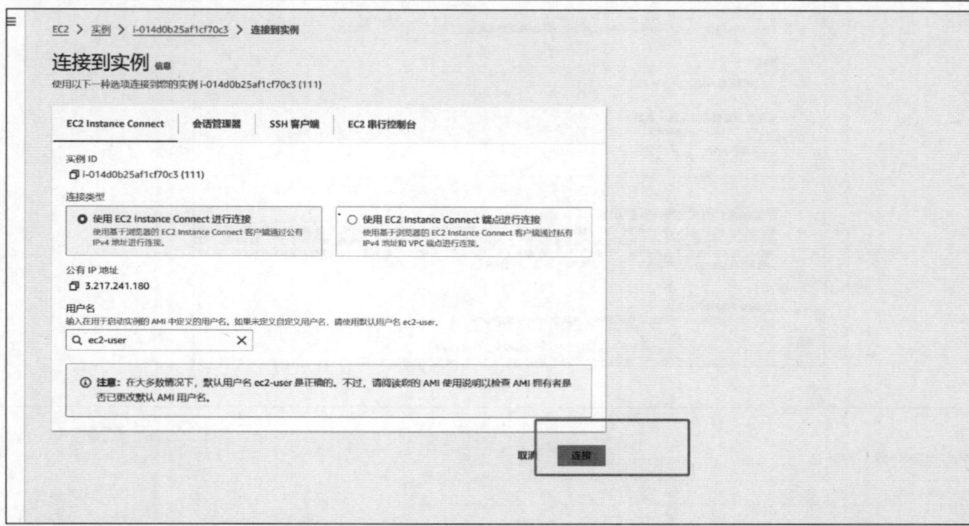

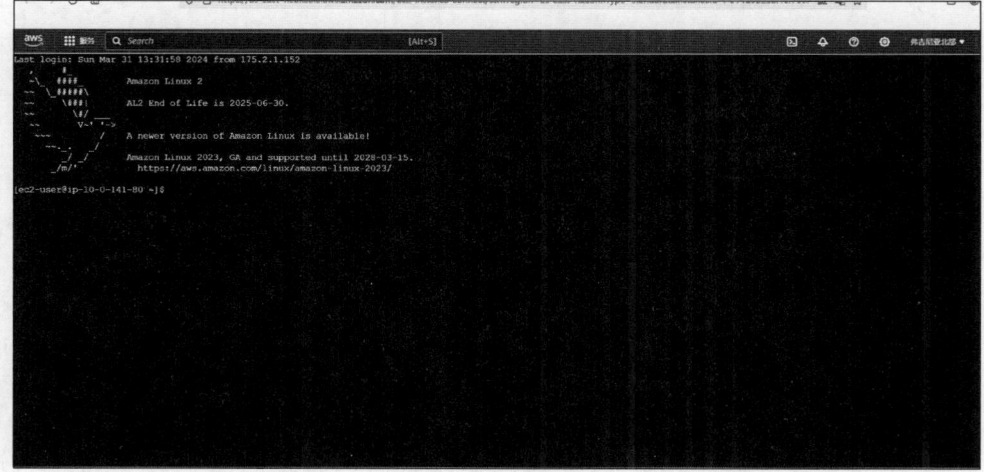

图 11.5　连接 VPC

11.2 使用 Amazon S3

1. 创建存储桶

首先在 Amazon S3 控制台界面单击“创建存储桶”按钮，然后进入“创建存储桶”界面，按照教程创建存储桶，如图 11.6 所示。

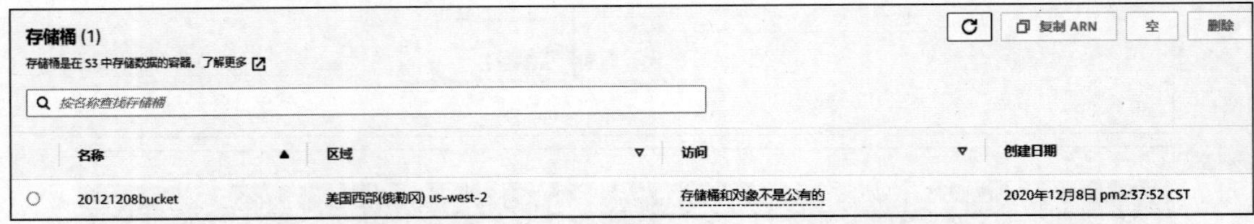

图 11.6　创建存储桶

2. 创建、上传、移除、版本控制

在所创建的桶的详情页，单击“创建文件夹”按钮可以创建一个文件夹，这里的文件名用 root，如图 11.7 所示。

单击 root 文件夹，进入详情页，可以发现此时还没有对象(文件)。通过单击“上传文件”按钮，可以进行对象上传。这里上传了一个空的 test.txt 文件，具体如图 11.8 所示。

通过选择文件，能够将对象进行删除，具体如图 11.9 所示。

此外，还可以启动版本控制，这样能够保持对同一对象的多个修改，如图 11.10 所示。

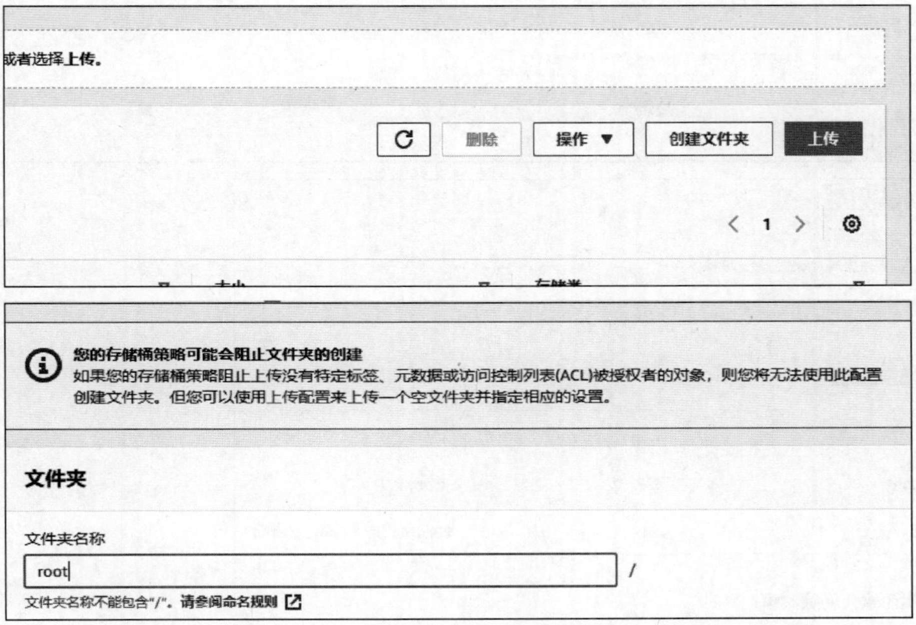

或者选择上传。

删除　操作 ▼　创建文件夹　上传

您的存储桶策略可能会阻止文件夹的创建
如果您的存储桶策略阻止上传没有特定标签、元数据或访问控制列表(ACL)被授权者的对象，则您将无法使用此配置创建文件夹。但您可以使用上传配置来上传一个空文件夹并指定相应的设置。

文件夹

文件夹名称

root /

文件夹名称不能包含"/"。请参阅命名规则

图 11.7　创建文件夹

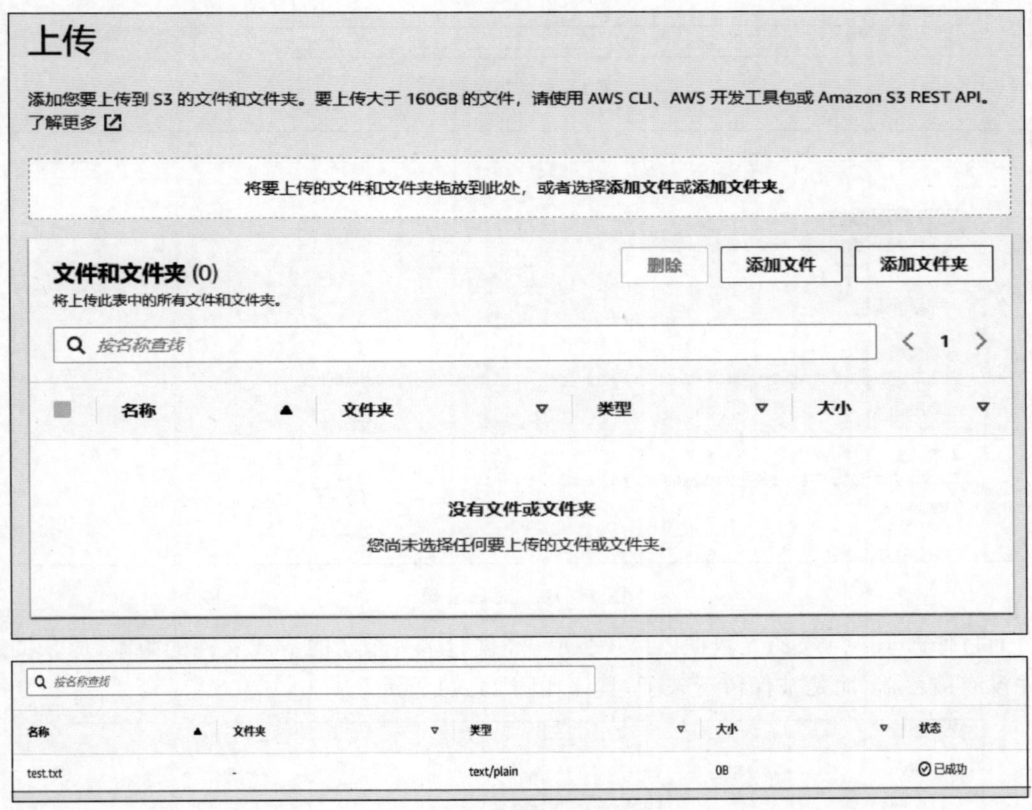

图 11.8　文件上传

对象 (1)

列出版本　删除

名称	类型	版本 ID	上次修改时间	大小
test.txt	txt	null	2020年12月8日 pm2:50:13 CST	

删除对象

无法撤消对指定对象的删除。

了解更多

指定的对象

按名称查找对象

名称	版本 ID	类型	上次修改时间
test.txt	null	txt	2020年12月8日 pm2:50:13 CST

是否永久删除对象?

要确认删除，请在字段中键入 *永久删除*。

永久删除

图 11.9　文件删除

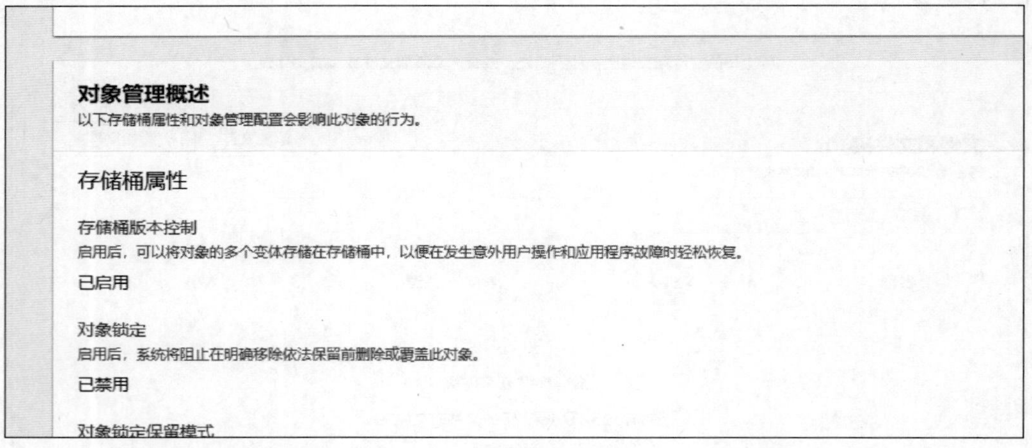

图 11.10　对象管理

通过修改 test. txt 的元数据，可以发现已经创建了一个新的 test 文件的版本，原来的版本并没有被覆盖，而是被保留下来了，具体如图 11.11 所示。

图 11.11　版本控制

3. 清理实验环境

删除桶内数据，并删除存储桶。

11.3　体验 Amazon Auto Scaling

Auto Scaling 只能运行在 Auto Scaling 组中，也只能在其中生效。Auto Scaling 组可以被认为是一个小型管理组，位于组中的 EC2 实例都要受到该组的 Auto Scaling 所控制。

1. 创建 Auto Scaling 组

在 EC2 栏单击"Auto Scaling 组"选项；单击"创建 Auto Scaling 组"选项，输入名称；选择"创建启动模板"选项，输入启动模板名称和说明，应用程序和操作系统映像选择快速启动；单击 Amazon Linux 选项，选择 Amazon Linux2 AMI，实例类型选择 t2. small，在密钥对中选择用户创建的密钥对，单击创建，如图 11. 12 所示。

图 11. 12　Auto Scaling 组的配置

第 2 步: 配置设置　编辑

实例购买选项

实例分配

按需基础
将前 5 个实例指定为按需实例

按需和 Spot 实例百分比
70 % On-Demand
30 % Spot

Spot 分配策略
容量优化

容量重新平衡
开

实例类型

实例类型	vCPU	内存	网络性能	权重
1. t2.small	1 vCPU	2 GiB	Low to Moderate	1

网络

网络

VPC
vpc-f088df88

可用区	子网	
us-west-2a	subnet-c99333b1	172.31.16.0/20

图 11.12　(续)

在完成配置后,直接跳到“检查处”,创建 Auto Scaling,此时成功创建了一个 Auto Scaling 组,如图 11.13 所示。

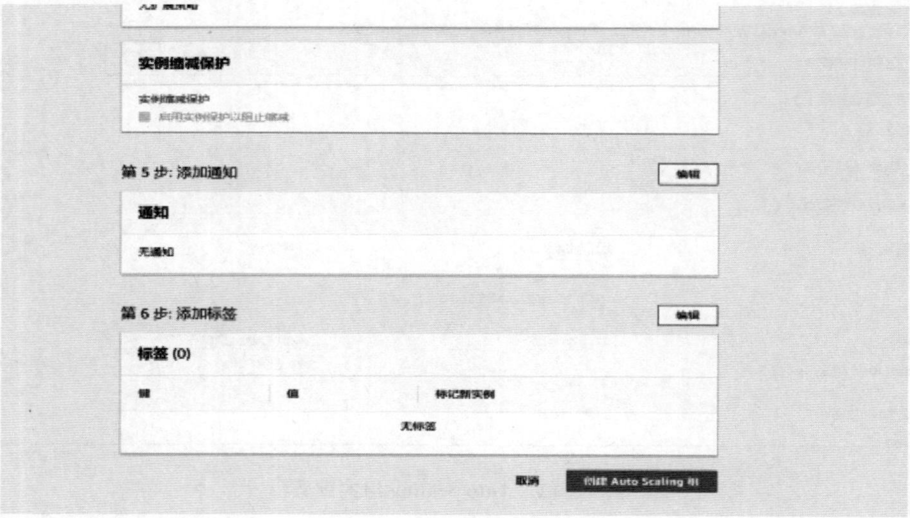

实例缩减保护

实例缩减保护

启用实例保护以阻止缩减

第 5 步: 添加通知　编辑

通知

无通知

第 6 步: 添加标签　编辑

标签 (0)

键	值	标记新实例

无标签

取消　创建 Auto Scaling 组

图 11.13　Auto Scaling 组的创建

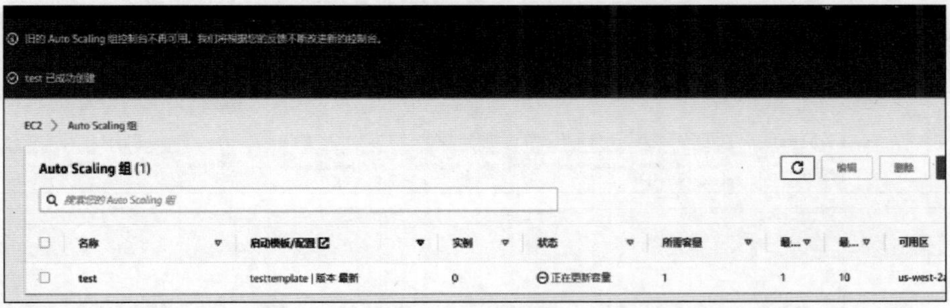

图 11.13　（续）

2. 简单使用 Auto Scaling 组

这里可以基于 Auto Scaling 组设置一些条件，以控制组中的最小实例数、最大实例数、负载均衡、扩展策略等，完成对复杂情况下实例的组织与管控，如图 11.14 和图 11.15 所示。

通过本节实验，读者可以对 AWS 网络、存储、自动伸缩等有一些简单的了解，通过实际搭建网络、配置相应的 ACL 规则、设置自定义的存储桶，对计算机网络、分布式系统、存储系统、版本控制等形成更加深刻和形象的认识。

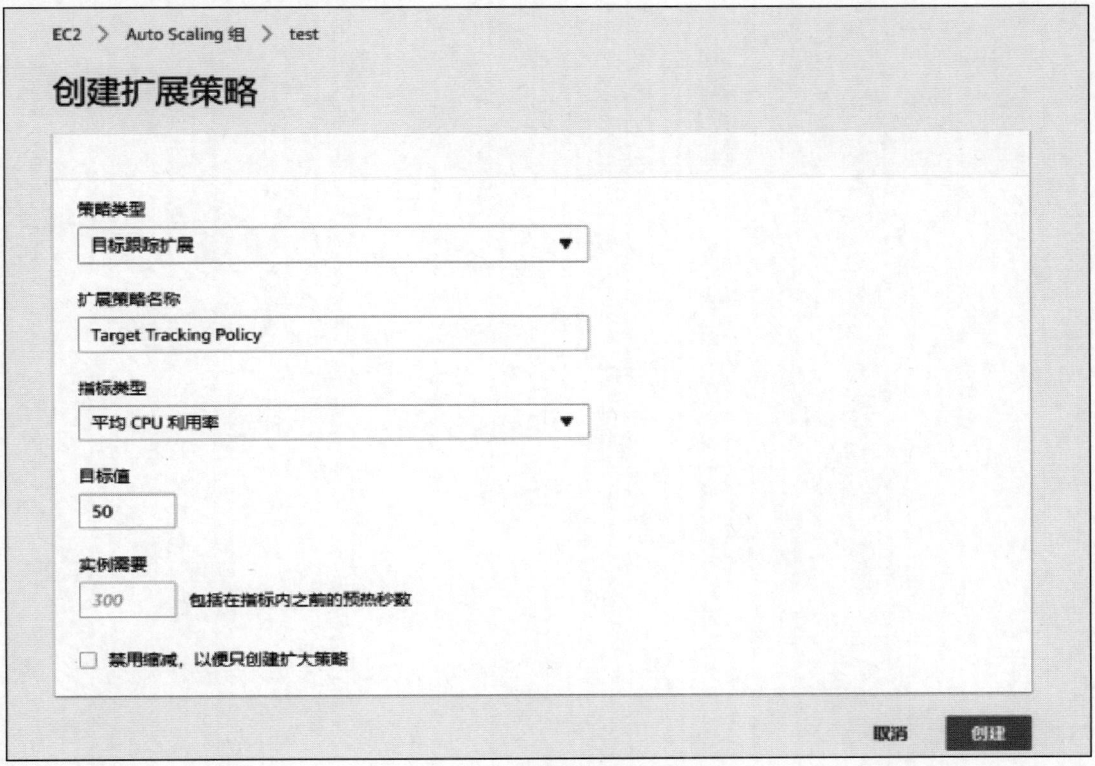

图 11.14　配置扩展策略

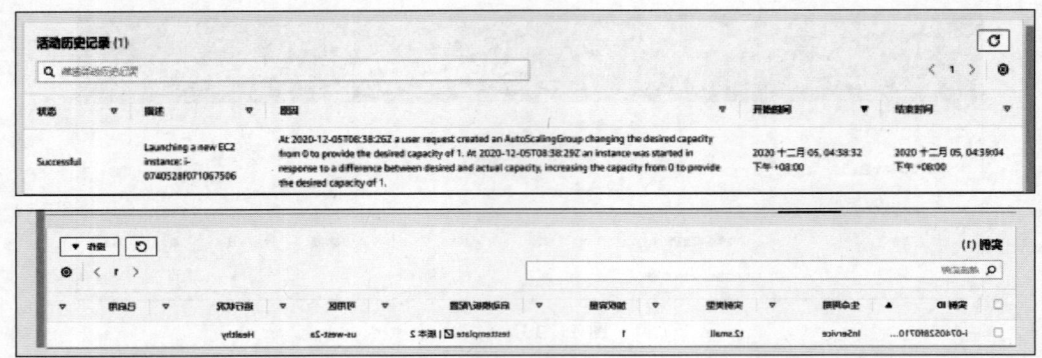

图 11.15　查看活动记录

第12章

实验：通过CDN实现加速

CHAPTER 12

本实验主要介绍如何通过 CDN 实现加速，具体步骤包括创建 EC2 和 S3 源站、创建 CloudFront 分发、测试访问应用、测试 Distribution 缓存清除、创建自定义错误页、配置源站组和响应 header 策略等。通过本实验，用户可以了解 CDN 加速网站或应用访问速度的过程，并学习如何配置 CDN 分发、源站组和响应 header 策略等。

视频讲解

12.1 创建 EC2 和 S3 源站

1. 创建堆栈

通常使用 CloudFormation 模板创建 EC2 和 S3 源站，在 CloudFormation 堆栈页面单击“堆栈”选项，单击右上角的“创建堆栈”选项，单击“使用新资源(标准)”选项，如图 12.1 所示。

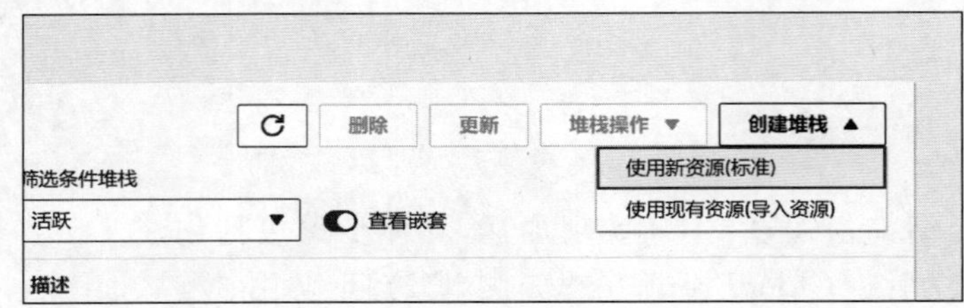

图 12.1 创建堆栈

选择“模板已就绪”和“上传模板文件”选项，然后选择并上传模板文件 cloudfront-lab.yaml，如图 12.2 所示。

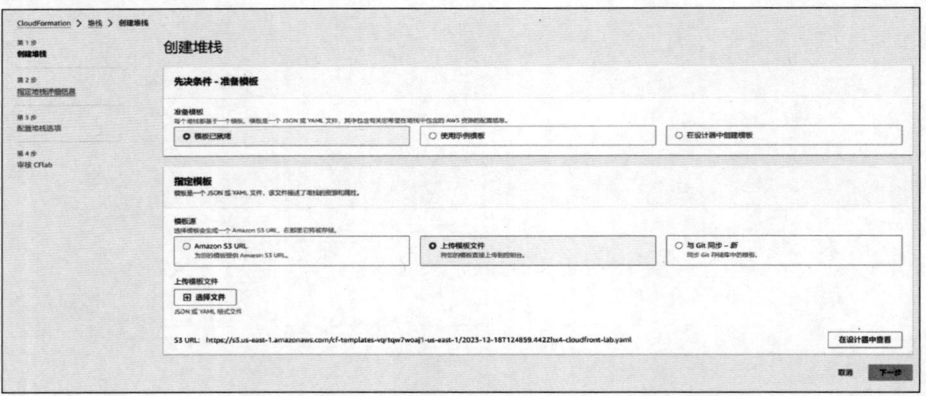

图 12.2 上传模板文件

单击“下一步”按钮，输入堆栈名称(CFlab 或其他)，连续单击两次“下一步”按钮，最后单击“创建堆栈”按钮，如图 12.3 所示。

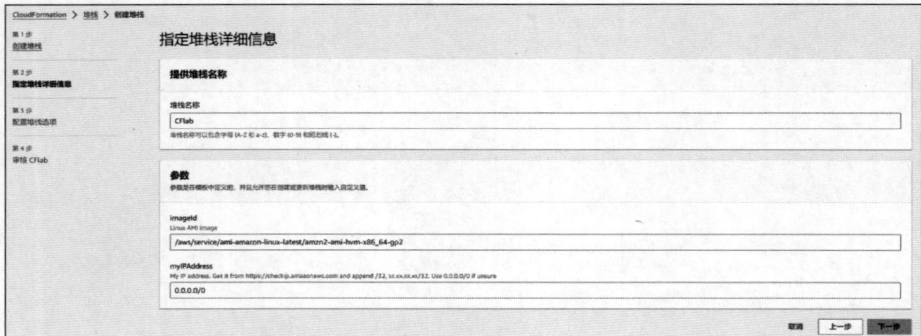

图 12.3 输入堆栈名

一旦堆栈创建完成，即可在输出列表里看到 EC2 的 DNS 域名和 Amazon S3 桶名，如图 12.4 所示。

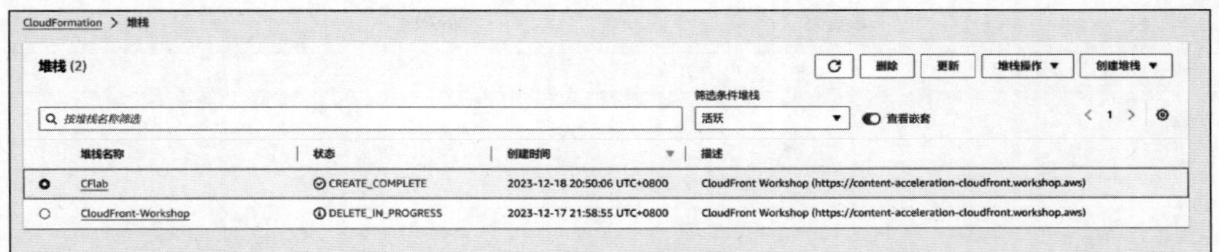

图 12.4　堆栈创建完成

2. 在 Amazon S3 桶里创建 index 文件

用文本编辑器创建 index.html 文件，这是一个用 iframe tag 创建的动态内容，实际上当请求 index.html 文件时，浏览器会转发随后的请求到/api。

```
<!DOCTYPE html>
<html lang = "en">
  <body>
    <table border = "1" width = "100 % ">
      <thead>
        <tr>
          <td><h1>CloudFront workshop Lab</h1></td>
        </tr>
      </thead>
      <tfoot>
        <tr>
          <td>CF workshop - Edge Services - Module 1</td>
        </tr>
      </tfoot>
      <tbody>
        <tr>
          <td>Response sent by API</td>
        </tr>
      </tbody>
      <tbody>
        <tr>
          <td>
            <iframe src = "/api" style = "width: 100 % ; height: 100 % "></iframe>
          </td>
        </tr>
      </tbody>
    </table>
  </body>
</html>
```

在之前用 CloudFormation 创建的 Amazon S3 桶里，上传一个 index.html 文件(其他设置为默认)，如图 12.5 所示。

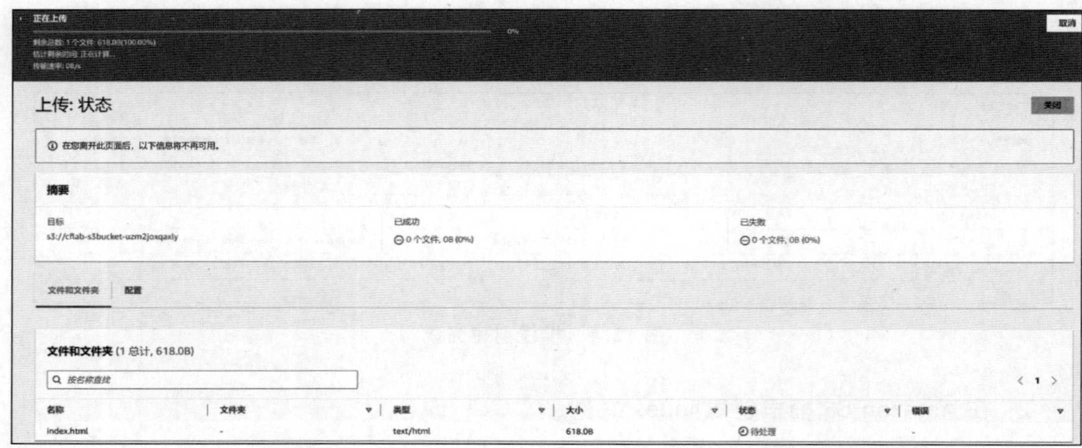

图 12.5 上传 index 文件

3. 直接访问 EC2

当 CloudFormation 部署完成后,一个基于 Node.js 的应用被部署在 EC2 里该应用负责监听 HTTP 请求,一旦收到请求,它会返回一个 JSON 格式的响应,其具体代码描述如下。

```
let express = require("express");
let app = express();
app.get("/api", (req, res) => {
  console.log(JSON.stringify(req.headers));
  let message = {
    timestamp: new Date().toISOString(),
    headers: req.headers,
  };
  if (req.query.info) {
    let { exec } = require("child_process");
    exec(`cat ${req.query.info}`, (err, data) => {
      message.data = data;
      res.json(message);
    });
  } else {
    res.json(message);
  }
});
app.listen(8080, () => {
  console.log("api is up!");
});
```

在浏览器地址栏中输入 EC2 实例的 DNS 域名,确认用户的应用可以有相应返回,如图 12.6 所示。

不安全 | ec2-204-236-202-23.compute-1.amazonaws.com/api


```
{
    "timestamp": "2023-12-18T13:07:29.971Z",
    "headers": {
        "host": "ec2-204-236-202-23.compute-1.amazonaws.com",
        "connection": "keep-alive",
        "upgrade-insecure-requests": "1",
        "user-agent": "Mozilla/5.0 (Windows NT 10.0; Win64; x64) AppleWebKit/537.36 (KHTML, like Gecko) Chrome/120.0.0.0 Safari/537.36 Edg/120.0.0.0",
        "accept": "text/html,application/xhtml+xml,application/xml;q=0.9,image/webp,image/apng,*/*;q=0.8,application/signed-exchange;v=b3;q=0.7",
        "accept-encoding": "gzip, deflate",
        "accept-language": "zh-CN,zh;q=0.9,en;q=0.8,en-GB;q=0.7,en-US;q=0.6"
    }
}
```


图 12.6　返回界面

12.2　创建 CloudFront 分配

1．创建 CloudFront 分配的过程

转到 AWS 控制台，单击“创建 CloudFront 分配”按钮，如图 12.7 所示。

图 12.7　创建 CloudFront 分配

配置默认源站为先前创建的 S3 桶(cflab-s3bucket-＊)，并授予 S3 桶 OAI 设置(见图 12.8)，具体配置如下。

```
Origin domain > Select your S3 bucket
S3 bucket access > Yes use OAI (bucket can restrict access to only CloudFront)
Origin access identity > Click Create new OAI > In the pop - up click Create
Bucket policy > Yes, update the bucket policy
```

配置默认缓存行为如下。

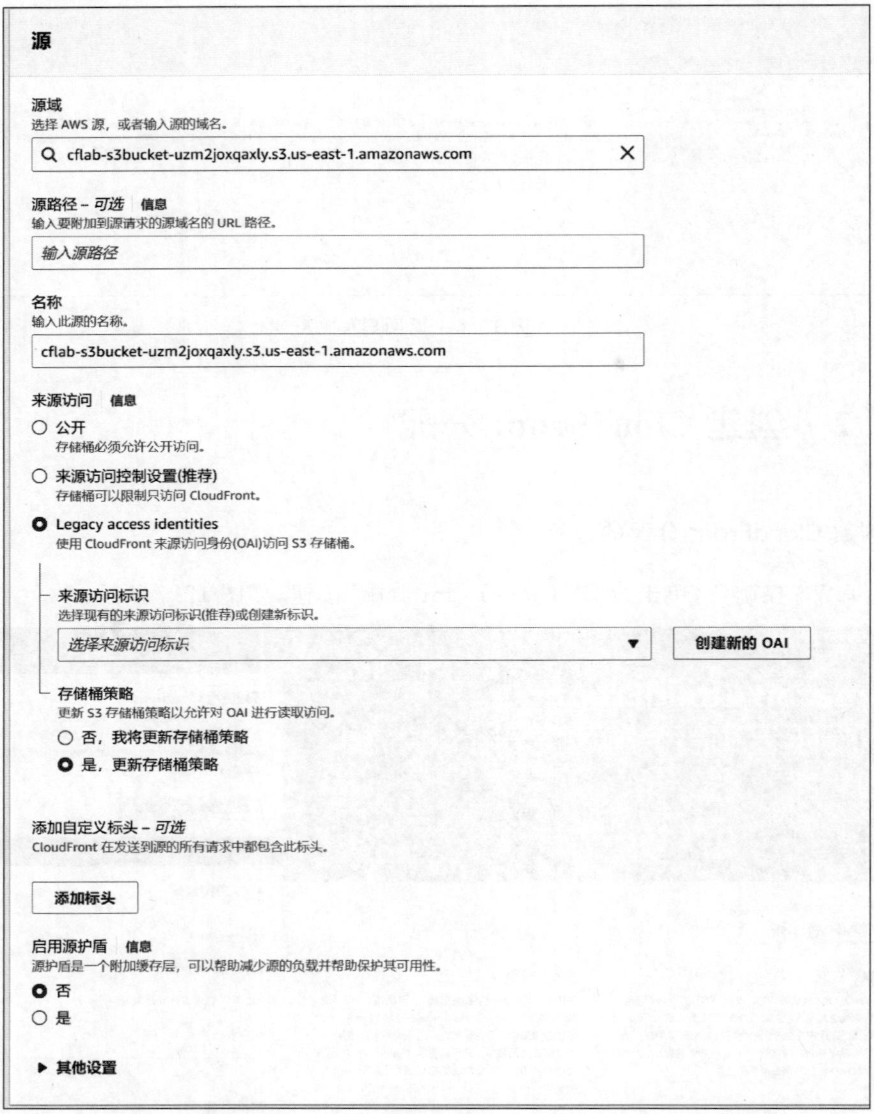

源

源域
选择 AWS 源，或者输入源的域名。
cflab-s3bucket-uzm2joxqaxly.s3.us-east-1.amazonaws.com

源路径 – 可选 信息
输入要附加到源请求的源域名的 URL 路径。
输入源路径

名称
输入此源的名称。
cflab-s3bucket-uzm2joxqaxly.s3.us-east-1.amazonaws.com

来源访问 信息
○ 公开
存储桶必须允许公开访问。
○ 来源访问控制设置(推荐)
存储桶可以限制只访问 CloudFront。
● Legacy access identities
使用 CloudFront 来源访问身份(OAI)访问 S3 存储桶。

来源访问标识
选择现有的来源访问标识(推荐)或创建新标识。
选择来源访问标识 ▼ 创建新的 OAI

存储桶策略
更新 S3 存储桶策略以允许对 OAI 进行读取访问。
○ 否，我将更新存储桶策略
● 是，更新存储桶策略

添加自定义标头 – 可选
CloudFront 在发送到源的所有请求中都包含此标头。
添加标头

启用源护盾 信息
源护盾是一个附加缓存层，可以帮助减少源的负载并帮助保护其可用性。
● 否
○ 是

▶ 其他设置

图 12.8 配置源站

```
Viewer protocol policy > Redirect HTTP to HTTPS
Cache key and origin requests > Cache policy and origin request policy (recommended)
Cache policy > CachingOptimized (Recommended for S3 origins)
```

CloudFront 提供一系列的托管缓存策略，不需要用户编写自定义的缓存策略。托管策略可以用在特定的场景，如图 12.9 所示。

在设置选项中，通常要进行如下配置。

```
Configure Default root object - optional to index.html
And leave the rest to defaults
Click Create distribution
```

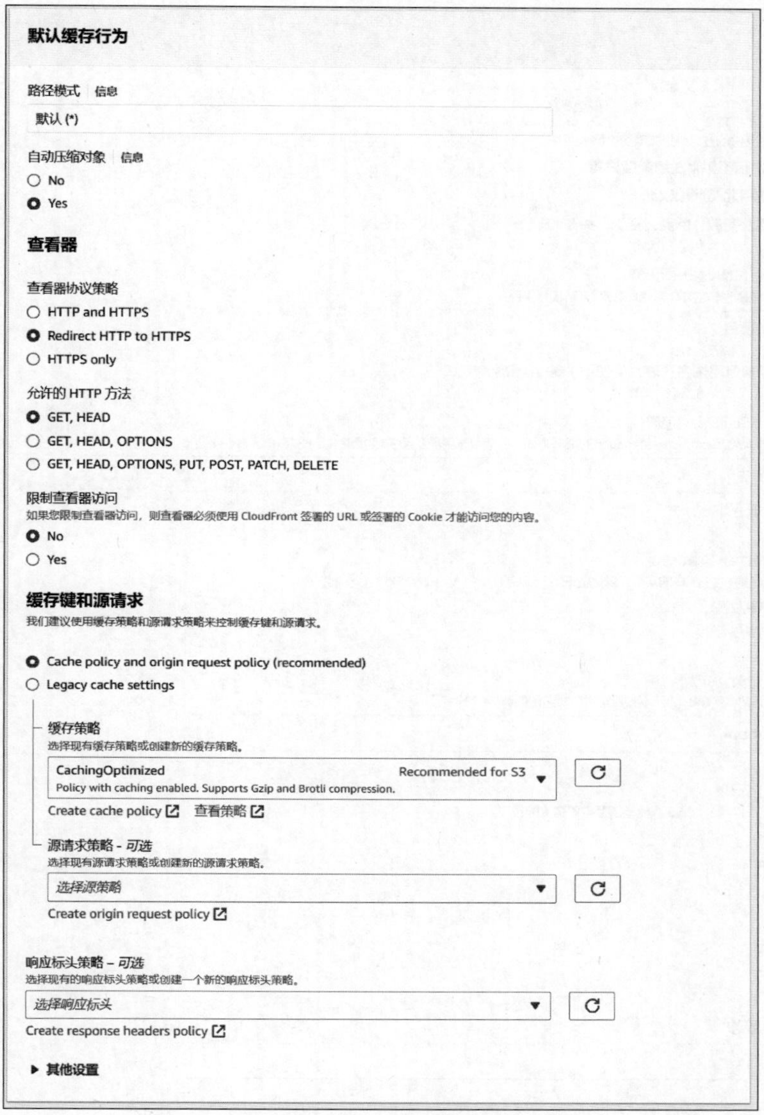

默认缓存行为

路径模式 | 信息

默认 (*)

自动压缩对象 | 信息

○ No

● Yes

查看器

查看器协议策略

○ HTTP and HTTPS

● Redirect HTTP to HTTPS

○ HTTPS only

允许的 HTTP 方法

● GET, HEAD

○ GET, HEAD, OPTIONS

○ GET, HEAD, OPTIONS, PUT, POST, PATCH, DELETE

限制查看器访问

如果您限制查看器访问，则查看器必须使用 CloudFront 签署的 URL 或签署的 Cookie 才能访问您的内容。

● No

○ Yes

缓存键和源请求

我们建议使用缓存策略和源请求策略来控制缓存键和源请求。

● Cache policy and origin request policy (recommended)

○ Legacy cache settings

缓存策略

选择现有缓存策略或创建新的缓存策略。

CachingOptimized　Recommended for S3

Policy with caching enabled. Supports Gzip and Brotli compression.

Create cache policy　查看策略

源请求策略 - 可选

选择现有源请求策略或创建新的源请求策略。

选择源策略

Create origin request policy

响应标头策略 - 可选

选择现有的响应标头策略或创建一个新的响应标头策略。

选择响应标头

Create response headers policy

▶ 其他设置

图 12.9　托管策略

对于 Alternate Domai Names，用户可以添加新的可替换的域名。CloudFront 在创建分配后，正常需要 5～10min 才能完全发布。此时，用户可以在左边的分配菜单进行观察，如图 12.10 所示。

2. 增加 EC2 源站

在分配控制台，单击分配 ID 选项以进入 Origin TAB，然后创建另一个 Origin API，单击“创建源”按钮，如图 12.11 所示。

在 Origin 域名里输入 EC2 域名，并将 timeout 值增加到 60 秒。需要注意的是，本实验尽管前端只用了 HTTPS，但源站还用了 HTTP Only 的设置，也是为了减少 TLS 的过载影响，如图 12.12 所示。

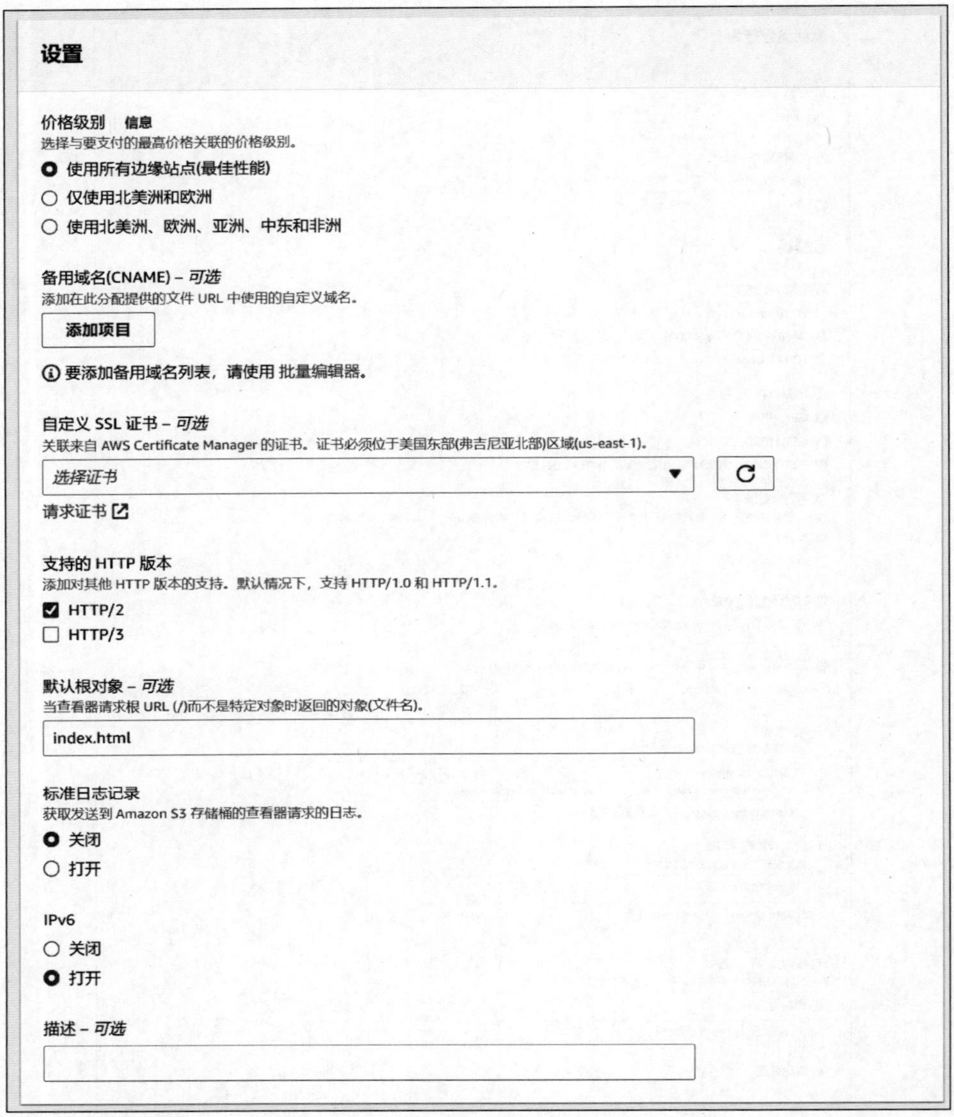

设置

价格级别　信息
选择与要支付的最高价格关联的价格级别。
◉ 使用所有边缘站点(最佳性能)
○ 仅使用北美洲和欧洲
○ 使用北美洲、欧洲、亚洲、中东和非洲

备用域名(CNAME) – *可选*
添加在此分配提供的文件 URL 中使用的自定义域名。
添加项目
ⓘ 要添加备用域名列表，请使用 批量编辑器。

自定义 SSL 证书 – *可选*
关联来自 AWS Certificate Manager 的证书。证书必须位于美国东部(弗吉尼亚北部)区域(us-east-1)。
选择证书
请求证书

支持的 HTTP 版本
添加对其他 HTTP 版本的支持。默认情况下，支持 HTTP/1.0 和 HTTP/1.1。
☑ HTTP/2
☐ HTTP/3

默认根对象 – *可选*
当查看器请求根 URL (/)而不是特定对象时返回的对象(文件名)。
index.html

标准日志记录
获取发送到 Amazon S3 存储桶的查看器请求的日志。
◉ 关闭
○ 打开

IPv6
○ 关闭
◉ 打开

描述 – *可选*

图 12.10　设置

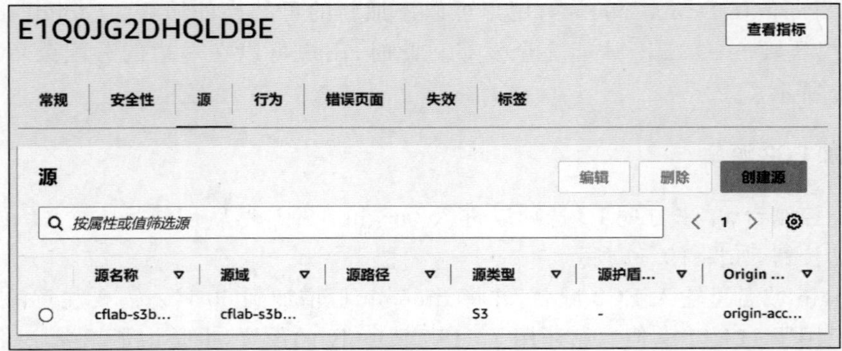

图 12.11　开始创建源

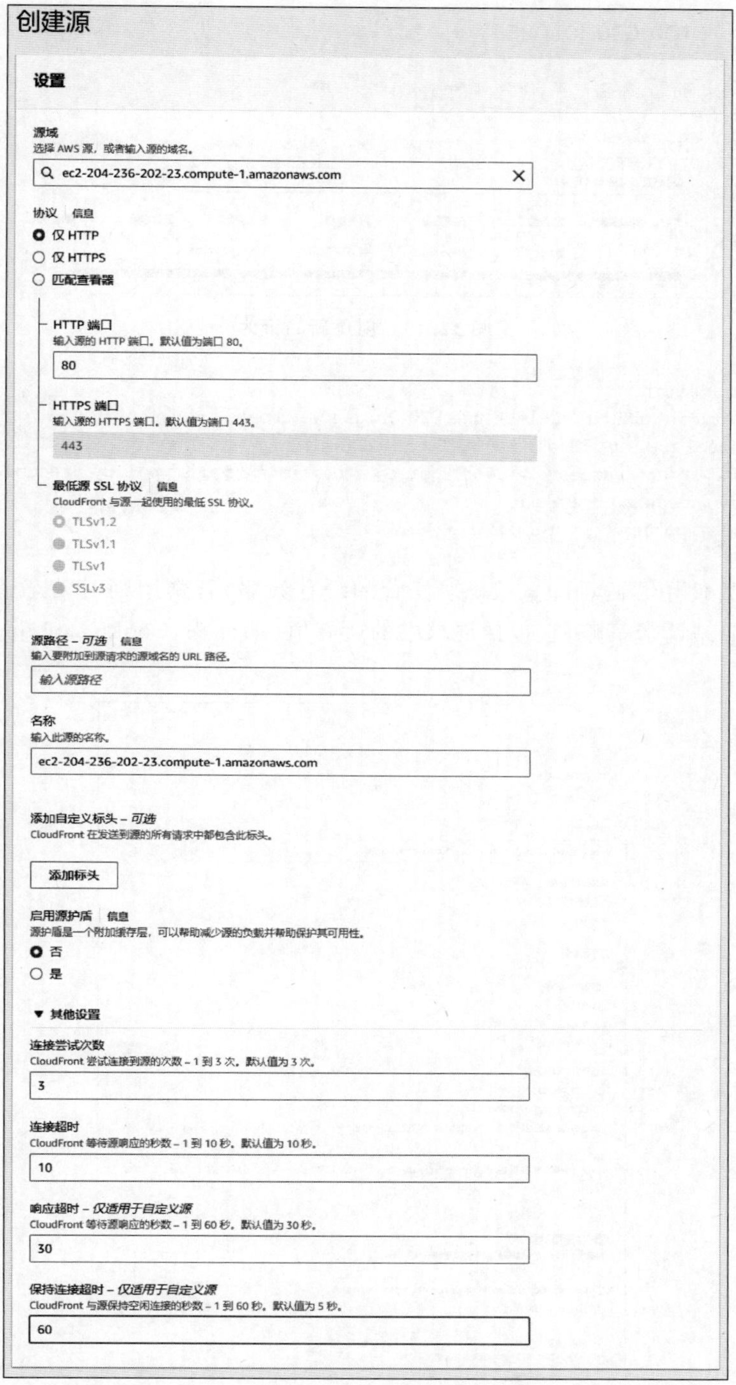

图 12.12　源设置

创建一个新的行为“/api”，单击“创建行为”按钮，如图 12.13 所示。

配置第二个缓存行为，其中用 EC2 为源站，并忽略任何缓存。

图 12.13　创建新的行为

```
Path pattern > /api
Origin and origin groups > Select the EC2 Origin we created previously
Viewer protocol policy > Redirect HTTP to HTTPS
Cache key and origin requests > Cache policy and origin request policy (recommended)
Cache policy > CachingDisabled
Origin request policy - optional -> AllViewer
```

上面的配置使用了两种配置策略：托管的缓存策略，若禁用则对动态请求的内容不予缓存；托管的源站请求策略，它包括请求中的所有值(如标头、Cookies 和 query strings)，如图 12.14 所示。

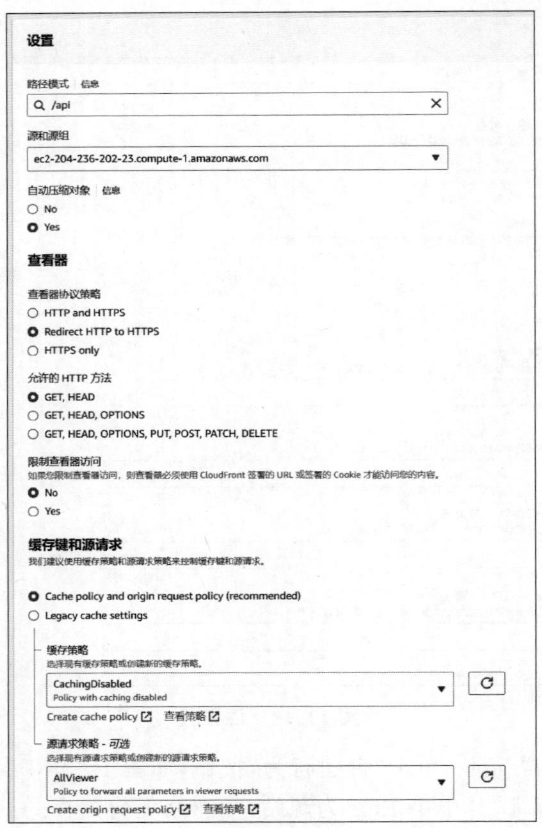

图 12.14　配置策略

检查用户配置，此时会生成一个唯一的分配域名，如图 12.15 所示。

图 12.15　生成的分配域名

12.3　测试访问应用

1. 通过 CloudFront 测试访问应用

当 CloudFront 分配的配置完成后，即使状态只是“in progres”，也已经表示可以使用了，只是需要一定时间传播到 AWS 的 300 多个 POPs 点，即可为“Deployed”状态。为了测试分配是否已完成，可以用 lookup 命令查询它的域名。“dxxx. cloudfront. net”是每个分配的唯一域名，如图 12.16 所示。

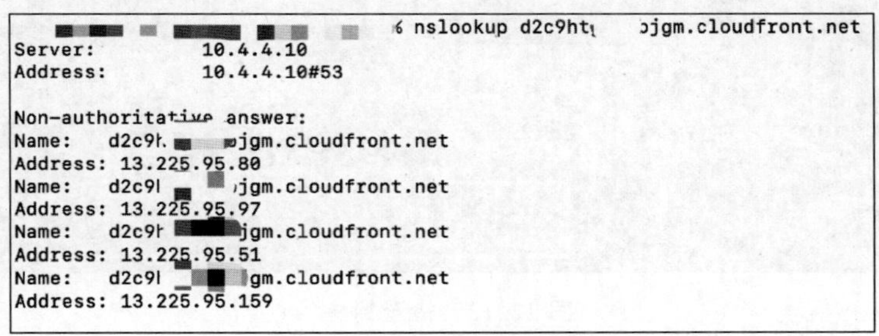
```
% nslookup d2c9ht    ɔjgm.cloudfront.net
Server:         10.4.4.10
Address:        10.4.4.10#53

Non-authoritative answer:
Name:   d2c9h    jgm.cloudfront.net
Address: 13.225.95.80
Name:   d2c9l    jgm.cloudfront.net
Address: 13.225.95.97
Name:   d2c9h    jgm.cloudfront.net
Address: 13.225.95.51
Name:   d2c9l    gm.cloudfront.net
Address: 13.225.95.159
```

图 12.16　测试访问应用

当同步完成后，用户可以用 CloudFront 的 URL 测试网页。在网页里，用户可以看到不同的 CloudFront 的标头被转发到用户的 API 终端。x-amz-cf-id 是 CloudFront 的唯一请求 ID，用户刷新页面时将看到这个 ID 是如何变换的。这个 ID 会被转发到用户的客户端和 CloudFront 的访问日志。如果用户需要诊断问题，则应提交案例并附上这个请求 ID，如图 12.17 所示。

通过浏览器的开发工具选项，用户可以检查 CloudFront 发送的响应标头。典型的 3 类标头如下。

（1）x-amz-cf-id：CloudFront 分配的请求 ID。

（2）x-amz-cf-pop：表明处理请求的 CloudFront 边缘站点，每个边缘站点由 3 个字母和一个任意数组成。例如，SYD1 中的 3 个字母对应于靠近边缘站点的国际机场的代码。

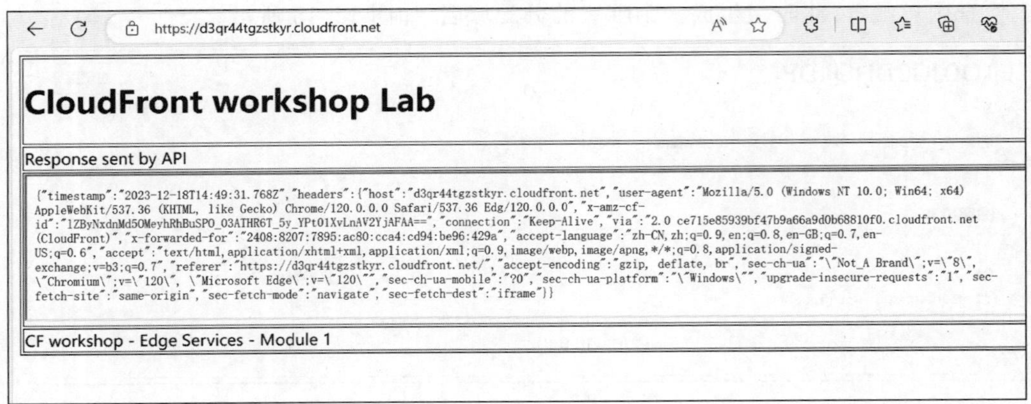

图 12.17　ID 变换

(3) x-cache：表明是否有请求命中缓存，通常 HTML 文件会显示“Hit from cloudfront”，但/api 总是显示“Miss from cloudfront”，这是因为在行为上禁用了缓存，如图 12.18 所示。

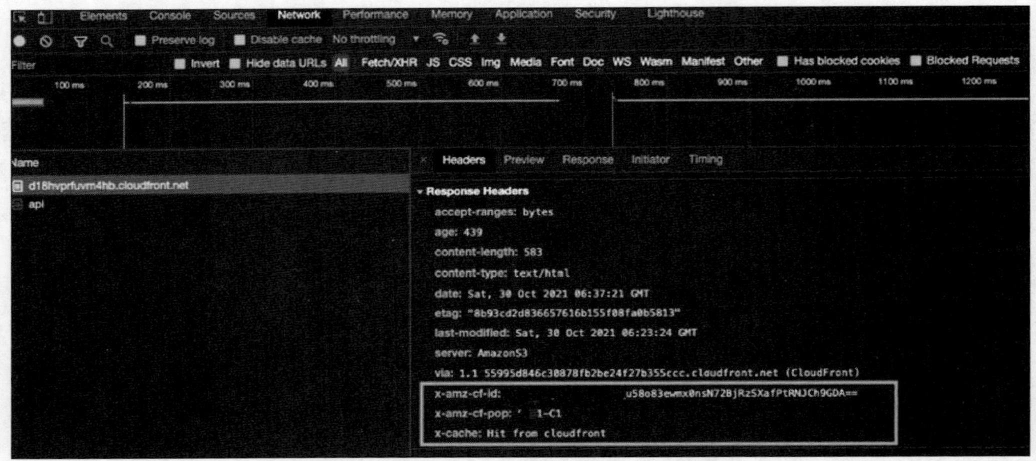

图 12.18　检查标头

2. 测试分配缓存清除

为了部署新的更新内容，通常需要对缓存进行清除。

正如之前所述，在缓存中的 index. html 会导致 CloudFront 命中。如果用户必须更改 HTML 文件但无法更改 URL 以指向新版本，则此时需要使页面无效。在 CloudFront 控制台的失效设置页面创建失效，如图 12.19 所示。

为 index. html 创建失效。可以在对象路径中指定/，因为本实验已经设置了 index. html 作为默认根对象，如图 12.20 所示。

几秒钟后，使用浏览器开发工具再次测试页面，会发现它导致缓存未命中，如图 12.21 所示。

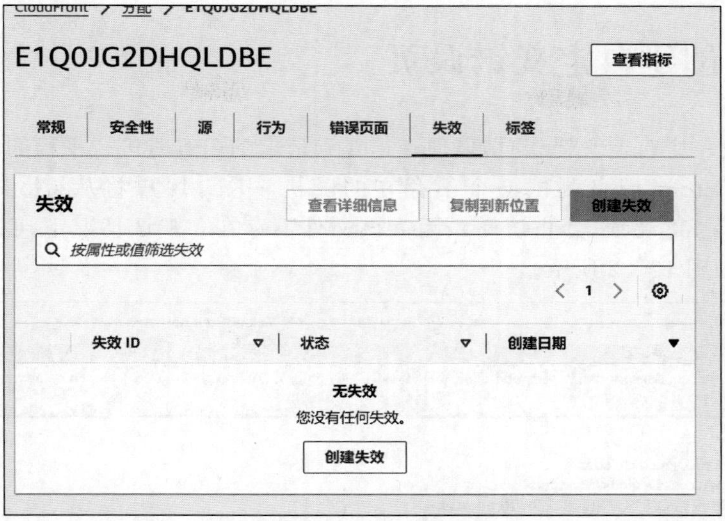

图 12.19　创建失效

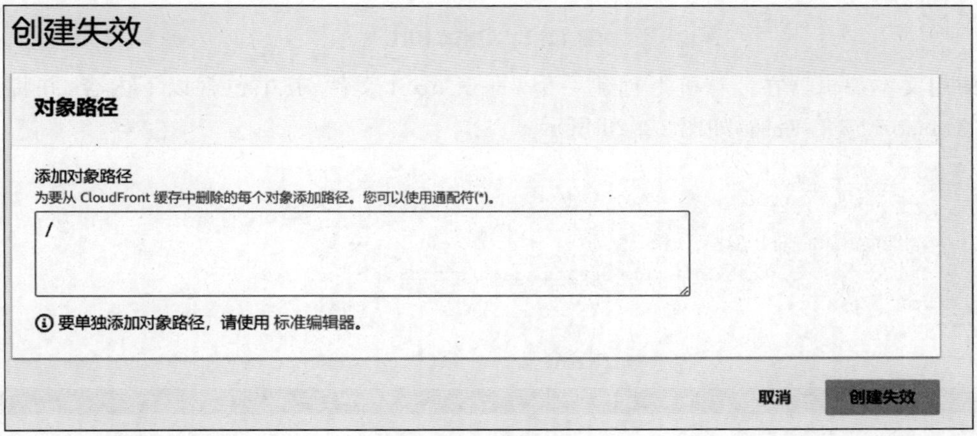

图 12.20　指定路径

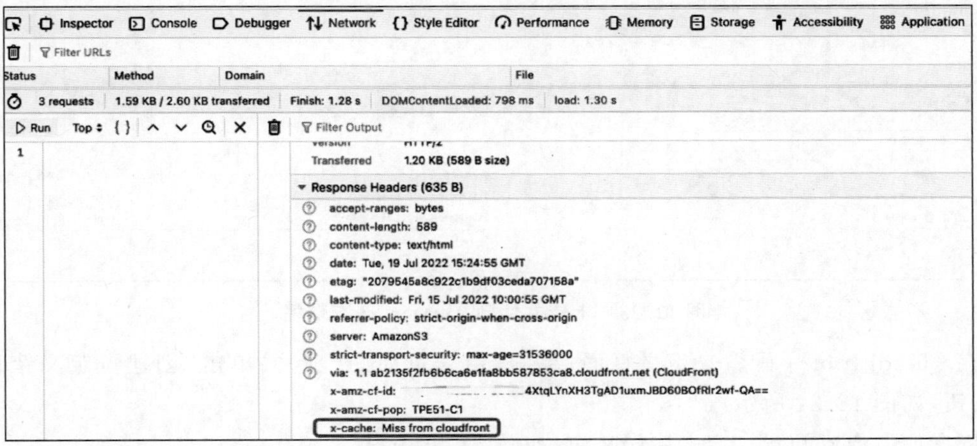

图 12.21　再次测试页面

12.4 创建自定义错误页

本节将配置一个自定义错误页,以便在未找到请求的内容时进行平稳的故障切换。

通过 CloudFront 域名测试一个不存在的随机 URL,用户将从 CloudFront 后面的 Amazon S3 获得 403 错误(禁止访问),因为该文件不存在。默认情况下,CloudFront 将该响应缓存 10s,如图 12.22 所示。

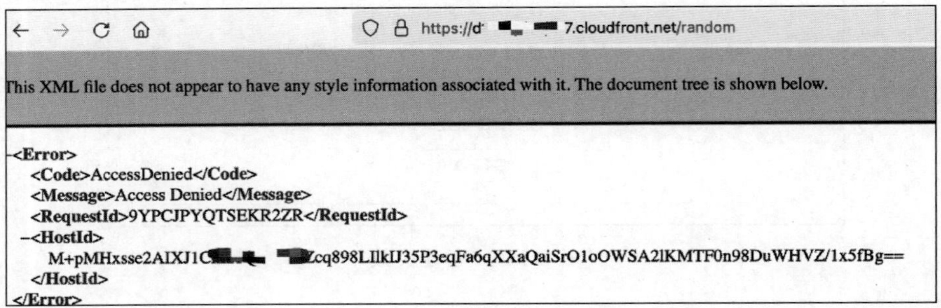

图 12.22　测试 URL

使用文本编辑器在计算机上创建一个 error.html 文件,其中包含以下内容,并将其上传到 Amazon S3 存储桶,如图 12.23 所示。

```
<html lang="en">
  <body>
    <h1>CloudFront Lab</h1>
    <strong>Ops, this is a nice error page!</strong>
  </body>
</html>
```

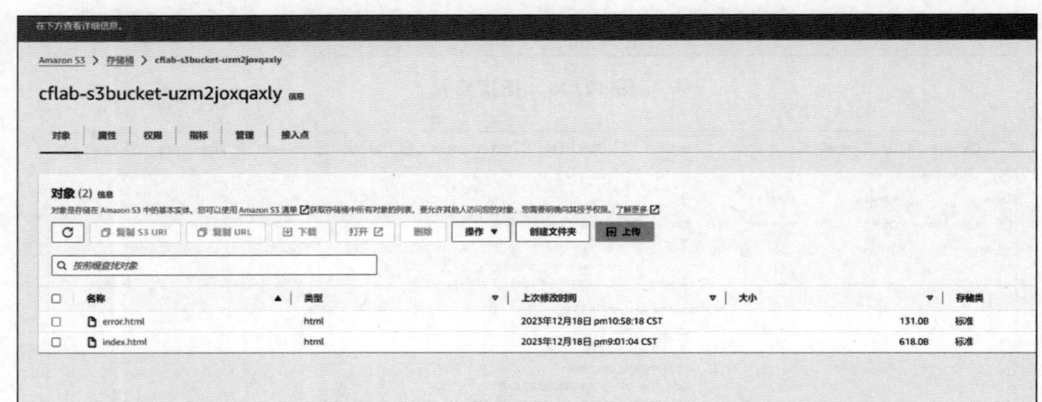

图 12.23　上传文件到 Amazon S3 存储桶

在 CloudFront 中配置自定义页面,单击"错误页面"选项,并单击"创建自定义错误响应"按钮,如图 12.24 所示。

依据如下内容配置自定义错误响应,如图 12.25 所示。

```
HTTP error code > 403 Forbidden
Error caching minimum TTL: 60
Customize error response: Yes
Response page path: /error.html
HTTP Response code: 200 OK
```

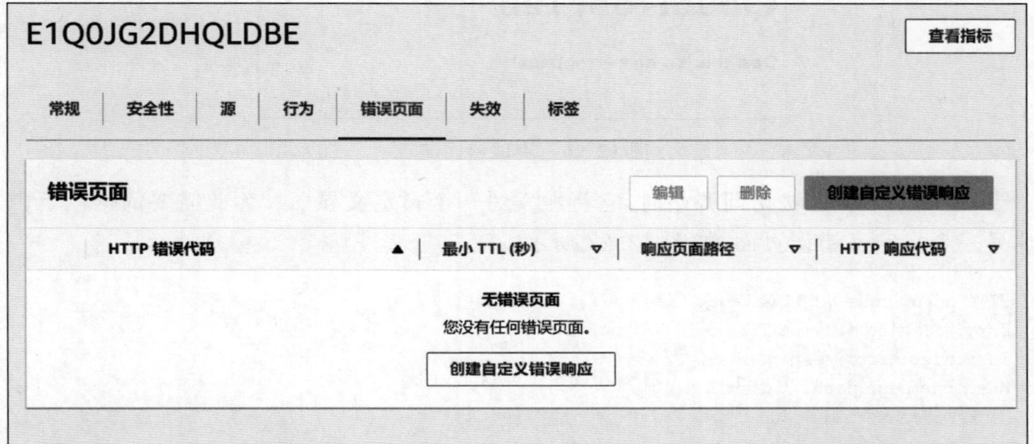

图 12.24　创建自定义错误响应

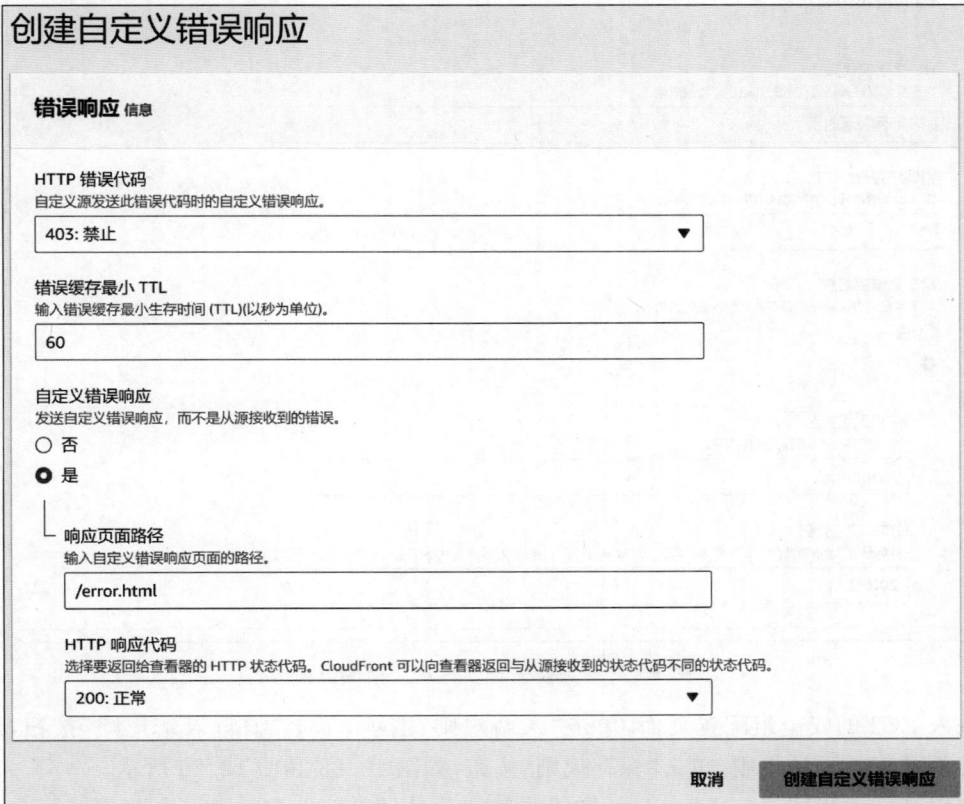

创建自定义错误响应

错误响应 信息

HTTP 错误代码
自定义源发送此错误代码时的自定义错误响应。
403: 禁止

错误缓存最小 TTL
输入错误缓存最小生存时间 (TTL)(以秒为单位)。
60

自定义错误响应
发送自定义错误响应，而不是从源接收到的错误。
○ 否
● 是

响应页面路径
输入自定义错误响应页面的路径。
/error.html

HTTP 响应代码
选择要返回给查看器的 HTTP 状态代码。CloudFront 可以向查看器返回与从源接收到的状态代码不同的状态代码。
200: 正常

取消　创建自定义错误响应

图 12.25　错误响应相关配置

从 CloudFront 请求随机页面,测试用户的自定义错误页面。为确保用户使用与前一个测试不同的随机值,可能需要用户等待分发更新并传播到边缘位置。如果用户在 5min 内进行测试,则用户将获得相同的缓存版本,如图 12.26 所示。

图 12.26　测试错误响应

当 CloudFront 无法访问源站时,它将触发另一个自定义界面。为此需要依据以下内容创建另一个自定义错误页面,如图 12.27 所示。

```
HTTP error code > 504 Gateway Timeout
Error caching minimum TTL: 5
Customize error response: Yes
Response page path: /error.html
HTTP Response code: 200 OK
```

错误响应 信息

HTTP 错误代码
自定义源发送此错误代码时的自定义错误响应。
504: 网关超时

错误缓存最小 TTL
输入错误缓存最小生存时间 (TTL)(以秒为单位)。
5

自定义错误响应
发送自定义错误响应，而不是从源接收到的错误。
○ 否
● 是

响应页面路径
输入自定义错误响应页面的路径。
/error.html

HTTP 响应代码
选择要返回给查看器的 HTTP 状态代码。CloudFront 可以向查看器返回与从源接收到的状态代码不同的状态代码。
200: 正常

图 12.27　创建另一个自定义错误页面

进入 EC2 的安全组配置页面,单击"入站规则"选项,单击"编辑入站规则"按钮,删除 EC2 实例节点的入站规则,单击"保存规则"按钮,如图 12.28 和图 12.29 所示。

在浏览器中测试 index.html,可能需要等待几分钟,直到 API 调用失败并转到自定义错误页面,如图 12.30 所示。

入站规则
出站规则
标签
入站规则 (2)
管理标签
编辑入站规则
Search
1
Name
安全组规则 ID
IP 版本
sgr-09f92e7e36404ce95
sgr-02a5bdbdfaf273775
IPv4

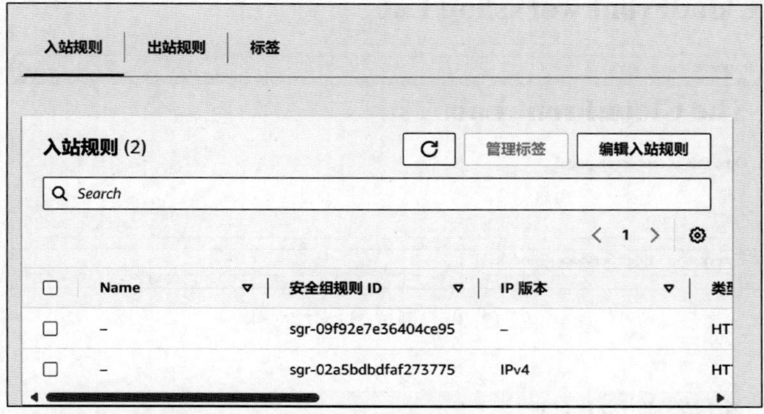

图 12.28　编辑入站规则-1

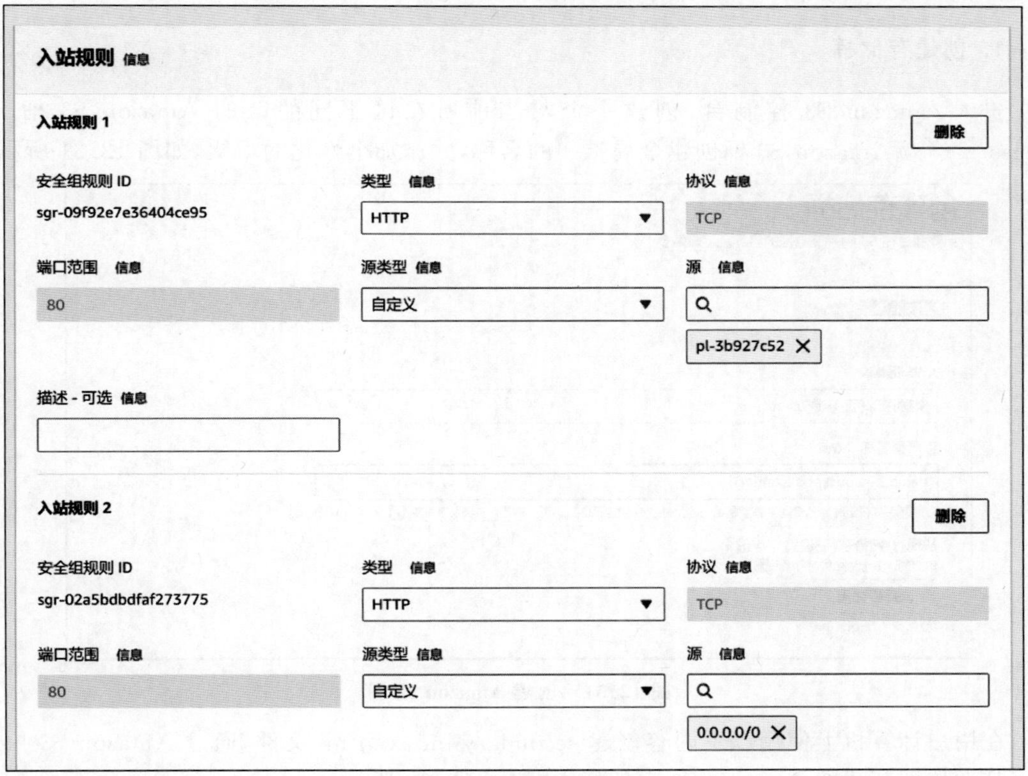

入站规则 信息
入站规则 1
删除
安全组规则 ID
sgr-09f92e7e36404ce95
类型 信息
HTTP
协议 信息
TCP
端口范围 信息
80
源类型 信息
自定义
源 信息
pl-3b927c52
描述 - 可选 信息
入站规则 2
删除
安全组规则 ID
sgr-02a5bdbdfaf273775
类型 信息
HTTP
协议 信息
TCP
端口范围 信息
80
源类型 信息
自定义
源 信息
0.0.0.0/0

图 12.29　编辑入站规则-2

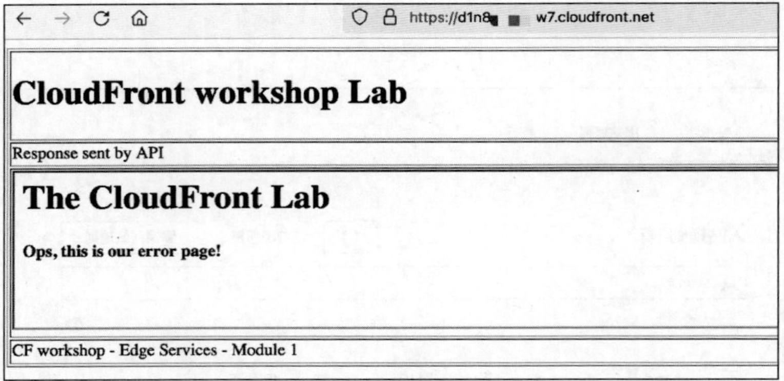

图 12.30　测试 HTML 文件

12.5　配置源站组

源站组可以在故障转移事件期间重新提供路由。用户可以将源站组与缓存行为相关联,将请求从主源站路由到辅助站源,从而进行故障切换。

1. 创建存储桶

进入 Amazon S3 控制台,创建一个与当前所在区不同的区的 Amazon S3 桶,如 us-east-2。为 Amazon S3 桶创建全局唯一的名称,并添加个性化的后缀,如图 12.31 所示。

创建存储桶 信息
存储桶是在 S3 中存储数据的容器。了解更多
常规配置
AWS 区域
美国东部(俄亥俄) us-east-2
存储桶名称 信息
balabal-s3bucket-secondary
存储桶名称在全局命名空间中必须是唯一的,并遵循存储桶命名规则。参阅存储桶命名规则
从现有存储桶复制设置 - 可选
仅复制以下配置中的存储桶设置。
选择存储桶
格式: s3://bucket/prefix

图 12.31　创建 Amazon S3 桶

在用户计算机上使用以下内容创建 secondary-index.html 文件,通过 Amazon S3 控制台将其上传到新建的 Amazon S3 存储桶中,如图 12.32 所示。

```
<html lang = "en">
  <body>
    <h1>CloudFront Lab</h1>
```

```
    < strong > Hi, this is a page from my secondary Origin! We now support Origin group and
failover!</strong >
  </body >
</html >
```

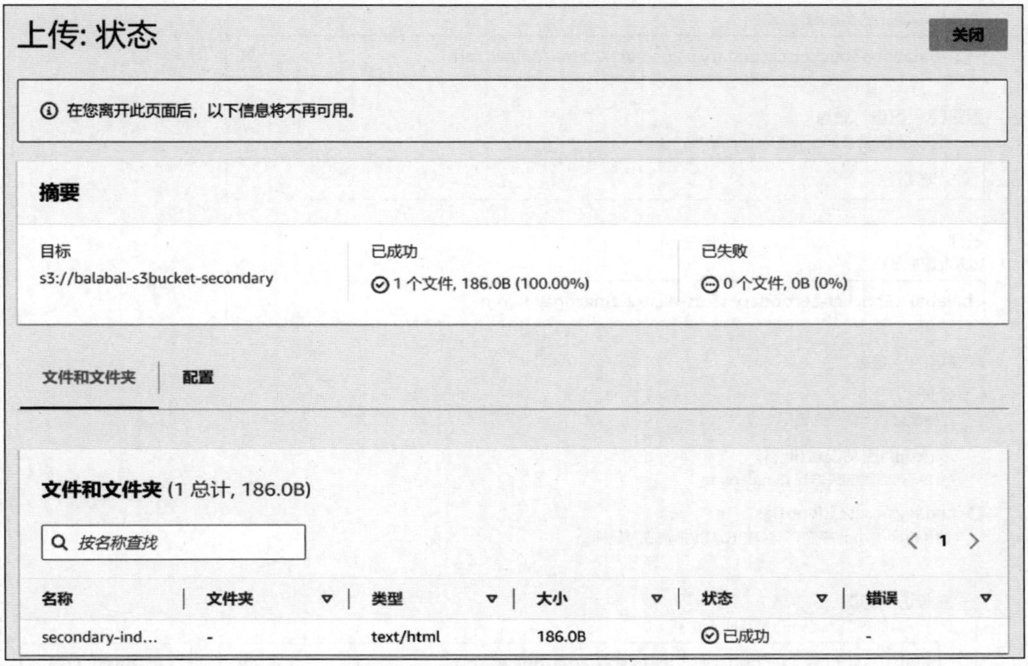

上传: 状态

关闭

在您离开此页面后，以下信息将不再可用。

摘要

目标
s3://balabal-s3bucket-secondary

已成功
1 个文件, 186.0B (100.00%)

已失败
0 个文件, 0B (0%)

文件和文件夹　配置

文件和文件夹 (1 总计, 186.0B)

按名称查找

< 1 >

名称	文件夹	类型	大小	状态	错误
secondary-ind...	-	text/html	186.0B	已成功	-

图 12.32　上传文件到 Amazon S3 桶

2. 配置源组

在分配里用新建的 Amazon S3 桶创建一个新的源站，如图 12.33 所示。

```
Origin domain > Select the new S3 bucket with secondary - index.html you created
S3 bucket access > Yes use OAI (bucket can restrict access to only CloudFront)
Origin access identity > Select the OAI you created previously
Bucket policy > Yes, update the bucket policy
```

在源组页面，单击“创建源组”按钮，如图 12.34 所示。

从下拉菜单里选取并添加源组，如图 12.35 所示。

```
Use cflab - s3bucket - * as primary origin
And cflab - s3bucket - secondary * as secondary origin
For failover criteria, choose 403 Forbidden and 404 Not Found
Click Create origin group
```

编辑分配里的默认行为，用新建的源组进行配置，如图 12.36 所示。

```
Go to CloudFront Behaviors Tab, select Default, and click Edit
Edit the behavior and select the Origin Group we created in previous step
Click Save changes
```

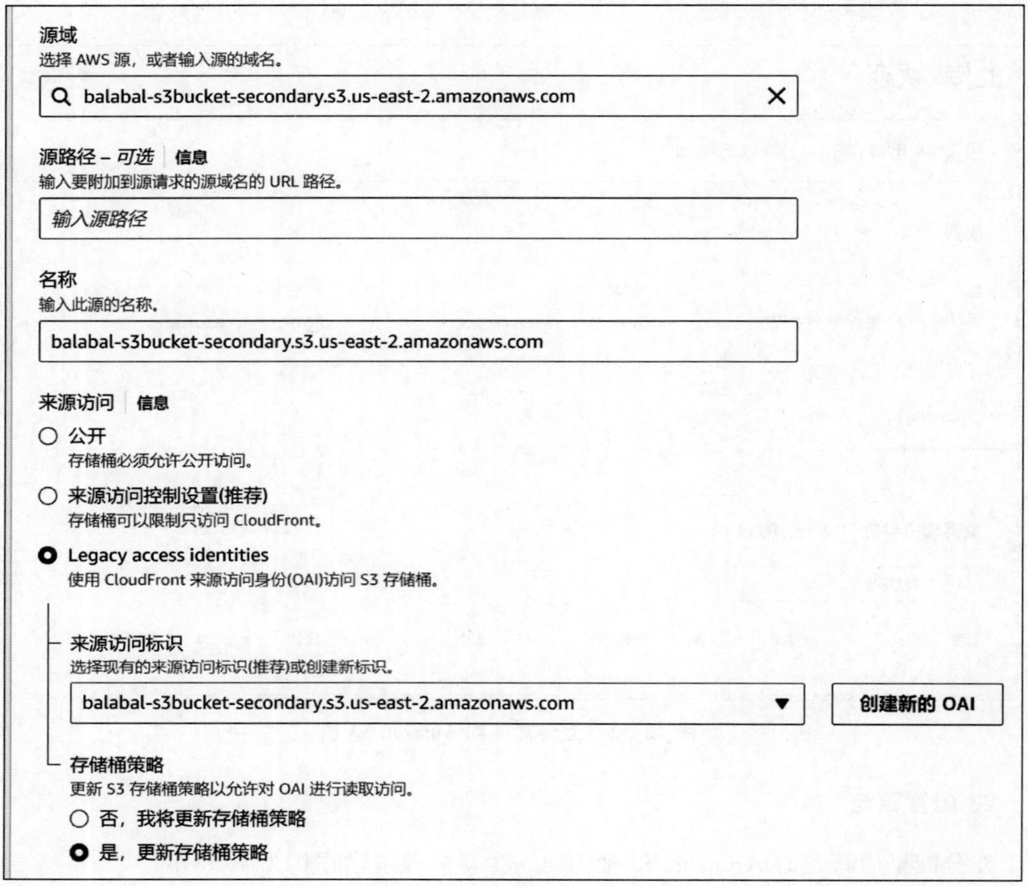

源域
选择 AWS 源，或者输入源的域名。
balabal-s3bucket-secondary.s3.us-east-2.amazonaws.com

源路径 – 可选 | 信息
输入要附加到源请求的源域名的 URL 路径。
输入源路径

名称
输入此源的名称。
balabal-s3bucket-secondary.s3.us-east-2.amazonaws.com

来源访问 | 信息
○ 公开
存储桶必须允许公开访问。
○ 来源访问控制设置(推荐)
存储桶可以限制只访问 CloudFront。
● Legacy access identities
使用 CloudFront 来源访问身份(OAI)访问 S3 存储桶。

来源访问标识
选择现有的来源访问标识(推荐)或创建新标识。
balabal-s3bucket-secondary.s3.us-east-2.amazonaws.com　创建新的 OAI

存储桶策略
更新 S3 存储桶策略以允许对 OAI 进行读取访问。
○ 否，我将更新存储桶策略
● 是，更新存储桶策略

图 12.33　创建新的源站

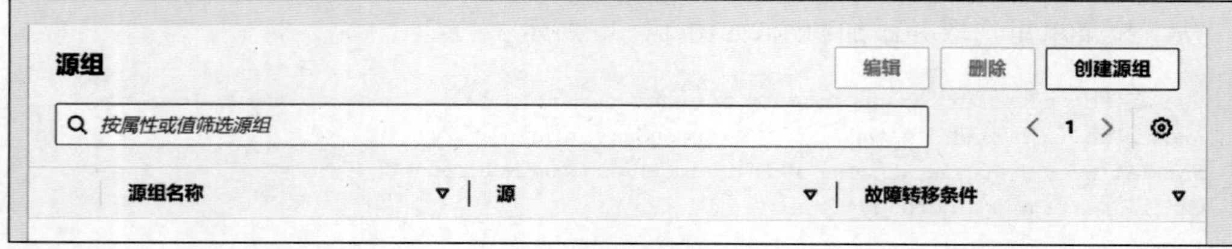

图 12.34　创建源组

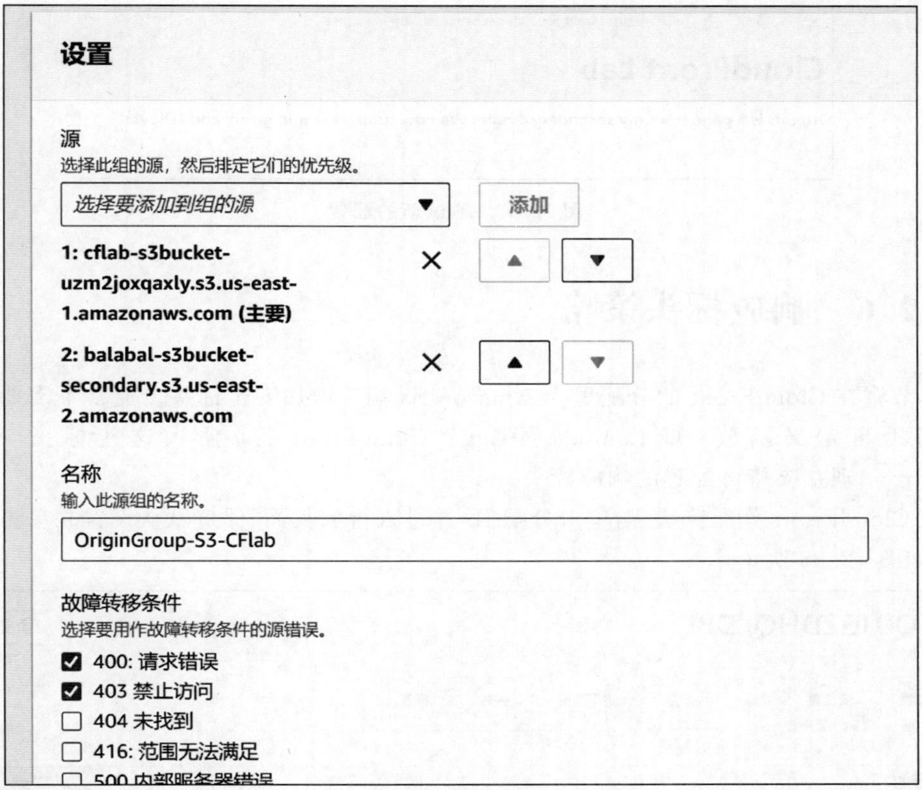

设置

源

选择此组的源，然后排定它们的优先级。

选择要添加到组的源 ▼ 添加

1: cflab-s3bucket-uzm2joxqaxly.s3.us-east-1.amazonaws.com (主要)

2: balabal-s3bucket-secondary.s3.us-east-2.amazonaws.com

名称

输入此源组的名称。

OriginGroup-S3-CFlab

故障转移条件

选择要用作故障转移条件的源错误。

- [x] 400: 请求错误
- [x] 403 禁止访问
- [ ] 404 未找到
- [ ] 416: 范围无法满足
- [ ] 500 内部服务器错误

图 12.35 源组的相关配置

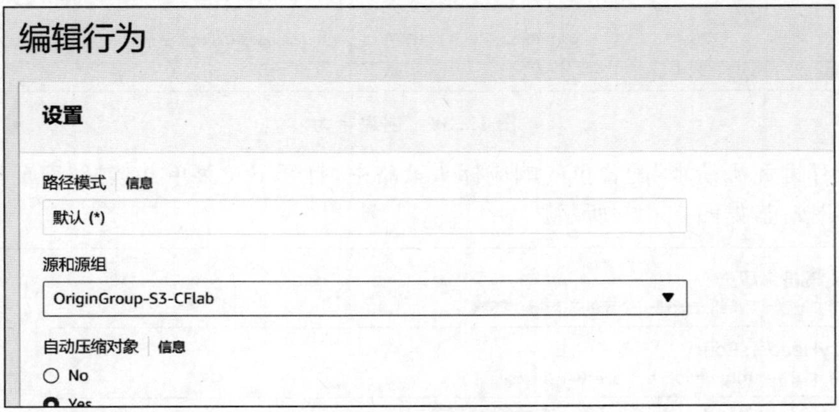

编辑行为

设置

路径模式 | 信息

默认 (*)

源和源组

OriginGroup-S3-CFlab ▼

自动压缩对象 | 信息

○ No

● Yes

图 12.36 配置源和源组

测试故障转移源站，在分配变为部署后，请求 secondary-index. html。此时，用户可以看到 secondary 源站被正确返回，如图 12.37 所示。

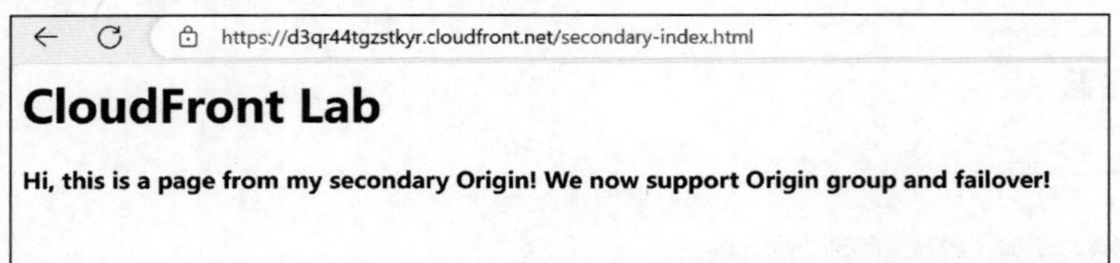

图 12.37 测试新的配置

12.6 响应标头策略

本节将在 CloudFront 的分配里为 Amazon S3 响应增加安全标头。通常不需要配置源站或使用自定义函数（如 Lambda@Edge、CloudFront 等）插入这些标头，亚马逊 CloudFront 现在支持可配置的响应标头。

在 CloudFront 分配控制台，单击分配 ID 并进入行为页面，保持默认设置并单击“编辑”按钮，如图 12.38 所示。

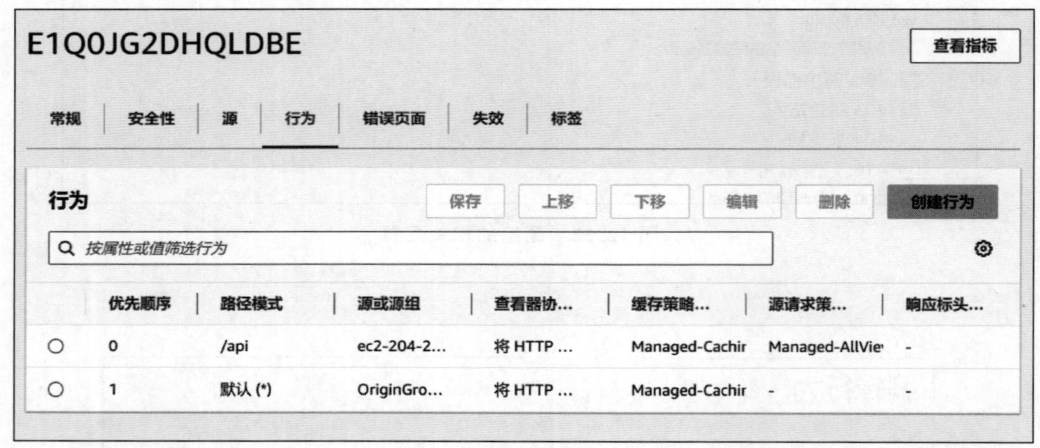

图 12.38 创建行为

在“缓存键和源请求”配置里的响应标头策略中，打开下拉菜单并选择“安全标头”选项，单击“保存”按钮，如图 12.39 所示。

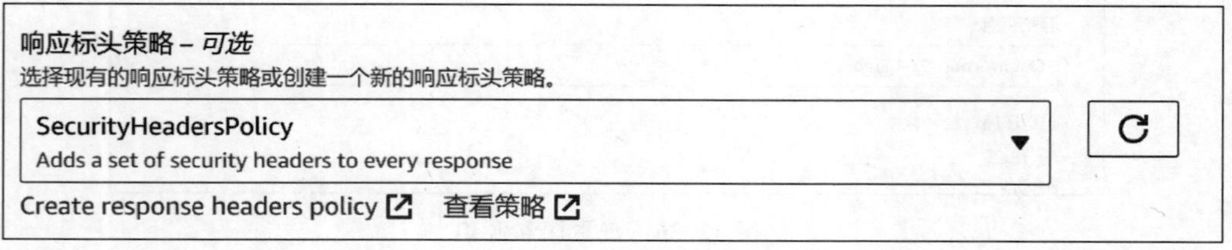

图 12.39 响应标头策略

在托管的响应策略中，加入一组安全标头并由 CloudFront 转发给客户端。通过这些响应策略，CloudFront 将"X-Content-Type-Options：nosniff"加到响应中。无论源站是否包含这个标头，都将以该标头回复给客户端。而对于其他标头，如果源站的响应包含了相同的标头，则 CloudFront 将用源站回复的标头值回复给客户端，如图 12.40 所示。

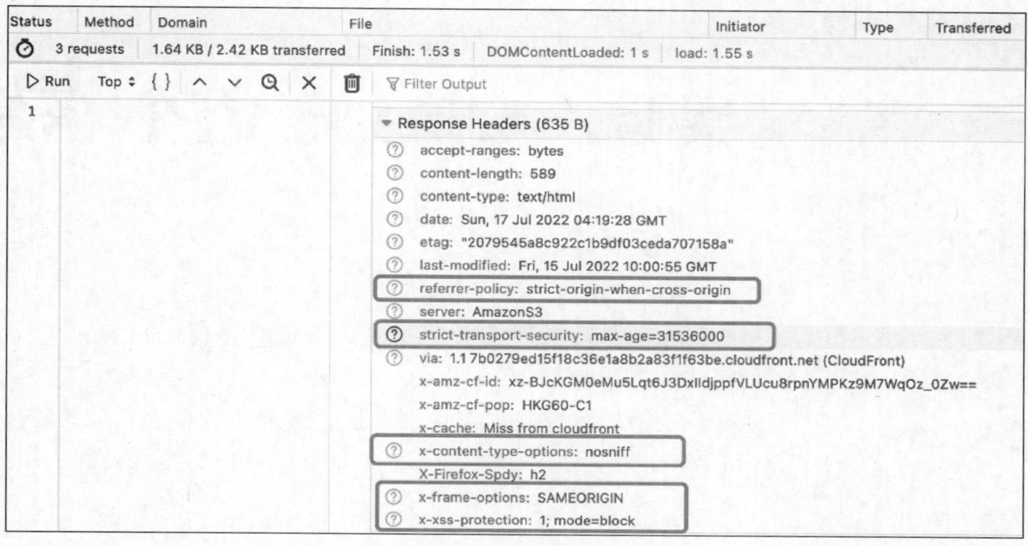

图 12.40　回复的标头

12.7　实验总结

通过本实验，读者可以掌握创建具有多个区域和行为的分配，将静态内容和代理的 API 动态内容发送给主机的来源，设置源站组以在故障转移事件期间提供重新路由，以及设置自定义错误页面并快速使内容无效。此外，读者还可以了解到一些用于调试的 CloudFront 标头，以及添加响应标头策略的方法。

第13章

实验：Client VPN搭建

CHAPTER 13

AWS Client(客户端)VPN是一种完全托管的远程访问VPN解决方案，供远程员工安全地访问AWS和本地网络中的资源。它完全具有弹性，可以根据需求自动扩大或缩小规模。将应用程序迁移到AWS时，用户在迁移前后及期间能以相同的方式访问它们。

13.1　基本概念

AWS Client VPN(包括软件客户端)支持 OpenVPN 协议，具体如图 13.1 所示。

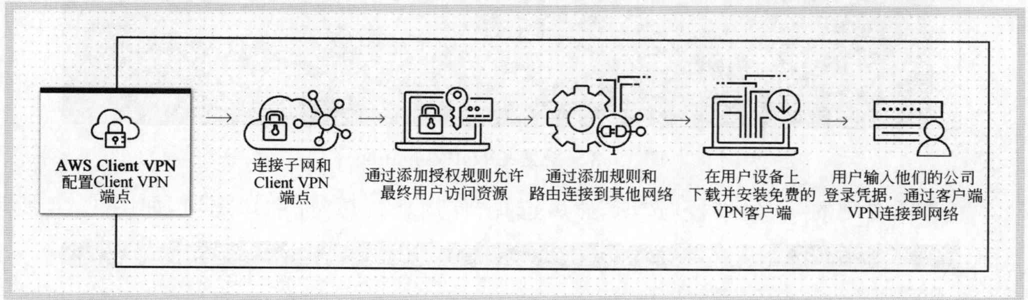

图 13.1　AWS Client VPN

AWS CloudFormation 部署在实验室中的架构如图 13.2 所示。

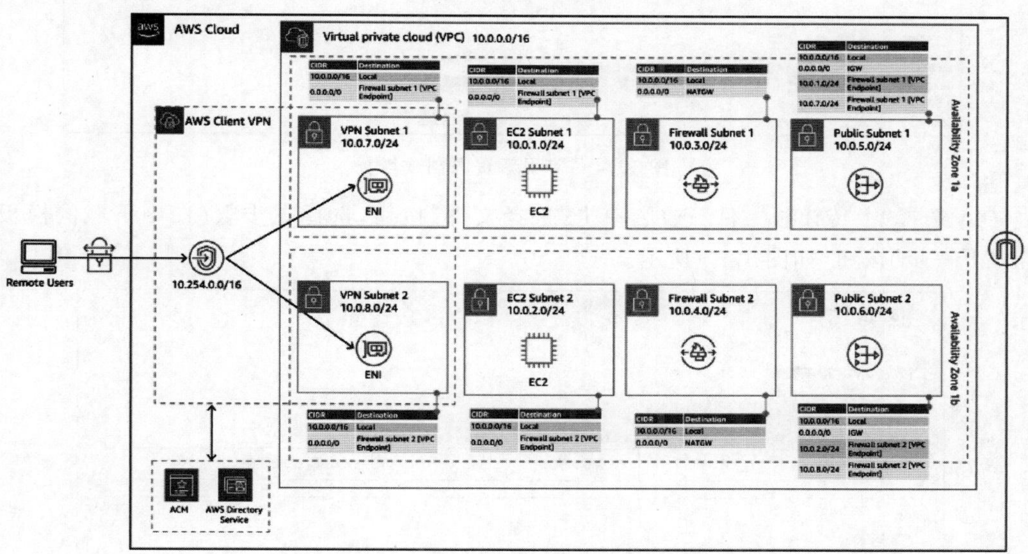

图 13.2　AWS CloudFormation 架构图

13.2　实验准备

1. 开始使用个人 AWS 账户

注意：用户需要确保在 us-east-1 区域中已部署 CloudFormation Stack。

该步骤的具体实现过程如下。

(1) 如果使用个人或公司账户部署资源，则应先下载 AWS 客户端 VPN 实验 CloudFormation 模板。

(2) 进入 AWS 控制台,在服务搜索栏中输入"CloudFormation",从列表中选择"云形成"(CloudFormation),如图 13.3 所示。

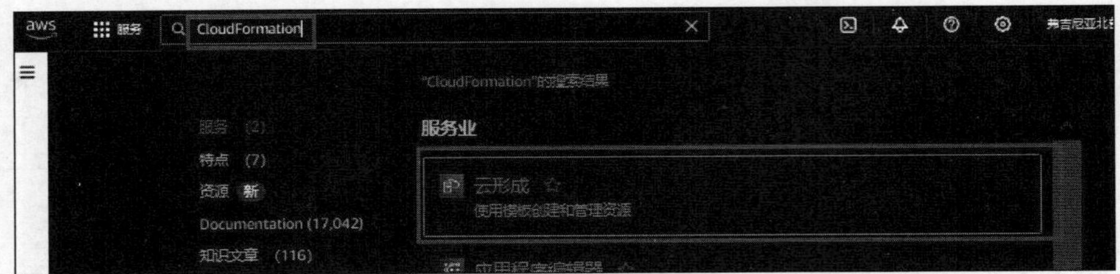

图 13.3　搜索 CloudFormation

(3) 选择右侧的"创建堆栈"选项,然后选择"使用新资源(标准)"选项,如图 13.4 所示。

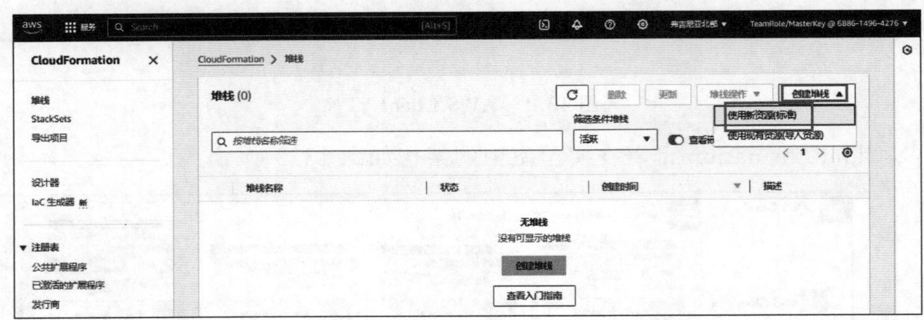

图 13.4　使用新资源创建堆栈

(4) 选择"上传模板文件"选项,单击"选择文件"按钮,选择在步骤(1)中下载的模板并单击"下一步"按钮,如图 13.5 所示。

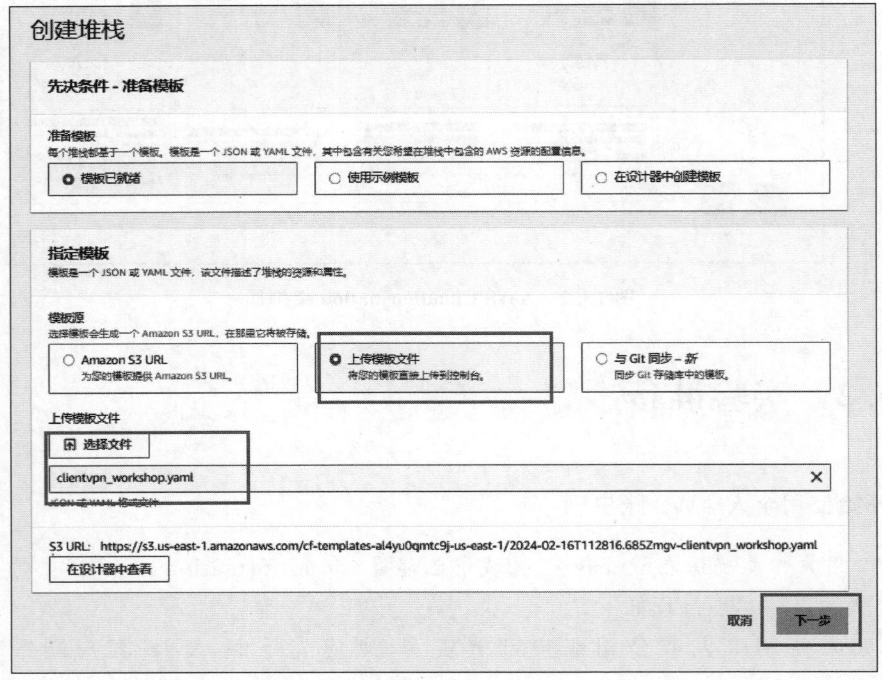

图 13.5　上传模板文件

(5) 输入堆栈名称“ClientVPNWorkshop”，然后单击“下一步”按钮，如图 13.6 所示。

指定堆栈详细信息

提供堆栈名称

堆栈名称

ClientVPNWorkshop

堆栈名称可以包含字母 (A~Z 和 a~z)、数字 (0~9) 和短划线 (-)。

参数

参数是在模板中定义的，并且允许您在创建或更新堆栈时输入自定义值。

AvailabilityZoneSelection1
Availability Zone
us-east-1a

AvailabilityZoneSelection2
Availability Zone
us-east-1b

InstanceType
WebServer EC2 instance type
t3.micro

LatestAmiId
Latest EC2 AMI from Systems Manager Parameter Store
/aws/service/ami-amazon-linux-latest/amzn2-ami-hvm-x86_64-gp2

取消　上一步　下一步

图 13.6　指定堆栈名称

(6) 在新窗口单击“下一步”按钮，滚动到屏幕底部，勾选“我确认…”选项，然后单击“提交”按钮，如图 13.7 所示。

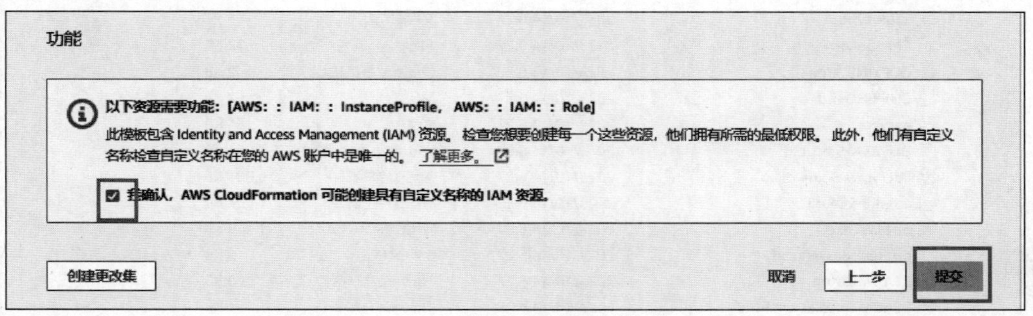

功能
以下资源需要功能：[AWS::IAM::InstanceProfile，AWS::IAM::Role]
此模板包含 Identity and Access Management (IAM) 资源。检查您想要创建每一个这些资源，他们拥有所需的最低权限。此外，他们有自定义名称检查自定义名称在您的 AWS 账户中是唯一的。了解更多。
我确认，AWS CloudFormation 可能创建具有自定义名称的 IAM 资源。
创建更改集
取消
上一步
提交

图 13.7　创建资源

2. AWS 客户端 VPN

在本实验中，用户将学习如何使用相互身份验证（基于证书）和活动目录身份验证（基于用户）设置 AWS 客户端 VPN。此外，用户还将了解“隧道分割”背后的用例，以及如何集成 AWS 网络防火墙并执行 URL 过滤。

3. 创建 RSA 证书并上传到 AWS 证书管理器

通过相互身份验证,客户端 VPN 使用证书在客户端和服务器之间进行身份验证。证书是由证书颁发机构(Certificate Authority,CA)颁发的一种数字身份证明形式。当客户端尝试连接到客户端 VPN 端点时,服务器使用客户端证书对客户端进行身份验证。用户必须创建服务器证书和密钥,以及至少一个客户端证书和密钥。

用户必须将服务器证书上传到 AWS 证书管理器(AWS Certificate Manager,ACM),并在创建客户端 VPN 端点时指定该证书。当用户将服务器证书上传到 ACM 时,用户还可以指定证书颁发机构。需要注意的是,仅当客户端证书的 CA 与服务器证书的 CA 不同时,才需要将客户端证书上传到 ACM。

用户可以为即将连接到客户端 VPN 端点的客户端创建单独的客户端证书和密钥。这样,用户就可以在用户离开组织时吊销特定的客户端证书。此时,在创建客户端 VPN 端点时,用户可以为客户端证书指定服务器证书 ARN(Amazon Resource Name,Amazon 资源名称),但前提是客户端证书已由与服务器证书相同的 CA 颁发。

Easy-RSA 3. x 软件可以用于生成服务器证书、客户端证书和密钥,其安装过程如下。

1) 生成服务器证书、客户端证书和密钥

(1) 打开 EasyRSA 版本页面,下载适配用户 Windows 版本的 ZIP 文件并进行解压,这里选择 3.1.7 版本。

(2) 打开 EasyRSA 文件夹的解压位置,在地址栏输入 cmd 打开命令行程序,如图 13.8 和图 13.9 所示。

D:\云计算\Client VPN\EasyRSA-3.1.7

名称	修改日期	类型	大小
bin	2023/10/14 6:27	文件夹	
doc	2023/10/14 6:27	文件夹	
Licensing	2023/10/14 6:27	文件夹	
x509-types	2023/10/14 6:27	文件夹	
ChangeLog	2023/10/14 6:27	文件	12 KB
COPYING.html	2023/10/14 6:27	Chrome HTML D...	2 KB
COPYING.md	2023/10/14 6:27	MD 文件	2 KB
easyrsa	2023/10/14 6:27	文件	185 KB
EasyRSA-Start.bat	2023/10/14 6:27	Windows 批处理...	1 KB
libcrypto-3-x64.dll	2023/10/14 6:27	应用程序扩展	6,081 KB
libssl-3-x64.dll	2023/10/14 6:27	应用程序扩展	1,057 KB
openssl.exe	2023/10/14 6:27	应用程序	1,469 KB
openssl-easyrsa.cnf	2023/10/14 6:27	CNF 文件	6 KB
README.html	2023/10/14 6:27	Chrome HTML D...	3 KB
README.quickstart.html	2023/10/14 6:27	Chrome HTML D...	4 KB
README-Windows.txt	2023/10/14 6:27	文本文档	5 KB
vars.example	2023/10/14 6:27	EXAMPLE 文件	9 KB

图 13.8　进入 EasyRSA 文件夹

(3) 执行以下命令,打开 EasyRSA Shell,如图 13.10 所示。

```
.\EasyRSA-Start.bat
```

图 13.9　打开命令行程序

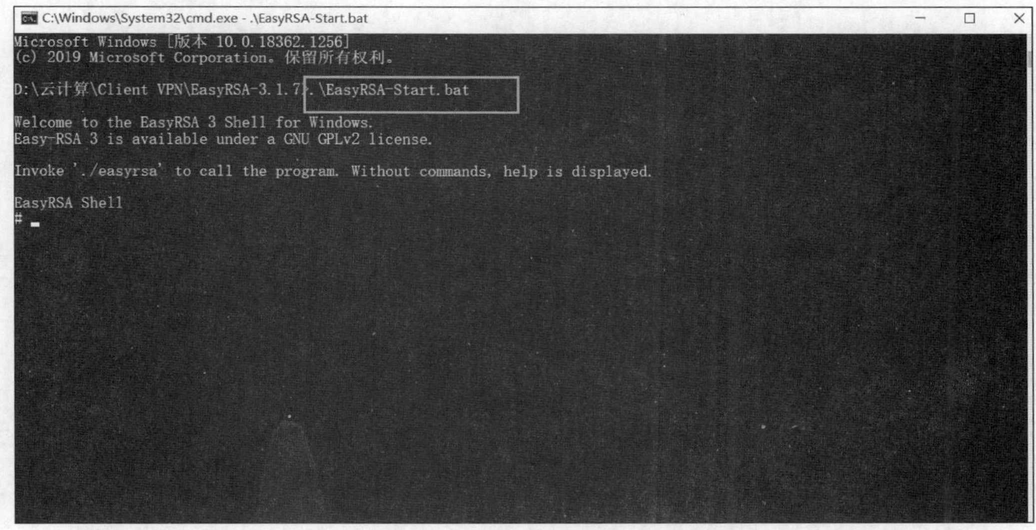

图 13.10　打开 EasyRSA Shell

（4）执行以下命令，初始化新的 PKI 环境，如图 13.11 和图 13.12 所示。

```
./easyrsa init - pki
```

（5）如果要构建新的证书颁发机构，则应运行以下命令并按照提示进行操作，如图 13.13 和图 13.14 所示。

```
./easyrsa build - ca nopass
```

（6）执行以下命令，生成服务器证书和密钥，如图 13.15 和图 13.16 所示。

```
./easyrsa build - server - full awsclientVPNworkshop.com nopass
```

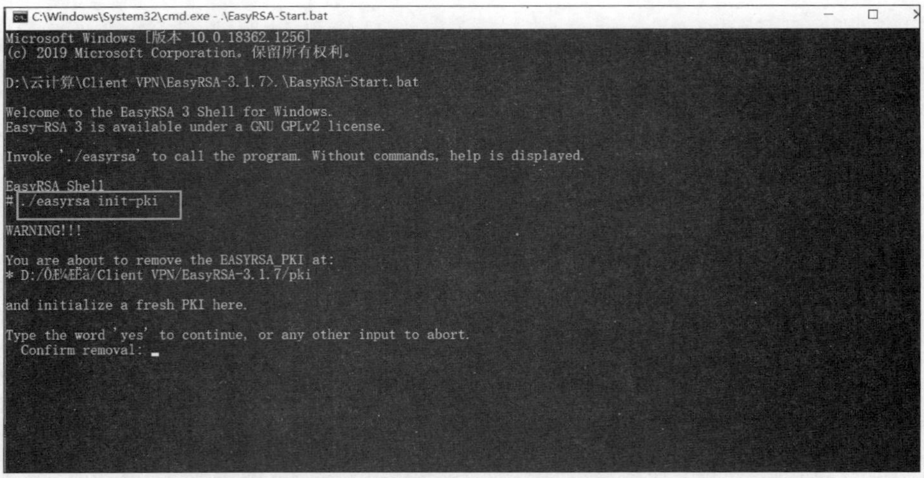

```
C:\Windows\System32\cmd.exe - .\EasyRSA-Start.bat
Microsoft Windows [版本 10.0.18362.1256]
(c) 2019 Microsoft Corporation。保留所有权利。

D:\云计算\Client VPN\EasyRSA-3.1.7>.\EasyRSA-Start.bat

Welcome to the EasyRSA 3 Shell for Windows.
Easy-RSA 3 is available under a GNU GPLv2 license.

Invoke './easyrsa' to call the program. Without commands, help is displayed.

EasyRSA Shell
# ./easyrsa init-pki

WARNING!!!

You are about to remove the EASYRSA_PKI at:
* D:/ÔÆ¼ÆËã/Client VPN/EasyRSA-3.1.7/pki

and initialize a fresh PKI here.

Type the word 'yes' to continue, or any other input to abort.
  Confirm removal:
```

图 13.11　初始化新的 PKI 环境

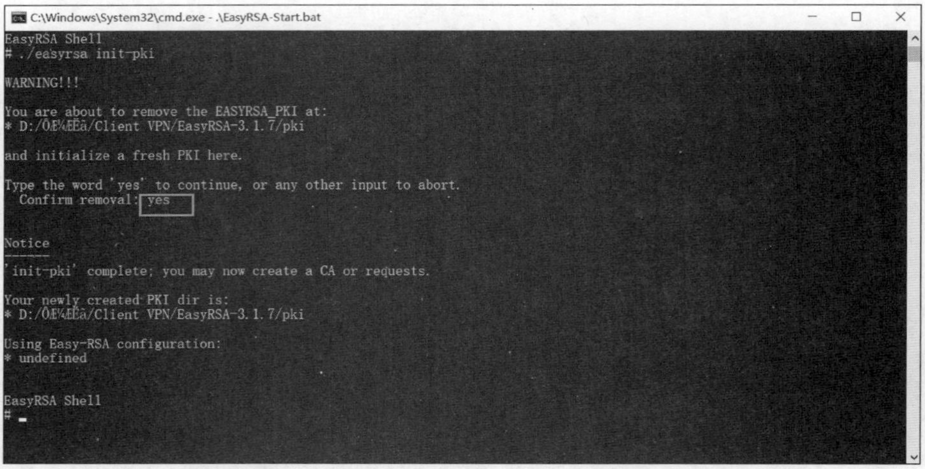

```
C:\Windows\System32\cmd.exe - .\EasyRSA-Start.bat
EasyRSA Shell
# ./easyrsa init-pki

WARNING!!!

You are about to remove the EASYRSA_PKI at:
* D:/ÔÆ¼ÆËã/Client VPN/EasyRSA-3.1.7/pki

and initialize a fresh PKI here.

Type the word 'yes' to continue, or any other input to abort.
  Confirm removal: yes

Notice
------
'init-pki' complete; you may now create a CA or requests.

Your newly created PKI dir is:
* D:/ÔÆ¼ÆËã/Client VPN/EasyRSA-3.1.7/pki

Using Easy-RSA configuration:
* undefined

EasyRSA Shell
#
```

图 13.12　选择 yes 以继续

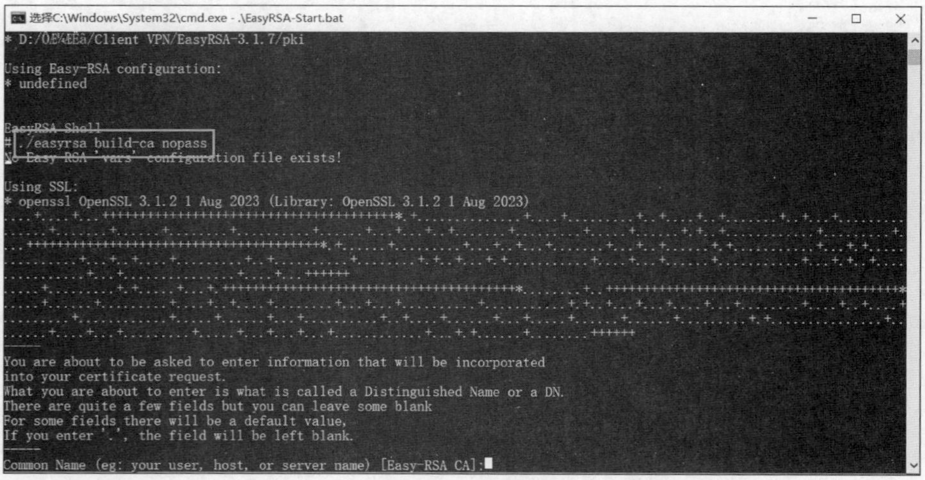

```
选择C:\Windows\System32\cmd.exe - .\EasyRSA-Start.bat
* D:/ÔÆ¼ÆËã/Client VPN/EasyRSA-3.1.7/pki

Using Easy-RSA configuration:
* undefined

EasyRSA Shell
# ./easyrsa build-ca nopass
No Easy-RSA 'vars' configuration file exists!

Using SSL:
* openssl OpenSSL 3.1.2 1 Aug 2023 (Library: OpenSSL 3.1.2 1 Aug 2023)
-----
You are about to be asked to enter information that will be incorporated
into your certificate request.
What you are about to enter is what is called a Distinguished Name or a DN.
There are quite a few fields but you can leave some blank
For some fields there will be a default value,
If you enter '.', the field will be left blank.
-----
Common Name (eg: your user, host, or server name) [Easy-RSA CA]:
```

图 13.13　构建新的证书颁发机构

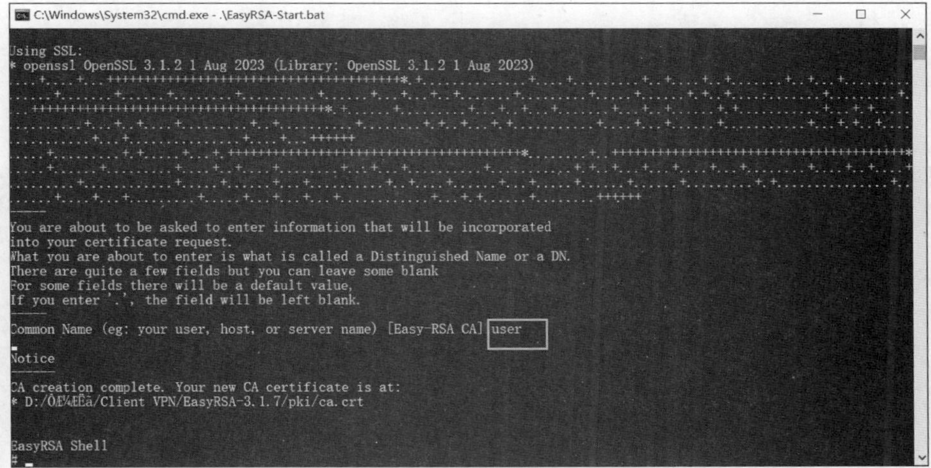

图 13.14　选择 Common Name 为 user

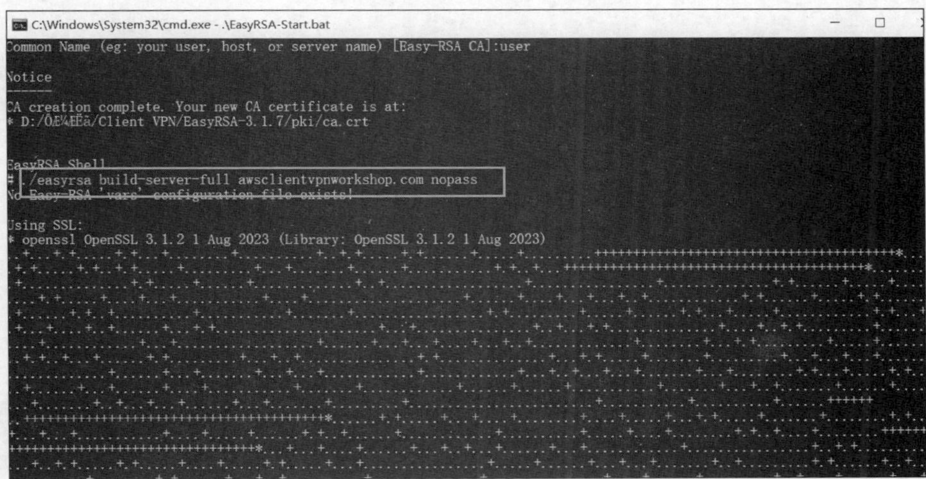

图 13.15　生成服务器证书和密钥

```
C:\Windows\System32\cmd.exe - .\EasyRSA-Start.bat

Type the word 'yes' to continue, or any other input to abort.
  Confirm request details: yes

Using configuration from D:/ÕÊ¼ÊÊã/Client VPN/EasyRSA-3.1.7/pki/openssl-easyrsa.cnf
Check that the request matches the signature
Signature ok
The Subject's Distinguished Name is as follows
commonName            :ASN.1 12:'awsclientvpnworkshop.com'
Certificate is to be certified until May 21 12:13:27 2026 GMT (825 days)

Write out database with 1 new entries
Database updated

Notice
------
Certificate created at:
* D:/ÕÊ¼ÊÊã/Client VPN/EasyRSA-3.1.7/pki/issued/awsclientvpnworkshop.com.crt

Notice
------
Inline file created:
* D:/ÕÊ¼ÊÊã/Client VPN/EasyRSA-3.1.7/pki/inline/awsclientvpnworkshop.com.inline


EasyRSA Shell
#
```

图 13.16　再次选择 yes 以继续

(7) 执行以下命令,生成客户端证书和密钥,如图 13.17 所示。

```
./easyrsa build-client-full user1.awsclientVPNworkshop.com nopass
```

```
C:\Windows\System32\cmd.exe
* D:/ÔÆ¼ÆËã/Client VPN/EasyRSA-3.1.7/pki/issued/awsclientvpnworkshop.com.crt

Notice
------
Inline file created:
* D:/ÔÆ¼ÆËã/Client VPN/EasyRSA-3.1.7/pki/inline/awsclientvpnworkshop.com.inline


EasyRSA Shell
# ./easyrsa build-client-full user1.awsclientvpnworkshop.com nopass
No Easy-RSA 'vars' configuration file exists!

Using SSL:
* openssl OpenSSL 3.1.2 1 Aug 2023 (Library: OpenSSL 3.1.2 1 Aug 2023)
-----

Notice
------
Private-Key and Public-Certificate-Request files created.
```

图 13.17　生成客户端证书和密钥

用户可以选择只对需要客户端证书和密钥的客户端(最终用户)重复此步骤。

(8) 执行以下命令,退出 EasyRSA Shell,如图 13.18 所示。

```
exit
```

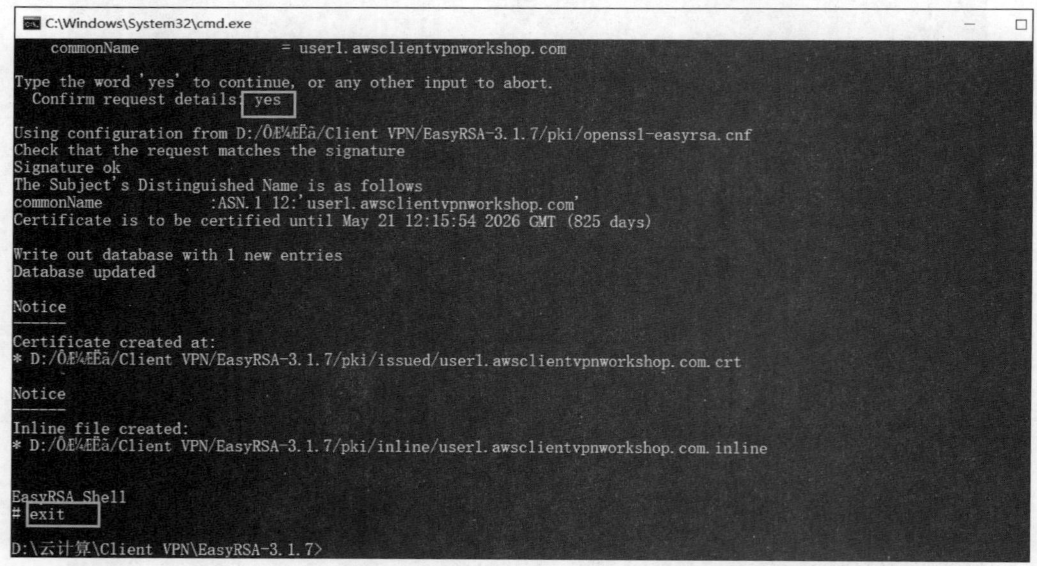

图 13.18　退出 EasyRSA Shell

用户不一定需要将客户端证书上传到 ACM。如果服务器和客户端证书由同一 CA 颁发,则在创建客户端 VPN 端点时,用户可以同时将服务器证书 ARN 用于服务器和客户端。

在上述步骤中，已使用相同的 CA 创建这两个证书。但是，为了流程完整起见，这里仍然包括上传客户端证书的步骤。

2）将证书上传到 ACM

（1）进入 AWS 控制台，在服务搜索栏中输入“certificate manager”，从列表中选择“证书管理器”选项，如图 13.19 所示。

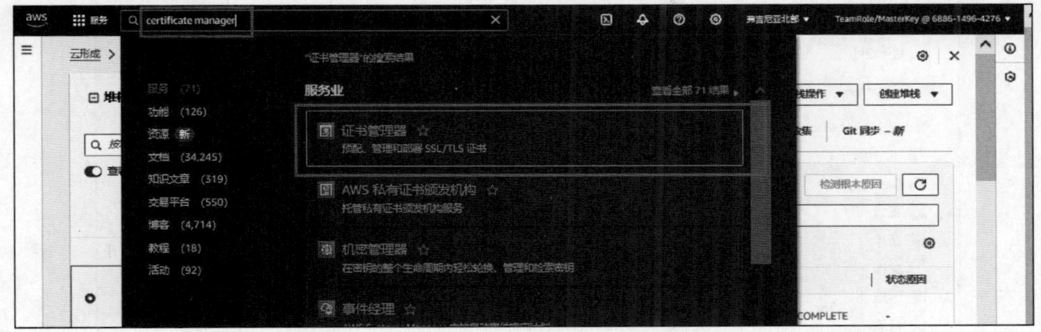

图 13.19　搜索证书管理器

（2）在 AWS 证书管理器页面中，选择“导入证书”选项，如图 13.20 所示。

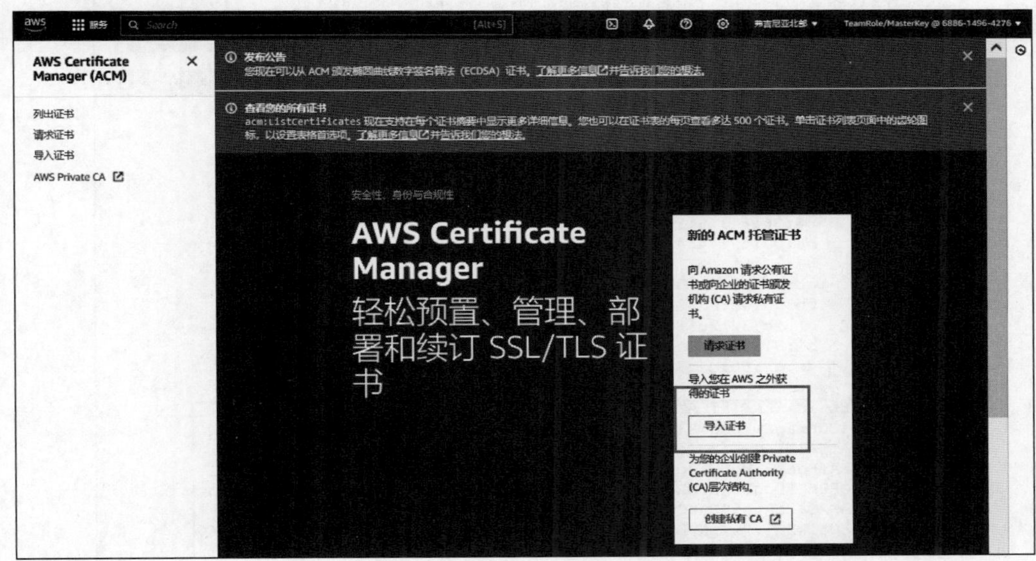

图 13.20　选择“导入证书”

（3）转到安装 Easy RSA 的目录，输入服务器证书详细信息。

① 在用户选择的文本编辑器中打开 awsclientvpnworkshop.com.crt 文件，如图 13.21 所示。

② 将位于文件底部的-----BEGIN CERTIFICATE-----和-----END CERTIFICATE -----之间的部分复制到服务器证书正文，如图 13.22 所示。

③ 在文本编辑器中打开 awsclientvpnworkshop.com.key 文件，如图 13.23 所示。

④ 将从-----BEGIN CERTIFICATE-----开始到-----END CERTIFICATE-----结束的文件部分复制到服务器证书私钥中，如图 13.24 所示。

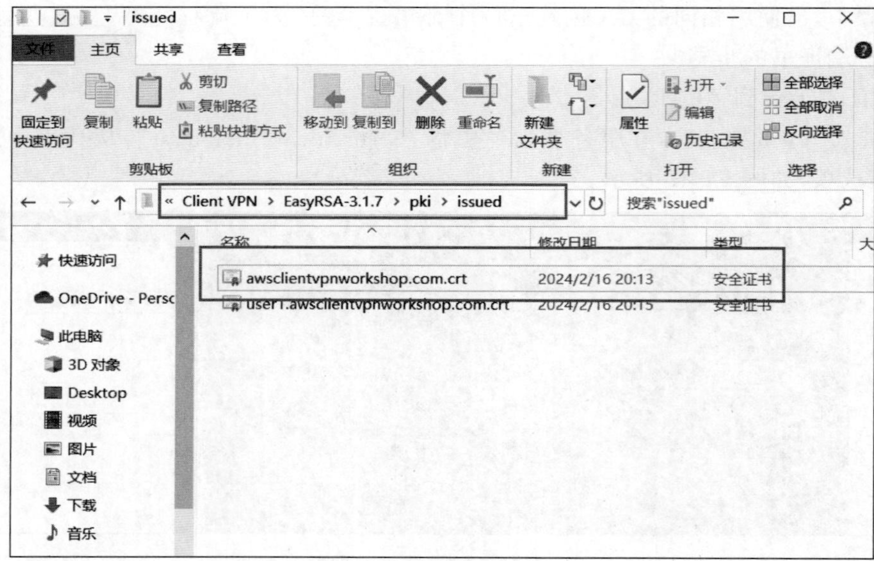

图 13.21　打开服务器安全证书

图 13.22　复制内容至服务器证书正文

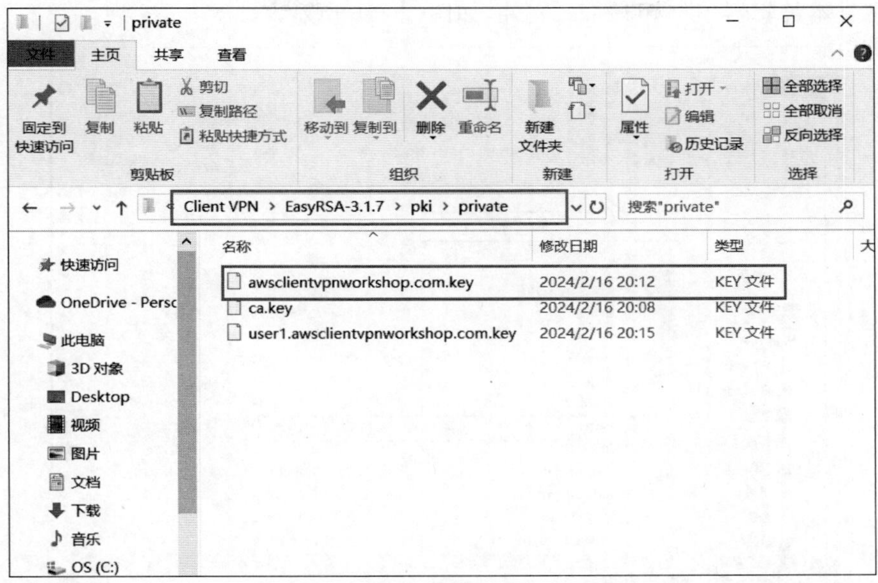

图 13.23　打开服务器私钥文件

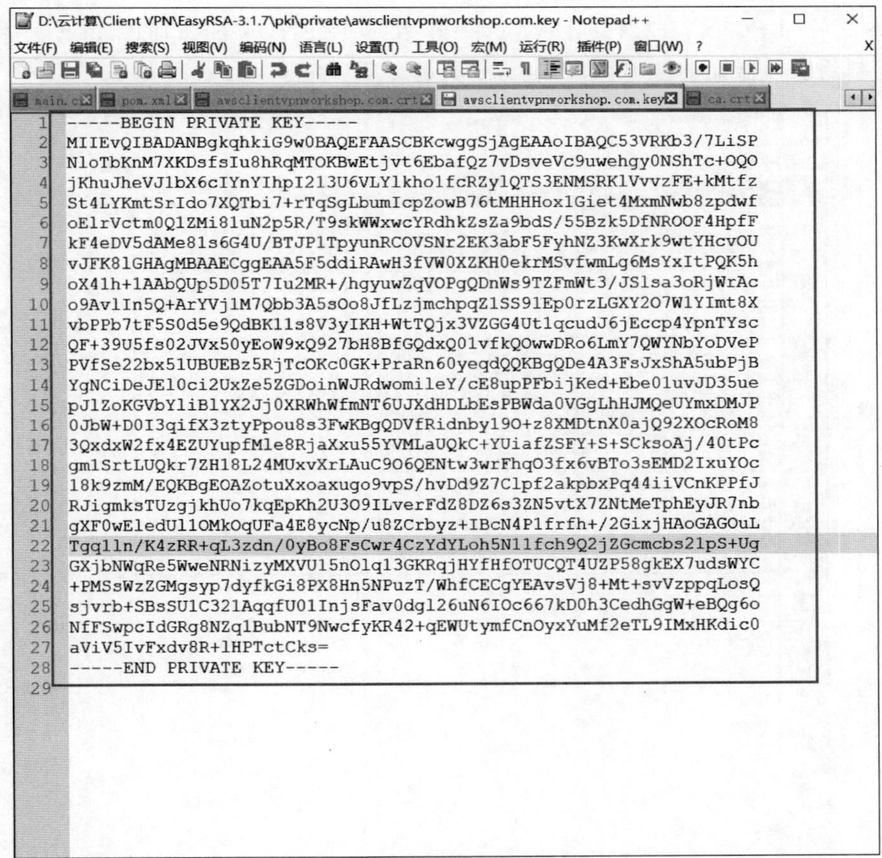

图 13.24　复制内容至服务器证书私钥

⑤ 在文本编辑器中打开 ca.crt 文件，如图 13.25 所示。

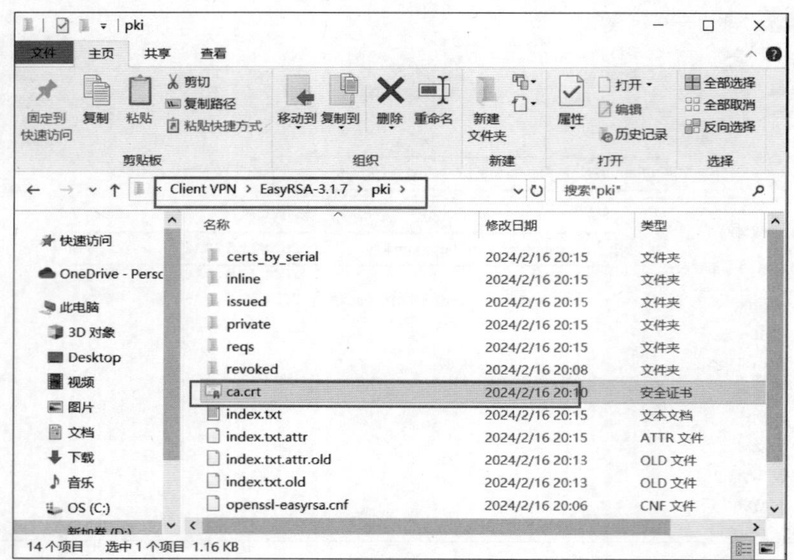

图 13.25 打开服务器指定文件

⑥ 将从-----BEGIN CERTIFICATE-----开始到-----END CERTIFICATE-----结束的文件部分复制到服务器证书链中，如图 13.26 所示。

图 13.26 复制内容至服务器证书链

⑦ 检查已输入的证书详细信息，完成后单击“下一步”按钮，如图 13.27 所示。

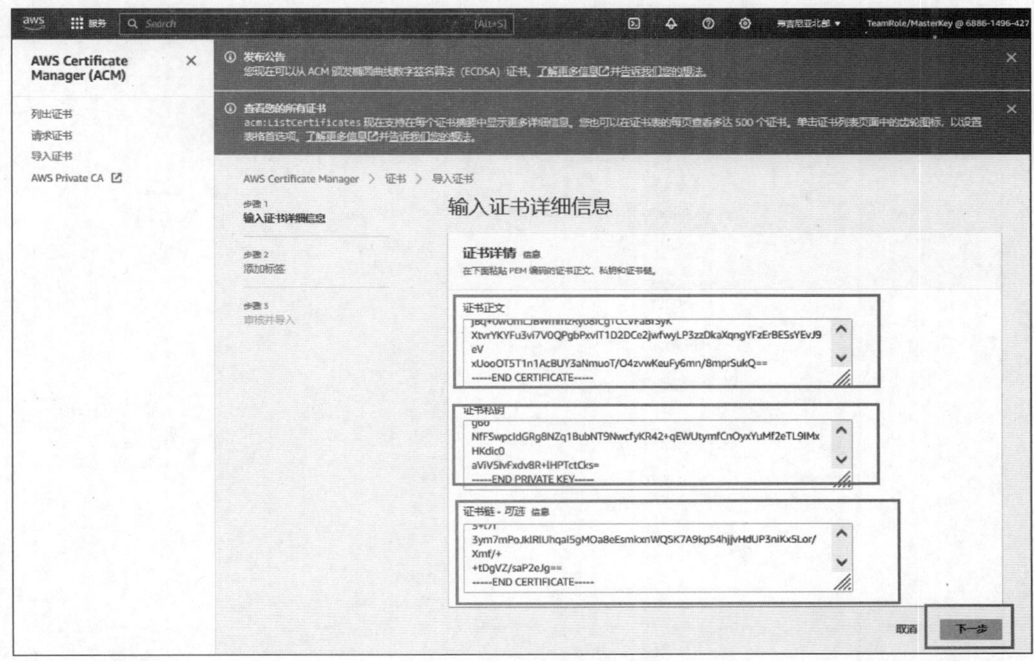

图 13.27　检查服务器证书详细信息

⑧（可选）添加标签，提供证书的名称标记和说明，然后单击“下一步”按钮，如图 13.28 所示。

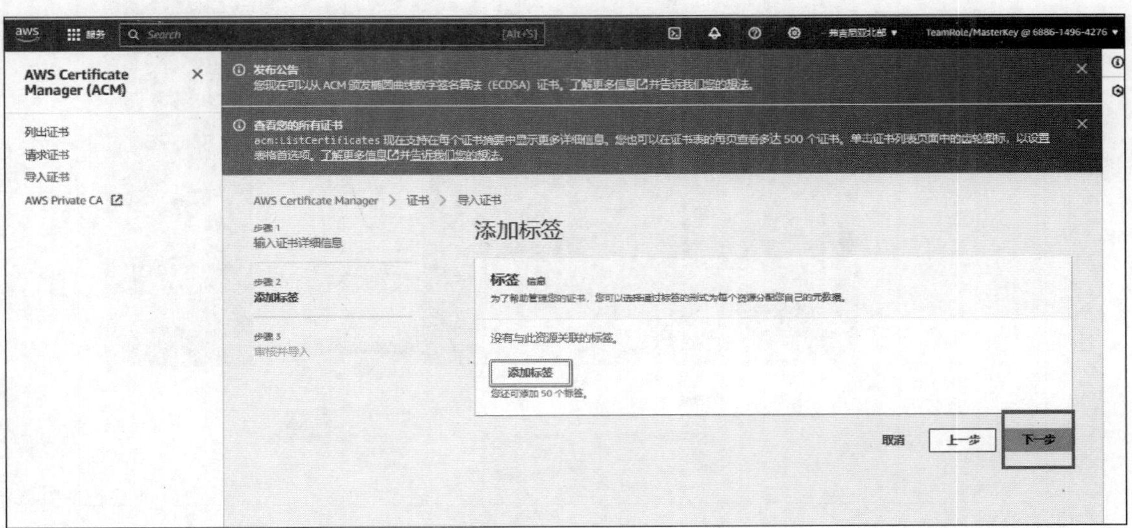

图 13.28　添加服务器证书标签

⑨ 审核所有信息，确认无误后单击“导入”按钮，如图 13.29 所示。

(4) 返回到 ACM 主页，选择“导入证书”选项以开始输入客户端证书详细信息，如图 13.30 所示。

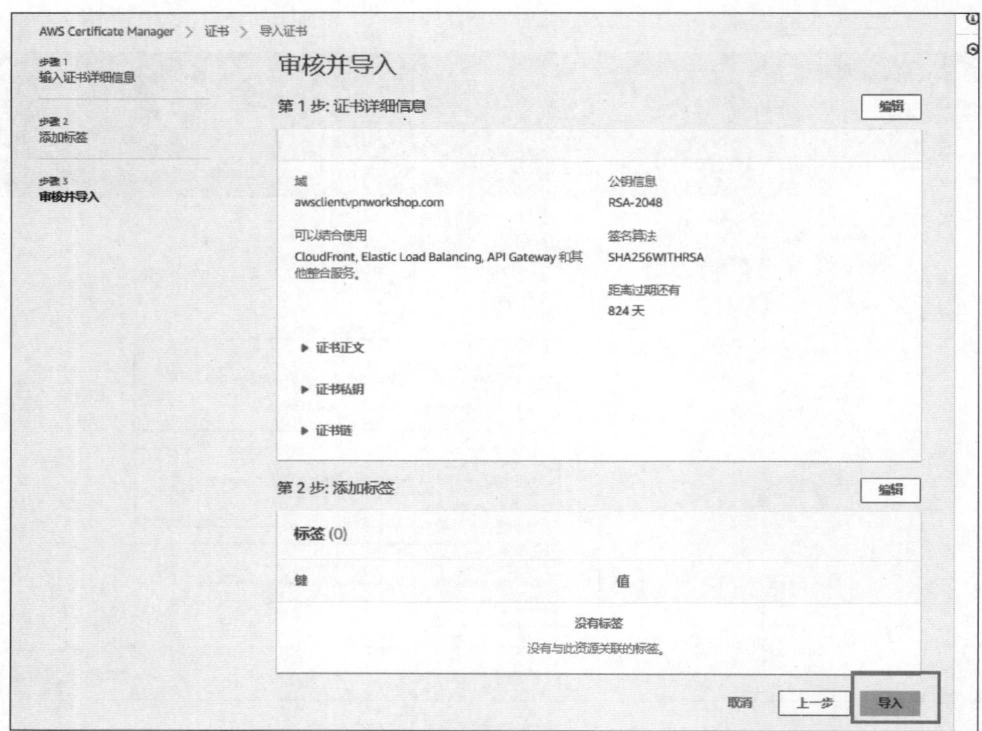

图 13.29　审核并导入服务器证书

图 13.30　再次选择“导入证书”

① 打开 user1.awsclientvpnworkshop.com.crt 文件，如图 13.31 所示。

② 将位于文件底部的-----BEGIN CERTIFICATE-----和-----END CERTIFICATE-----之间的部分复制到客户端证书正文中，如图 13.32 所示。

③ 打开 user1.awsclientvpnworkshop.com.key 文件，如图 13.33 所示。

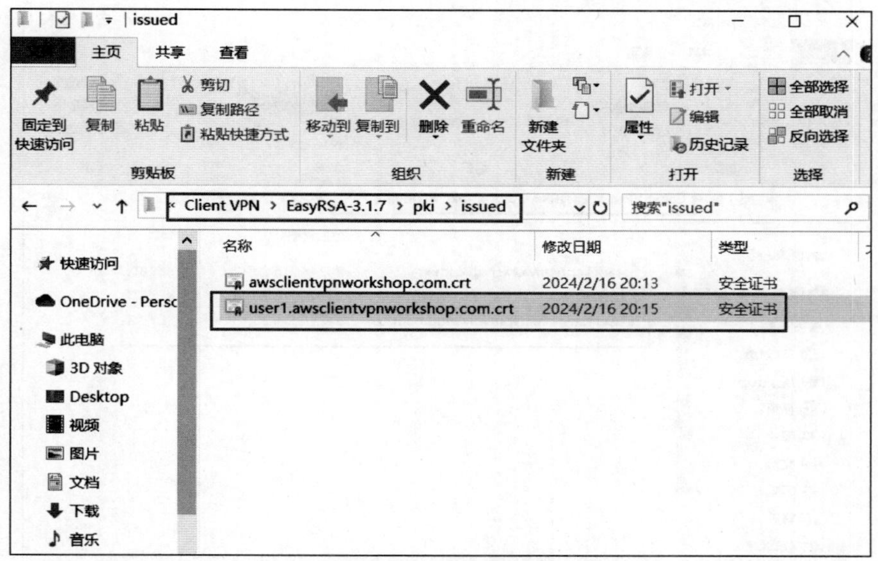

图 13.31　打开客户端安全证书

图 13.32　复制内容到客户端证书正文

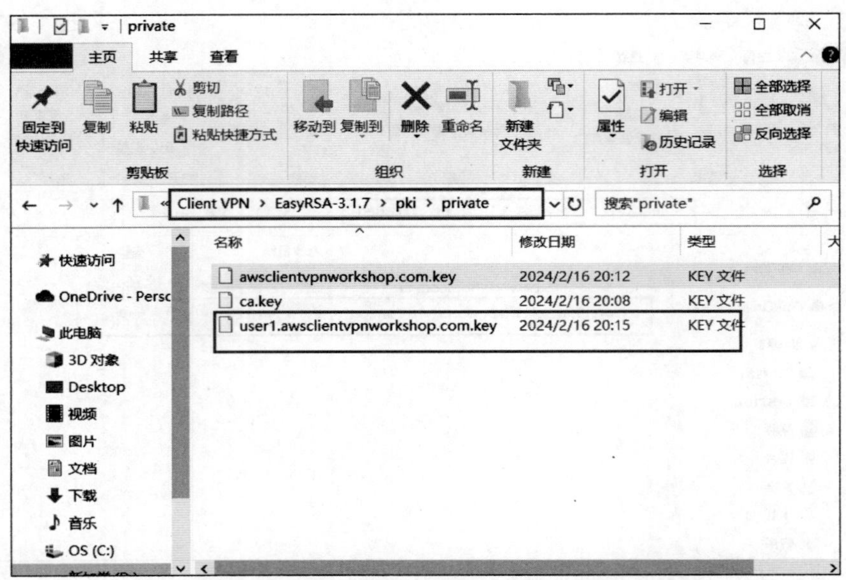

图 13.33 打开客户端私钥文件

④ 将从-----BEGIN CERTIFICATE-----开始到-----END CERTIFICATE-----结束的文件部分复制到客户端证书私钥中,如图 13.34 所示。

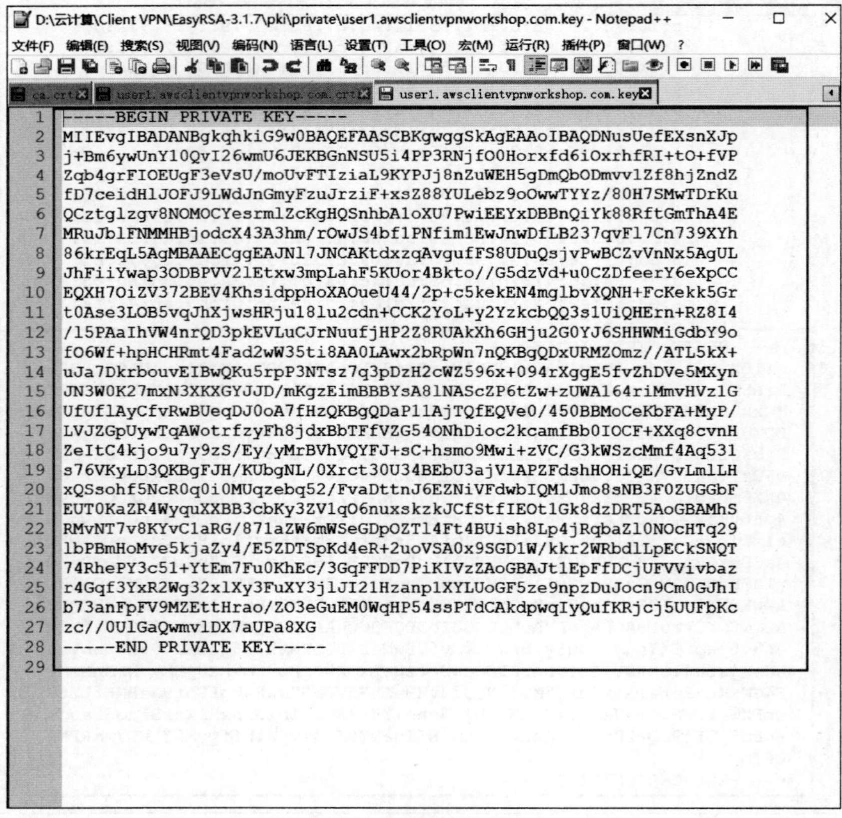

图 13.34 复制内容到客户端证书私钥

⑤ 在文本编辑器中打开 ca.crt 文件，如图 13.35 所示。

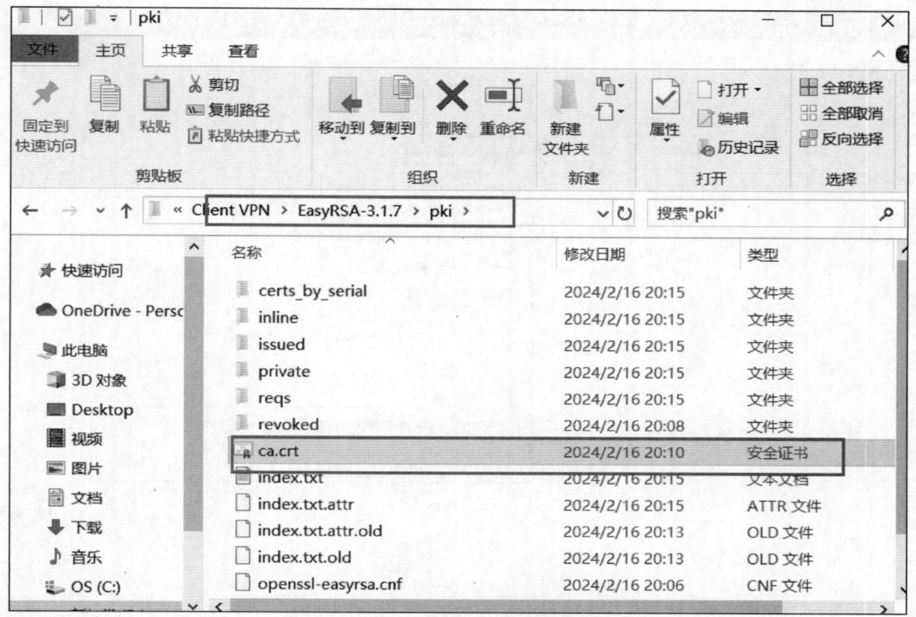

图 13.35　打开客户端指定文件

⑥ 将从-----BEGIN CERTIFICATE-----开始到-----END CERTIFICATE-----结束的文件部分复制到客户端证书链中，如图 13.36 所示。

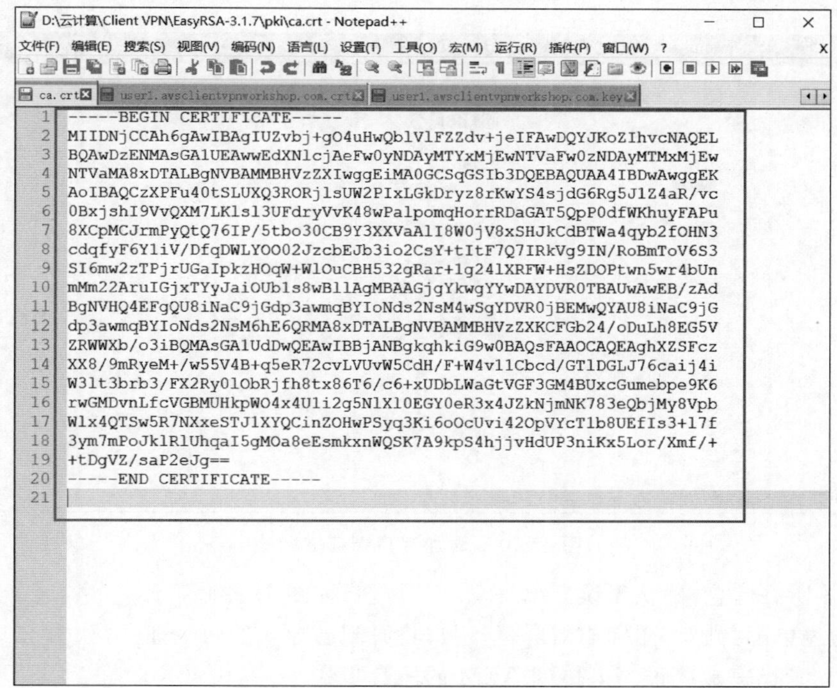

图 13.36　复制内容到客户端证书链

⑦ 检查已输入的证书详细信息，完成后单击“下一步”按钮，如图 13.37 所示。

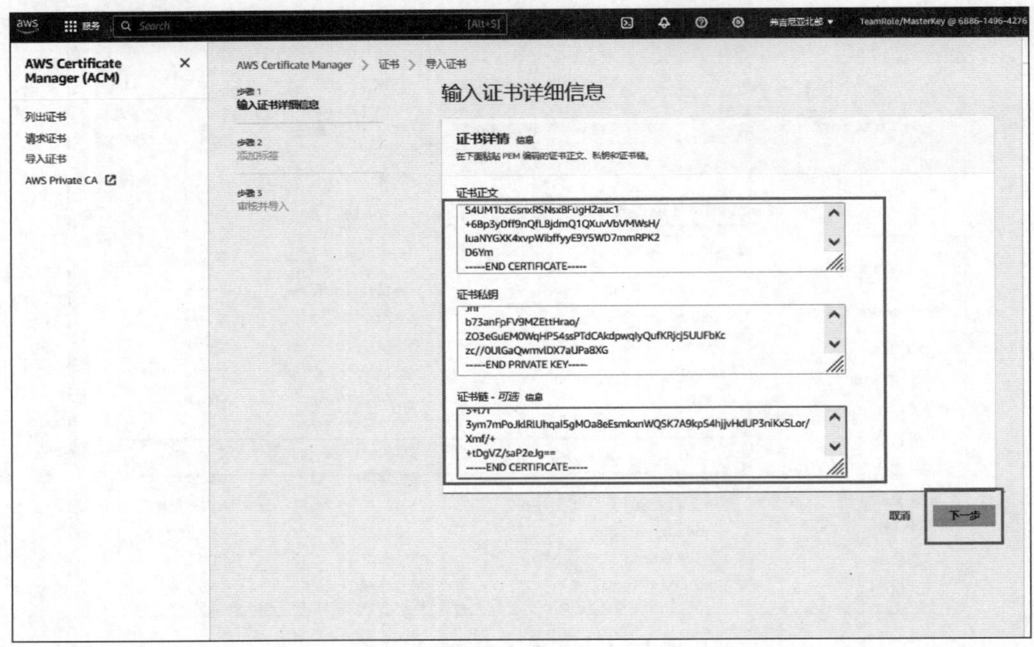

图 13.37　检查客户端证书详细信息

⑧ (可选)添加标签，提供证书的名称标记和说明，然后单击“下一步”按钮，如图 13.38 所示。

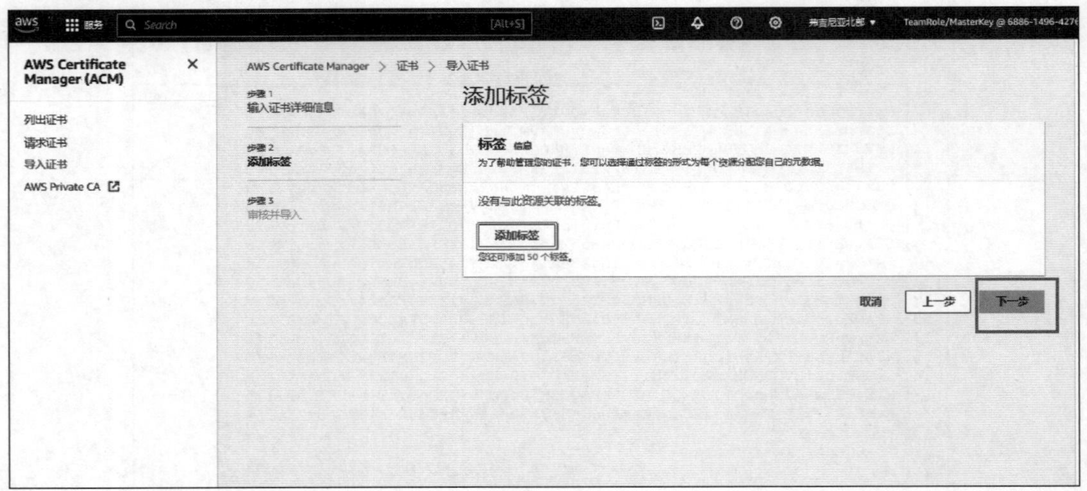

图 13.38　添加客户端证书标签

⑨ 审核所有信息，确认无误后单击“导入”按钮，如图 13.39 所示。

(5) 通过单击“刷新”图标刷新屏幕，用户将看到已导入的两个证书，如图 13.40 所示。至此，用户已完成将证书上传到 ACM 的所有步骤。

图 13.39　审核并导入客户端证书

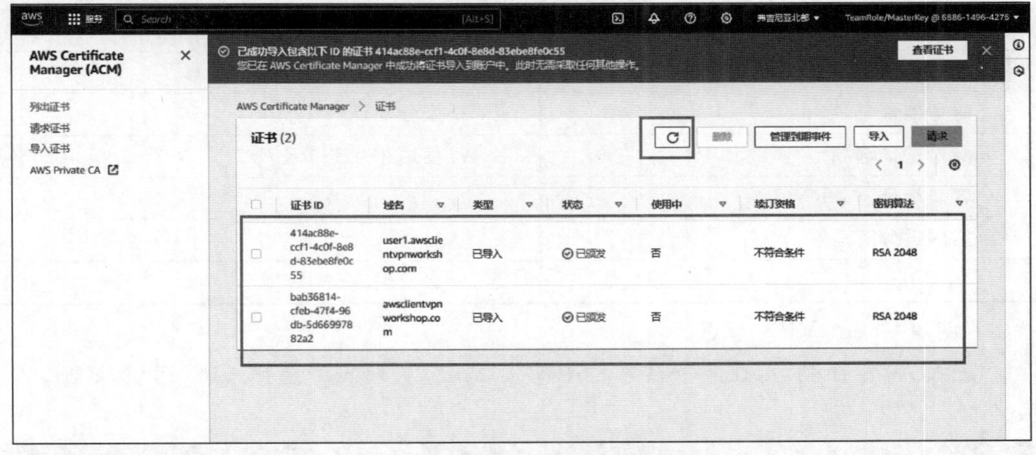

图 13.40　刷新屏幕以查看证书

13.3　相关实验

13.3.1　实验 1：具有相互身份验证的客户端 VPN(基于证书)

实验结构图如图 13.41 所示。

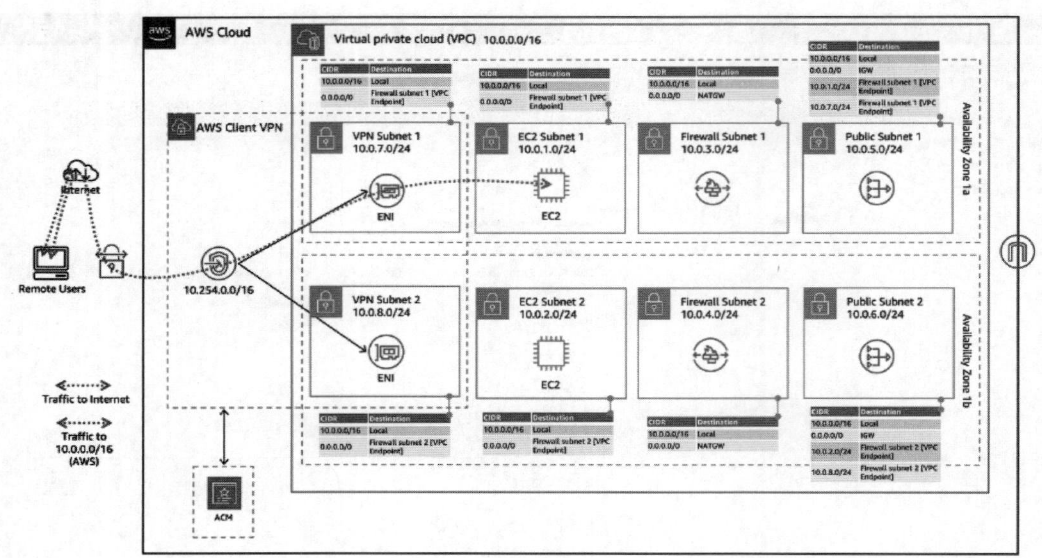

图 13.41　实验结构图

1) AWS 客户端 VPN 终端节点设置

完成 AWS Client VPN 创建的所需项目如表 13.1 所示。

表 13.1　AWS Client VPN 创建的所需项目表

项　　目	设　定　值
名牌	client-VPN-lab1
客户端 IPv4 CIDR	10.254.0.0/16
服务器证书 ARN	服务器证书
身份验证选项	使用相互身份验证
客户端证书 ARN	客户端证书
启用拆分隧道	启用
VPC ID	客户端 VPN VPC

(1) 创建 Client VPN 节点。

① 进入 AWS 控制台,在服务搜索栏中输入“vpc”,从列表中选择 VPC 选项,如图 13.42 所示。

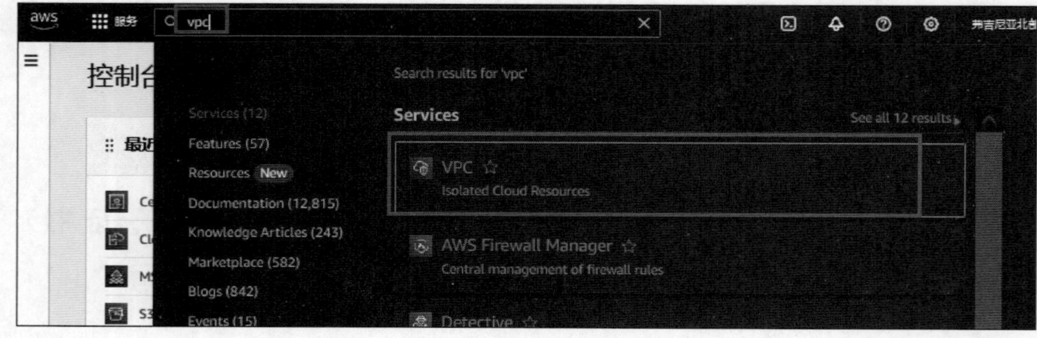

图 13.42　搜索 VPC

② 在导航窗口中，选择“客户端 VPN 端点”选项，然后单击“创建客户端 VPN 端点”选项，如图 13.43 和图 13.44 所示。

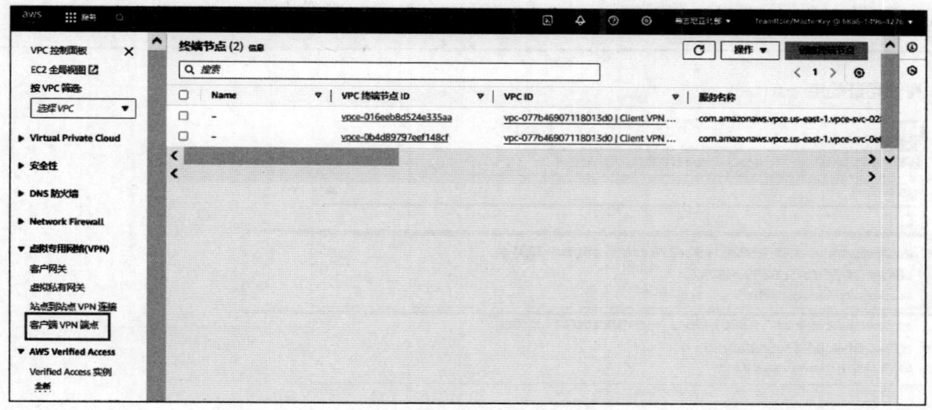

图 13.43　选择“客户端 VPN 端点”

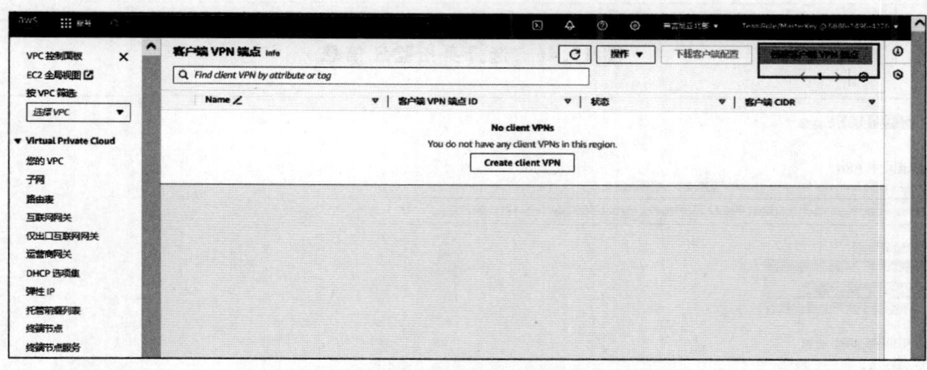

图 13.44　选择“创建客户端 VPN 端点”

③（可选）提供客户端 VPN 端点的名称标签和描述。

④ 对于客户端 IPv4 CIDR，以 CIDR 表示法指定待分配客户端的 IP 地址范围（如 10.254.0.0/16），如图 13.45 所示。

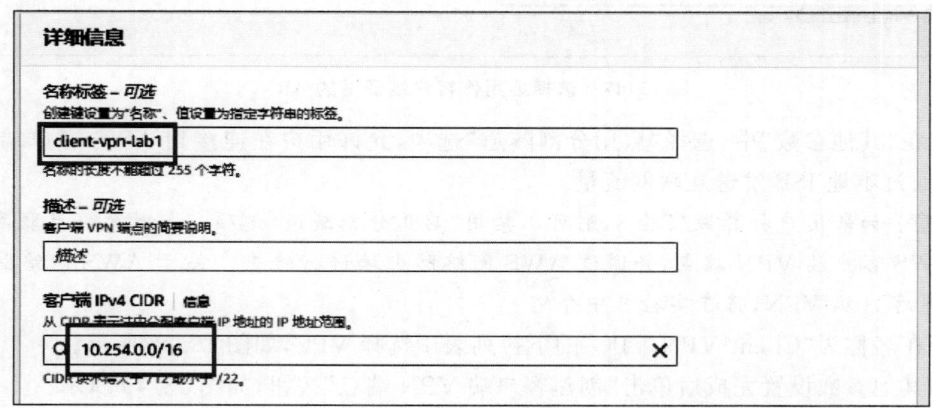

图 13.45　指定详细信息

⑤ 在“服务器证书 ARN”中选择前面生成的服务器证书的 ARN,在“身份验证选项”中选择“使用双向身份验证”,然后在“客户端证书 ARN”中选择要用作客户端证书的 ARN,如图 13.46 和图 13.47 所示。

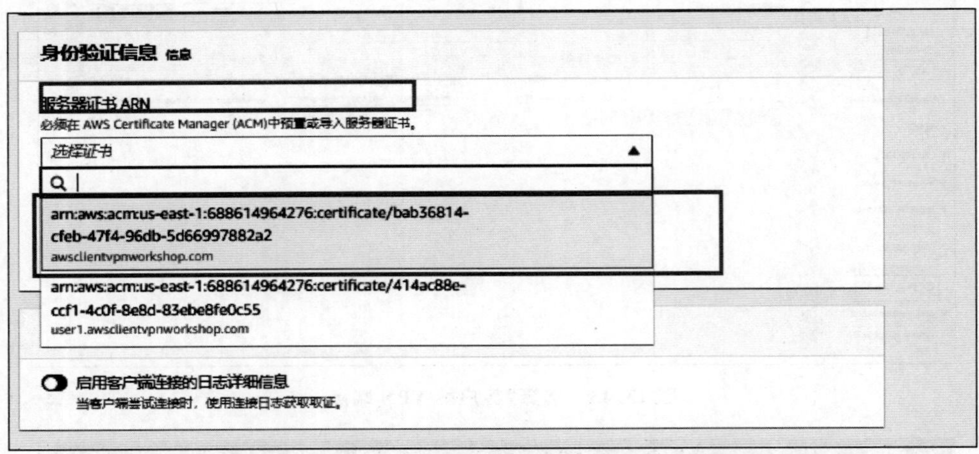

图 13.46　选择身份验证信息

身份验证信息 信息
服务器证书 ARN
必须在 AWS Certificate Manager (ACM)中预置或导入服务器证书。
arn:aws:acm:us-east-1:688614964276:certificate/bab36814-cfeb-47f4-96db-5...
身份验证选项
选择要使用的一种或一组身份验证方法。
使用双向身份验证
使用基于用户的身份验证
客户端证书 ARN 信息
选择证书
arn:aws:acm:us-east-1:688614964276:certificate/bab36814-cfeb-47f4-96db-5d66997882a2
arn:aws:acm:us-east-1:688614964276:certificate/414ac88e-ccf1-4c0f-8e8d-83ebe8fe0c55
user1.awsclientvpnworkshop.com
客户端连接处理程序 信息

图 13.47　选择要用作客户端证书的 ARN

⑥ 在“其他参数”中,选择“启用分割隧道”选项,允许用户在连接到 AWS 客户端 VPN 端点时通过本地 ISP 发送互联网流量。

注意:*如果用户打算做实验 3,则可以禁用“启用分割隧道”选项。此时允许互联网流量通过 AWS 客户端 VPN 端点,并通过 AWS 网络防火墙进行检查。关于 AWS 网络防火墙和 AWS 客户端 VPN,将在实验 3 中介绍。*

⑦ 在名称为“Client VPN VPC”的下拉列表中选择 VPC,如图 13.48 所示。

⑧ 其他参数设置完成后单击“创建客户端 VPN 端点”按钮,如图 13.49 所示。

⑨ 创建 Client VPN 端点后,其状态为 Pending-associate。关联至少一个目标网络后,客户端才能建立 VPN 连接,如图 13.50 所示。

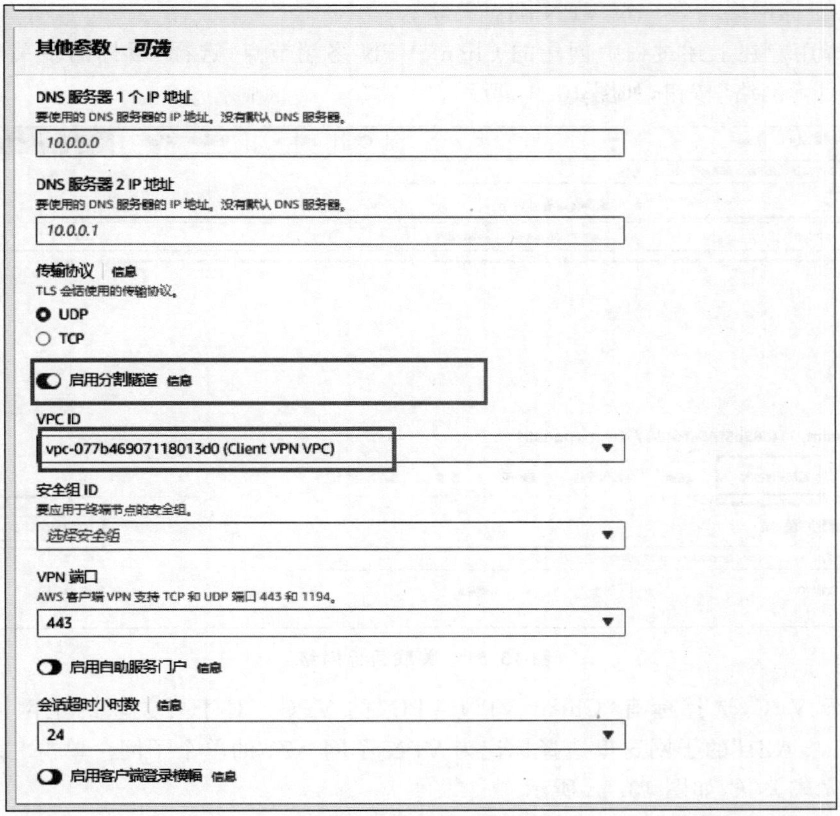

其他参数 – 可选
DNS 服务器 1 个 IP 地址
要使用的 DNS 服务器的 IP 地址。没有默认 DNS 服务器。
10.0.0.0
DNS 服务器 2 IP 地址
要使用的 DNS 服务器的 IP 地址。没有默认 DNS 服务器。
10.0.0.1
传输协议 | 信息
TLS 会话使用的传输协议。
UDP
TCP
启用分割隧道 信息
VPC ID
vpc-077b46907118013d0 (Client VPN VPC)
安全组 ID
要应用于终端节点的安全组。
选择安全组
VPN 端口
AWS 客户端 VPN 支持 TCP 和 UDP 端口 443 和 1194。
443
启用自助服务门户 信息
会话超时小时数 | 信息
24
启用客户端登录横幅 信息

图 13.48　选择 VPC

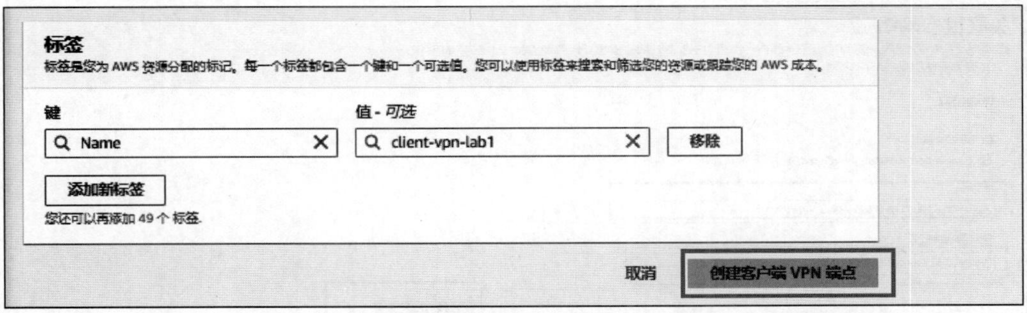

标签
标签是您为 AWS 资源分配的标记。每一个标签都包含一个键和一个可选值。您可以使用标签来搜索和筛选您的资源或跟踪您的 AWS 成本。
键
值 - 可选
Name
client-vpn-lab1
移除
添加新标签
您还可以再添加 49 个 标签.
取消
创建客户端 VPN 端点

图 13.49　创建客户端 VPN 端点

客户端 VPN 端点 (1) info
操作
下载客户端配置
创建客户端 VPN 端点
Find client VPN by attribute or tag
Name
客户端 VPN 端点 ID
状态
客户端 CIDR
client-vpn-lab1
cvpn-endpoint-004d85b8fd5dfe424
Pending-associate
10.254.0.0/16

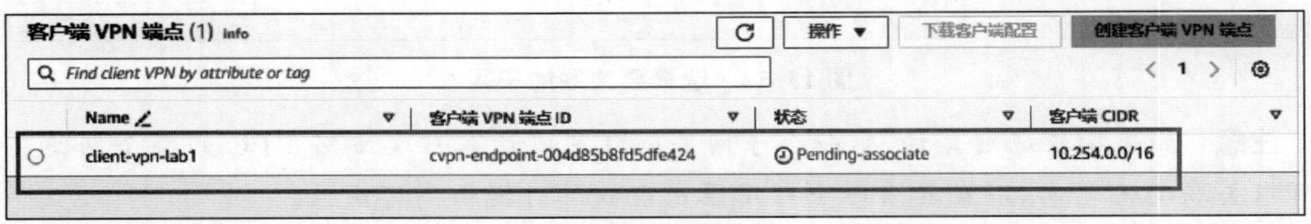

图 13.50　查看状态

如果允许客户端建立 VPN 会话，则应将目标网络与客户端 VPN 端点关联，其中目标网络是 VPC 中的子网。

(2) 将目标网络与客户端 VPN 端点关联。

① 选择用户在上述过程中创建的 Client VPN 终端节点，选择“目标网络关联”选项并单击“关联目标网络”按钮，如图 13.51 所示。

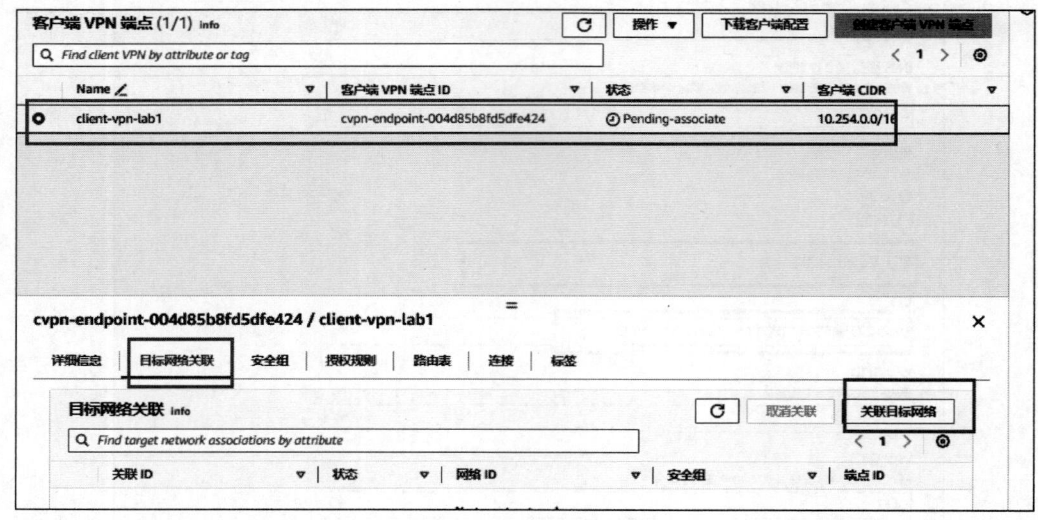

图 13.51　关联目标网络

② 对于 VPC，选择标有“Client VPN VPC”的 VPC。对于要关联的子网，选择标有“VPN Subnet AZ1”的子网这里选择标记为 VPN 子网 AZ1 的单个子网。单击“关联目标网络”按钮以完成关联，如图 13.52 所示。

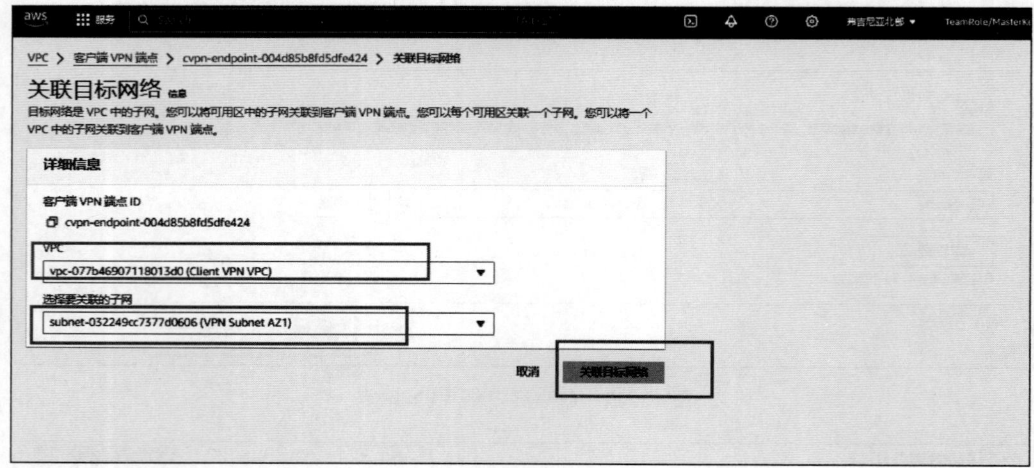

图 13.52　选择要关联的子网

注意：如果授权规则允许，则一个子网关联就足以让客户端访问 VPC 的整个网络。用户可以关联其他子网，以在其中一个可用区出现故障时提供高可用性。

当用户将第一个子网与客户端 VPN 端点关联时，可能会发生以下情况。

① 客户端 VPN 端点的状态更改为可用。客户端可以建立 VPN 连接，但在用户添加授权规则之前，它们无法访问 VPC 中的任何资源。

② VPC 的本地路由会自动添加到客户端 VPN 端点路由表。

③ VPC 的默认安全组会自动应用于客户端 VPN 端点。

注意：关联过程可能需要 10～15min 才能完成，如图 13.53 所示。

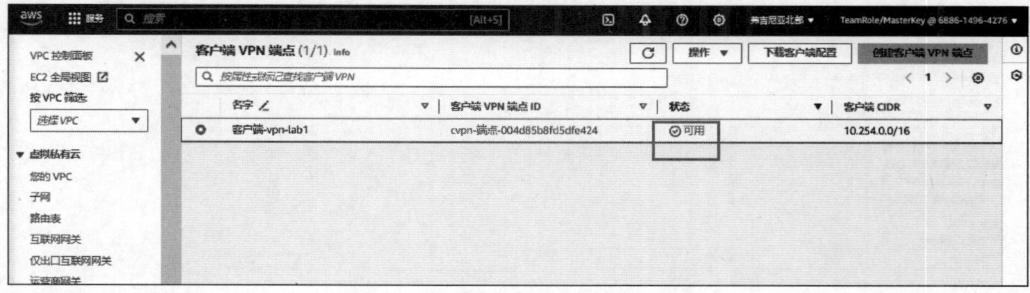

图 13.53　子网与客户端 VPN 端点关联

如果要使客户端访问 VPC，则客户端 VPN 端点的路由表中需要有指向 VPC 的路由和授权规则，其中路由已在上一步中自动添加。本次实验将授予所有用户对 VPC 的访问权限。

2）为 VPC 添加授权规则

（1）对于同一客户端 VPN 端点，需要添加授权规则。选择“授权规则”选项，然后单击“添加授权规则 ”按钮，如图 13.54 所示。

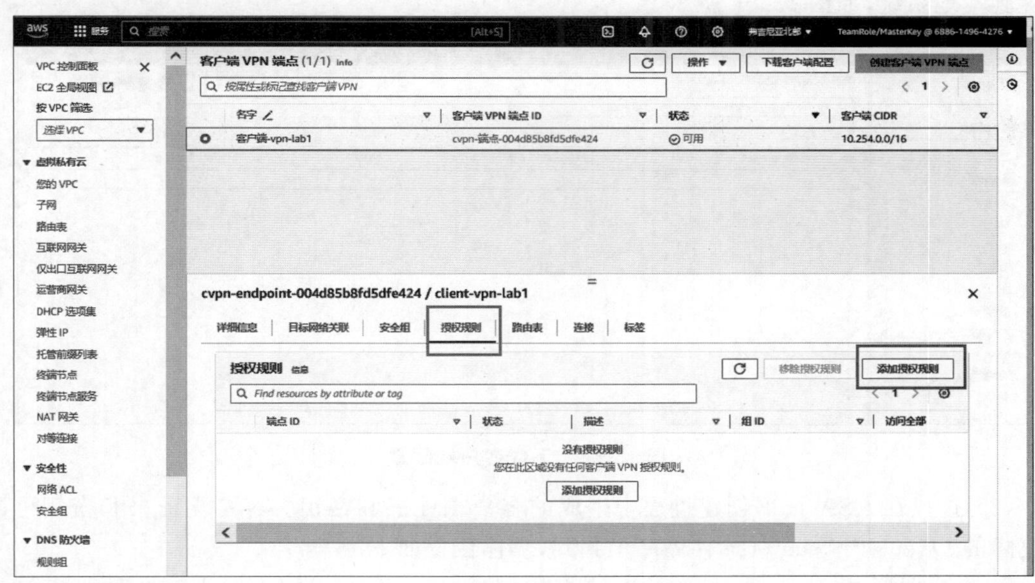

图 13.54　添加授权规则

（2）对于启用访问的目标网络，输入允许访问网络的 CIDR。例如，如果要允许访问整个 VPC，则应指定 VPC 的 IPv4 CIDR 块 10.0.0.0/16。对于授予访问权限，选择允许对所有用户进行访问。单击“添加授权规则”按钮以完成授权，如图 13.55 所示。

至此，用户已完成创建客户端 VPN 端点的所有步骤。

接下来需要下载并准备客户端 VPN 端点配置文件。配置文件包括建立 VPN 连接所

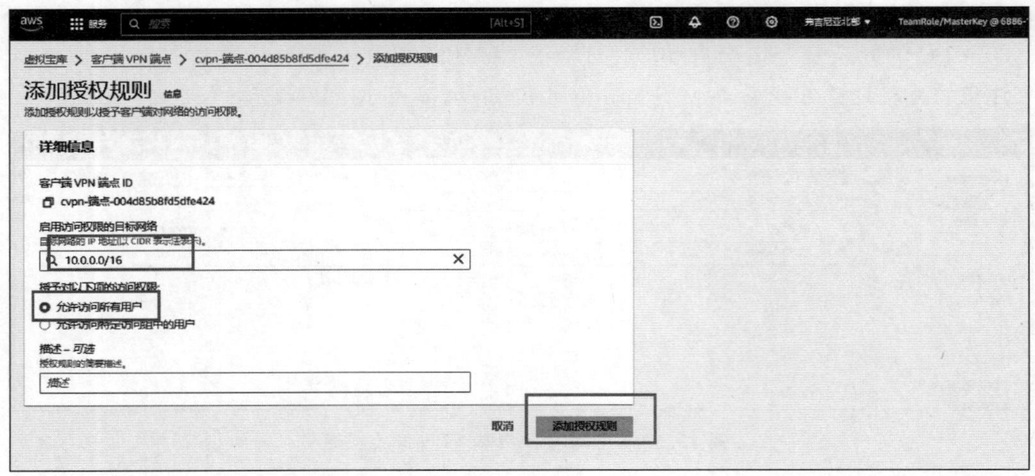

图 13.55　添加授权规则

需的客户端 VPN 端点详细信息和证书信息。在进行必要更改后,用户将该文件提供给需要连接到客户端 VPN 端点的最终用户使其能够配置 VPN 客户端应用程序。

3) 下载并准备客户端 VPN 端点配置文件

(1) 选择用户创建的 Client VPN 终端节点,然后选择"下载客户端配置"选项,将文件保存到本地系统,如图 13.56 所示。

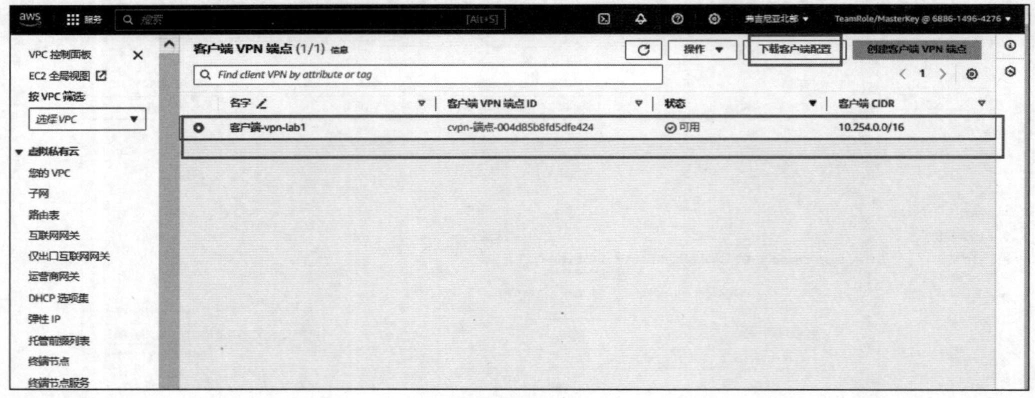

图 13.56　下载客户端配置

(2) 查找在 RSA 证书创建过程中生成的客户端证书和密钥。客户端证书和密钥可以在克隆的 OpenVPN easy-rsa 存储库中找到,具体位置如下。

① 客户端证书: easy-rsa/easyrsa3/pki/issued/user1. awsclientVPNworkshop. com. crt。

② 客户端密钥: easy-rsa/easyrsa3/pki/private/user1. awsclientVPNworkshop. com. key。

(3) 使用用户首选的文本编辑器打开客户端 VPN 端点配置文件,将< cert ></cert >和< key ></key >标记添加到文件底部,并将客户端证书和私钥的内容放在相应的标记之间,如图 13.57 所示。

至此,用户已完成下载和准备客户端 VPN 端点配置文件的所有步骤。

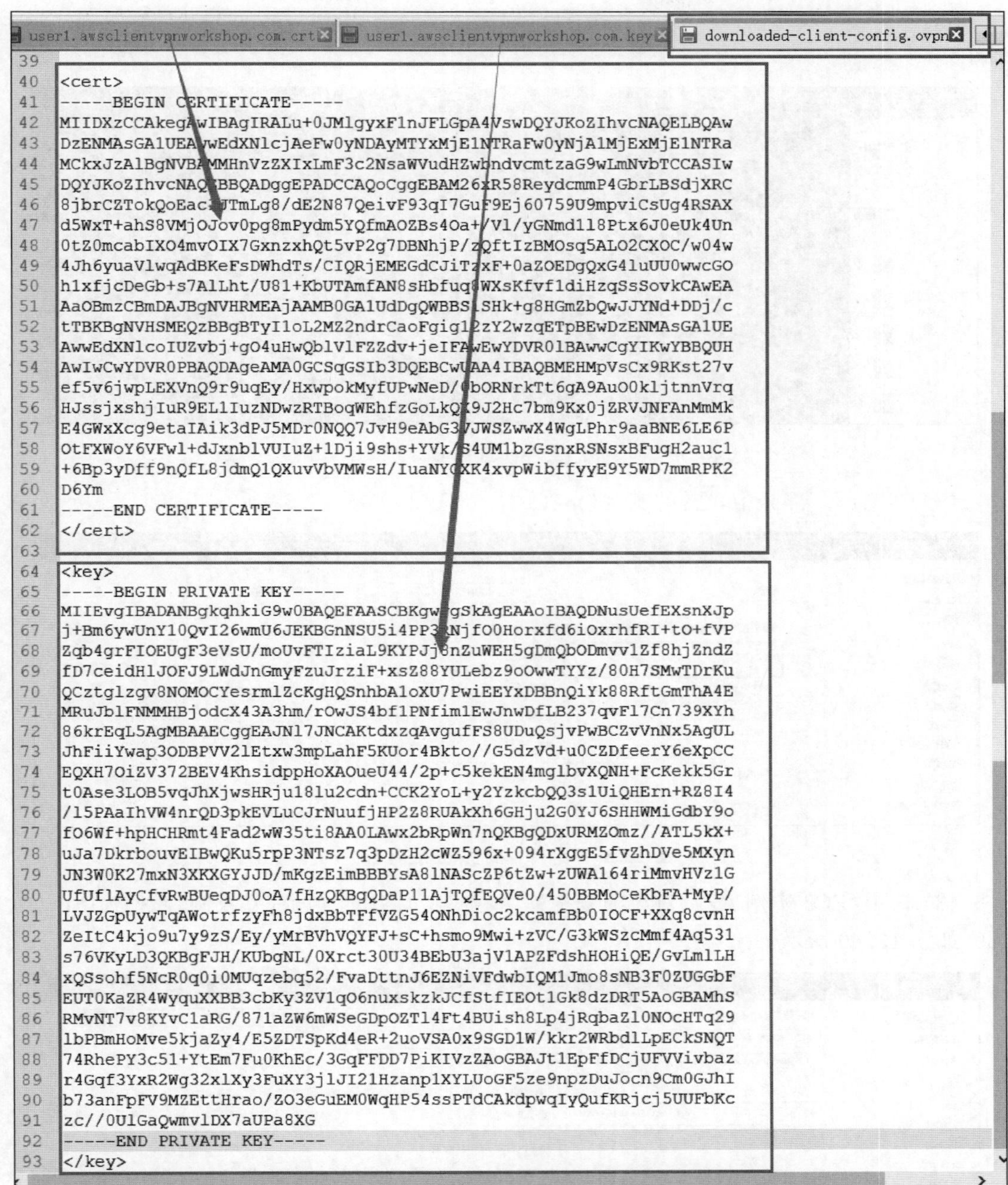

图 13.57　添加客户端证书和密钥

4）连接到 AWS Client VPN 端点

用户可以从 AWS 提供的客户端中选择客户端 VPN 应用程序，然后选择操作系统。安装完成后，用户将使用在前面步骤中下载的 VPN 终端节点配置文件连接到 AWS 客户端 VPN 终端节点。

注意：以下示例显示了查找 EC2 实例私有 IP 地址，然后使用 AWS 提供的客户端 VPN 连接到 AWS 客户端 VPN 端点的步骤。连接完成后，执行 ping 测试进行确认。

(1) 进入 AWS 控制台,在服务搜索栏中输入"ec2",从列表中选择 EC2,如图 13.58 所示。

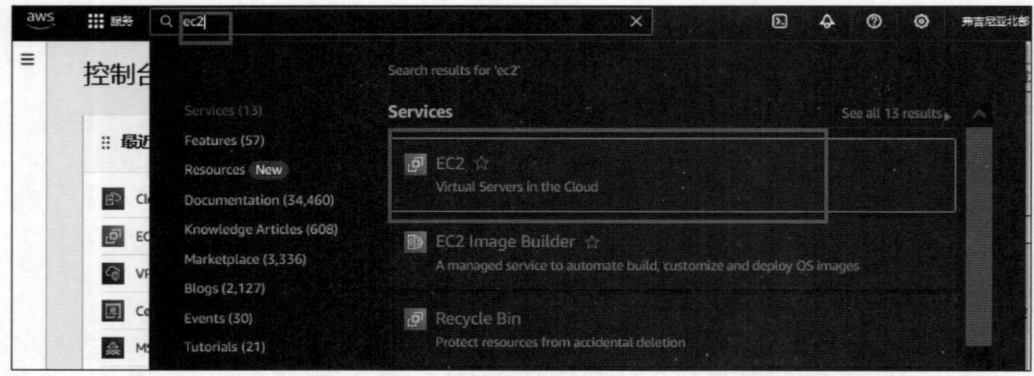

图 13.58　选择 EC2

(2) 在"资源"部分中,选择"实例(正在运行)"选项,如图 13.59 所示。

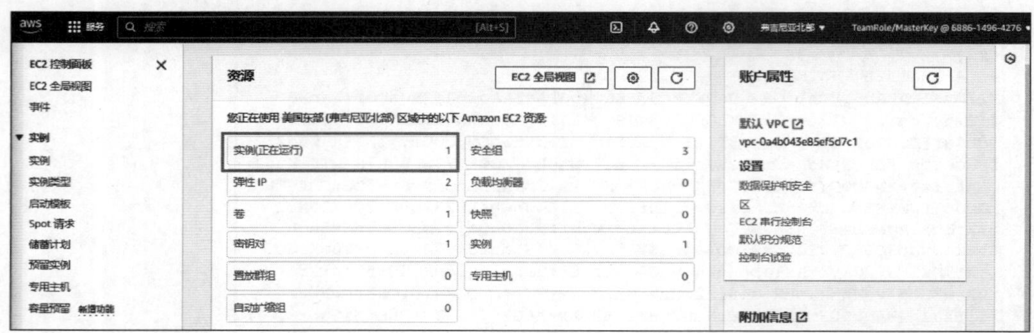

图 13.59　选择"实例(正在运行)"

(3) 选中"EC2 实例 AZ1"对应的复选框,找到"私有 IPv4 地址"并复制,此处为 10.0.1.139,如图 13.60 所示。

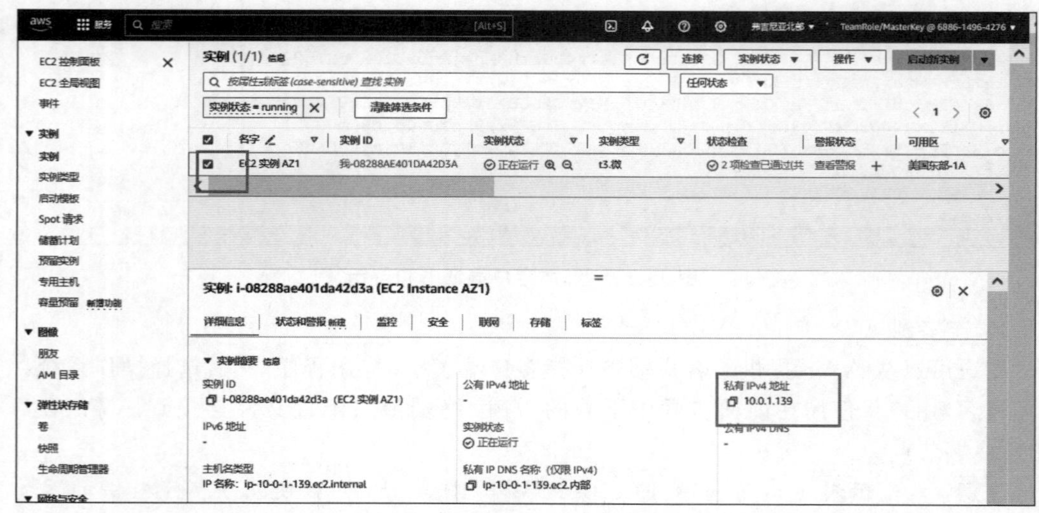

图 13.60　复制私有 IPv4 地址

(4) 从 AWS 提供的客户端下载并安装 macOS 版本，安装后打开软件。

(5) 依次选择“文件”“管理配置文件”选项，单击“添加配置文件”按钮，如图 13.61 和图 13.62 所示。

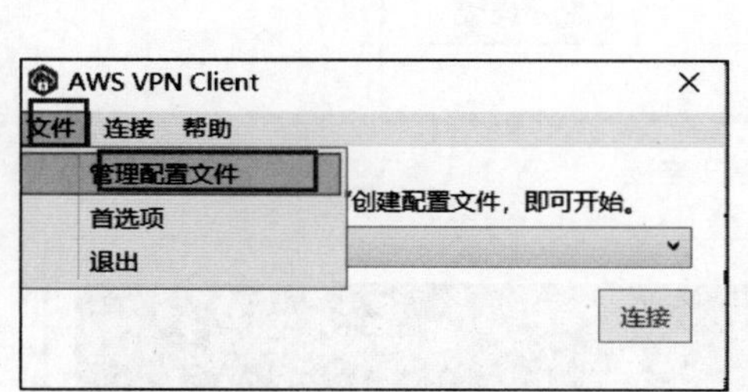

图 13.61　管理配置文件

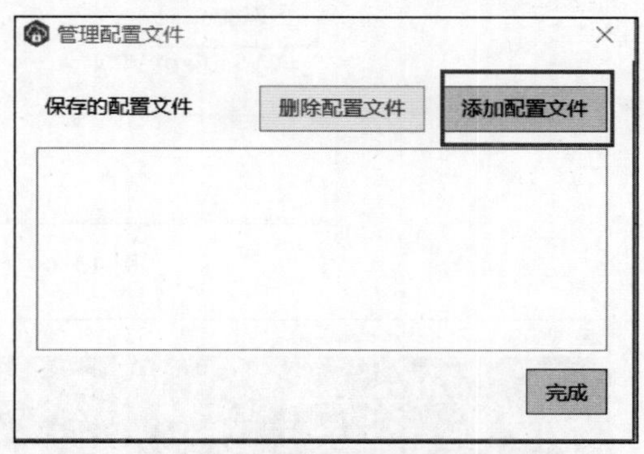

图 13.62　添加配置文件

(6) 输入显示名称为“AWS Client VPN”并选择用户之前下载的 VPN 配置文件 downloaded-client-config.ovpn。单击“添加配置文件”按钮以完成配置，如图 13.63 所示。

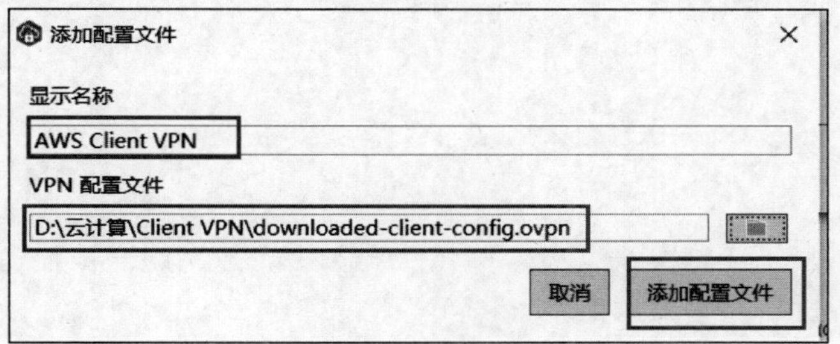

图 13.63　添加配置文件

(7) 在“管理配置文件”页面上，单击“完成”按钮，如图 13.64 所示。

(8) 返回到 AWS VPN Client 窗口，单击“连接”按钮，如图 13.65 所示。

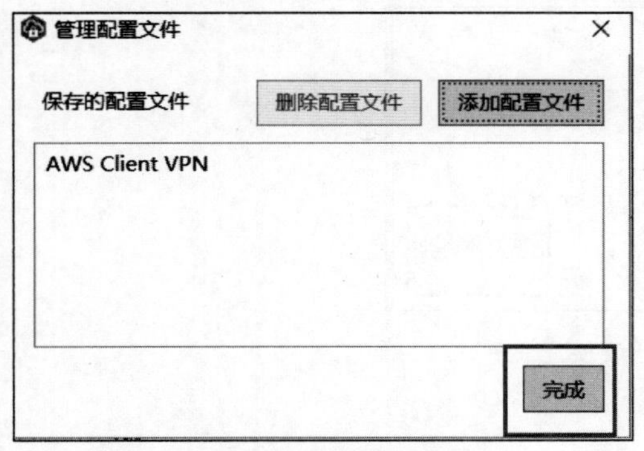

图 13.64　完成配置

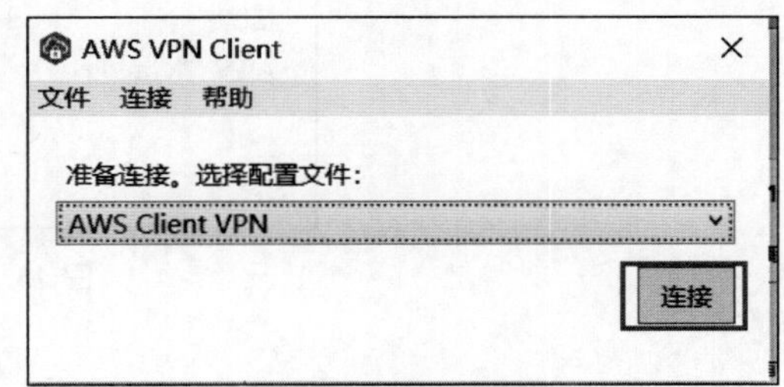

图 13.65　连接

(9) 连接完成后，AWS Client VPN 将显示“已连接”，如图 13.66 所示。

(10) 打开命令提示符并运行 ping 命令，使用在步骤(3)中复制的私有 IP 地址对 EC2 实例执行 ping 操作。ping 通表示与 VPC 内的 EC2 实例实现连接，如图 13.67 所示。

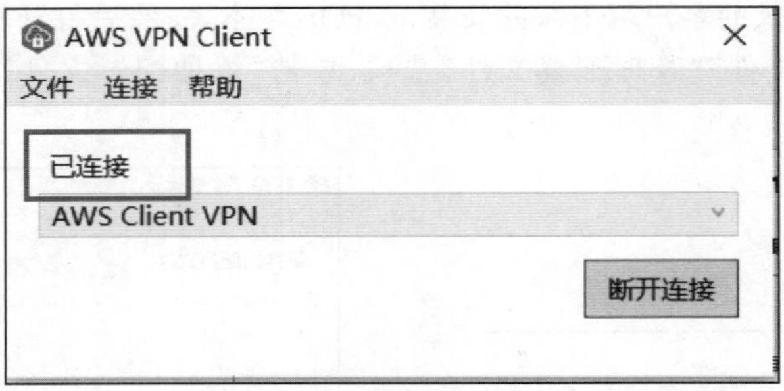

图 13.66　检查是否已连接

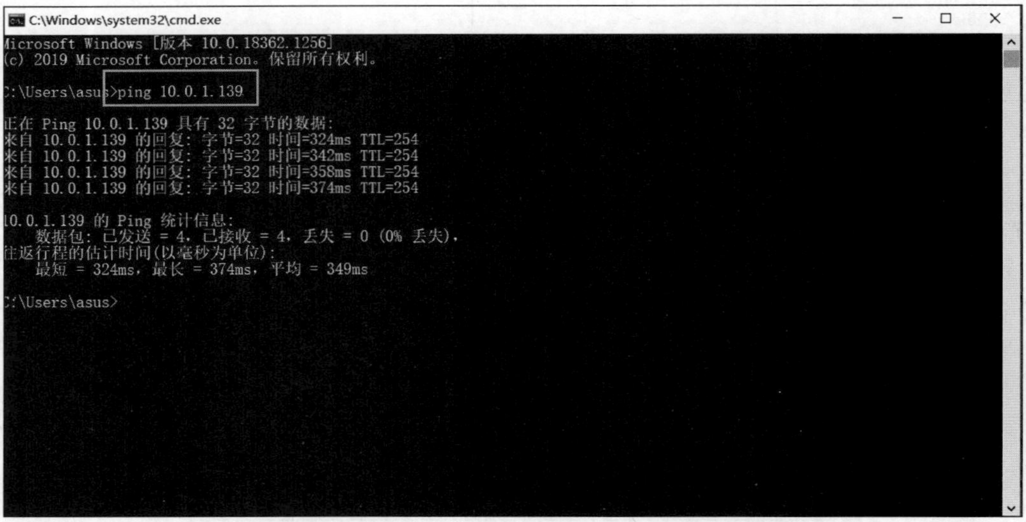

图 13.67　执行 ping 操作

(11) 选择 AWS VPN Client 顶部菜单栏上的 AWS VPN Client 图标,然后单击“断开连接”按钮,如图 13.68 所示。

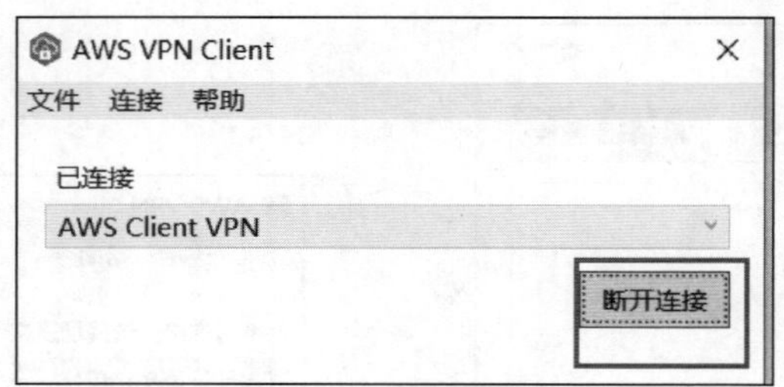

图 13.68　断开连接

5) 总结

实验 1 至此已全部完成。在本实验中,用户生成了 RSA 证书并将其上传到 ACM,设置了一个客户端 VPN 端点并下载配置文件,最后使用 AWS 提供的客户端 VPN 软件连接到 AWS 客户端 VPN 端点。

13.3.2　实验 2：具有目录服务身份验证的客户端 VPN(基于用户)

1) 使用 Simple AD 创建目录服务的步骤

(1) 进入 AWS 控制台，在服务搜索栏中输入“directory service”，从列表中选择“目录服务”选项，如图 13.69 所示。

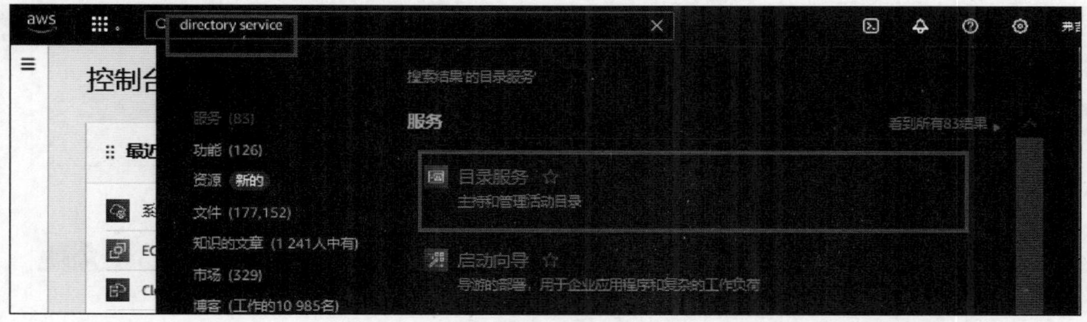

图 13.69　搜索 directory service

(2) 在“设置目录”部分的下拉菜单中，选择 Simple AD 选项后单击“设置目录”按钮，如图 13.70 所示。

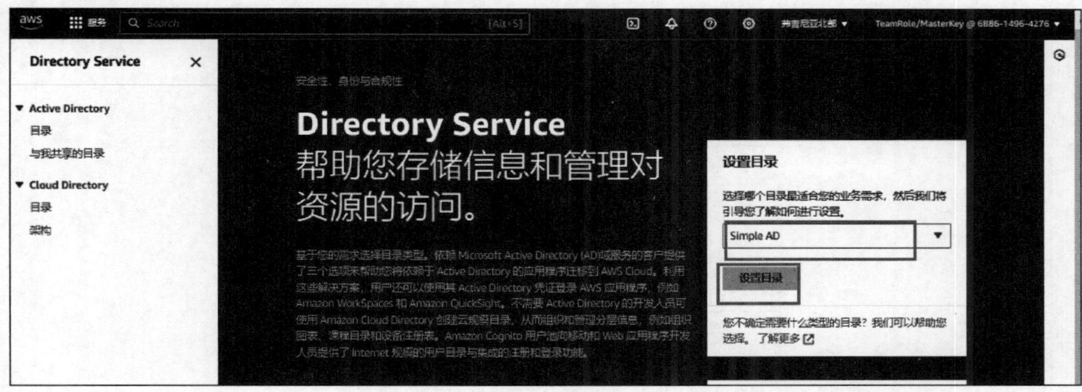

图 13.70　选择 Simple AD

(3) 选择目录类型，确认已选择 Simple AD，然后单击“下一步”按钮，如图 13.71 所示。

(4) 输入目录信息(见表 13.2)，然后单击“下一步”按钮，如图 13.72 所示。

表 13.2　目录信息

项　　目	设　定　值
目录大小	小型
目录 DNS 名称	awsclientvpnworkshop. com
管理员密码	任意
确认密码	任意

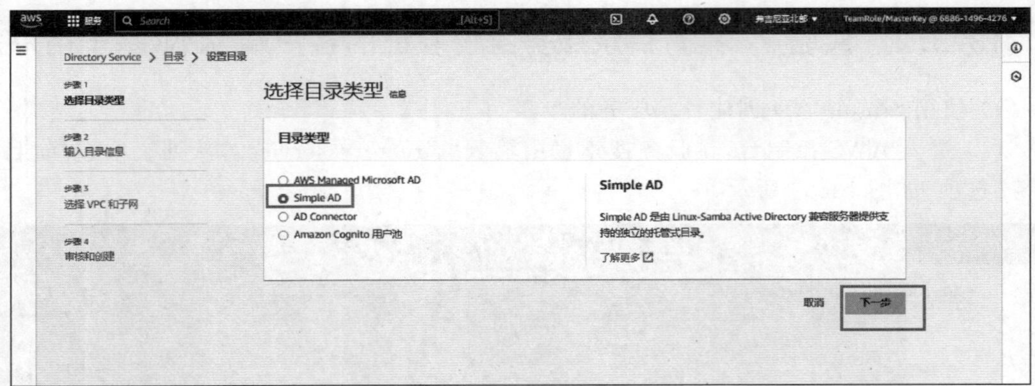

图 13.71　选择目录类型

图 13.72　输入目录信息

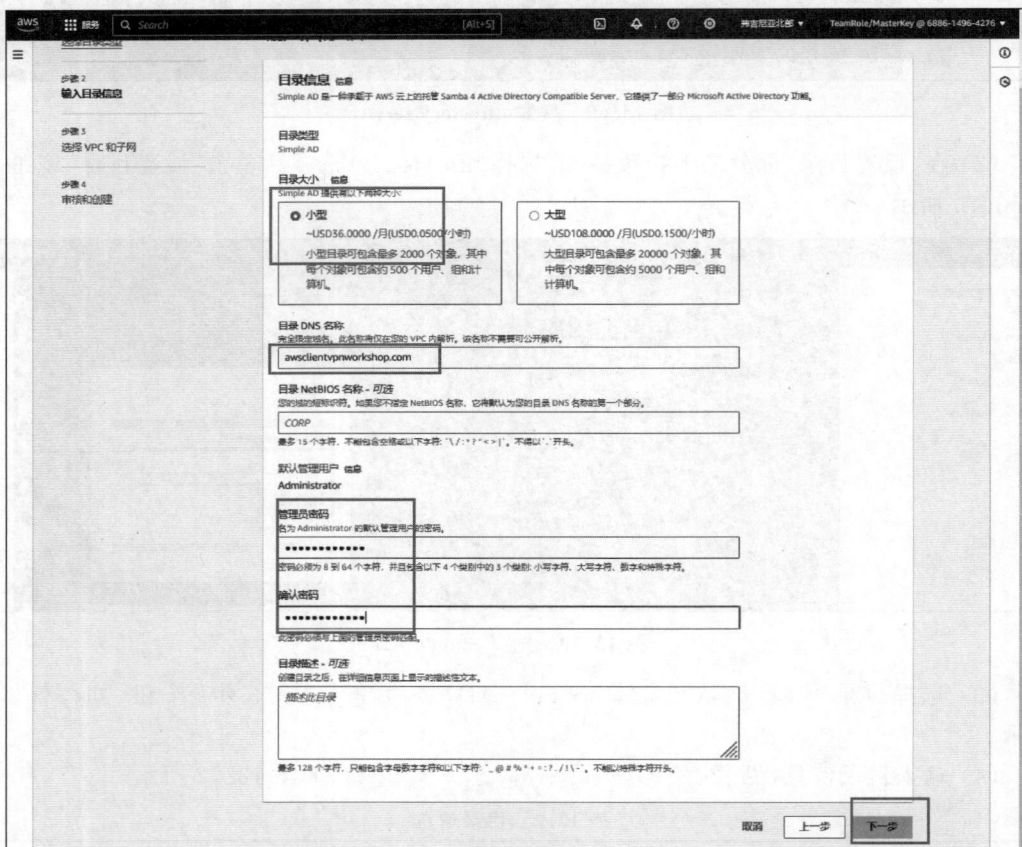

(5) 选择 VPC 和子网，在 VPC 下拉菜单中选择“Client VPN VPC”，在子网中选择“EC2”，分别对应 AZ1 和 AZ2 的子网，如图 13.73 所示。

(6) 审核详细信息，然后单击“创建目录”按钮，如图 13.74 所示。

注意：创建过程可能需要 10～15min 才能完成。只有在目录服务处于“活跃”状态(见图 13.75)后，才能转到下一步。

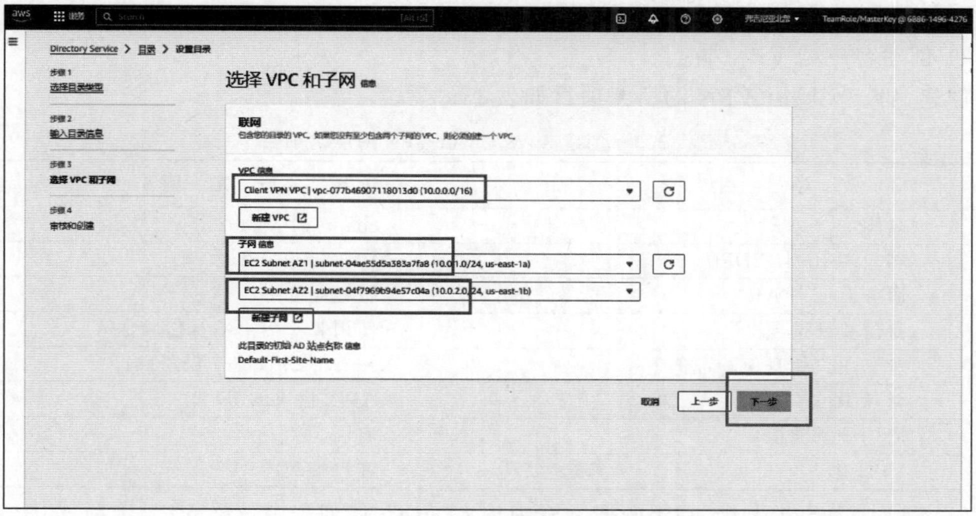

图 13.73　选择 VPC 和子网

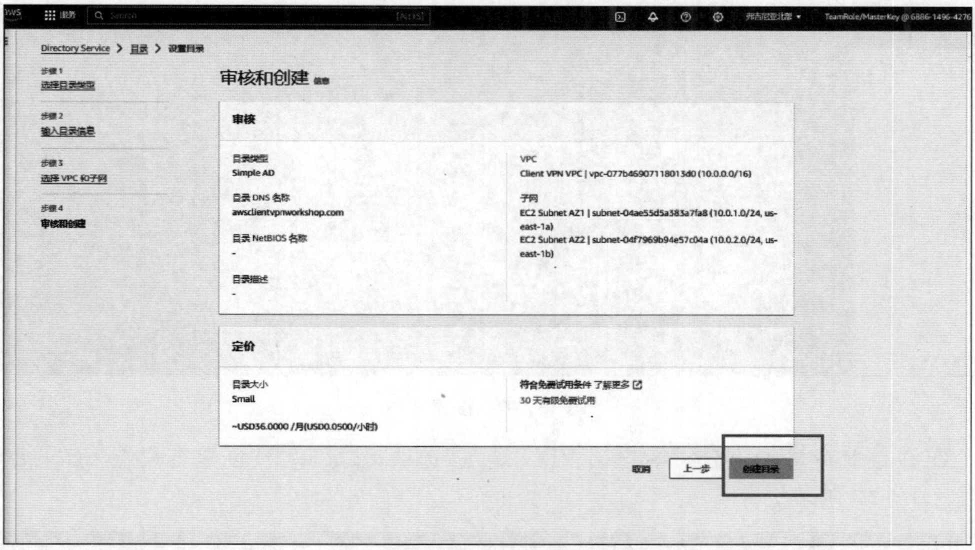

图 13.74　审核和创建

图 13.75　目录服务处于"活跃"状态

至此,用户已经完成了创建目录服务所需的步骤。

2) 创建客户端 VPN 端点

创建 AWS Client VPN 的所需项目如表 13.3 所示。

表 13.3 创建 AWS Client VPN 的所需项目

项目	设定值
名牌	client-VPN-lab2
客户端 IPv4 CIDR	10.254.0.0/16
服务器证书 ARN	服务器证书
身份验证选项	使用基于用户的身份验证
基于用户的身份验证选项	Active Directory 身份验证
目录 ID	AWS 目录的 ID
启用分割隧道	启用
VPC ID	客户端 VPN VPC

(1) 进入 AWS 控制台,在服务搜索栏中输入"vpc",从列表中选择 VPC 选项,如图 13.76 所示。

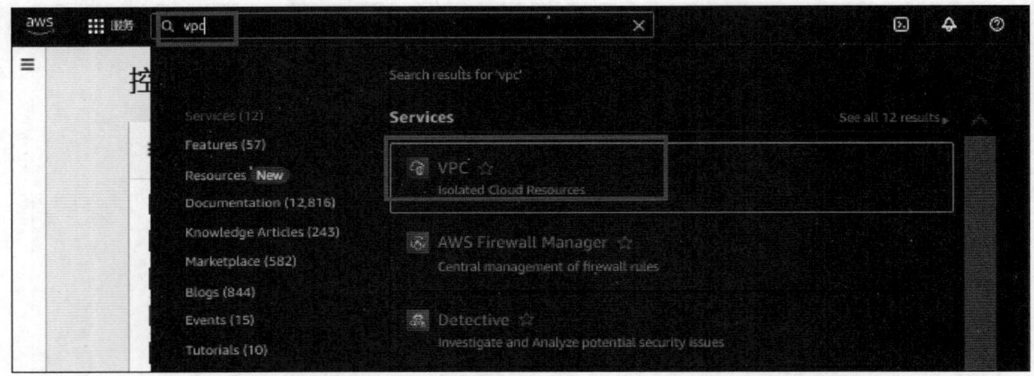

图 13.76 搜索 VPC

(2) 在导航窗格中,选择"客户端 VPN 端点"选项,然后单击"创建客户端 VPN 端点"按钮,如图 13.77 所示。

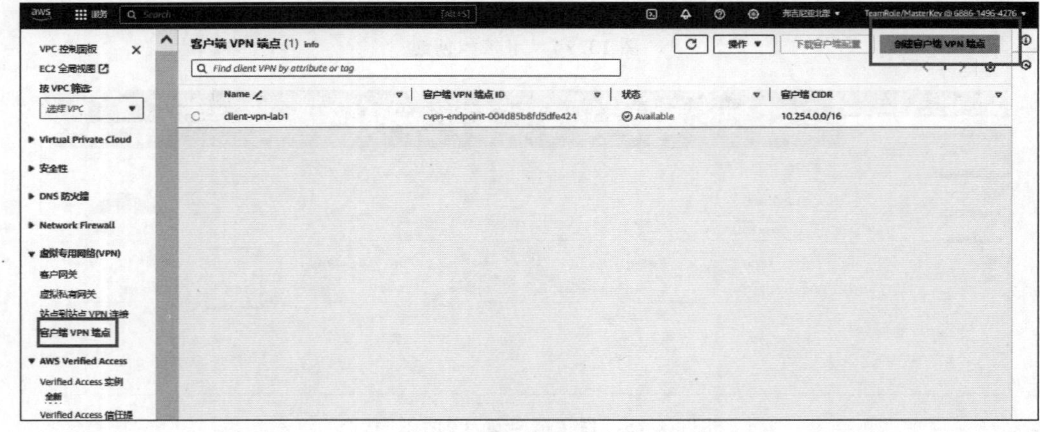

图 13.77 选择"创建客户端 VPN 端点"

(3)(可选)提供客户端 VPN 端点的名称标签和描述。

(4) 对于客户端 IPv4 CIDR,以 CIDR 表示法指定待分配客户端 IP 地址的 IP 地址范围(如 10.254.0.0/16),如图 13.78 所示。

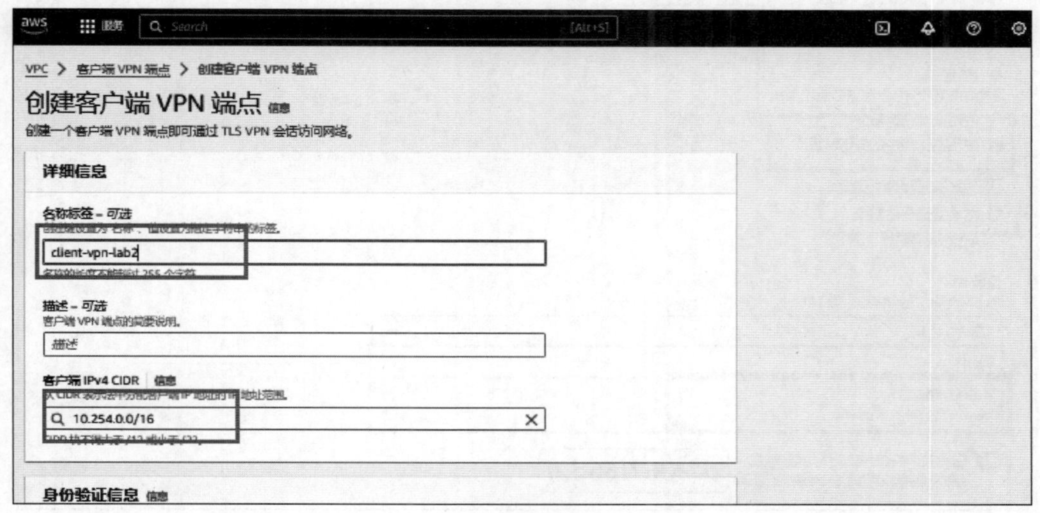

图 13.78　指定客户端 IP 地址

(5) 对于服务器证书 ARN,选择用户之前生成的版本。在"身份验证选项"中,选择"使用基于用户的身份验证"选项。在"基于用户的身份验证选项"中,选择"活动目录身份验证"选项。在"目录 ID"中,选择上一步所创建的目录。该步骤具体操作如图 13.79 和图 13.80 所示。

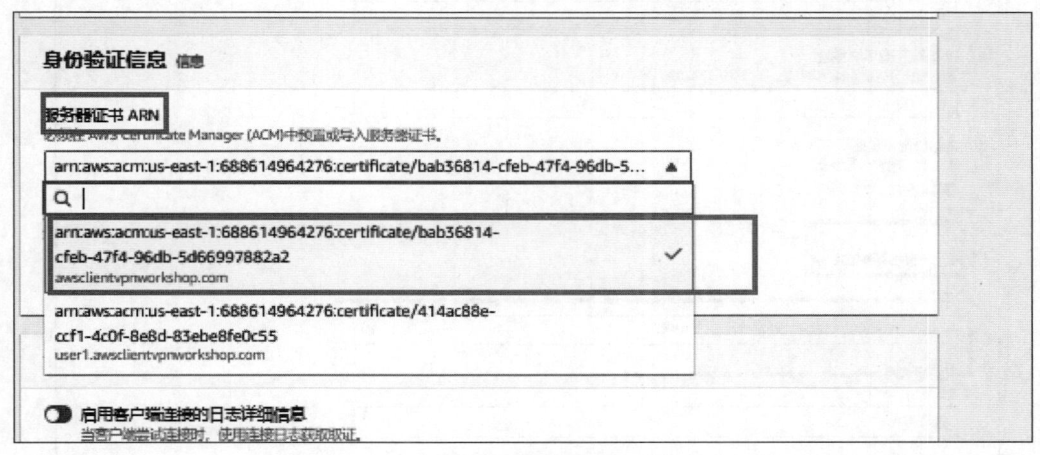

图 13.79　选择服务器证书 ARN

(6) 在"其他参数"中,设置"启用分割隧道"。在用户连接到 AWS 客户端 VPN 端点时,"启用分割隧道"将允许其通过本地 ISP 发送互联网流量。

注意:如果用户计划进行实验 3,则可以将"启用分割隧道"禁用。Internet 流量将遍历 AWS 客户端 VPN 端点,并由 AWS Network Firewall 进行检查,具体内容在实验 3 中进行详细介绍。

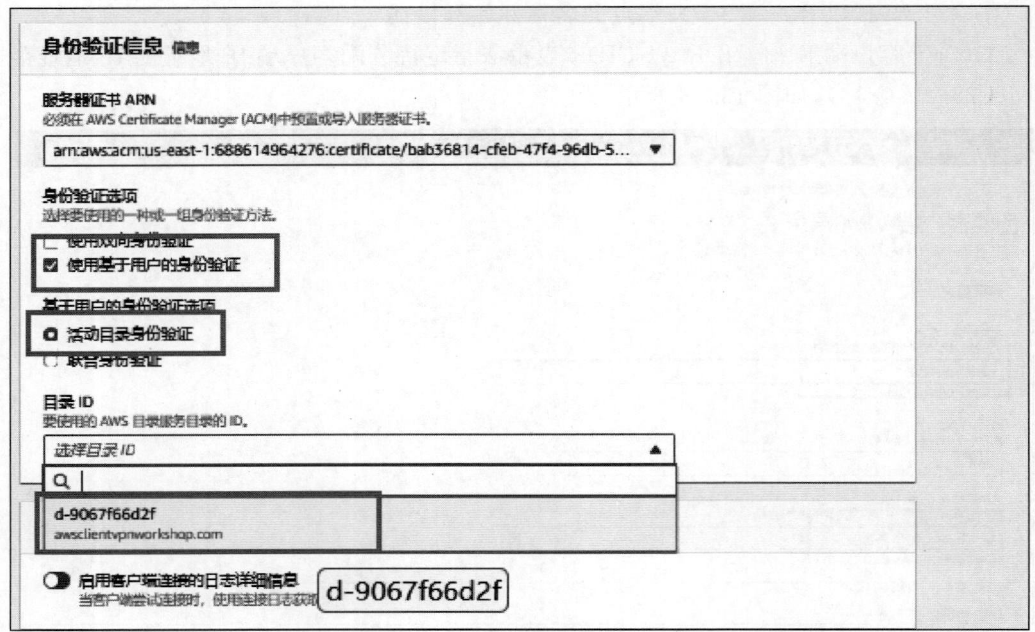

图 13.80　指定身份认证选项和目录 ID

(7) 在 VPC ID 的下拉列表中选择 VPC,如图 13.81 所示。

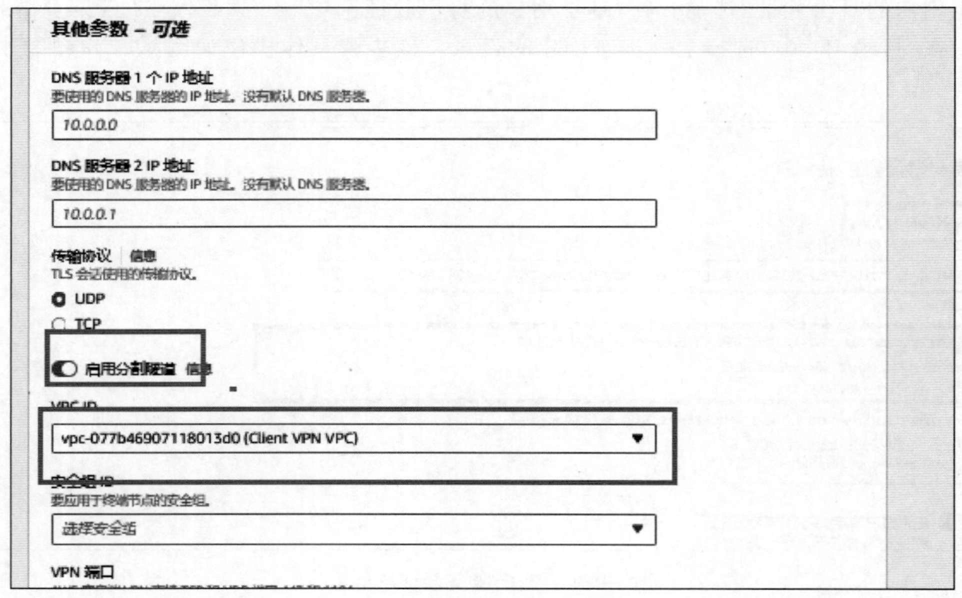

图 13.81　选择 VPC

(8) VPC 选择完成后,单击"创建客户端 VPN 端点"按钮,如图 13.82 所示。

(9) 客户端 VPN 端点创建后,其状态为 Pending-associate,如图 13.83 所示。只有在关联至少一个目标网络后,客户端才能建立 VPN 连接。

如果要允许客户端建立 VPN 会话,则应将目标网络与客户端 VPN 端点相关联。此

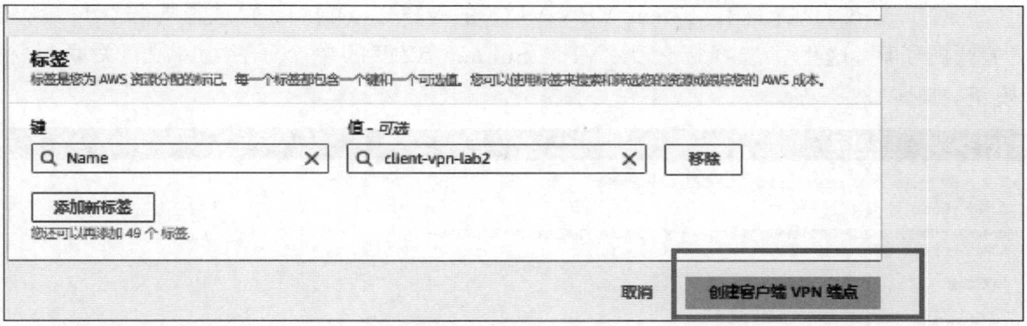

标签
标签是您为 AWS 资源分配的标记。每一个标签都包含一个键和一个可选值。您可以使用标签来搜索和筛选您的资源或跟踪您的 AWS 成本。
键　值 - 可选
Name　client-vpn-lab2　移除
添加新标签
您还可以再添加 49 个标签。
取消　创建客户端 VPN 端点

图 13.82　创建客户端 VPN 端点

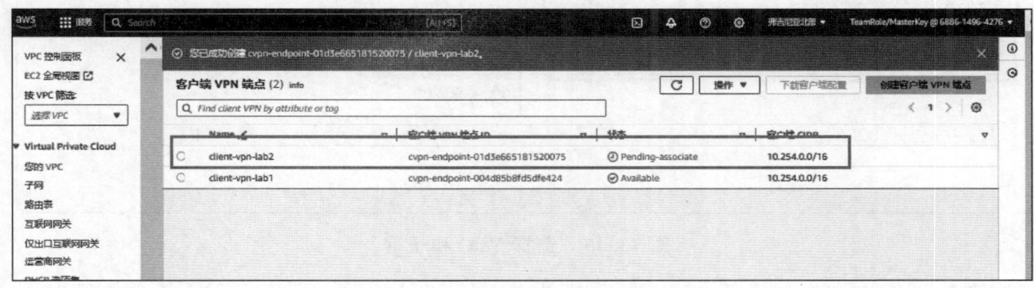

图 13.83　查看 VPN 端点状态

时，目标网络是 VPC 中的子网。

注意：在继续操作之前，应确认目录服务步骤已全部完成。

3）将目标网络与客户端 VPN 端点相关联

（1）选择用户在上述过程中创建的 Client VPN 终端节点，然后选择“目标网络关联”选项，并单击“关联目标网络”按钮，如图 13.84 所示。

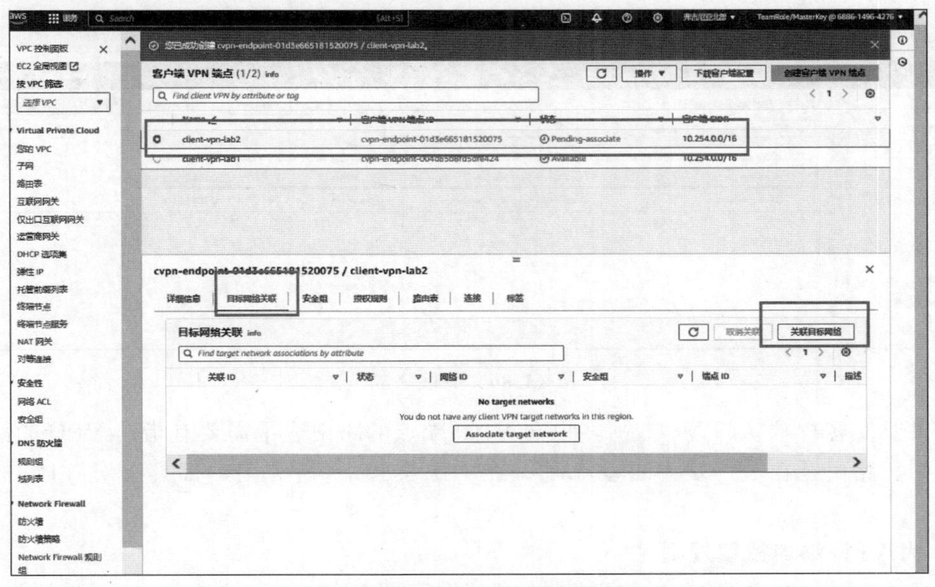

图 13.84　选择“目标网络关联”

(2) 对于 VPC,选择标有"Client VPN VPC"的 VPC。对于子网,选择要与客户端 VPN 端点关联的子网,这里将选择标记为"VPN Subnet AZ1"的单个子网。单击"关联目标网络"按钮,如图 13.85 所示。

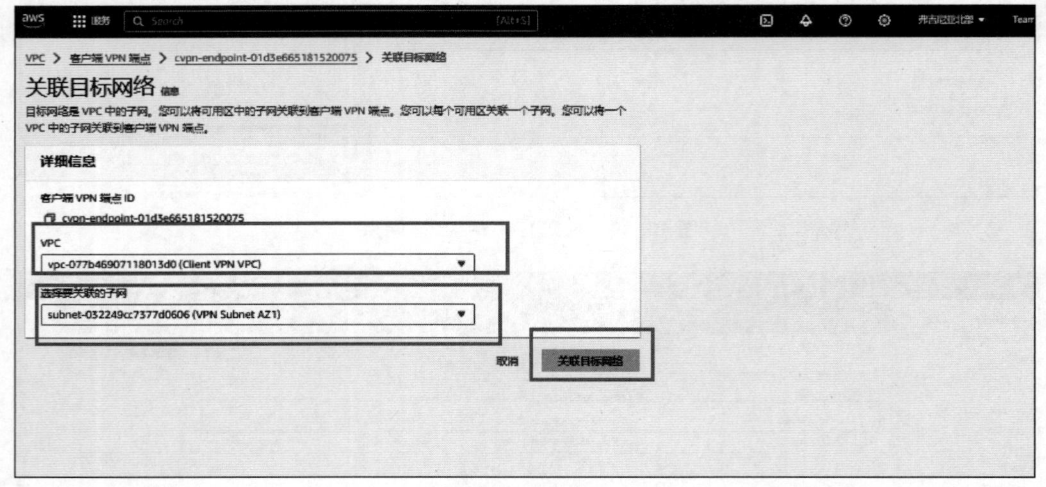

图 13.85 选择 VPC 和子网

注意:如果授权规则允许,则一个子网关联就足以让客户端访问 VPC 的整个网络。用户可以关联其他子网,以使 VPC 在其中一个可用区出现故障时仍能提供高可用性。

当用户将第一个子网与客户端 VPN 端点相关联时,会发生以下情况:

① 客户端 VPN 端点的状态将更改为可用。客户端可以建立 VPN 连接,但在用户添加授权规则之前,它们无法访问 VPC 中的任何资源。

② VPC 的本地路由会自动添加到客户端 VPN 端点路由表。

③ VPC 的默认安全组会自动应用于客户端 VPN 端点。

注意:关联过程可能需要 10～15min 才能完成,完成状态如图 13.86 所示。

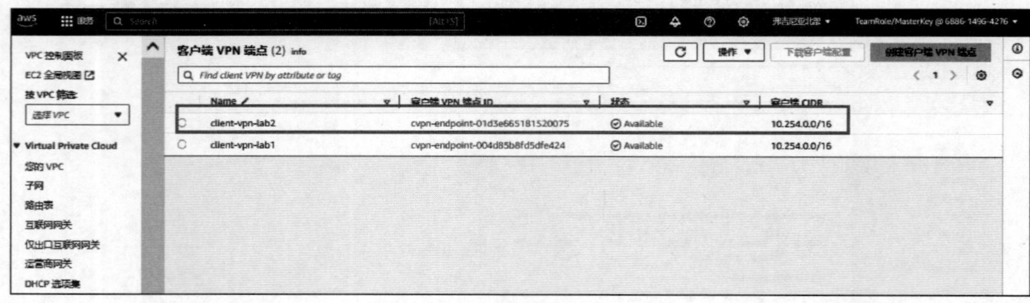

图 13.86 关联完成

如果要使客户端访问 VPC,则客户端 VPN 端点的路由表中需要有指向 VPC 的路由和授权规则。路由已在上一步中自动添加。在本次实验中,所有用户都具有对 VPC 的访问权限。

4) 为 VPC 添加授权规则

(1) 对于同一客户端 VPN 终端节点,选择"授权规则"选项,然后单击"添加授权规则"

按钮，如图 13.87 所示。

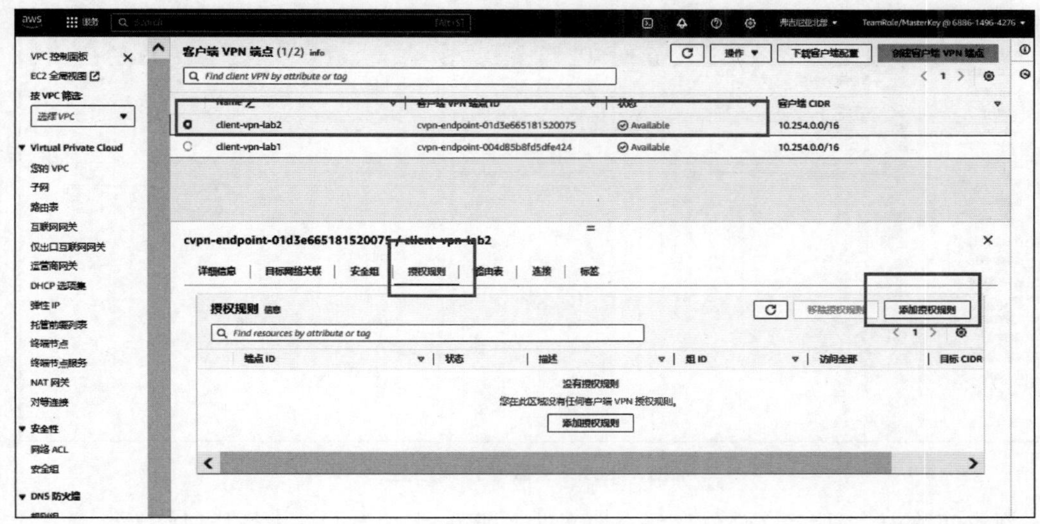

图 13.87　添加授权规则

（2）对于待启用访问的目标网络，输入允许访问的网络的 CIDR。例如，如果要允许访问整个 VPC，则应指定 VPC 的 IPv4 CIDR 块 10.0.0.0/16。对于授予访问权限，选择“允许访问所有用户”选项，并单击“添加授权规则”按钮，如图 13.88 所示。

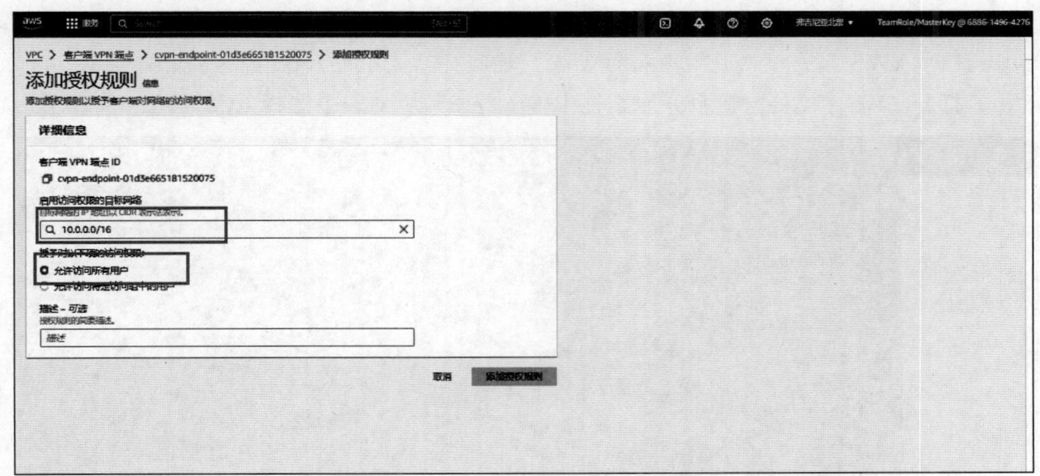

图 13.88　指定授权规则详细信息

至此，用户已完成创建客户端 VPN 端点的所有步骤。

接下来需要下载并准备客户端 VPN 端点配置文件，其中配置文件包括建立 VPN 连接所需的客户端 VPN 端点详细信息和证书信息。用户将配置文件提供给需要连接到客户端 VPN 端点的最终用户，而最终用户使用该文件配置其 VPN 客户端应用程序。

5）下载并准备客户端 VPN 端点配置文件

选择用户已创建的 Client VPN 终端节点，然后选择“下载客户端配置”选项，如图 13.89 所示。如果已在实验 1 中下载了客户端配置文件，则可以将其命名为 downloaded-client-configad. ovpn 并保存到本地系统。

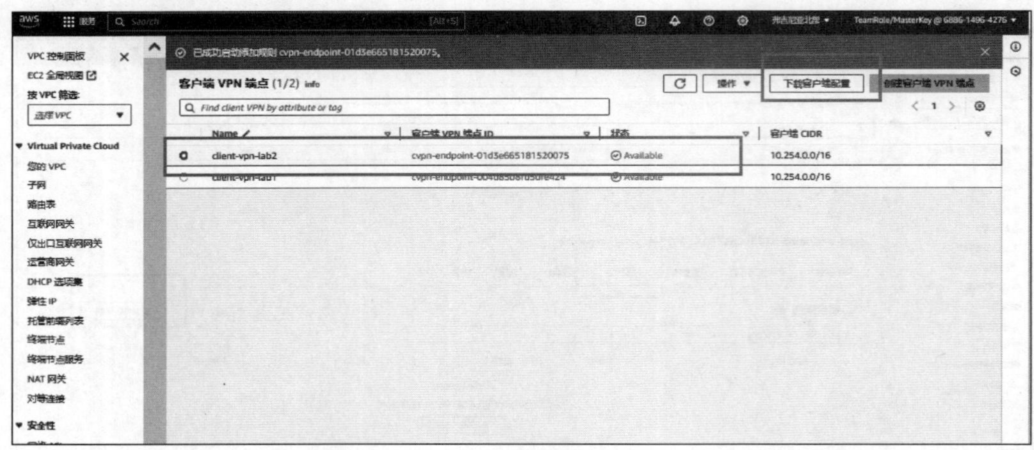

图 13.89　下载客户端配置

在本实验中,直接将文件保存到本地文件夹即可,无须对文件进行任何修改。

6) 连接到 AWS 客户端 VPN 端点

用户可以从 AWS 提供的客户端中选择客户端 VPN 应用程序,然后选择操作系统。安装完成后,用户将使用在前面步骤中下载的 VPN 终端节点配置文件连接到 AWS 客户端 VPN 端点。

注意:以下示例显示了查找 EC2 实例私有 IP 地址,然后使用 AWS 提供的客户端 VPN 连接到 AWS 客户端 VPN 端点的步骤。连接完成后,执行 ping 测试进行确认。

(1) 打开 AWS 控制台,在服务搜索栏中输入"ec2",从列表中选择 EC2,如图 13.90 所示。

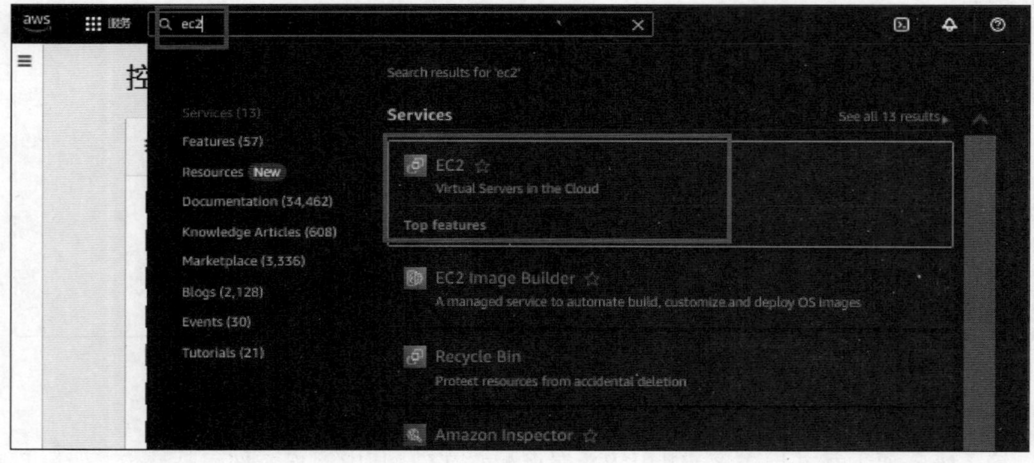

图 13.90　选择 EC2

(2) 在"资源"部分中,选择"实例(正在运行)",如图 13.91 所示。

(3) 选中"EC2 实例 AZ1"对应的复选框,找到"私有 IPv4 地址"并进行复制(这里是 10.0.1.139),如图 13.92 所示。

从 AWS 提供的客户端下载并安装 macOS 版本,安装后打开软件。

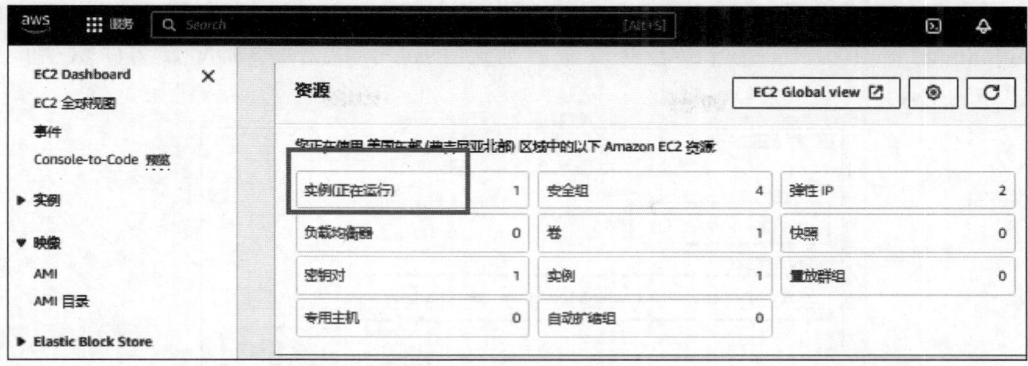

图 13.91　选中实例(正在运行)

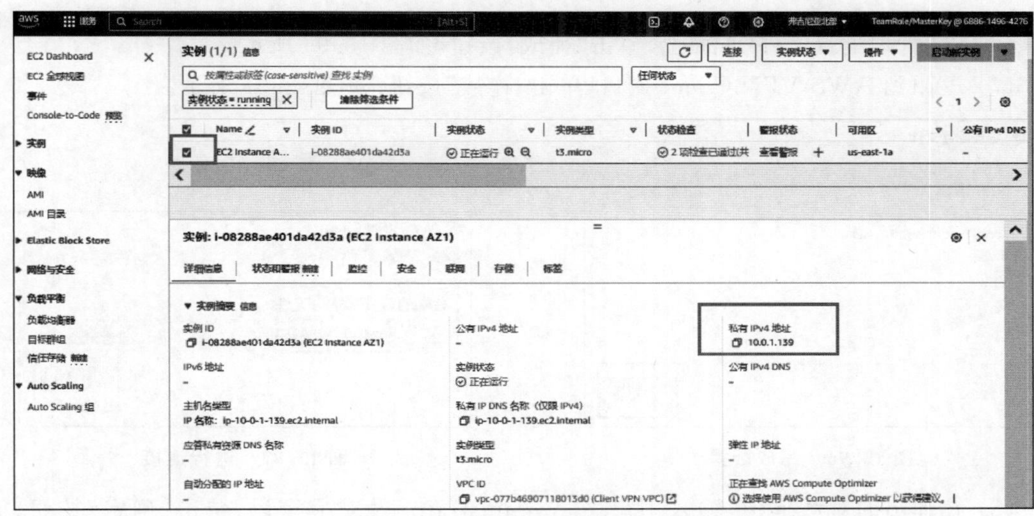

图 13.92　复制私有 IPv4 地址

注意：如果用户已在实验 1 中下载并安装 AWS 提供的客户端 VPN，则可以跳过该操作，只需要打开客户端即可。

(4) 依次选择“文件”“管理配置文件”选项，单击“添加配置文件”按钮，如图 13.93 和图 13.94 所示。

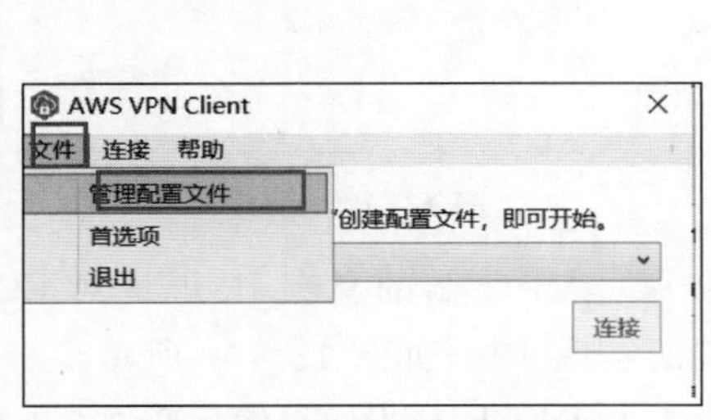

图 13.93　管理配置文件

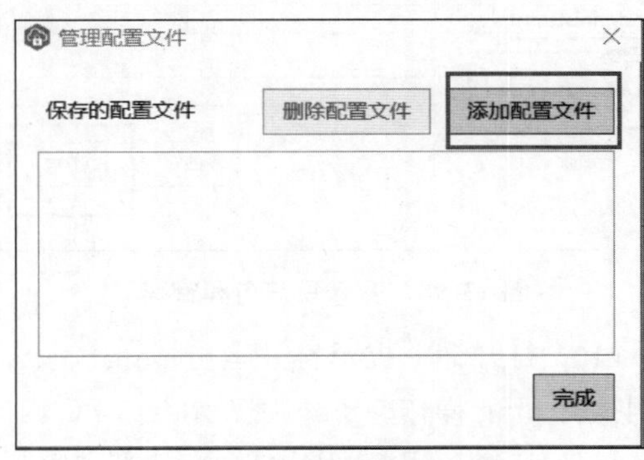

图 13.94　添加配置文件

(5) 输入显示名称为"AWS Client VPN-AD",VPN 配置文件为用户之前下载的 downloaded-client-config-. ovpn(若修改命名则选择-ad)。单击"添加配置文件"按钮,如图 13.95 所示。

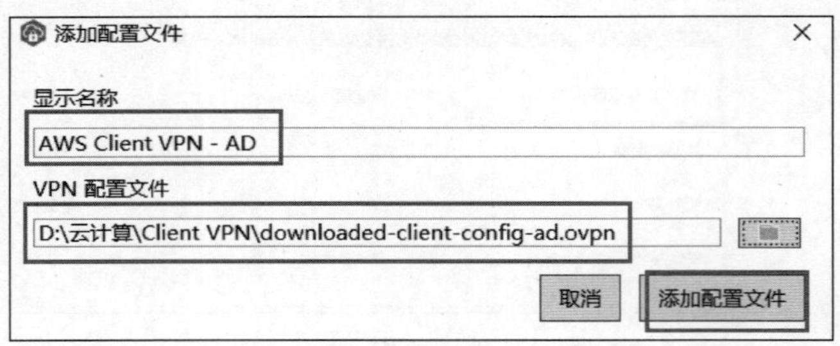

图 13.95　添加配置文件

(6) 在"管理配置文件"页面上,单击"完成"按钮,如图 13.96 所示。

(7) 返回到 AWS VPN Client 窗口,单击"连接"按钮,如图 13.97 所示。

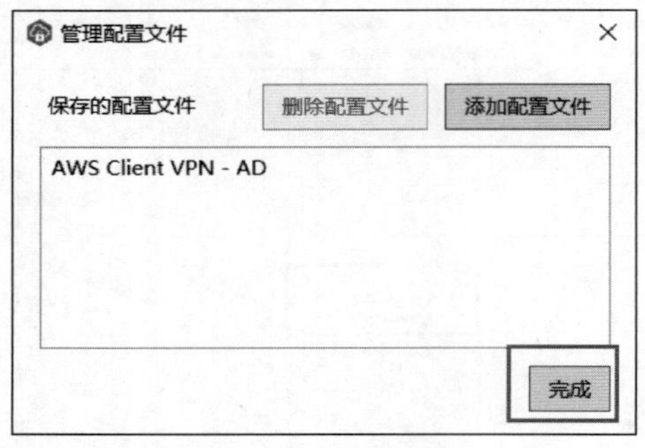

图 13.96　完成配置

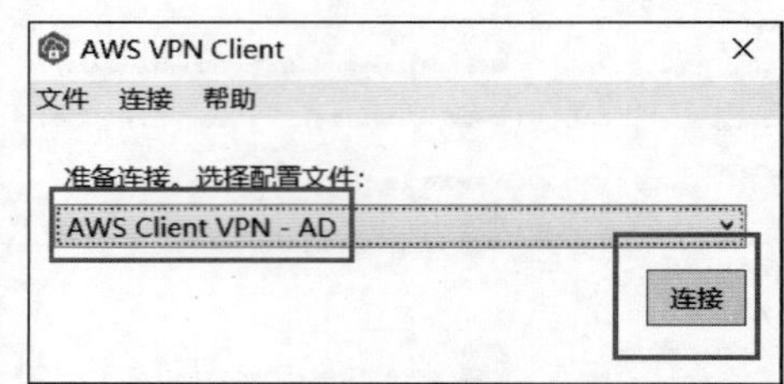

图 13.97　进行连接

(8) 在弹出的对话框中,输入用户名 Administrator 及对应密码,单击"确定"按钮,如图 13.98 所示。

(9) 连接完成后,AWS Client VPN 将显示"已连接",如图 13.99 所示。

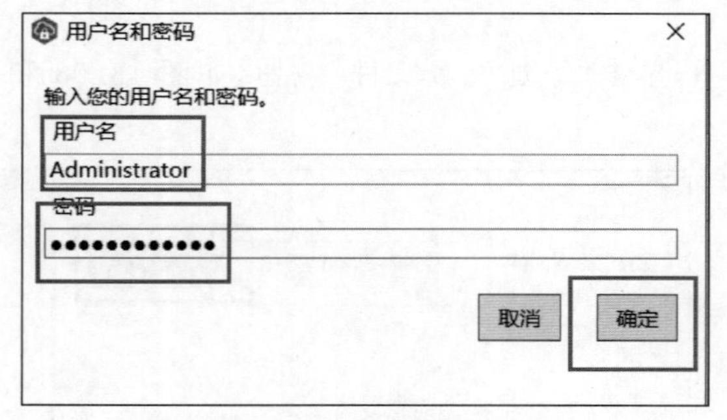

图 13.98　输入用户名和密码

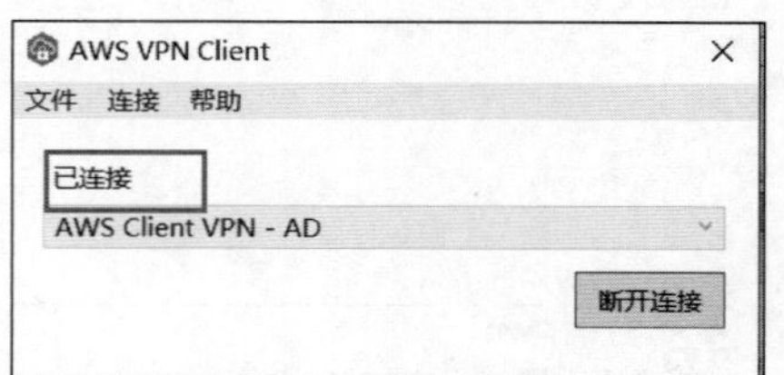

图 13.99　已连接

(10) 打开命令提示符并运行 ping 命令,使用在步骤(3)中复制的私有 IP 地址对 EC2 实例执行 ping 操作。ping 通表示与 VPC 内的 EC2 实例实现连接,如图 13.100 所示。

(11) 选择 AWS VPN Client 顶部菜单栏上的 AWS VPN Client 图标,然后单击"断开连接"按钮,如图 13.101 所示。

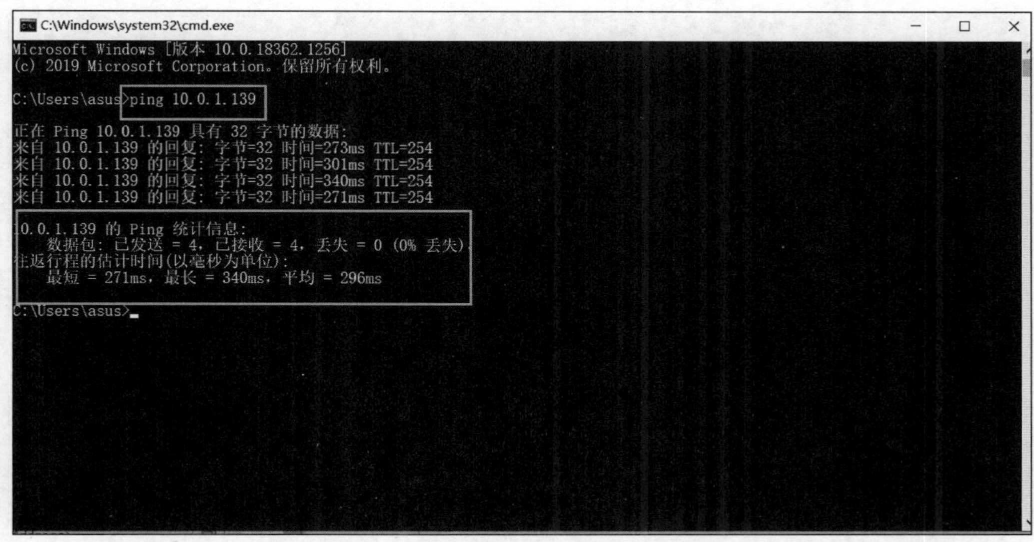

图 13.100　执行 ping 操作

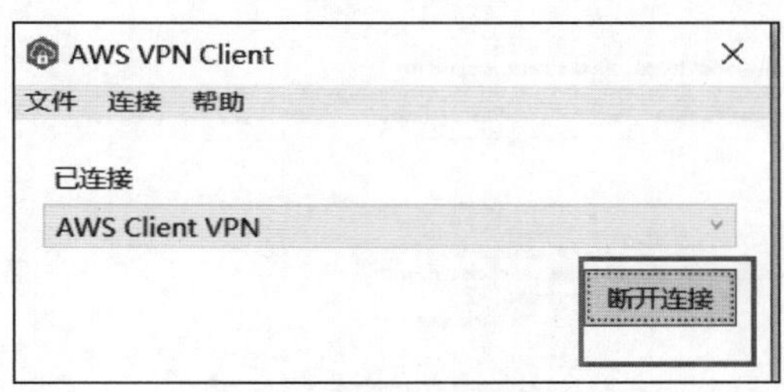

图 13.101　断开连接

7）总结

实验 2 至此已全部完成。在本实验中，用户生成了 RSA 证书并将其上传到 ACM，设置了一个客户端 VPN 端点并下载配置文件，最后使用 AWS 提供的客户端 VPN 软件连接到 AWS 客户端 VPN 端点。

13.3.3　实验 3：使用 AWS Network Firewall 的客户端 VPN

1）确认 AWS 客户端 VPN 端点分割隧道设置为禁用

注意：在启用或禁用分割隧道之间切换时，无法通过修改 AWS 客户端 VPN 端点进行实现。如果用户在实验 2 中创建了启用分割隧道的 AWS 客户端 VPN 端点，则必须按照相同的步骤删除并重新创建。创建方法参考实验 1 或实验 2 中创建终端节点的步骤。

(1) 进入 AWS 控制台，在服务搜索栏中输入“vpc”，从列表中选择 VPC 选项，如图 13.102 所示。

注意：用户选择的客户端 VPN 端点可以来自实验 1 或实验 2，具体取决于是否在禁用分割隧道的情况下创建终端节点。

(2) 在导航窗口中，选择客户端 VPN 端点，然后选择用户在实验 2 中创建的终端节点。选择“详细信息”选项，并确认“分割隧道”设置为“已禁用”，如图 13.103 所示。

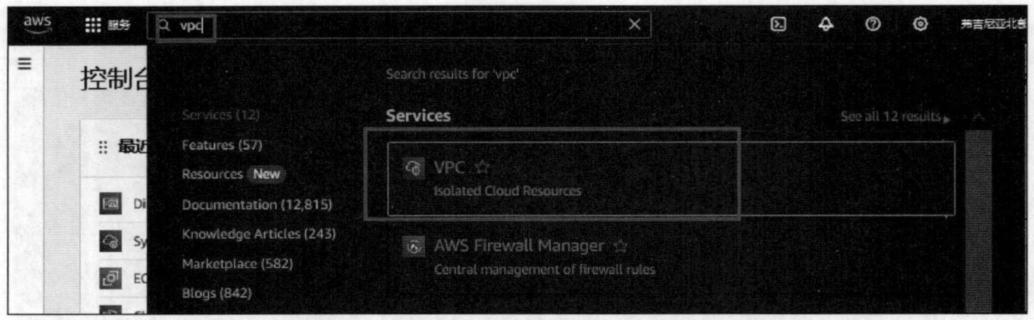

图 13.102 选择 VPC

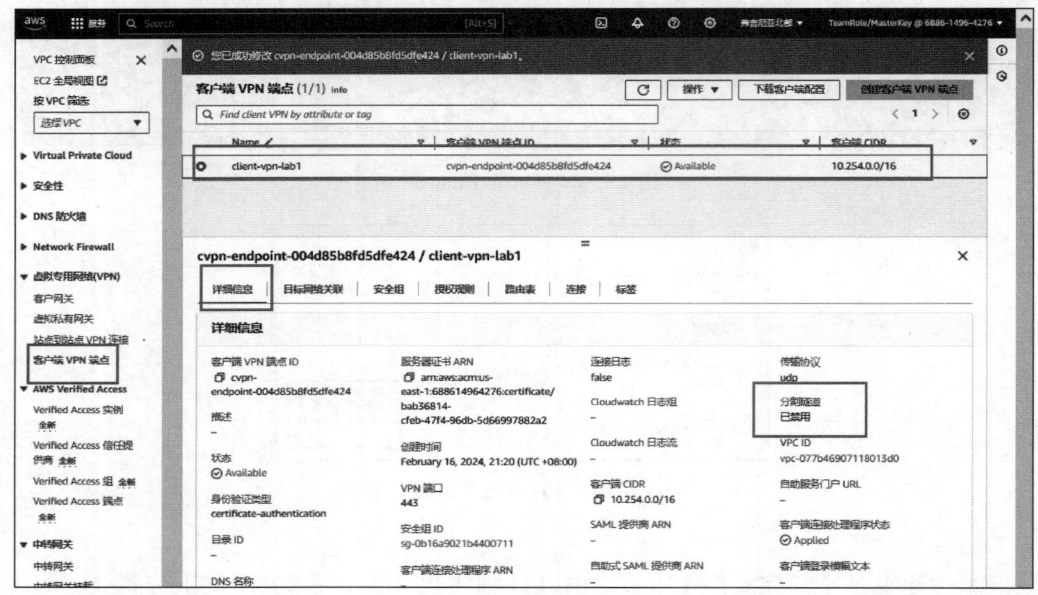

图 13.103 查看详细信息

2) 更新 AWS 客户端 VPN 端点

注意:用户需要先完成实验 1 或实验 2,因为本实验基于一个待更新的现有 AWS 客户端 VPN 端点。

(1) 进入 AWS 控制台,在服务搜索栏中输入"vpc",从列表中选择 VPC 选项,如图 13.104 所示。

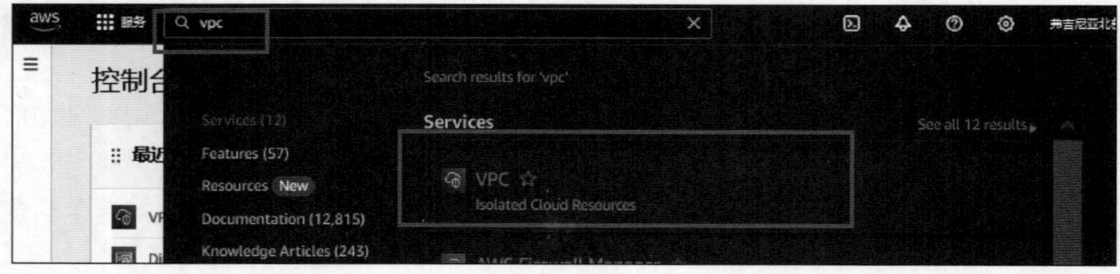

图 13.104 选择 VPC

（2）在导航窗口中，选择"客户端 VPN 端点"选项，然后选择用户在实验 2 中创建的终端节点。选择"目标网络关联"选项，获取子网网络 ID，如图 13.105 所示。

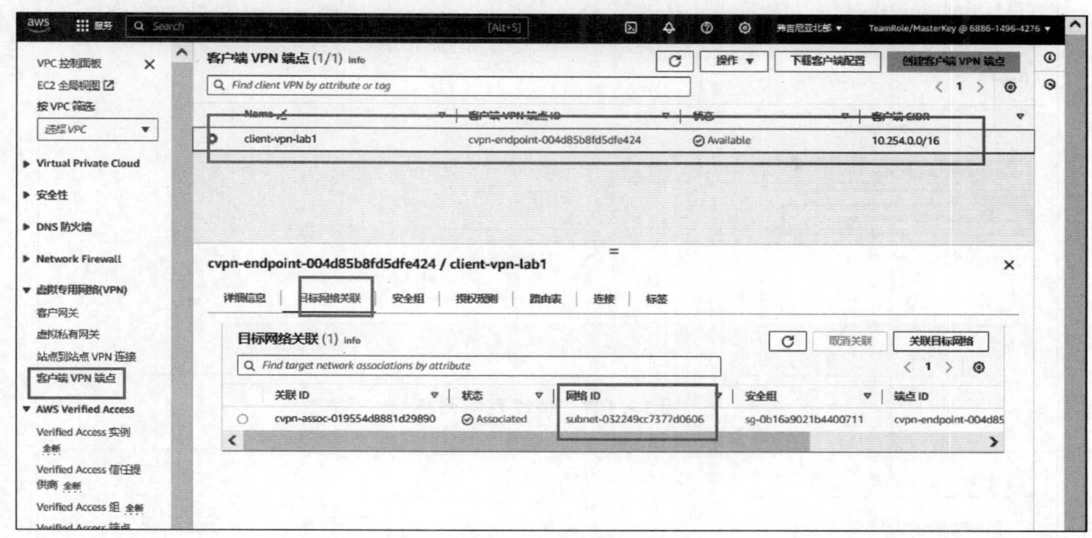

图 13.105　获取子网网络 ID

（3）（可选，用于 AZ 冗余）在导航窗口中，选择"客户端 VPN 端点"选项，然后选择用户在实验 2 中创建的终端节点。选择"目标网络关联"选项，然后单击"关联目标网络"按钮，如图 13.106 所示。

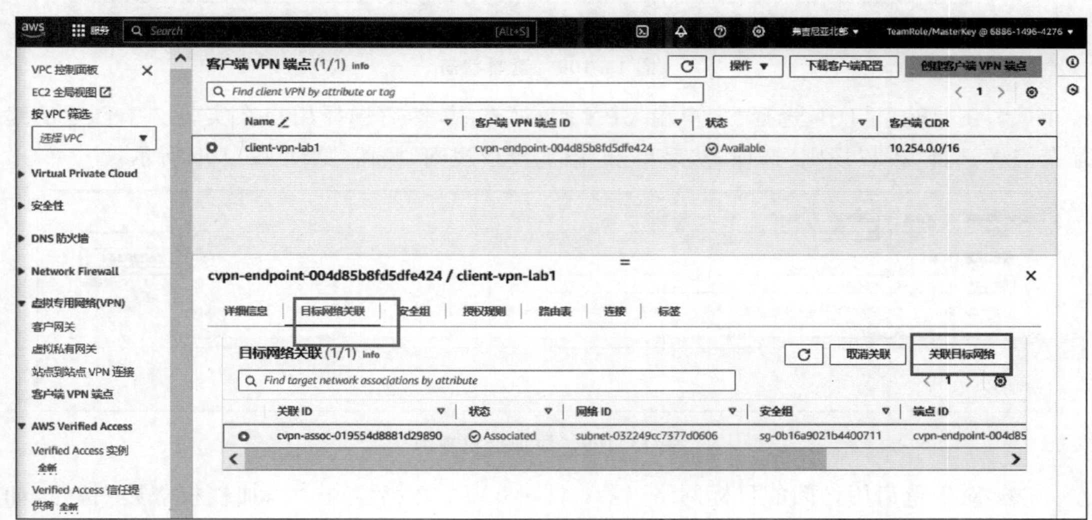

图 13.106　关联目标网络

（4）（可选，用于 AZ 冗余）对于 VPC，选择标有"Client VPN VPC"的 VPC。对于子网，选择要与客户端 VPN 端点关联的子网，这里选择标记为 VPN 子网 AZ2 的单个子网。单击"关联目标网络"按钮，获取子网网络 ID，此时第 2 个关联 ID 处于 Associating 状态，如图 13.107 和图 13.108 所示。

注意：关联过程可能需要 10～15min 才能完成。

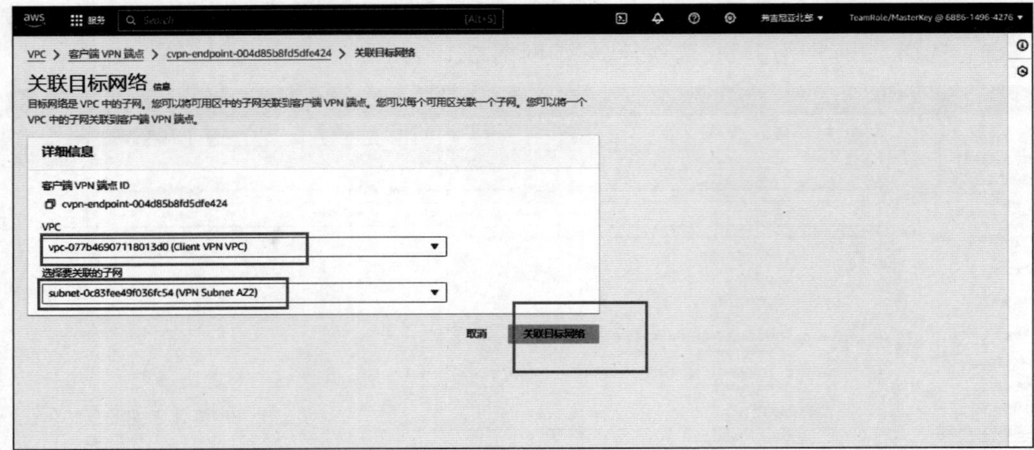

图 13.107 关联目标网络

图 13.108 查看状态

(5) 在导航窗口中,选择“客户端 VPN 端点”选项,然后选择用户在实验 2 中创建的终端节点。选择“授权规则”选项,然后单击“添加授权规则”按钮,如图 13.109 所示。

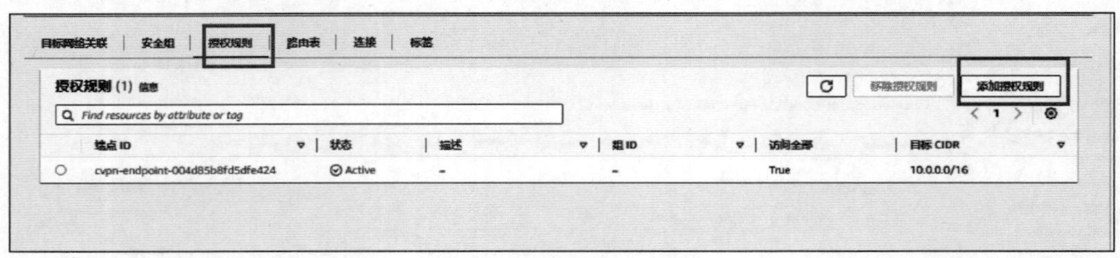

图 13.109 添加授权规则

(6) 对于待启用访问的目标网络,输入 0.0.0.0/0,然后单击“添加授权规则”按钮,如图 13.110 所示。

(7) 切换到路由表,然后单击“创建路由”按钮。对于“路由目标”,输入 0.0.0.0/0。对于目标网络关联的子网 ID,选择属于 AZ1 的子网,这里使用用户在步骤(2)中复制的子网 ID。再次单次“创建路由”按钮,如图 13.111 和图 13.112 所示。

(8) [可选,若用户已完成上述步骤(3)]对 AZ2 重复该步骤。完成后,用户将总共拥有 4 条路线,其中 2 条是自动创建的、2 条是用户创建的。该步骤的操作如图 13.113 所示。

VPC 路由的初始设置允许以下情形:EC2 和 VPN 子网路由表向 AWS Network

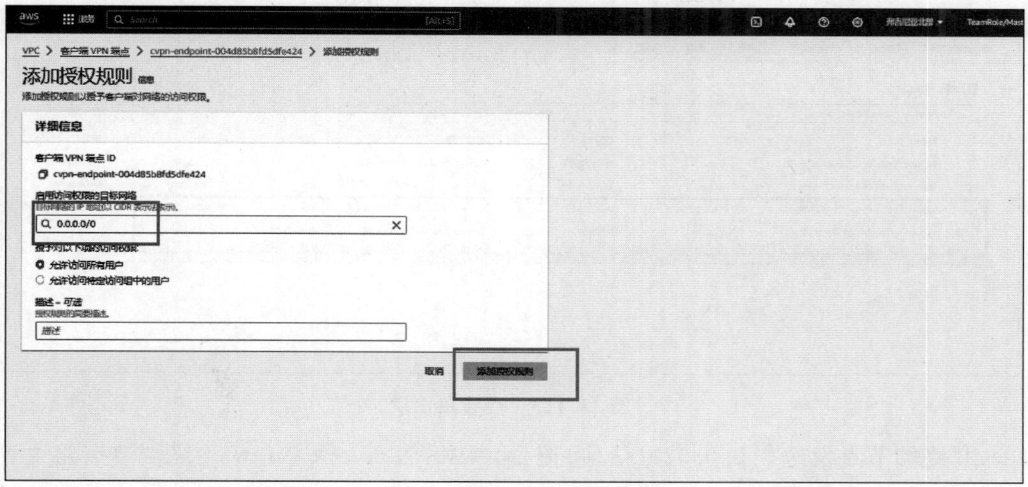

图 13.110　添加授权规则

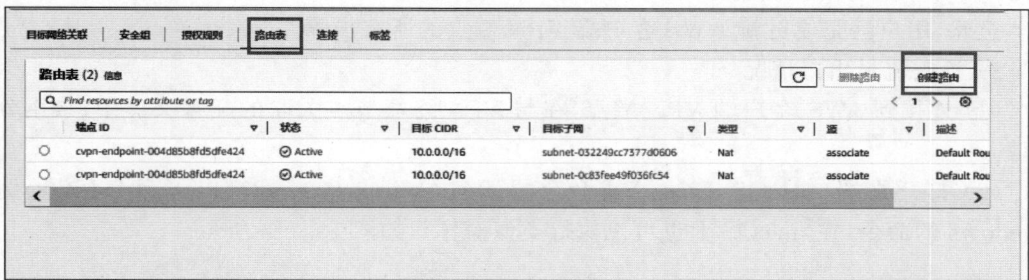

图 13.111　切换到路由表

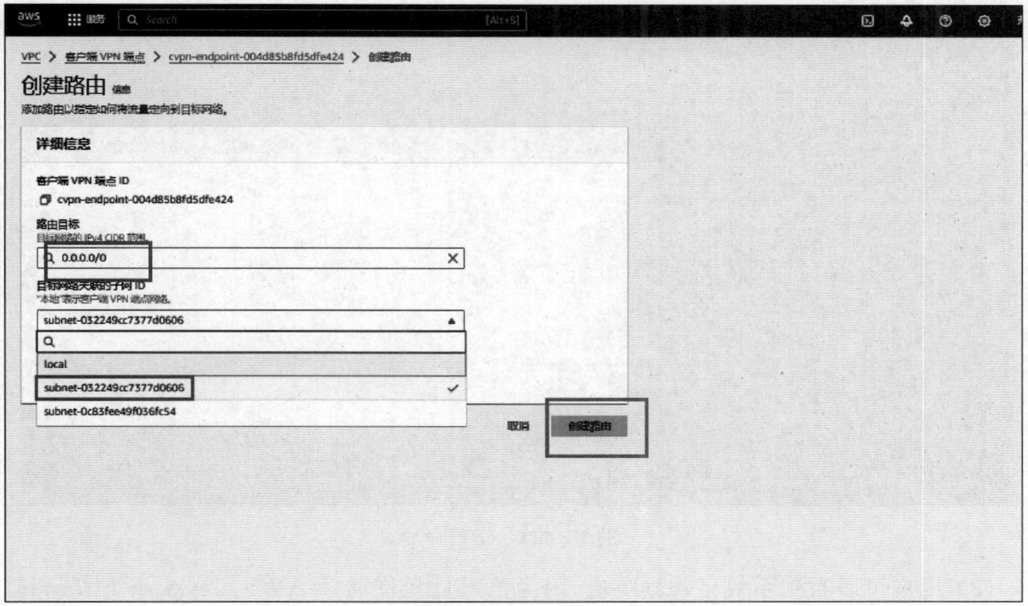

图 13.112　创建路由

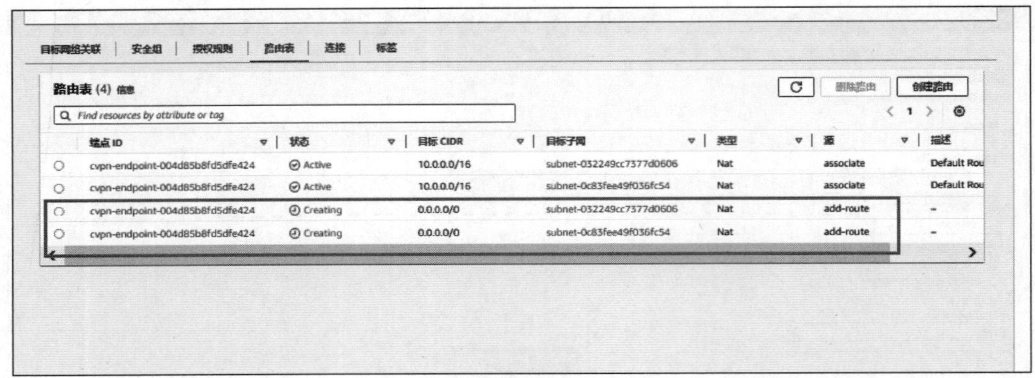

图 13.113 查看路由表

Firewall 终端节点发送 0.0.0.0/0(任何)流量,AWS Network Firewall 终端节点路由表向 AWS NAT Gateway 发送 0.0.0.0/0(任何)流量,AWS NAT 网关向 Internet 网关(IGW)发送 0.0.0.0/0(任何)流量。

至此,用户已完成更新 AWS 客户端 VPN 端点的所有步骤。

3) 检查流量出口情况

(1) 连接到 AWS 客户端 VPN 端点,在与 VPN 终端节点关联的配置文件中,禁用分割隧道。

(2) 打开终端(macOS、Linux)或命令提示符(Windows),运行以下命令(该示例为 Windows 的命令,在 macOS 上也可以执行类似操作),如图 13.114 所示。

```
curl https://aws.amazon.com -- max - time 5
```

```
C:\Windows\system32\cmd.exe
Microsoft Windows [版本 10.0.18362.1256]
(c) 2019 Microsoft Corporation。保留所有权利。

C:\Users\asus>curl https://aws.amazon.com --max-time 5
<!doctype html>
<html class="no-js aws-lng-en_US aws-with-target" lang="en-US" data-static-assets="https://a0.awsstatic.com" data-js-ver
sion="1.0.565" data-css-version="1.0.492">
 <head>
  <meta http-equiv="Content-Security-Policy" content="default-src 'self' data: https://a0.awsstatic.com; connect-src 'se
lf' https://*.analytics.console.aws.a2z.com https://*.prod.chc-features.uxplatform.aws.dev https://112-tzm-766.mktoresp.
com https://112-tzm-766.mktoutil.com https://a0.awsstatic.com https://a0.p.awsstatic.com https://a1.awsstatic.com https:
//amazonwebservices.d2.sc.omtrdc.net https://amazonwebservicesinc.tt.omtrdc.net https://api.regional-table.region-servic
es.aws.a2z.com https://api.us-west-2.prod.pricing.aws.a2z.com https://auth.aws.amazon.com https://aws.amazon.com https:/
/aws.demdex.net https://b0.p.awsstatic.com https://c0.b0.p.awsstatic.com https://calculator.aws https://chat.us-east-1.p
rod.mrc-sunrise.marketing.aws.dev https://chatbot-api.us-east-1.prod.mrc-sunrise.marketing.aws.dev https://cm.everesttec
h.net https://csml-plc-prod.us-west-2.api.aws/plc/csml/logging https://d0.awsstatic.com https://d1.awsstatic.com https:/
/d1fgizr415o1r6.cloudfront.net https://d2c.aws.amazon.com https://d3borx6sfvnesb.cloudfront.net https://dftu77xade0tc.cl
oudfront.net https://dpm.demdex.net https://fls-na.amazon.com https://i18n-string.us-west-2.prod.pricing.aws.a2z.com htt
ps://infra-api.us-east-1.prod.mrc-sunrise.marketing.aws.dev https://livechat-api.us-east-1.prod.mrc-sunrise.marketing.aw
s.dev https://pricing-table.us-west-2.prod.site.p.awsstatic.com https://prod-us-west-2.csp-report.marketing.aws.dev http
s://prod.log.shortbread.aws.dev https://prod.tools.shortbread.aws.dev https://public.lotus.awt.aws.a2z.com https://s0.aw
sstatic.com https://s3.amazonaws.com/aws-messaging-pricing-information/ https://s3.amazonaws.com/public-pricing-agc/ htt
ps://spot-bid-advisor.s3.amazonaws.com https://t0.m.awsstatic.com https://target.aws.amazon.com https://token.us-west-2.
prod.site.p.awsstatic.com https://view-stage.us-west-2.prod.pricing.aws.a2z.com https://view-staging.us-east-1.prod.plcl
-prod.pricing.aws.a2z.com https://vs.aws.amazon.com https://wrp.aws.amazon.com https://www.youtube-nocookie.com wss://*.
transport.connect.us-east-1.amazonaws.com; font-src 'self' data: https://a0.awsstatic.com https://f0.awsstatic.com https
://fonts.gstatic.com; frame-src 'self' https://aws.demdex.net https://c0.b0.p.awsstatic.com https://calculator.aws https
://conversational-experience-worker.widget.console.aws.amazon.com/lotus/isolatedIFrame https://dpm.demdex.net https://pr
icing-table.us-west-2.prod.site.p.awsstatic.com https://token.us-west-2.prod.site.p.awsstatic.com https://www.youtube-no
cookie.com; img-src 'self' data: https://*.vidyard.com https://*.ytimg.com https://a0.awsstatic.com https://amazonwebser
```

图 13.114 运行命令

(3) 用户可以看到系统已收到响应,因为该流量允许通过 AWS Network Firewall。如果要测试另一个不允许的站点,则应运行以下命令:

```
curl -vvv https://google.com -o /dev/null --max-time 5
```

(4) 系统没有收到响应且连接超时，因为允许的 URL 通过 AWS Network Firewall 受到限制，如图 13.115 所示。

```
C:\Users\asus>
C:\Users\asus>curl -vvv https://google.com -o /dev/null --max-time 5
* Rebuilt URL to: https://google.com/
  % Total    % Received % Xferd  Average Speed   Time    Time     Time  Current
                                 Dload  Upload   Total   Spent    Left  Speed
  0     0    0     0    0     0      0      0 --:--:-- --:--:-- --:--:--     0*   Trying 172.217.163.46...
* TCP_NODELAY set
  0     0    0     0    0     0      0      0 --:--:--  0:00:04 --:--:--     0* Connection timed out after 5000 millisec
onds
  0     0    0     0    0     0      0      0 --:--:--  0:00:05 --:--:--     0
* Closing connection 0
curl: (28) Connection timed out after 5000 milliseconds

C:\Users\asus>
```

图 13.115　连接超时

此时在 AWS Network Firewall 中只允许 3 个域，因此所有其他流量都将被阻止。

(5) 如果要查看 Network Firewall 规则，则转到 VPC 控制台选择 Network Firewall 规则组，然后在左侧面板中选择 Domain-Allow-Rule-Group，如图 13.116 和图 13.117 所示。

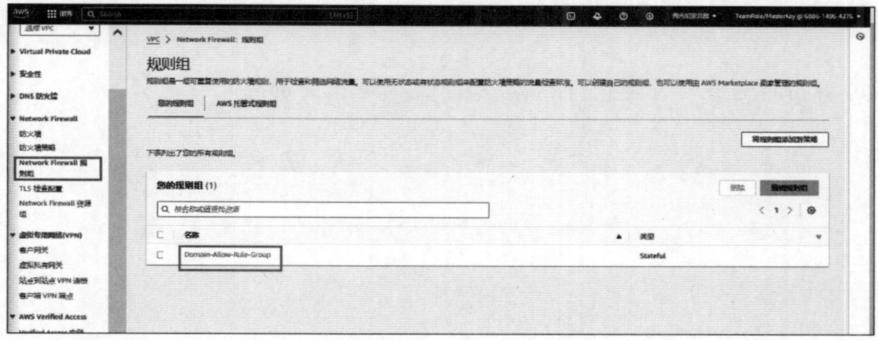

图 13.116　选择 Network Firewall 规则组

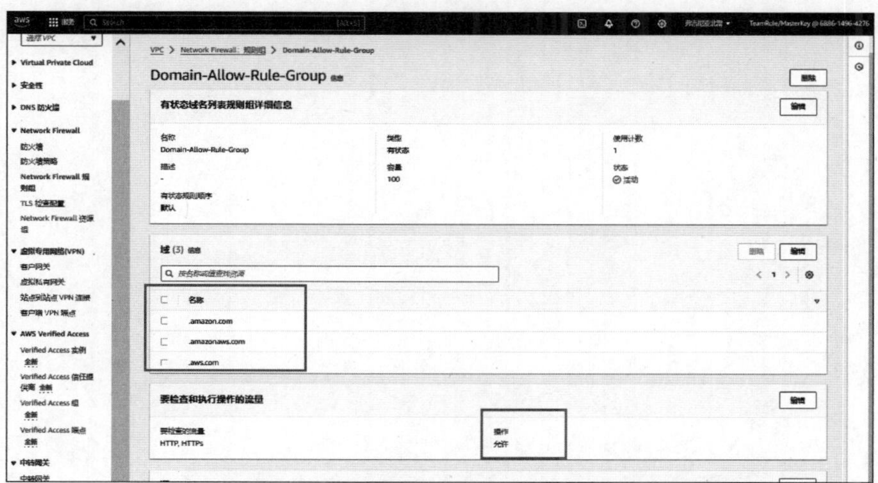

图 13.117　选择 Domain-Allow-Rule-Group

4）总结

实验 3 至此已全部完成。在本实验中，用户将 AWS 客户端 VPN 端点配置为允许所有流量通过，包括 AWS 和 AWS Network Firewall 的出口(Internet 流量)。当远程用户连接到 AWS 客户端 VPN 端点并禁用分割隧道时，系统会强制所有流量通过隧道，包括 Internet 流量。该设置将允许为远程用户实施 Internet 安全策略。

13.4 总结和资源

1. 总结

在本实验中，用户学习了如何使用两种不同的身份验证方法创建 AWS Client VPN。用户还测试了使用 AWS Network Firewall 筛选 URL，方法是通过禁用"Split-Tunnel"路由所有流量，从而通过 AWS 客户端 VPN 端点进行路由。

注意： 为避免任何不必要的开支，完成实验后必须进行清理，应按照"清理"部分提供的说明进行操作。

2. 资源

读者可访问亚马逊官方网站，以获取最新文档等相关资源。

第14章

实验：AWS关系数据库入门

CHAPTER 14

AWS关系数据库服务(Relational Database Service,RDS)为用户提供了一种简单、高效的方式,以部署、管理和扩展关系数据库。通过RDS,用户可以选择多种流行的数据库引擎,享受高可用性和弹性扩展的好处,并借助AWS的安全和监控工具确保数据的安全与性能。

视频讲解

14.1　启动一个 RDS 实例

(1) 登录 AWS 管理控制台,打开 RDS 控制台。

(2) 单击“创建数据库”按钮,创建一个新的数据库实例,如图 14.1 所示。

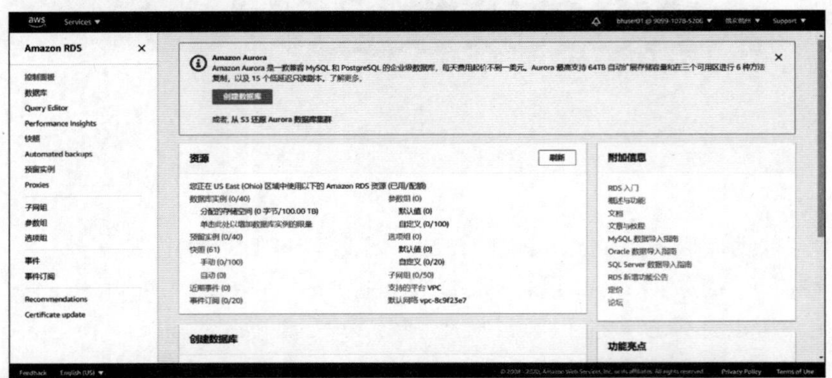

图 14.1　创建数据库界面

(3) 选择数据库创建方法为“标准创建”。以 MySQL 数据库引擎类型为例,如图 14.2 所示。

图 14.2　数据库创建方法选择为“标准创建”界面

(4) 为方便演示,版本选择较早期版本,以 MySQL 社区中的 MySQL 5.7.44 为例,如图 14.3 所示。注意:模板应选用免费套餐,否则可能导致不必要的扣费。

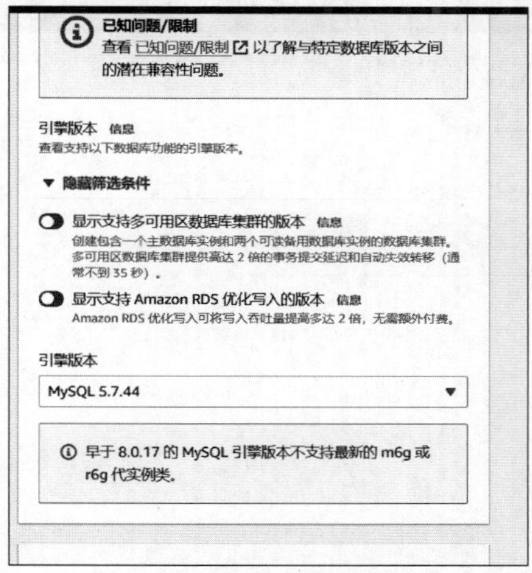

图 14.3　版本选择界面

(5) 填写数据库实例的参数，设置数据库实例标识符、主用户名、主密码，选择数据库实例类、存储类型和存储空间，参考参数如下。

① 数据库实例标识符：awsdb。

② 主用户名：awsuser。

③ 主密码：awspassword。

④ 数据库实例类：db. t2. micro(为提供的免费资源)。

⑤ 存储类型：通用型（SSD）。

⑥ 分配的存储空间：20GB(为提供的免费资源)。

参数设置界面如图 14.4 和图 14.5 所示。

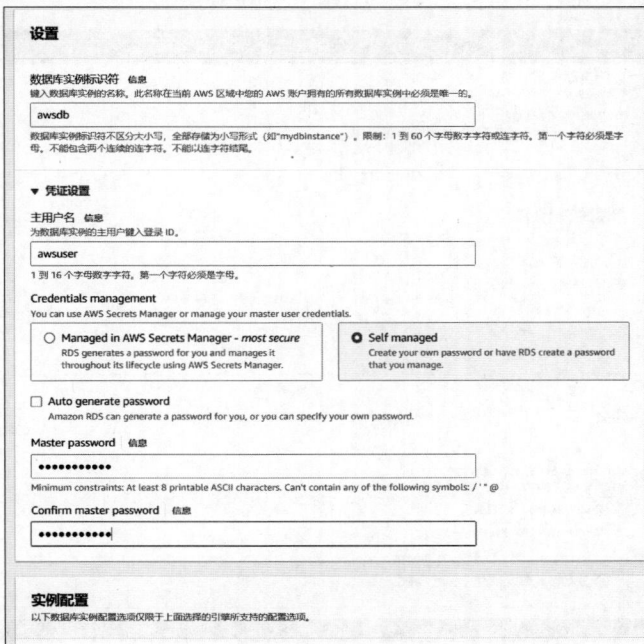

设置
数据库实例标识符 信息
键入数据库实例的名称。此名称在当前 AWS 区域中您的 AWS 账户拥有的所有数据库实例中必须是唯一的。
awsdb
数据库实例标识符不区分大小写，全部存储为小写形式（如"mydbinstance"）。限制：1 到 60 个字母数字字符或连字符。第一个字符必须是字母。不能包含两个连续的连字符。不能以连字符结尾。
▼ 凭证设置
主用户名 信息
为数据库实例的主用户键入登录 ID。
awsuser
1 到 16 个字母数字字符。第一个字符必须是字母。
Credentials management
You can use AWS Secrets Manager or manage your master user credentials.
Managed in AWS Secrets Manager - *most secure*
RDS generates a password for you and manages it throughout its lifecycle using AWS Secrets Manager.
Self managed
Create your own password or have RDS create a password that you manage.
Auto generate password
Amazon RDS can generate a password for you, or you can specify your own password.
Master password 信息
••••••••••••
Minimum constraints: At least 8 printable ASCII characters. Can't contain any of the following symbols: / ' " @
Confirm master password 信息
••••••••••••
实例配置
以下数据库实例配置选项仅限于上面选择的引擎所支持的配置选项。

图 14.4　数据库实例参数设置界面 1

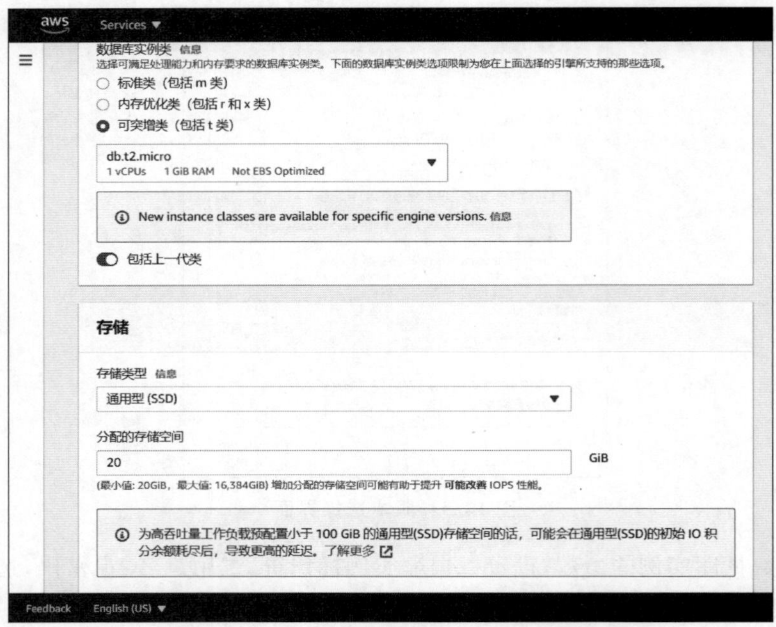

图 14.5　数据库实例参数设置界面 2

(6) 设置网络和安全参数，为数据库网络连接提供支持。为方便演示，参数示例如下。

① VPC：Default VPC(vpc-8c9f23e7)。

② 子网组：默认值。

③ 公开访问：否。

④ VPC 安全组：选择现有(default)。

网络和安全参数设置界面如图 14.6 和图 14.7 所示。

图 14.6　网络和安全参数设置界面 1

连接 信息

计算资源

选择是否为此数据库设置与计算资源的连接。设置连接将自动更改连接设置，以便计算资源可以连接到此数据库。

- ◉ 不要连接到 EC2 计算资源
  不要为此数据库设置与计算资源的连接。您可以稍后手动设置与计算资源的连接。
- ○ 连接到 EC2 计算资源
  为此数据库设置与 EC2 计算资源的连接。

网络类型 信息

要使用双堆栈模式，请确保将 IPv6 CIDR 块与您指定的 VPC 中的子网关联起来。

- ◉ IPv4
  您的资源只能通过 IPv4 寻址协议进行通信。
- ○ 双堆栈模式
  您的资源可以通过 IPv4、IPv6 或同时通过两者进行通信。

Virtual Private Cloud (VPC) 信息

选择 VPC。此 VPC 用于定义此数据库实例的虚拟网络环境。

Default VPC (vpc-02f129cb592af6604) ▼
6 子网, 6 可用区

只会列出具有相应数据库子网组的 VPC。

ⓘ 创建数据库后，您便无法更改其 VPC。

数据库子网组 信息

选择数据库子网站。该数据库子网组用于定义数据库实例在您选择的 VPC 中可使用的子网和 IP 范围。

原定设置 ▼

公开访问 信息

○ 是
RDS 为数据库分配一个公共 IP 地址。VPC 之外的 Amazon EC2 实例和其他资源可以连接到您的数据库。VPC 内的资源也可以连接到数据库。选择一个或多个 VPC 安全组来指定哪些资源可以连接到数据库。

◉ 否
RDS 不会为数据库分配公共 IP 地址。只有 VPC 内的 Amazon EC2 实例和其他资源可以连接到您的数据库。选择一个或多个 VPC 安全组来指定哪些资源可以连接到数据库。

VPC 安全组（防火墙） 信息

选择一个或多个 VPC 安全组以允许访问您的数据库。请确保安全组规则允许适当的传入流量。

- ◉ 选择现有
  选择现有 VPC 安全组
- ○ 新建
  创建新的 VPC 安全组

现有 VPC 安全组

选择一个或多个选项 ▼

default ✕

可用区 信息

无首选项 ▼

RDS 代理

RDS 代理是一种完全托管的高可用性数据库代理，可提高应用程序的可扩展性、弹性和安全性。

☐ 创建 RDS 代理 信息
RDS 会自动为代理创建 IAM 角色和 Secrets Manager 密钥。RDS 代理会产生额外费用。有关更多信息，请参阅Amazon RDS 代理定价。

证书颁发机构 - *可选* 信息

使用服务器证书可通过验证是否已与 Amazon 数据库建立连接来提供额外的安全保护。为此，它会检查自动安装在您预调配的所有数据库上的服务器证书。

rds-ca-rsa2048-g1 (原定设置) ▼
到期: May 26, 2061

如果您未选择证书颁发机构，RDS 会为您选择一个。

▶ **其他配置**

Tags

A tag consists of a case-sensitive key-value pair.

图 14.7 网络和安全参数设置界面 2

(7) 输入数据库名称：mydb1。接受数据库默认端口、参数组、选项组和 IAM 数据库身份验证的默认值，保留其余配置组的默认选项(加密、备份、监视、日志导出和维护)。

当有具体的要求时，可根据要求更改选项，如图 14.8～图 14.11 所示。

图 14.8　其余配置默认选项界面 1

图 14.9　其余配置默认选项界面 2

日志导出
选择发布至 Amazon CloudWatch Logs 的日志类型
☐ 审核日志
☐ 错误日志
☐ 常规日志
☐ 慢速查询日志
IAM 角色
使用以下服务相关角色向 CloudWatch Logs 发布日志。
RDS service-linked role
ⓘ 确保常规，慢速查询和审计日志已打开。错误日志被默认启用。 了解更多
维护
自动次要版本升级 信息
☑ 允许自动次要版本升级
Feedback English (US) ▼

图 14.10 其余配置默认选项界面 3

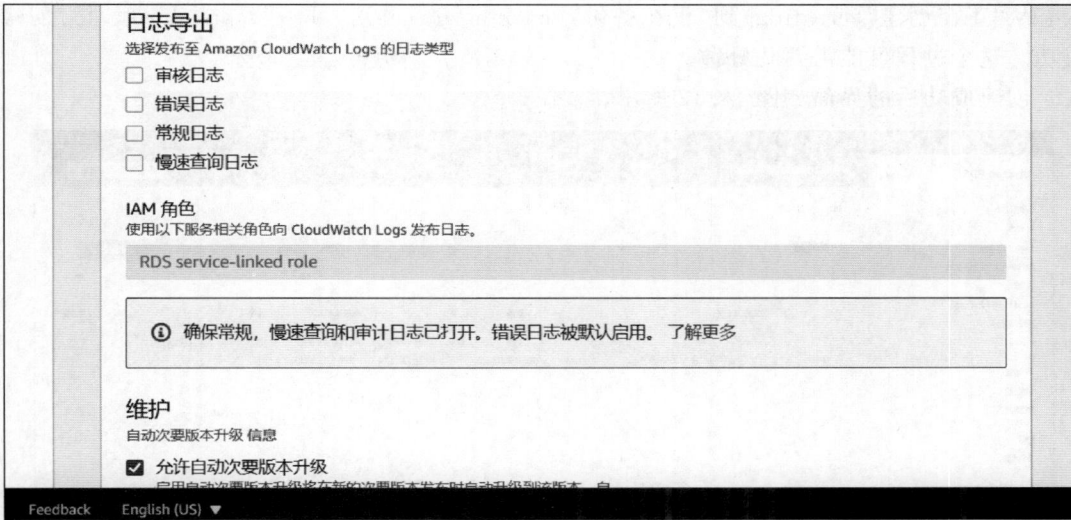

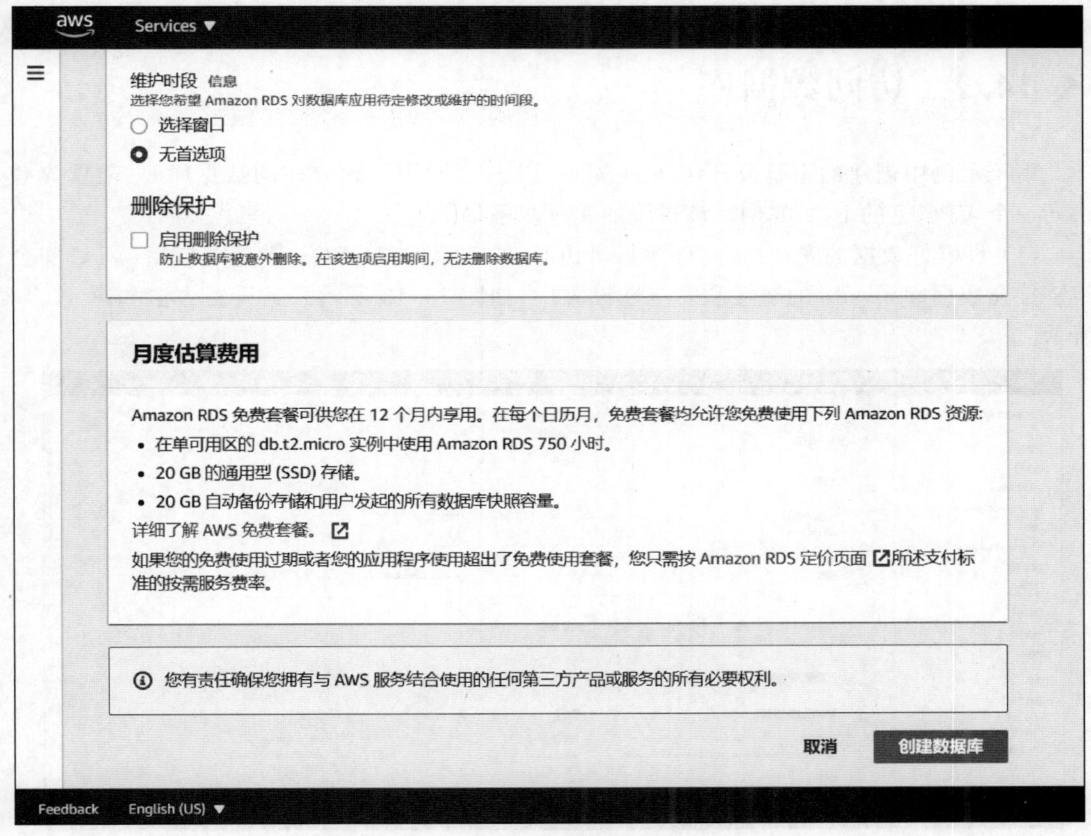

aws
Services ▼
维护时段 信息
选择您希望 Amazon RDS 对数据库应用待定修改或维护的时间段。
选择窗口
无首选项
删除保护
启用删除保护
防止数据库被意外删除。在该选项启用期间，无法删除数据库。
月度估算费用
Amazon RDS 免费套餐可供您在 12 个月内享用。在每个日历月，免费套餐均允许您免费使用下列 Amazon RDS 资源：
• 在单可用区的 db.t2.micro 实例中使用 Amazon RDS 750 小时。
• 20 GB 的通用型 (SSD) 存储。
• 20 GB 自动备份存储和用户发起的所有数据库快照容量。
详细了解 AWS 免费套餐。
如果您的免费使用过期或者您的应用程序使用超出了免费使用套餐，您只需按 Amazon RDS 定价页面所述支付标准的按需服务费率。
您有责任确保您拥有与 AWS 服务结合使用的任何第三方产品或服务的所有必要权利。
取消
创建数据库
Feedback
English (US) ▼

图 14.11 其余配置默认选项界面 4

(8) 单击"创建数据库"按钮,界面跳转,在 RDS Dashboard 界面监控数据库实例状态。状态从"正在创建"(creating)到"正在备份"(backing up)再到"可用"(available),即为创建成功。这个过程可能需要几分钟。

创建成功后的界面如图 14.12 所示。

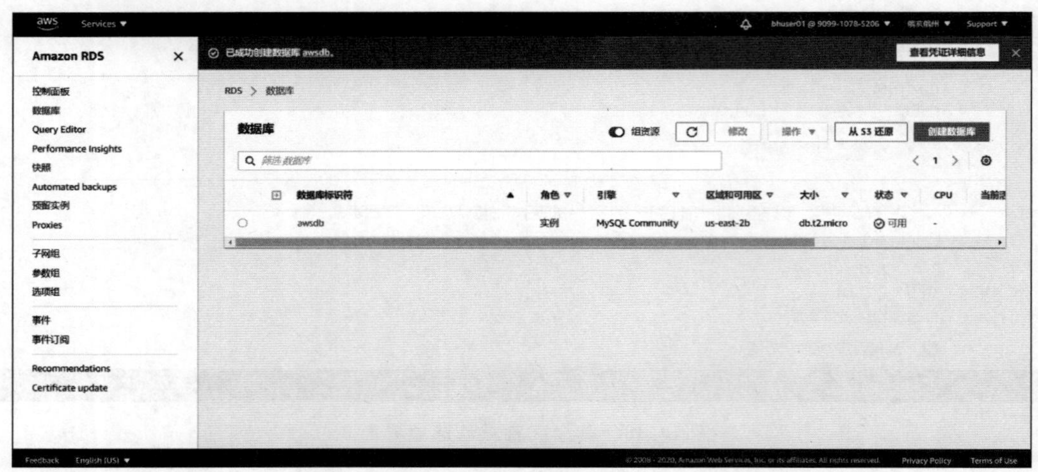

图 14.12 创建成功界面

14.2 访问数据库

由于示例中创建的不是公开访问的 RDS 实例,因此用户想要访问数据库时,需要先登录同一个 VPC 上的 EC2 实例。该过程的实现步骤如下。

(1) 设置好数据的安全组,允许跳板机访问 3306 端口(MySQL 默认端口)。VPC 安全组链接在数据库 awsdb 的链接和安全性设置中,如图 14.13 所示。其设置方法如图 14.14 所示。

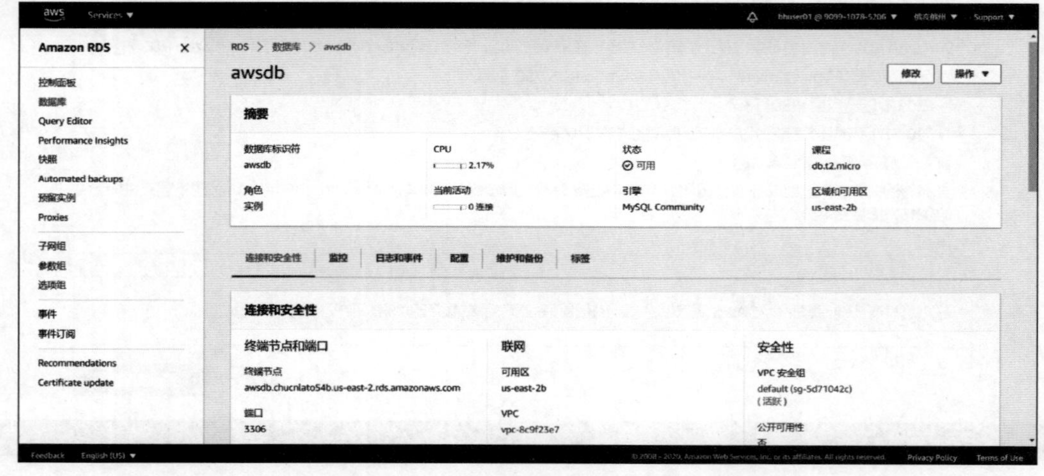

图 14.13 VPC 安全组所在位置

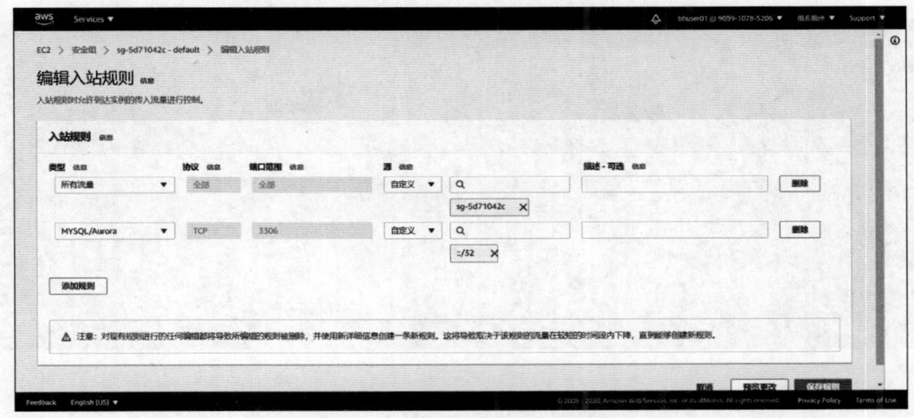

图 14.14　设置参数位置及示例

(2) 登录跳板机，使用命令行登录数据库。在 EC2 实例选中创建的实例并单击“连接”按钮，如图 14.15 和图 14.16 所示。登录成功后如图 14.17 所示。

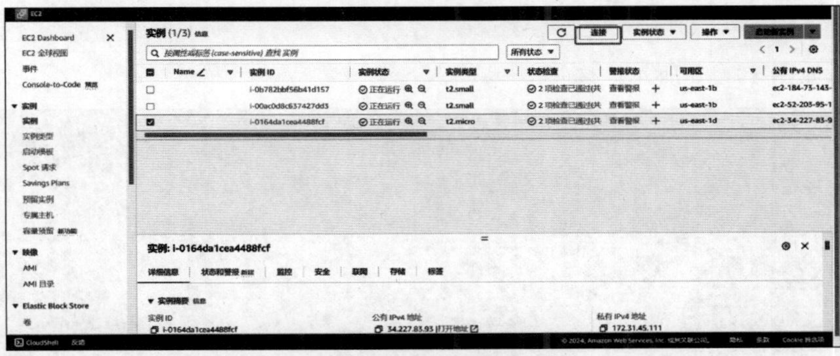

图 14.15　登录数据库

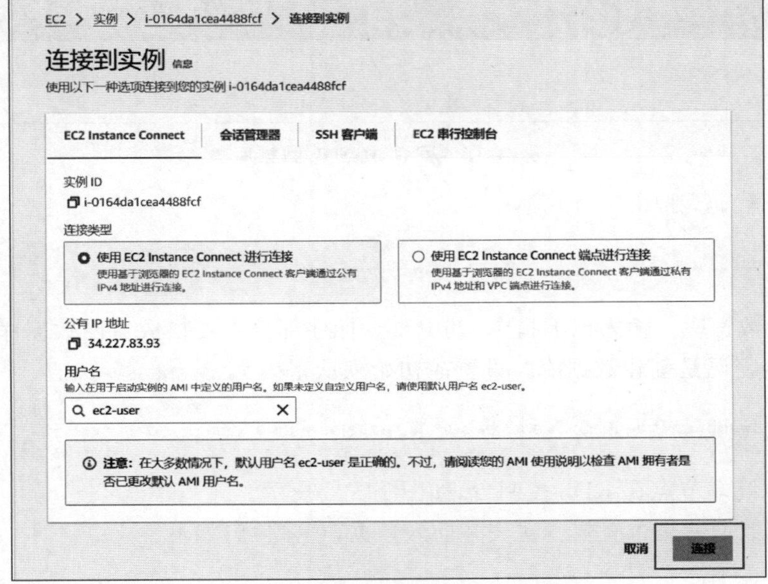

图 14.16　连接到实例

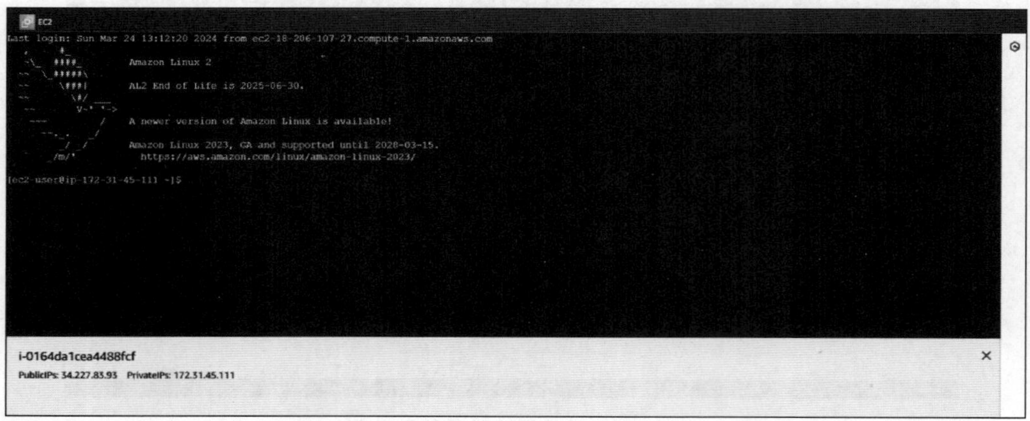

图 14.17 登录成功显示示例

(3) 安装 MySQL 数据库,输入指令如下。

```
sudo yum update
```

输入 y,如图 14.18 所示。

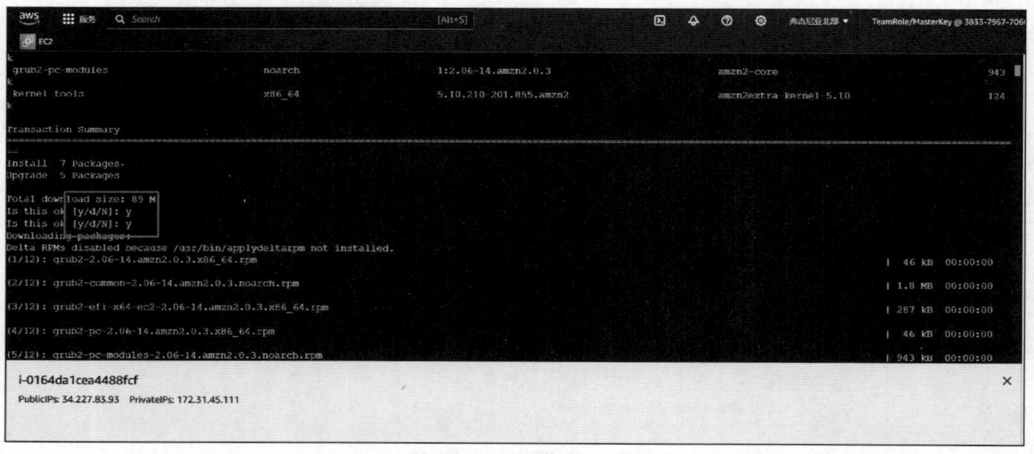

图 14.18 安装 MySQL 数据库 1

输入以下代码,如图 14.19 所示。

```
sudo yum install mysql
```

(4) 连接数据库。输入以下指令,其中重点标注部分需要换成自己数据库的终端节点。数据库的连接密码是创建数据库时设置的初始默认密码为 awspassword。

```
mysql -h awsdb.c14mge40i0zf.us-east-1.rds.amazonaws.com -u awsuser -p
```

数据库的终端节点在 RDS 控制台,如图 14.20 所示。

(5) 测试数据库是否有效。建表并插入数据,具体代码如下。

```
sudo yum install mysql
```

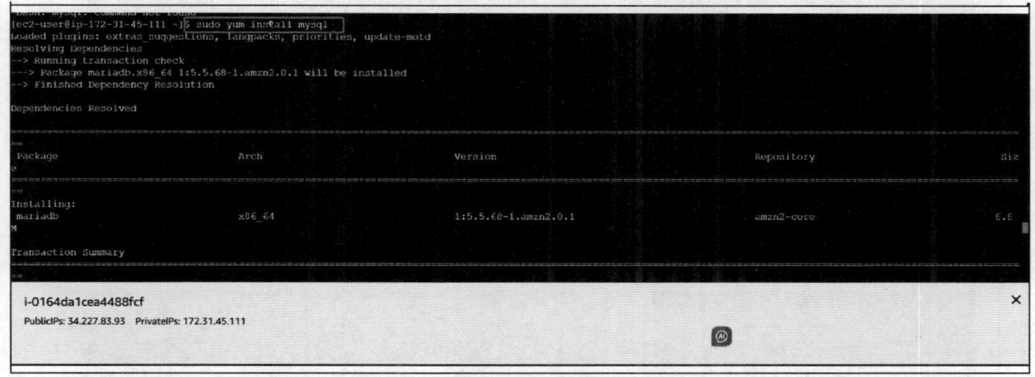

图 14.19　安装 MySQL 数据库 2

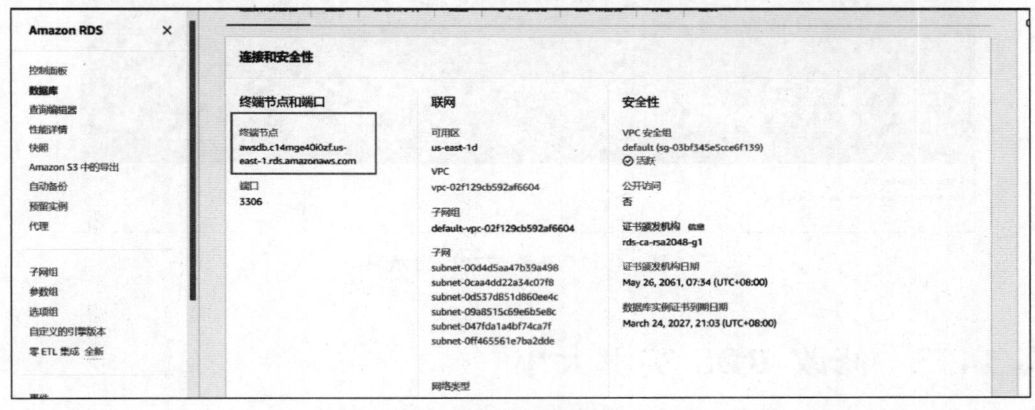

图 14.20　数据库的终端节点位置

```
use mydb1;
create table TbStudent (
stuid integer not null,
stuname varchar(20) not null,
stusex bit default 1,
stubirth datetime not null,
stutel char(11),
stuaddr varchar(255),
stuphoto longblob,
primary key (stuid)
);
insert into TbStudent values (1001, 'ZhangSan', default, '1978 - 1 - 1','', 'Beijing ', '');
```

程序运行结果如图 14.21 所示。

完成后查询创建好的表，具体代码如下。

```
select * from TbStudent;
```

查询成功后如图 14.22 所示。

```
MySQL [(none)]> use mydb1;
Database changed
MySQL [mydb1]> create table TbStudent (
    -> stuid integer not null,
    -> stuname varchar(20) not null,
    -> stusex bit default 1,
    -> stubirth datetime not null,
    -> stutel char(11),
    -> stuaddr varchar(255),
    -> stuphoto longblob,
    -> primary key (stuid)
    -> );
Query OK, 0 rows affected (0.02 sec)

MySQL [mydb1]> insert into TbStudent values (1001, 'ZhangSan', default, '1978-1-1','', 'Beijing ', '');
Query OK, 1 row affected (0.01 sec)

MySQL [mydb1]>
```

i-0164da1cea4488fcf

PublicIPs: 34.227.83.93 PrivateIPs: 172.31.45.111

图 14.21 程序运行结果

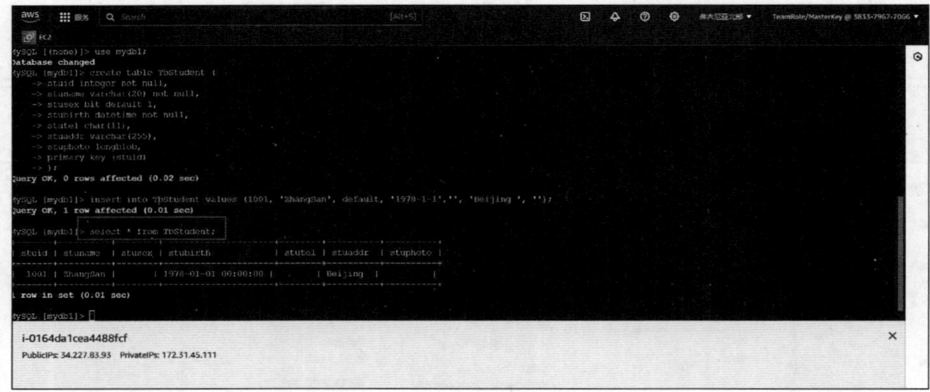

图 14.22 查询成功输出示例

14.3 修改 RDS 实例大小

通过 AWS 控制台,使用 RDS 进行数据库的缩放很简单,可以通过 AWS 控制台扩展数据库或更改基础服务器的大小。该过程的实现步骤如下。

(1) 选择 RDS DB 实例,单击“修改”按钮,如图 14.23 所示。界面跳转,如图 14.24 所示。

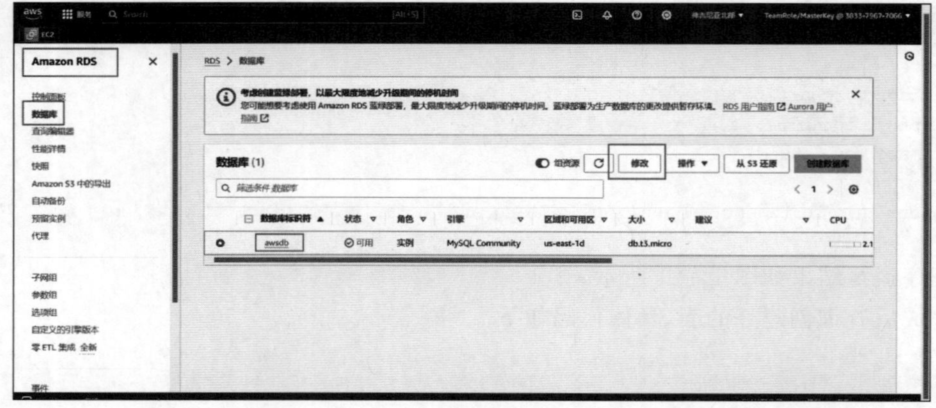

图 14.23 选择界面

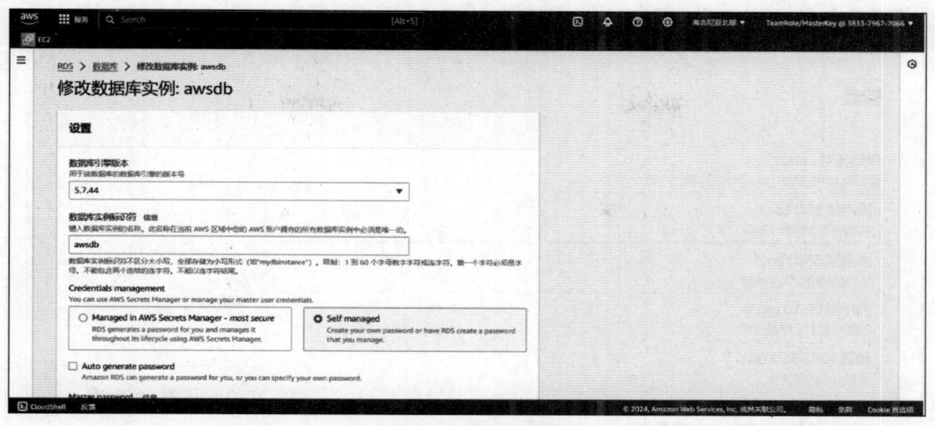

图 14.24　修改界面

(2) 尝试更改为大型实例，如果需要，还可以同时扩展数据库存储。单击“继续”按钮，此时可以向上或向下更改数据库实例大小。但是，一旦扩展数据库储存空间的大小便无法收缩数据库。就像备份一样，执行这些操作时也会出现中断。通常，主要的 RDS 重新配置(例如缩放数据库大小或计算机大小)需要 4～12min。

(3) 可以具体修改的选项如下。

① 修改“数据库实例类”，如图 14.25 所示。

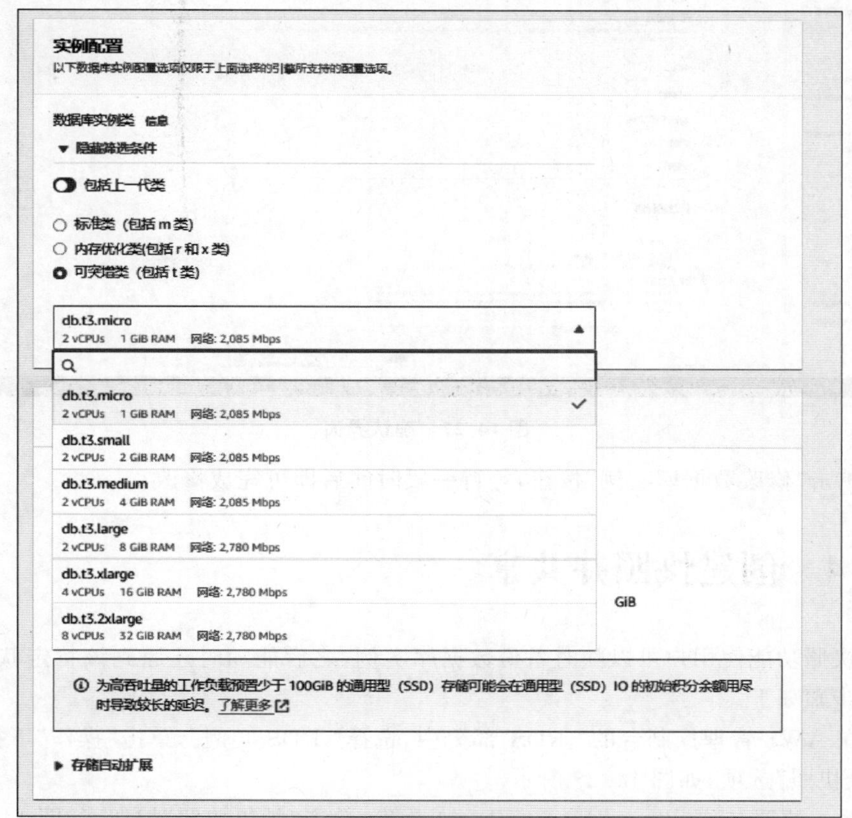

图 14.25　修改“数据库实例类”

② 修改"存储类型",如图 14.26 所示。

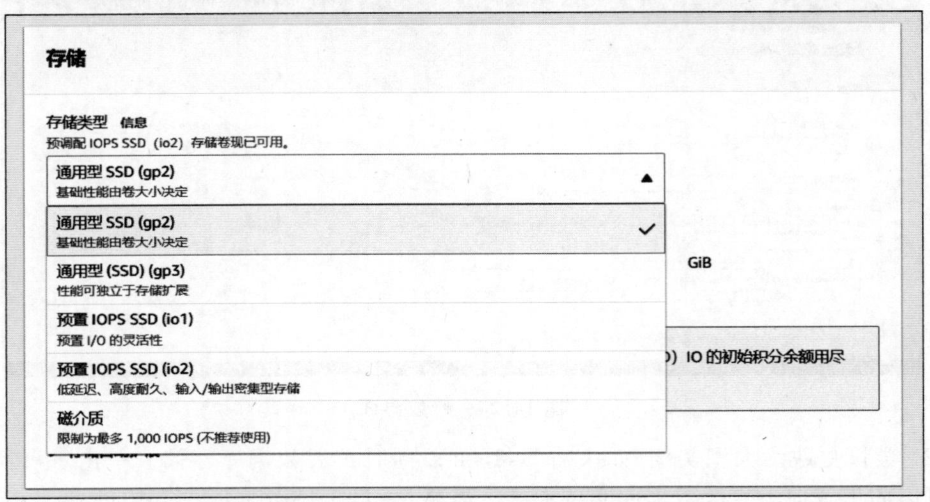

图 14.26　修改"存储类型"

(4) 确认修改后进入下一页。此时应注意勾选"立即应用"单选按钮,否则修改将排队等待下一个维护窗口,如图 14.27 所示。

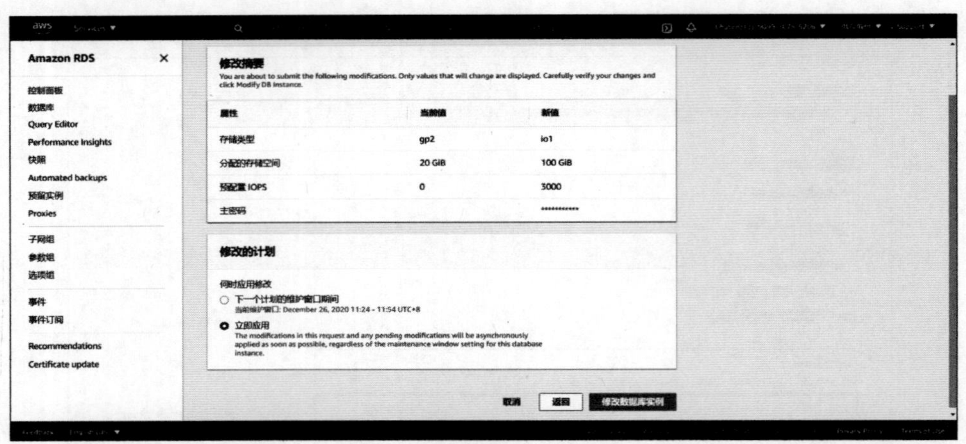

图 14.27　确认界面

(5) 单击"修改数据库实例"按钮,等待一段时间后即可完成修改。

14.4　创建快照并共享

拍摄快照功能使用户可以随时备份数据库实例,之后能随时还原到该特定状态。该过程的实现步骤如下。

(1) 在 AWS 管理控制台的"RDS"部分中,选择"RDS 实例",单击"操作"下拉框,然后选择"拍摄快照"选项,如图 14.28 所示。

(2) 输入快照名称,以 awsdb-snapshot-1 为例,单击"拍摄快照"按钮,如图 14.29 所示。

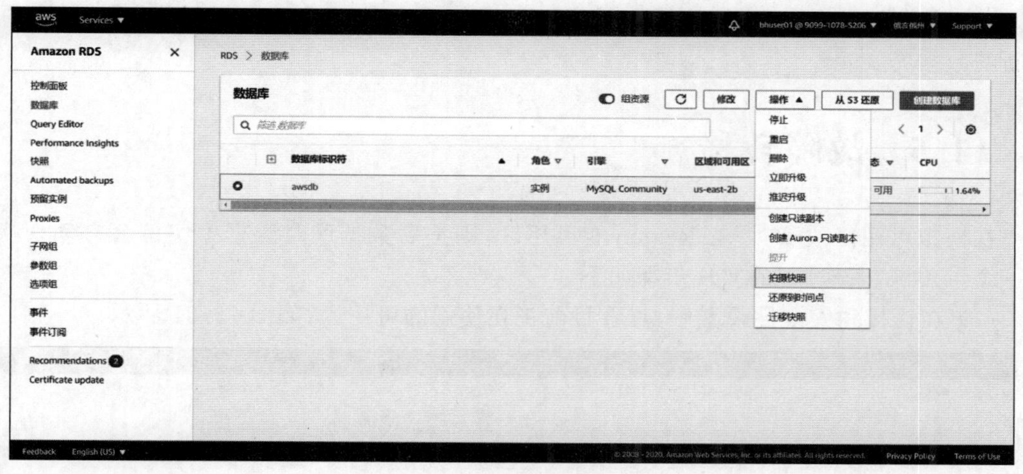

图 14.28　“拍摄快照”位置

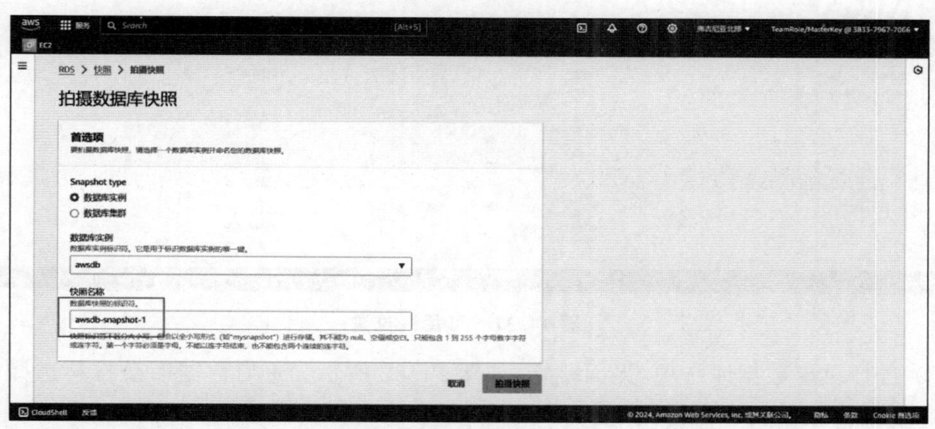

图 14.29　拍摄快照界面

(3) 数据库快照创建成功后显示在屏幕左侧的“快照”链接下，如图 14.30 所示。这样，用户就可以轻松地依靠任何先前的快照启动新的 RDS 实例。

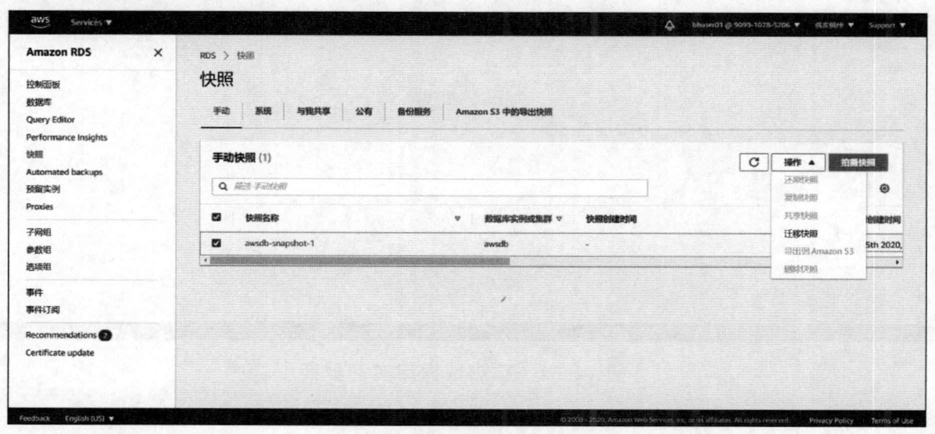

图 14.30　快照界面

(4) 通常可以将快照共享给另一个 AWS 账户,另一个账户可以复制共享的快照,并创建新的数据库实例。

14.5 故障转移

在模拟可用区故障时,若 Region 有可用区,则重启数据库时数据库实例会自动切换到另一个可用区。该过程的实现步骤如下。

(1) 在连接和安全性设置中,查看目前正在使用的可用区,如图 14.31 所示。

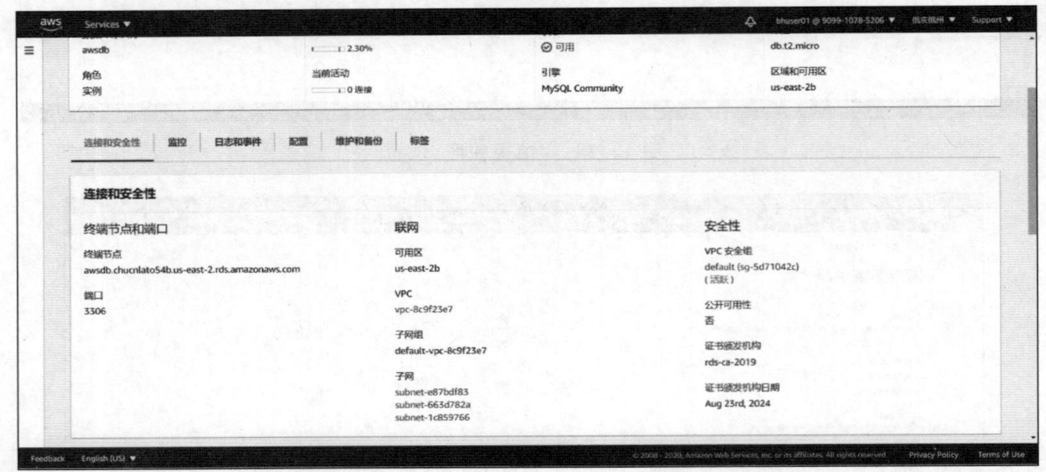

图 14.31 可用区位置

(2) 选择重启数据库选项,界面跳转,如图 14.32 所示。重启数据库会自动选择可用的可用区,重启需要等待一段时间。

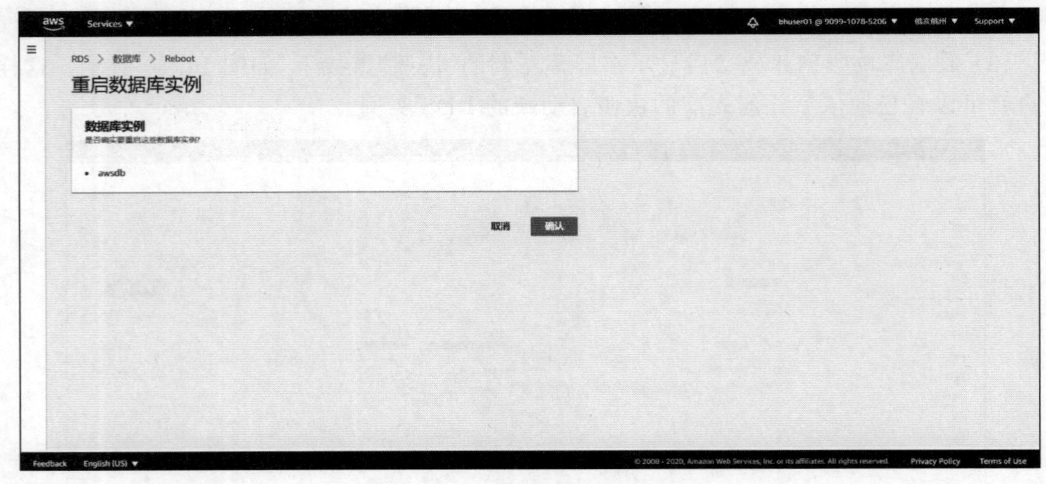

图 14.32 重启数据库实例界面

第15章 实验：托管MongoDB

CHAPTER 15

Amazon DocumentDB(兼容 MongoDB)是一种快速、可扩展、高度可用且完全托管的文档数据库服务，支持 MongoDB 工作负载，可让用户轻松存储、查询和索引 JSON 数据。本章将介绍如何通过 AWS Cloud9 开始使用 Amazon DocumentDB。用户将了解如何通过 Mongo Shell 从 AWS Cloud9 环境连接到 Amazon DocumentDB 集群并运行相关查询。图 15.1 显示了该实验的最终架构。

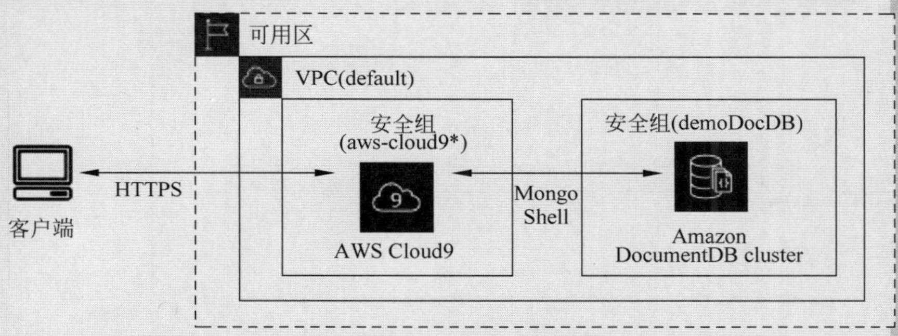

图 15.1 实验架构图

视频讲解

15.1　创建 AWS Cloud9 环境

创建 AWS Cloud9 环境的实现步骤如下。

(1) 使用 AWS 管理控制台,在 AWS Cloud9 管理控制台上单击"创建环境"按钮,如图 15.2 所示。

图 15.2　创建环境

(2) 输入环境名称为"DocumentDB_Cloud9",进行相关配置,如图 15.3 所示。

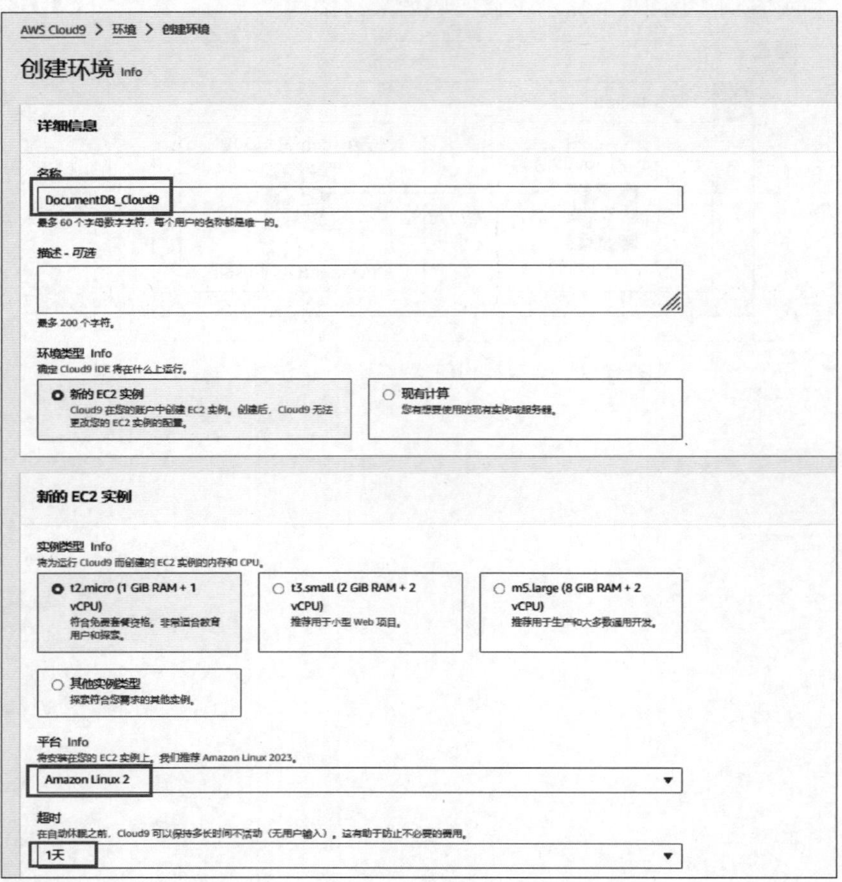

图 15.3　相关配置

（3）在审核部分，单击“创建”按钮，如图 15.4 所示。

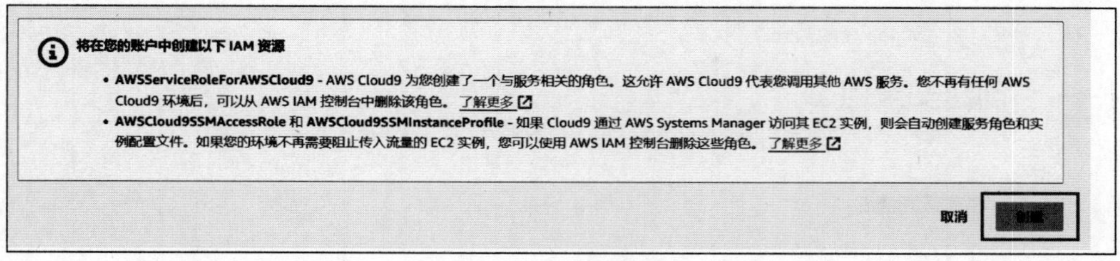

图 15.4　审核部分

（4）预置 AWS Cloud9 环境，大约需要等待 3min，如图 15.5 所示。

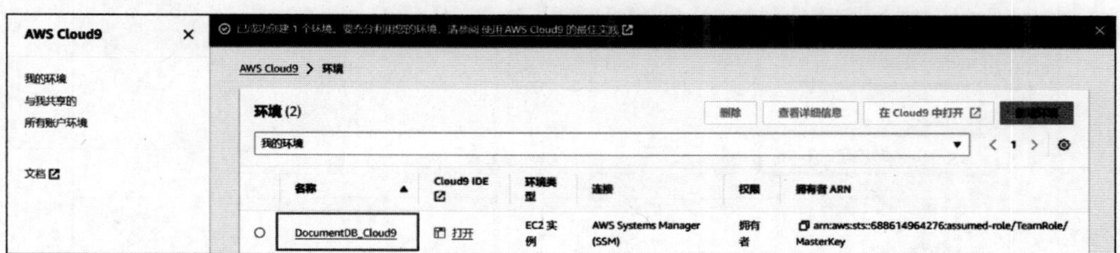

图 15.5　预置环境

15.2　创建安全组

创建安全组的实现步骤如下。

（1）在 Amazon EC2 管理控制台的“网络与安全”下拉选项中，选择“安全组”选项，再单击“创建安全组”按钮，如图 15.6 所示。

图 15.6　创建安全组

（2）输入安全组名称为“demoDocDB”，输入描述和 VPC（默认）信息，在入站规则部分单击“添加规则”按钮，如图 15.7 所示。

（3）在类型下拉框中选择“自定义 TCP”，端口范围设置为 27017。源安全组是刚刚创建的 AWS Cloud9 环境的安全组。将源保留为默认值自定义，并在自定义旁边的字段中输入“cloud9”以查看可用安全组的列表。选择包含名称 aws-cloud9-<环境名称>的安全组，如图 15.8 所示。

EC2

EC2 > 安全组 > 创建安全组

创建安全组 信息

安全组充当实例的虚拟防火墙，以控制入站和出站流量。要创建新的安全组，请填写以下字段。

基本详细信息

安全组名称 信息

demoDocDB

名称不能在创建后进行编辑。

描述 信息

demoDocDB

VPC 信息

vpc-01b6958f9e222300d

入站规则 信息

此安全组没有入站规则。

添加规则

图 15.7　安全组配置

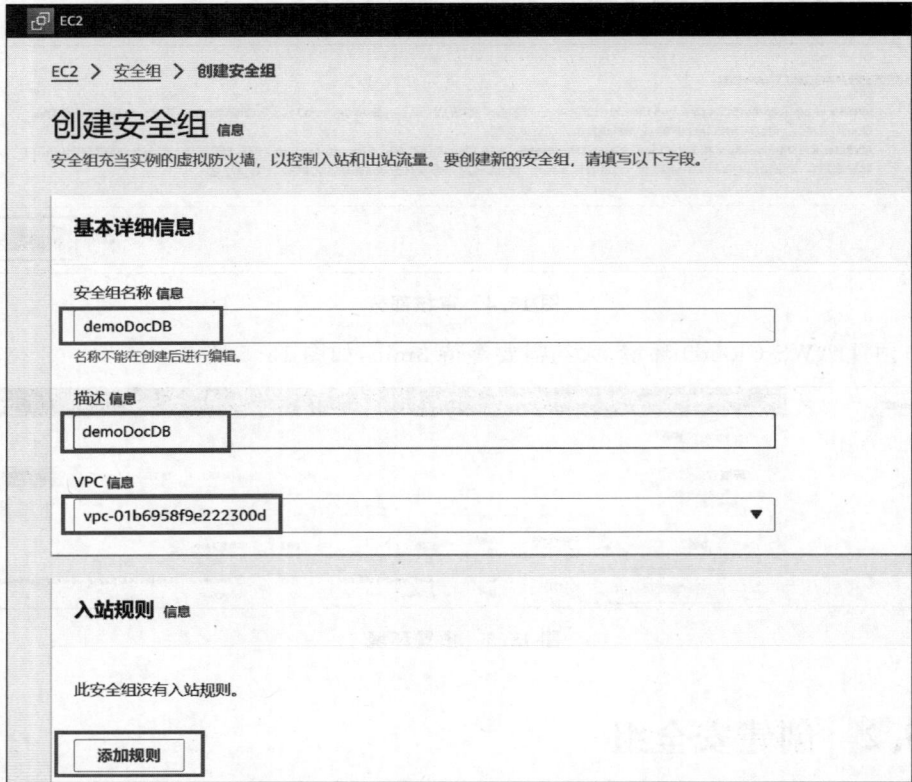

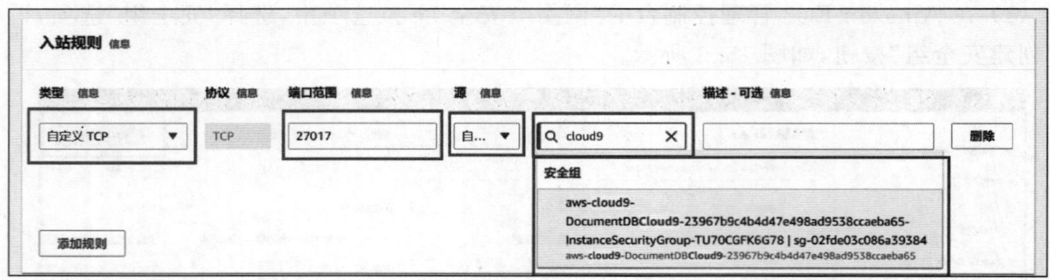

图 15.8　入站规则

(4) 其他设置保持默认(无须修改出站规则)，单击“创建安全组”按钮，如图 15.9 所示。

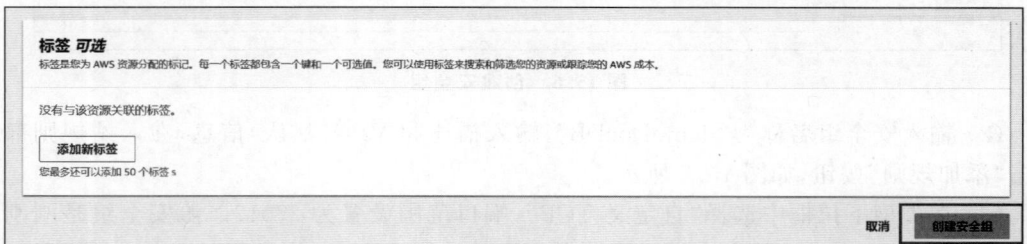

标签 可选

标签是您为 AWS 资源分配的标记。每一个标签都包含一个键和一个可选值。您可以使用标签来搜索和筛选您的资源或跟踪您的 AWS 成本。

没有与该资源关联的标签。

添加新标签

您最多还可以添加 50 个标签 s

取消　创建安全组

图 15.9　完成创建

15.3　创建 Amazon DocumentDB 集群

创建 Amazon DocumentDB 集群的实现步骤如下。

(1) 在 Amazon DocumentDB 管理控制台的“集群”中，单击“创建”按钮，如图 15.10 所示。

图 15.10　创建集群

(2) 进入配置界面，在“实例类”下拉框中选择“db.t3.medium”选项，将“实例数量”设置为“1”（这些选项有助于最大限度地降低成本），如图 15.11 所示。

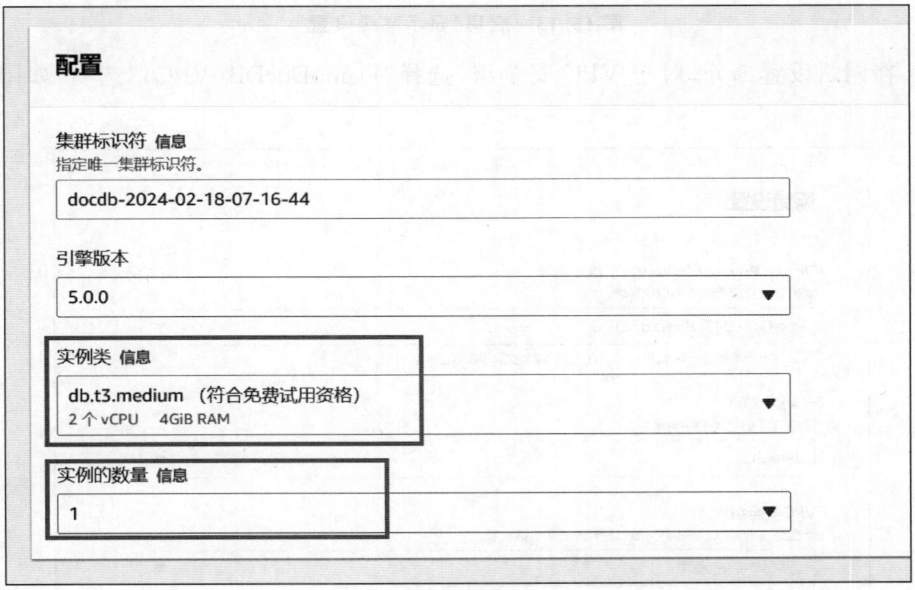

配置

集群标识符 信息
指定唯一集群标识符。
docdb-2024-02-18-07-16-44

引擎版本
5.0.0

实例类 信息
db.t3.medium （符合免费试用资格）
2 个 vCPU　4GiB RAM

实例的数量 信息
1

图 15.11　配置实例

(3) 在身份验证部分，输入用户名和密码（选择“使用生成的安全密码”），如图 15.12 所示。

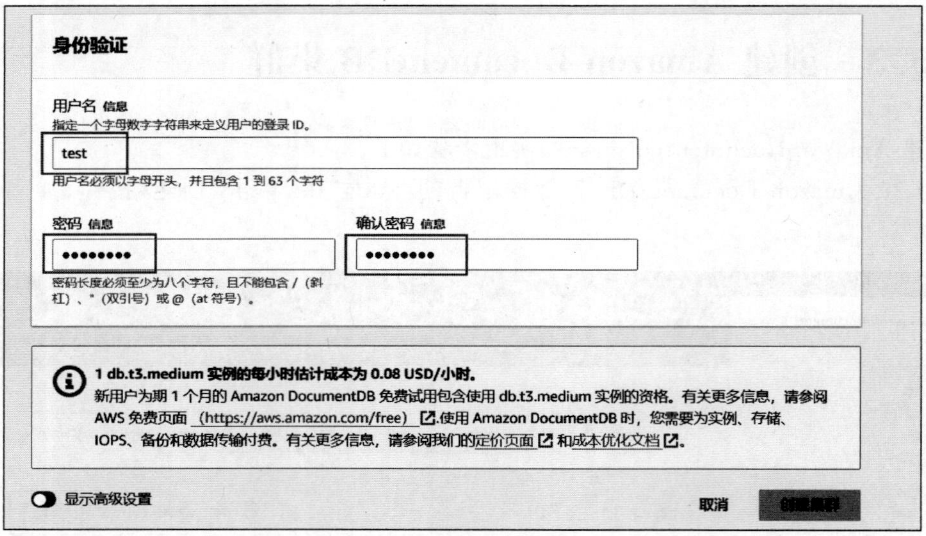

身份验证

用户名 信息
指定一个字母数字字符串来定义用户的登录 ID。
test
用户名必须以字母开头，并且包含 1 到 63 个字符

密码 信息
•••••••••
密码长度必须至少为八个字符，且不能包含 / (斜杠)、" (双引号) 或 @ (at 符号)。

确认密码 信息
•••••••••

1 db.t3.medium 实例的每小时估计成本为 0.08 USD/小时。
新用户为期 1 个月的 Amazon DocumentDB 免费试用包含使用 db.t3.medium 实例的资格。有关更多信息，请参阅 AWS 免费页面 (https://aws.amazon.com/free) 。使用 Amazon DocumentDB 时，您需要为实例、存储、IOPS、备份和数据传输付费。有关更多信息，请参阅我们的定价页面和成本优化文档。

显示高级设置　　取消　　创建集群

图 15.12　设置身份验证

启用“显示高级设置”选项，如图 15.13 所示。

1 db.t3.medium 实例的每小时估计成本为 0.08 USD/小时。
新用户为期 1 个月的 Amazon DocumentDB 免费试用包含使用 db.t3.medium 实例的资格。有关更多信息，请参阅
AWS 免费页面 (https://aws.amazon.com/free) 。使用 Amazon DocumentDB 时，您需要为实例、存储、
IOPS、备份和数据传输付费。有关更多信息，请参阅我们的定价页面和成本优化文档。
显示高级设置
取消
创建集群

图 15.13　启用“显示高级设置”

(4) 在网络设置部分，对于 VPC 安全组，选择“DemoDocDB(VPC)”选项，如图 15.14 所示。

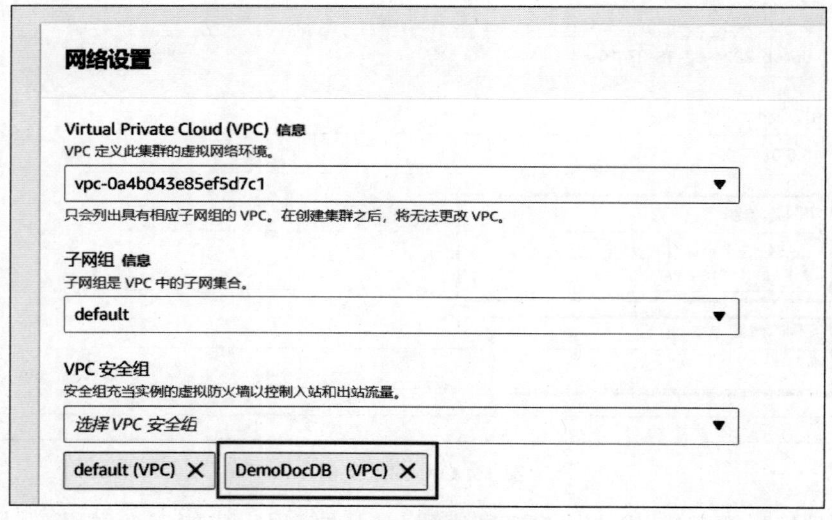
网络设置
Virtual Private Cloud (VPC) 信息
VPC 定义此集群的虚拟网络环境。
vpc-0a4b043e85ef5d7c1
只会列出具有相应子网组的 VPC。在创建集群之后，将无法更改 VPC。
子网组 信息
子网组是 VPC 中的子网集合。
default
VPC 安全组
安全组充当实例的虚拟防火墙以控制入站和出站流量。
选择 VPC 安全组
default (VPC)
DemoDocDB (VPC)

图 15.14　网络设置

（5）单击“创建集群”按钮，如图 15.15 所示。

图 15.15　完成创建

15.4　安装 Mongo Shell

安装 Mongo Shell 的实现步骤如下。

（1）如果 AWS Cloud9 环境仍处于打开状态，则可以跳至步骤(3)。

（2）在 AWS Cloud9 管理控制台的环境中，选择 DocumentDBCloud9。

（3）打开 IDE，如图 15.16 所示。

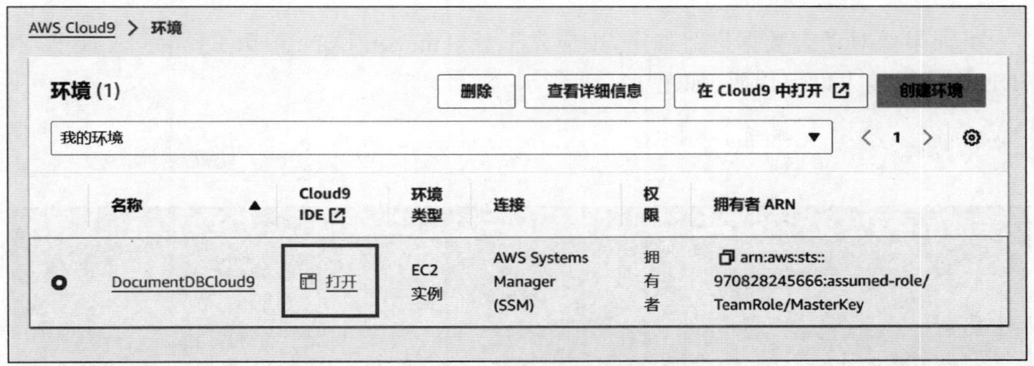

图 15.16　打开 IDE

（4）在命令提示符下，使用以下代码创建存储库文件，结果如图 15.17 所示。

```
echo -e "[mongodb-org-3.6] \nname=MongoDB Repository\nbaseurl=https://repo.mongodb.org/yum/amazon/2013.03/mongodb-org/3.6/x86_64/\ngpgcheck=1
\nenabled=1 \ngpgkey=https://www.mongodb.org/static/pgp/server-3.6.asc" | sudo tee /etc/yum.repos.d/mongodb-org-3.6.repo
```

```
echo -e "[mongodb-org-3.6] \nname=MongoDB Repository\nbaseurl=https://repo.mongodb.org/yum/amazon/2013.03/mongodb-org/3.6/x86_64/\ngpgcheck=1 \nenable
TeamRole:~/environment $ echo -e "[mongodb-org-3.6] \nname=MongoDB Repository\nbaseurl=https://repo.mongodb.org/yum/amazon/2013.03/mongodb-org/3.6/x86
_64/\ngpgcheck=1 \nenabled=1 \ngpgkey=https://www.mongodb.org/static/pgp/server-3.6.asc" | sudo tee /etc/yum.repos.d/mongodb-org-3.6.repo
[mongodb-org-3.6]
name=MongoDB Repository
baseurl=https://repo.mongodb.org/yum/amazon/2013.03/mongodb-org/3.6/x86_64/
gpgcheck=1
enabled=1
gpgkey=https://www.mongodb.org/static/pgp/server-3.6.asc
```

图 15.17　创建存储库文件

(5) 创建完成后,使用以下代码安装 Mongo Shell,结果如图 15.18 所示。

```
sudo yum install - y mongodb - org - shell
```

```
TeamRole:~/environment $ sudo yum install  y mongodb org shell
Loaded plugins: extras_suggestions, langpacks, priorities, update-motd
amzn2-core                                                      | 3.6 kB  00:00:00
mongodb-org-3.6                                                 | 2.5 kB  00:00:00
mongodb-org-3.6/primary_db                                      | 119 kB  00:00:00
236 packages excluded due to repository priority protections
Resolving Dependencies
--> Running transaction check
---> Package mongodb-org-shell.x86_64 0:3.6.23-1.amzn1 will be installed
--> Finished Dependency Resolution

Dependencies Resolved

================================================================================
 Package              Arch          Version            Repository          Size
================================================================================
Installing:
 mongodb-org-shell    x86_64        3.6.23-1.amzn1     mongodb-org-3.6     11 M

Transaction Summary
================================================================================
Install  1 Package

Total download size: 11 M
Installed size: 28 M
Downloading packages:
warning: /var/cache/yum/x86 64/2/mongodb-org-3.6/packages/mongodb-org-shell-3.6.23-1.amzn1.x86_64.rpm: Header V3 RSA/SHA1 Signature, key ID 91fa4ad5: NOKEY
Public key for mongodb org shell 3.6.23 1.amzn1.x86_64.rpm is not installed
mongodb-org-shell-3.6.23-1.amzn1.x86_64.rpm                     | 11 MB  00:00:00
Retrieving key from https://www.mongodb.org/static/pgp/server-3.6.asc
Importing GPG key 0x91FA4AD5:
 Userid     : "MongoDB 3.6 Release Signing Key <packaging@mongodb.com>"
 Fingerprint: 2930 adae 8caf 5059 ee73 bb4b 5871 2a22 91fa 4ad5
 From       : https://www.mongodb.org/static/pgp/server-3.6.asc
Running transaction check
Running transaction test
Transaction test succeeded
Running transaction
  Installing : mongodb-org-shell-3.6.23-1.amzn1.x86_64                      1/1
  Verifying  : mongodb-org-shell-3.6.23-1.amzn1.x86_64                      1/1

Installed:
  mongodb org shell.x86_64 0:3.6.23 1.amzn1
```

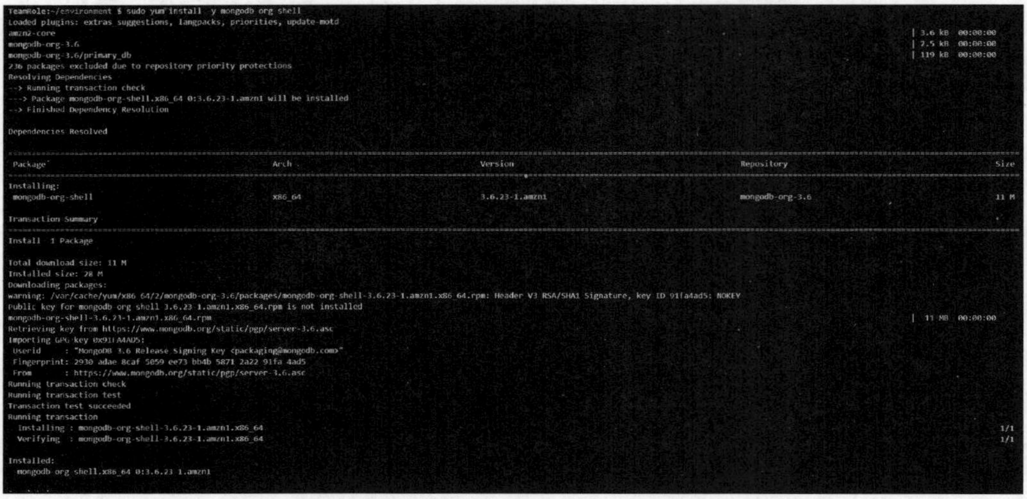

图 15.18 安装 Mongo Shell

(6) 如果要对动态数据进行加密,则应先下载 Amazon Document DB 的 CA 证书,然后在 IDE 终端中输入以下代码,如图 15.19 所示。

```
wget https://s3.amazonaws.com/rds - downloads/rds - combined - ca - bundle.pem
```

```
TeamRole:~/environment $ wget https://s3.amazonaws.com/rds-downloads/rds-combined-ca-bundle.pem
--2024-02-18 08:05:59--  https://s3.amazonaws.com/rds-downloads/rds-combined-ca-bundle.pem
Resolving s3.amazonaws.com (s3.amazonaws.com)... 52.217.227.72, 52.217.228.0, 52.217.232.152, ...
Connecting to s3.amazonaws.com (s3.amazonaws.com)|52.217.227.72|:443... connected.
HTTP request sent, awaiting response... 200 OK
Length: 43888 (43K) [binary/octet-stream]
Saving to: 'rds-combined-ca-bundle.pem'

rds-combined-ca-bundle.pem      100%[==========================================>]  42.86K  --.-KB/s    in 0.003s

2024-02-18 08:05:59 (16.3 MB/s) - 'rds-combined-ca-bundle.pem' saved [43888/43888]
```

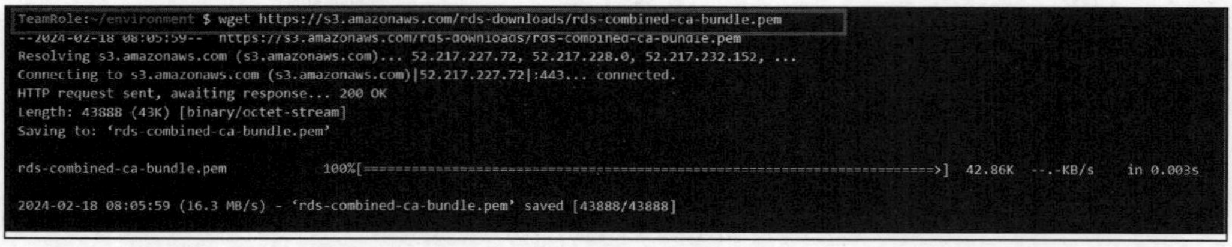

图 15.19 加密

至此,已完成连接到 Amazon DocumentDB 集群的准备工作。

15.5 连接到 Amazon DocumentDB 集群

连接到 Amazon DocumentDB 集群的实现步骤如下。

(1) 在 Amazon DocumentDB 管理控制台的集群中,找到刚才创建的集群。

(2) 单击"集群标识符",选择已创建的集群(在该示例中为 docdb-2024-02-18-07-43-43),如图 15.20 所示。

按照以下操作顺序启动 Mongo Shell,如图 15.21 所示。

(3) 复制"使用 Mongo Shell 连接到此集群"下提供的连接字符串,如图 15.22 所示。

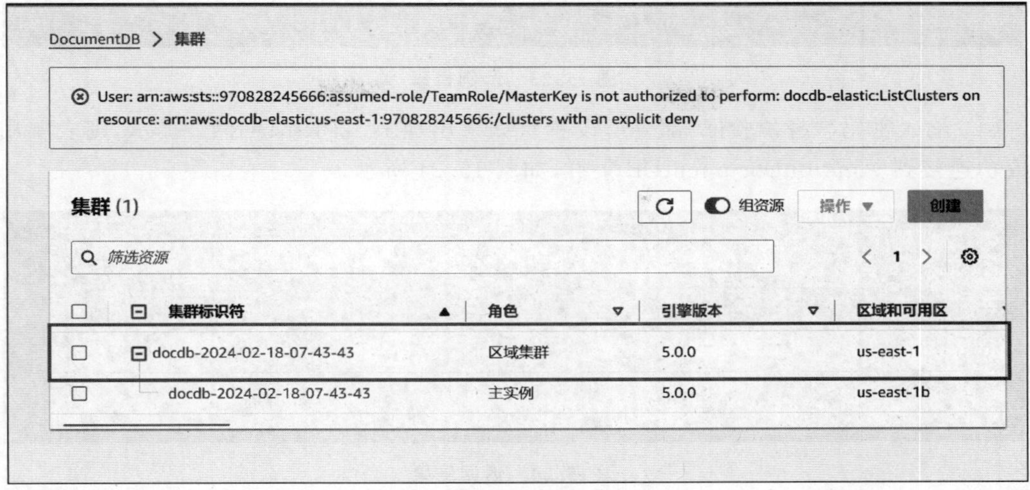

图 15.20　选择集群

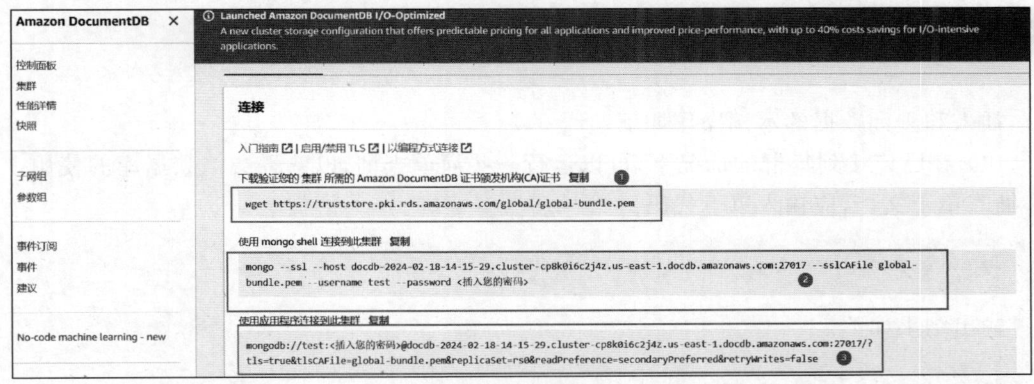

图 15.21　启动 Mongo Shell

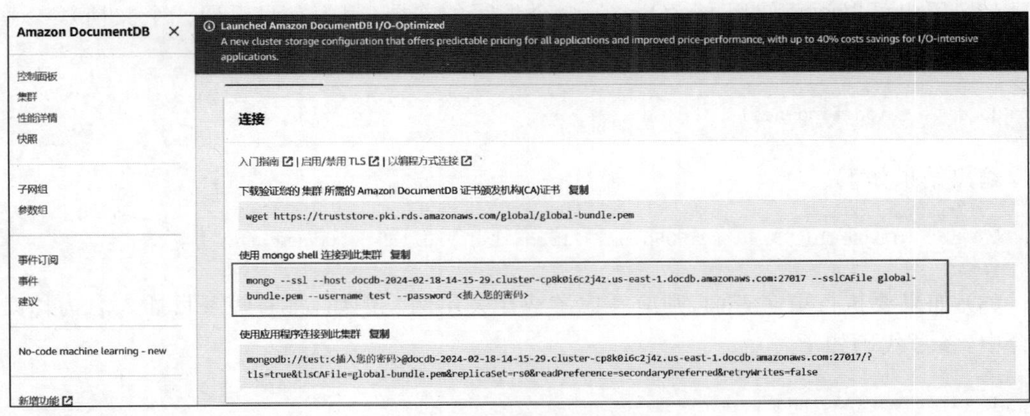

图 15.22　复制连接字符串到 IDE

省略"<插入您的密码>"部分，以便在连接时由 Mongo Shell 提示输入密码。这样，不必以明文形式输入密码。连接字符串应类似于以下代码，如图 15.23 所示。

图 15.23 示例代码

(4) 输入密码("身份验证"部分所设置),如果出现 rs0:PRIMARY >提示,则表明用户已成功连接到 AmazonDocumentDB 集群,如图 15.24 所示。

```
TeamRole:~/environment $ mongo --ssl --host docdb-2024-02-19-05-18-16.cluster-cp8k0i6c2j4z.us-east-1.docdb.amazonaws.com:27017 --sslCAFile global-bundle.pem --username test --password
MongoDB shell version v3.6.23
Enter password:
connecting to: mongodb://docdb-2024-02-19-05-18-16.cluster-cp8k0i6c2j4z.us-east-1.docdb.amazonaws.com:27017/?gssapiServiceName=mongodb
Implicit session: session { "id" : UUID("ef4ab667-5810-4085-b14f-299a8de0b82b") }
MongoDB server version: 5.0.0
WARNING: shell and server versions do not match

Warning: Non-Genuine MongoDB Detected

This server or service appears to be an emulation of MongoDB rather than an official MongoDB product.

Some documented MongoDB features may work differently, be entirely missing or incomplete, or have unexpected performance characteristics.

To learn more please visit: https://dochub.mongodb.org/core/non-genuine-mongodb-server-warning.

rs0:PRIMARY>
```

图 15.24 返回结果

15.6 插入和查询数据

插入和查询数据的示例操作如下。

(1) 在已连接到集群的情况下,可以运行一些简单查询,以熟悉文档数据库的使用。例如,插入单个文档,应输入以下代码。

```
db.collection.insert({"hello":"DocumentDB"})
```

输出结果如下。

```
WriteResult({ "nInserted" : 1 })
```

(2) 用户可以阅读使用 findOne() 命令编写的文档(因为它只返回一个文档),参考代码如下。

```
db.collection.findOne()
```

输出结果如下。

```
{ "_id" : ObjectId("5e401fe56056fda7321fbd67"), "hello" : "DocumentDB" }
```

(3) 如果要执行更多查询,则应考虑游戏档案用例。例如,将一些条目插入名为档案的集合中,参考代码如下。

```
db.profiles.insertMany([
{ "_id" : 1, "name" : "Tim", "status": "active", "level": 12, "score":202},
{ "_id" : 2, "name" : "Justin", "status": "inactive", "level": 2, "score":9},
{ "_id" : 3, "name" : "Beth", "status": "active", "level": 7, "score":87},
{ "_id" : 4, "name" : "Jesse", "status": "active", "level": 3, "score":27}
])
```

输出结果如下。

```
{ "acknowledged" : true, "insertedIds" : [ 1, 2, 3, 4 ] }
```

(4) 使用 find() 命令返回个人资料集合中的所有文档，参考代码如下。

```
db.profiles.find()
```

输出结果如下。

```
{ "_id" : 1, "name" : "Tim", "status" : "active", "level" : 12, "score" : 202 }
{ "_id" : 2, "name" : "Justin", "status" : "inactive", "level" : 2, "score" : 9 }
{ "_id" : 3, "name" : "Beth", "status" : "active", "level" : 7, "score" : 87 }
{ "_id" : 4, "name" : "Jesse", "status" : "active", "level" : 3,
```

(5) 使用筛选条件查询单个文档，参考代码如下。

```
db.profiles.find({name: "Jesse"})
```

输出结果如下。

```
{ "_id" : 4, "name" : "Jesse", "status" : "active", "level" : 3, "score" : 27 }
```

(6) 游戏中的一个常见用例是查找给定用户的档案，并在该用户的档案中增加值。在该场景中，系统希望向最活跃的游戏玩家进行促销。如果玩家填写了一项调查，则其分数会增加 10。

为此，这里将使用 findAndModify 命令。在该示例中，用户 Tim 收到并完成了调查。如果要为 Tim 提供积分，则应输入以下代码。

```
db.profiles.findAndModify({
   query: { name: "Tim", status: "active"},
   update: { $ inc: { score: 10 } }
})
```

输出结果如下。

```
{
        "_id" : 1,
        "name" : "Tim",
        "status" : "active",
        "level" : 12,
        "score" : 202
}
```

此时可以使用以下查询来验证结果。

```
db.profiles.find({name: "Tim"})
```

输出结果如下。

```
{ "_id" : 1, "name" : "Tim", "status" : "active", "level" : 12, "score" : 212 }
```

执行结果如图 15.25 所示。

```
rs0:PRIMARY> db.collection.insert({"hello":"DocumentDB"})
WriteResult({ "nInserted" : 1 })
rs0:PRIMARY> db.collection.findOne()
{ "_id" : ObjectId("65d2f7a56a5ac108b88277d8"), "hello" : "DocumentDB" }
rs0:PRIMARY> db.profiles.insertMany([
...
... { "_id" : 1, "name" : "Tim", "status": "active", "level": 12, "score":202},
...
... { "_id" : 2, "name" : "Justin", "status": "inactive", "level": 2, "score":9},
...
... { "_id" : 3, "name" : "Beth", "status": "active", "level": 7, "score":87},
...
... { "_id" : 4, "name" : "Jesse", "status": "active", "level": 3, "score":27}
...
... ])
{ "acknowledged" : true, "insertedIds" : [ 1, 2, 3, 4 ] }
rs0:PRIMARY> db.profiles.find()
{ "_id" : 1, "name" : "Tim", "status" : "active", "level" : 12, "score" : 202 }
{ "_id" : 2, "name" : "Justin", "status" : "inactive", "level" : 2, "score" : 9 }
{ "_id" : 3, "name" : "Beth", "status" : "active", "level" : 7, "score" : 87 }
{ "_id" : 4, "name" : "Jesse", "status" : "active", "level" : 3, "score" : 27 }
rs0:PRIMARY> db.profiles.find({name: "Jesse"})
{ "_id" : 4, "name" : "Jesse", "status" : "active", "level" : 3, "score" : 27 }
rs0:PRIMARY> db.profiles.findAndModify({
...
...     query: { name: "Tim", status: "active"},
...
...     update: { $inc: { score: 10 } }
...
... })
{
        "_id" : 1,
        "name" : "Tim",
        "status" : "active",
        "level" : 12,
        "score" : 202
}
rs0:PRIMARY> db.profiles.find({name: "Tim"})
{ "_id" : 1, "name" : "Tim", "status" : "active", "level" : 12, "score" : 212 }
rs0:PRIMARY>
```

图 15.25　执行结果

完成所有实验后,建议停止 Amazon DocumentDB 集群或完全删除集群,以降低成本。

第16章 实验：托管Redis

CHAPTER 16

关系数据库是大多数应用程序的基石，但在可扩展性和低延迟方面，其提升性能的手段是有限的。即使通过添加副本扩展读取，基于磁盘的存储也会带来物理限制。应对这一限制的最有效策略是使用内存缓存来补充基于磁盘的数据库。本章将介绍如何通过为关系数据库添加内存缓存层来提升应用程序的性能。

旁路缓存策略是提升数据库性能的最常用方法之一。本章将在MySQL数据库中使用Amazon ElastiCache for Redis实现旁路缓存策略。当应用程序从数据库读取数据时，首先需要查询缓存。如果未找到数据，则应用程序将查询数据库，并使用结果填充缓存。如果底层数据库中的相关记录被修改，则有多种方法可以使缓存失效，本章将使用Redis提供的存留时间(Time To Live，TTL)过期功能。

视频讲解

16.1 配置 EC2 实例

本实验通过用 Python 编写的示例,介绍一些机制和缓存技术。为了完成本实验,用户需要访问 EC2 实例。如果用户尚未运行实例,则应按照以下步骤进行配置。

(1) 打开 Amazon EC2 控制台。

(2) 选择启动实例,如图 16.1 所示。

图 16.1 EC2 控制台

(3) 为实例命名,如图 16.2 所示。在亚马逊机器映像(Amazon Machine Image,AMI)中,找到 Amazon Linux 2 AMI(在列表顶部)并单击“选择”按钮,如图 16.3 所示。

图 16.2 命名实例

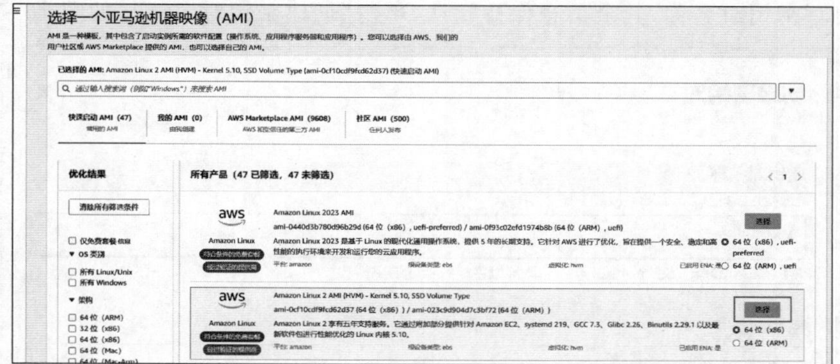

图 16.3　选择 AMI

(4) 在"选择实例类型"界面，选择"配置实例详细信息"选项。在"配置实例详细信息"界面，将实例数保留为 1，网络配置等其他信息保持默认，如图 16.4 所示。

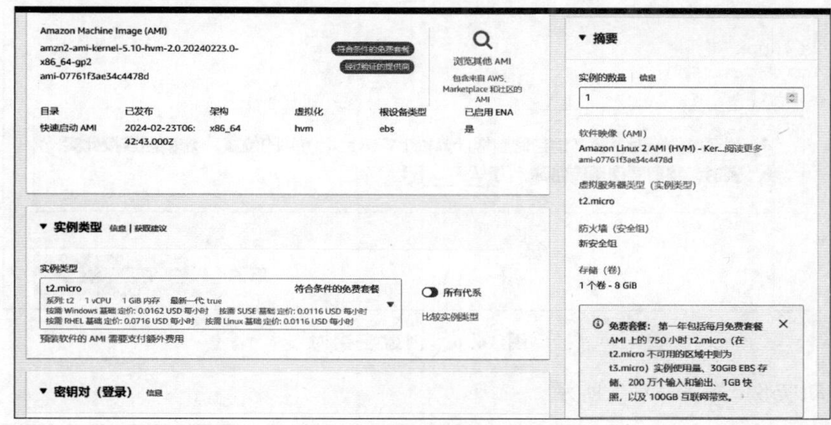

图 16.4　配置实例详细信息

(5) 单击"创建新密钥对"按钮，如图 16.5 所示。

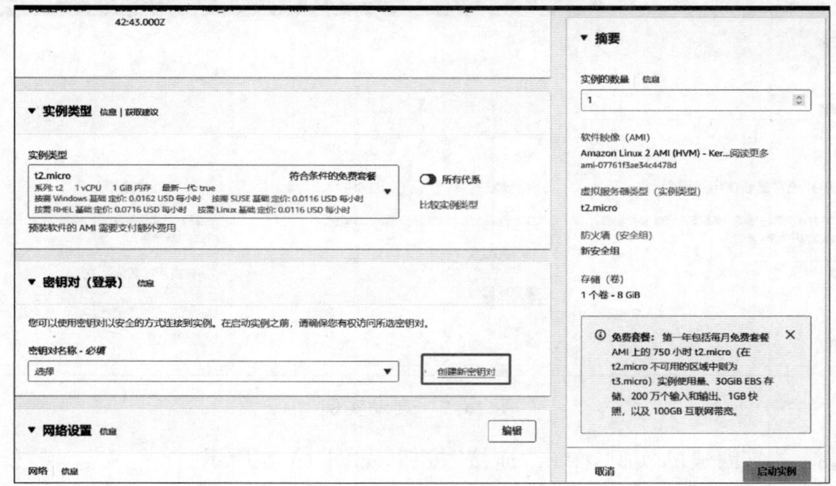

图 16.5　创建新密钥对

(6) 填写密钥对名称,其余信息保持默认,单击"创建密钥对"按钮,如图 16.6 所示。

创建密钥对
密钥对名称
密钥对让您可以安全地连接到实例。
KMS
名称最多可使用 255 个 ASCII 字符,不能以空格开头或结尾。
密钥对类型
RSA
RSA 加密的私钥和公钥对
ED25519
ED25519 加密的私钥和公钥对
私钥文件格式
.pem
与 OpenSSH 共用
.ppk
与 PuTTY 共用
当系统提示时,将私钥存储到您计算机上安全且易访问的位置。您稍后连接此实例时,将需要使用该名称。了解更多
取消
创建密钥对

图 16.6　创建密钥对

(7) 启动实例,如图 16.7 所示。

EC2 > 实例 > Launch an instance
成功
已成功启动实例 (i-08d5cb1a693975c87)
启动日志
后续步骤
创建账单和免费套餐使用量提醒
要管理成本并避免意外账单,请设置账单和免费套餐使用量阈值的电子邮件通知。
创建账单提醒
连接到您的实例
实例运行后,从本地计算机登录到该实例。
连接到实例
了解更多
连接 RDS 数据库
配置 EC2 实例与数据库之间的连接,以允许它们之间的流量流动。
连接 RDS 数据库
创建新的 RDS 数据库
了解更多

图 16.7　启动实例

(8) 选择之前创建的实例,单击"连接"按钮,如图 16.8 所示。

(9) 单击"连接"按钮,连接到实例,如图 16.9 所示。

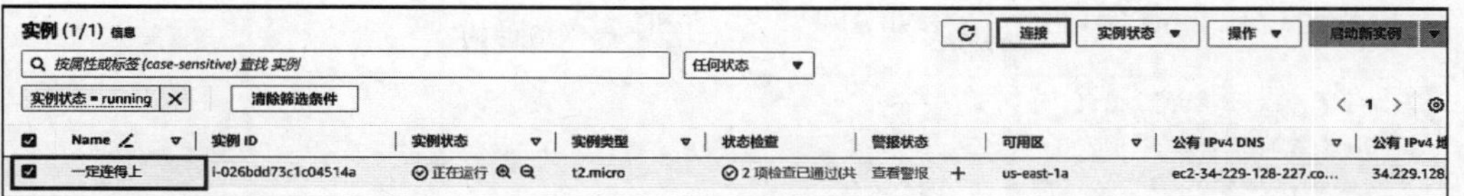

图 16.8　进行实例连接

图 16.9　连接到实例

(10) 如果用户有权访问 EC2 实例，则可见相关信息，如图 16.10 所示。

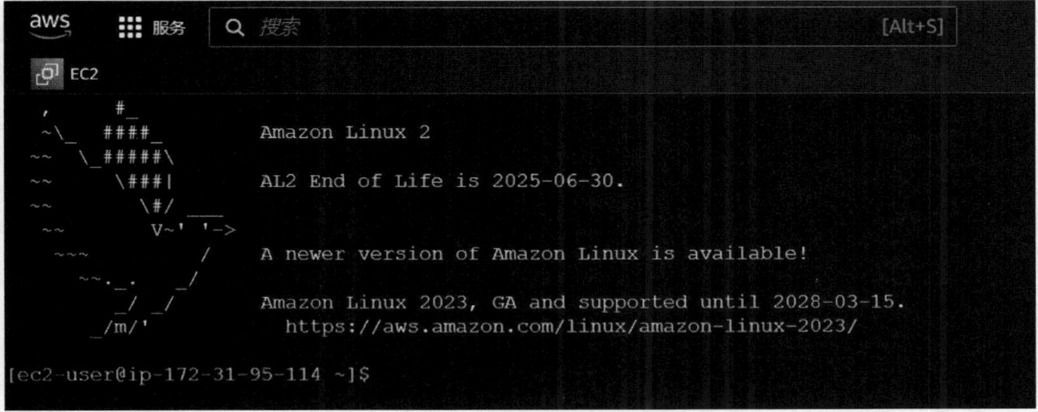

图 16.10　EC2 实例

(11) 运行以下命令,运行结果如图 16.11 所示。

```
$ sudo yum install git - y
$ sudo yum install mysql - y
$ sudo yum install python3 - y
$ pip3 install -- user virtualenv
$ git clone https://github.com/aws - samples/amazon - elasticache - samples/
$ cd amazon - elasticache - samples/database - caching
$ virtualenv venv
$ source ./venv/bin/activate
$ pip3 install - r requirements.txt
```

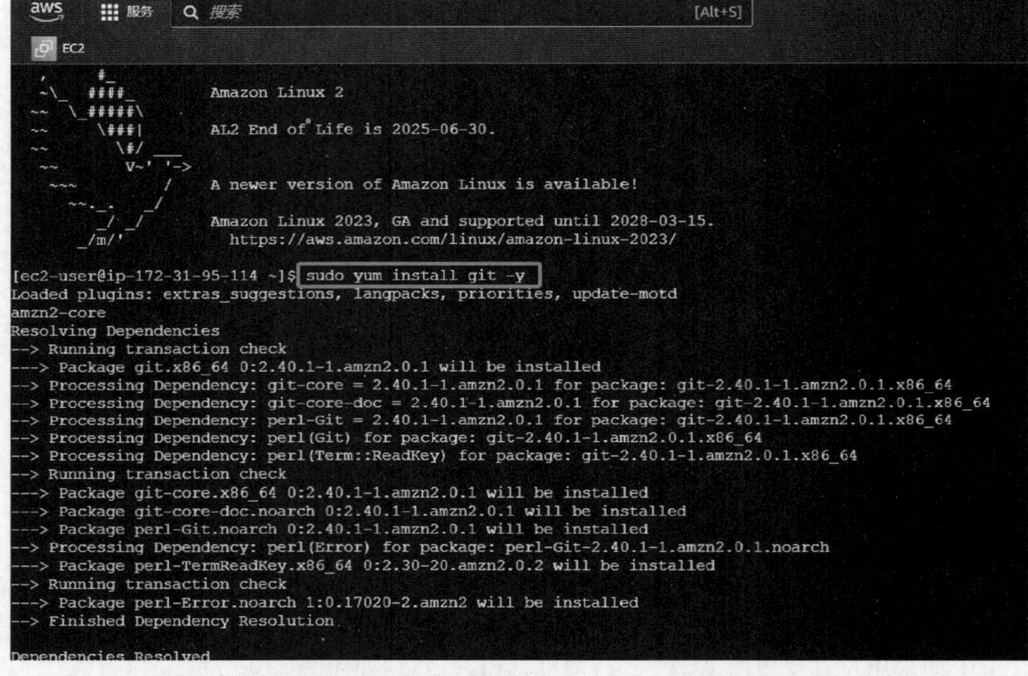

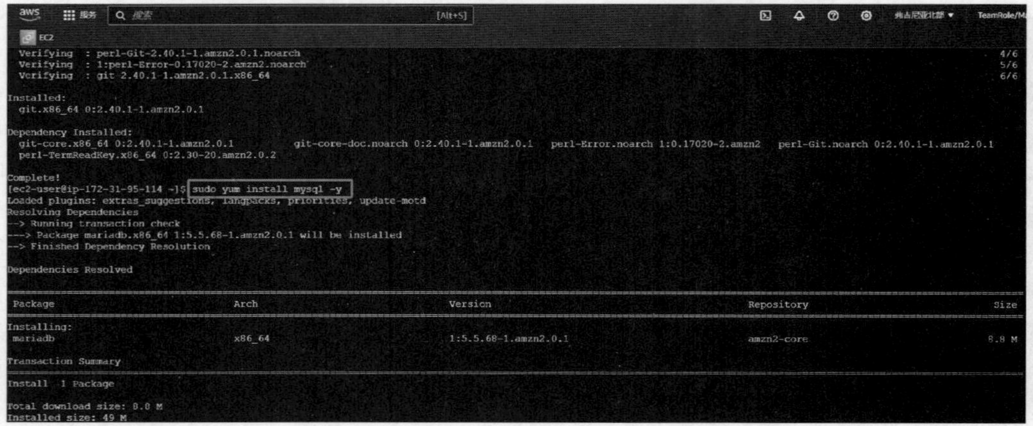

图 16.11　运行结果

```
EC2
Complete!
[ec2-user@ip-172-31-95-114 ~]$ sudo yum install python3 -y
Loaded plugins: extras_suggestions, langpacks, priorities, update-motd
Package python3-3.7.16-1.amzn2.0.4.x86_64 already installed and latest version
Nothing to do
[ec2-user@ip-172-31-95-114 ~]$ pip3 install --user virtualenv
Collecting virtualenv
  Downloading virtualenv-20.25.1-py3-none-any.whl (3.8 MB)
     |████████████████████████████████| 3.8 MB 17.4 MB/s
Collecting filelock<4,>=3.12.2
  Downloading filelock-3.12.2-py3-none-any.whl (10 kB)
Collecting importlib-metadata>=6.6; python_version < "3.8"
  Downloading importlib_metadata-6.7.0-py3-none-any.whl (22 kB)
Collecting platformdirs<5,>=3.9.1
  Downloading platformdirs-4.0.0-py3-none-any.whl (17 kB)
Collecting distlib<1,>=0.3.7
  Downloading distlib-0.3.8-py2.py3-none-any.whl (468 kB)
     |████████████████████████████████| 468 kB 30.8 MB/s
Collecting zipp>=0.5
  Downloading zipp-3.15.0-py3-none-any.whl (6.8 kB)
Collecting typing-extensions>=3.6.4; python_version < "3.8"
  Downloading typing_extensions-4.7.1-py3-none-any.whl (33 kB)
Installing collected packages: filelock, zipp, typing-extensions, importlib-metadata, platformdirs, distlib, virtualenv
Successfully installed distlib-0.3.8 filelock-3.12.2 importlib-metadata-6.7.0 platformdirs-4.0.0 typing-extensions-4.7.1 virtualenv-20.25.1 zipp-3.15.0
[ec2-user@ip-172-31-95-114 ~]$ git clone https://github.com/aws-samples/amazon-elasticache-samples/
Cloning into 'amazon-elasticache-samples'...
remote: Enumerating objects: 536, done.
remote: Counting objects: 100% (405/405), done.
remote: Compressing objects: 100% (264/264), done.
remote: Total 536 (delta 184), reused 319 (delta 121), pack-reused 131
Receiving objects: 100% (536/536), 27.34 MiB | 39.65 MiB/s, done.
Resolving deltas: 100% (211/211), done.
[ec2-user@ip-172-31-95-114 ~]$
```

```
[ec2-user@ip-172-31-95-114 ~]$ cd amazon-elasticache-samples/database-caching
[ec2-user@ip-172-31-95-114 database-caching]$ virtualenv venv
created virtual environment CPython3.7.16.final.0-64 in 1179ms
  creator CPython3Posix(dest=/home/ec2-user/amazon-elasticache-samples/database-caching/venv, clear=False, no_vcs_ignore=False, global=False)
  seeder FromAppData(download=False, pip=bundle, setuptools=bundle, wheel=bundle, via=copy, app_data_dir=/home/ec2-user/.local/share/virtualenv)
    added seed packages: pip==24.0, setuptools==68.0.0, wheel==0.42.0
  activators BashActivator,CShellActivator,FishActivator,NushellActivator,PowerShellActivator,PythonActivator
[ec2-user@ip-172-31-95-114 database-caching]$ source ./venv/bin/activate
(venv) [ec2-user@ip-172-31-95-114 database-caching]$ pip3 install -r requirements.txt
Collecting PyMySQL==0.9.3 (from -r requirements.txt (line 1))
  Downloading PyMySQL-0.9.3-py2.py3-none-any.whl (47 kB)
     ━━━━━━━━━━━━━━━━━━━━━━━━━━━━━━━━━━━━━━━━ 47.7/47.7 kB 7.2 MB/s eta 0:00:00
Collecting redis==3.2.1 (from -r requirements.txt (line 2))
  Downloading redis-3.2.1-py2.py3-none-any.whl (65 kB)
     ━━━━━━━━━━━━━━━━━━━━━━━━━━━━━━━━━━━━━━━━ 65.3/65.3 kB 10.1 MB/s eta 0:00:00
Installing collected packages: PyMySQL, redis
Successfully installed PyMySQL-0.9.3 redis-3.2.1
(venv) [ec2-user@ip-172-31-95-114 database-caching]$
```

图 16.11　（续）

至此，用户已完成本实验的所有准备工作。

本实验分为 5 个短模块。在进入下一个模块之前，用户必须按顺序完成每个模块。

16.2　创建一个 Redis 集群

设置用户的第一个 Redis 集群，并配置它的节点类型和安全组。

1. 进入 Redis

打开 Amazon ElastiCache 控制面板，在其右上角选择用户启动 EC2 实例的区域，单击“开始使用”按钮，如图 16.12 所示。

选择 Redis 作为集群引擎，如图 16.13 所示。

如果要使本实验简单明了，建议取消选中“启用群集模式”选项。

2. Redis 设置

进行 Redis 设置的实现步骤如下。

(1) 在集群设置中，选择“设计自己的缓存”作为部署选项，选择“集群缓存”作为创建方法，如图 16.14 所示。

(2) 为用户的 Redis 集群设置一个名称，如图 16.15 所示。

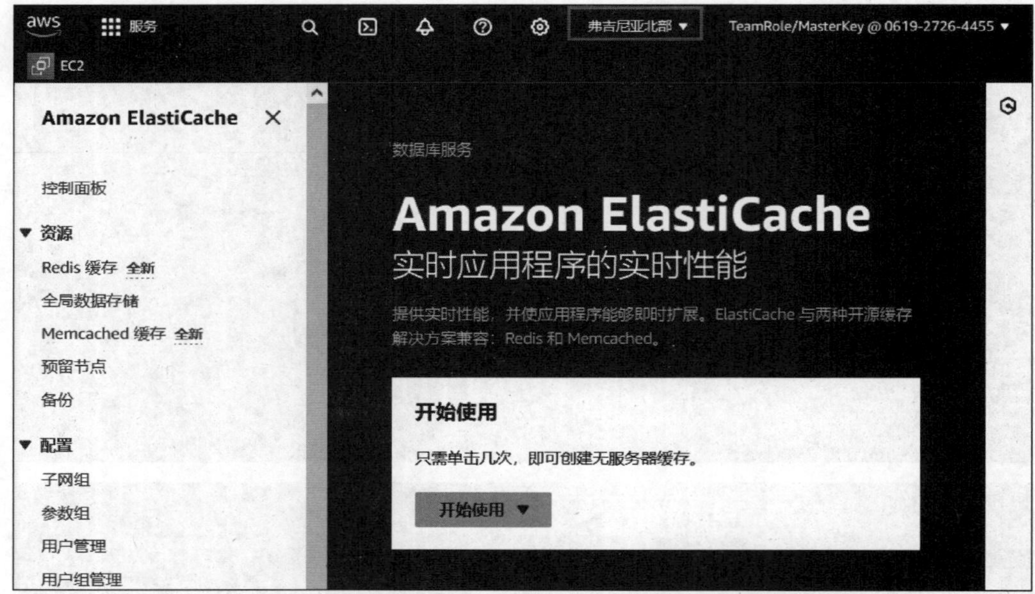

图 16.12　开始使用集群

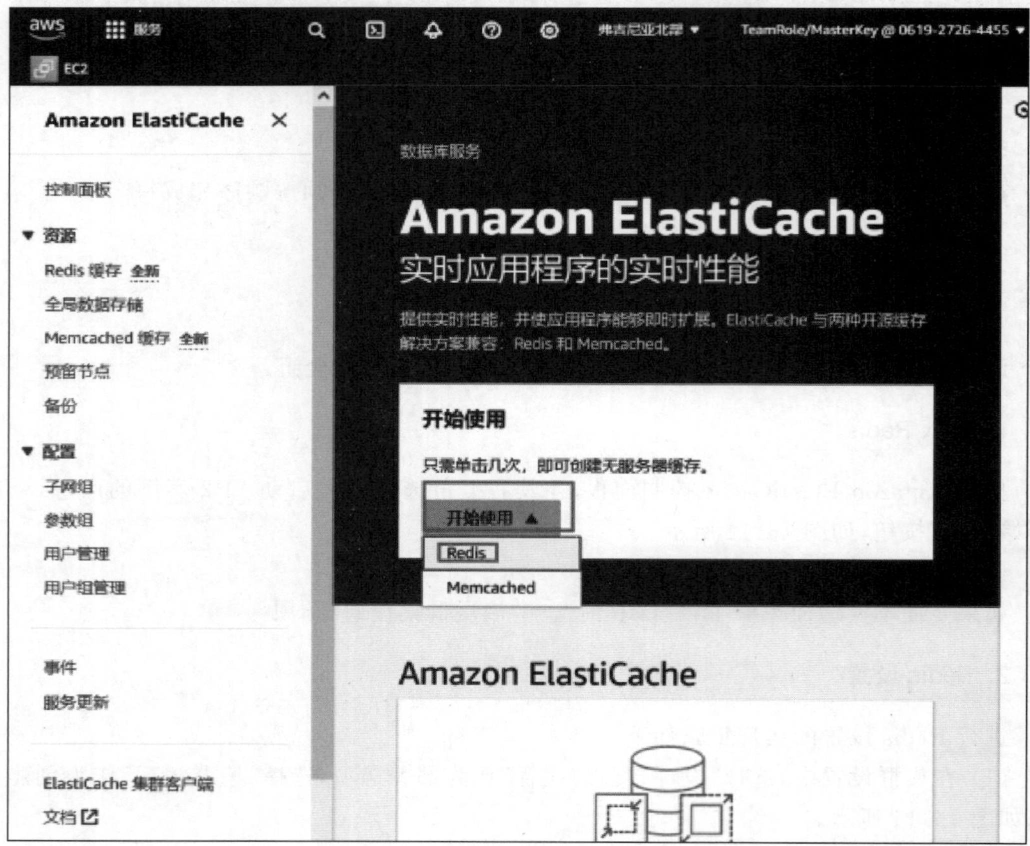

图 16.13　选择 Redis

图 16.14　集群设置

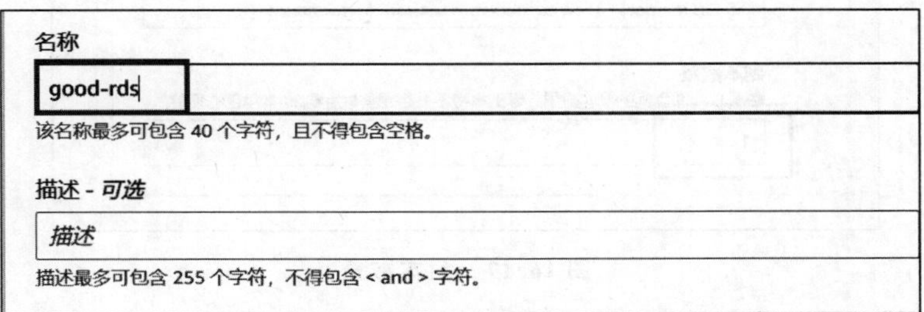

图 16.15　设置集群名称

（3）将节点类型更改为 cache. t2. micro，如图 16.16 所示。

（4）将副本数设置为 1，如图 16.17 所示。

该只读副本将允许用户缩放读取。如果发生故障，则系统将触发自动故障转移，副本将接管主节点的角色。

（5）选择创建子网组，并为子网组命名，如图 16.18 所示。

（6）对于可用区放置，选择“无首选项”，如图 16.19 所示。

3. 高级 Redis 设置

选中“具有自动故障转移功能的多可用区”复选框，如无该选项则可忽略该步骤，不影响后续步骤。

参数组
参数组控制节点和集群的运行时属性。
default.redis7
节点类型
要部署的节点类型及其关联的内存大小。
cache.t2.micro
0.5 GiB memory　Low to moderate network performance
副本数量
输入 0 到 5 之间的副本数量。零副本将不会启用具有主要/副本角色的集群。
2

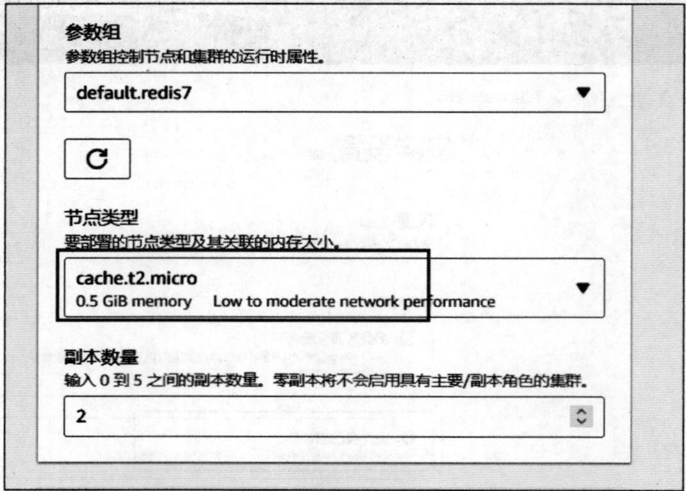

图 16.16　节点类型

参数组
参数组控制节点和集群的运行时属性。
default.redis7
节点类型
要部署的节点类型及其关联的内存大小。
cache.t2.micro
0.5 GiB memory　Low to moderate network performance
副本数量
输入 0 到 5 之间的副本数量。零副本将不会启用具有主要/副本角色的集群。
1

图 16.17　副本数量

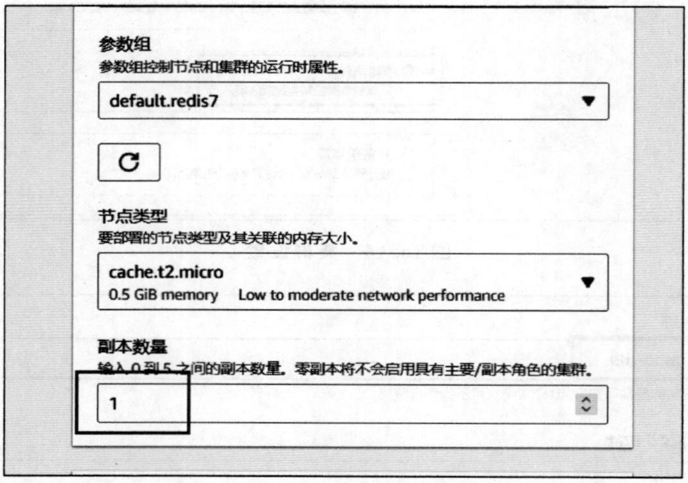

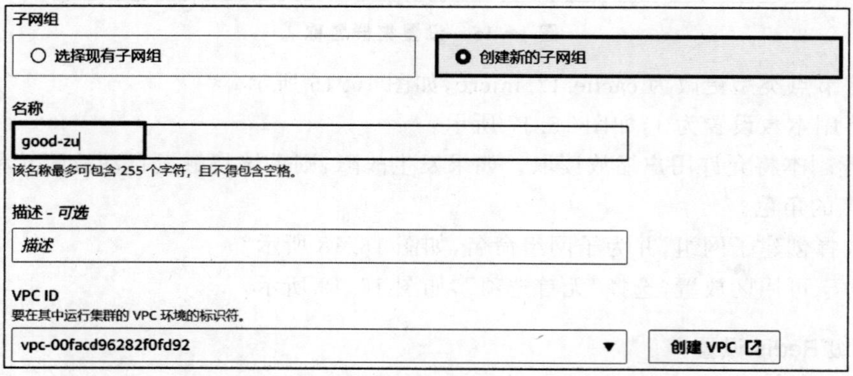

子网组
选择现有子网组
创建新的子网组
名称
good-zu
该名称最多可包含 255 个字符，且不得包含空格。
描述 - 可选
描述
VPC ID
要在其中运行集群的 VPC 环境的标识符。
vpc-00facd96282f0fd92
创建 VPC

图 16.18　创建子网组

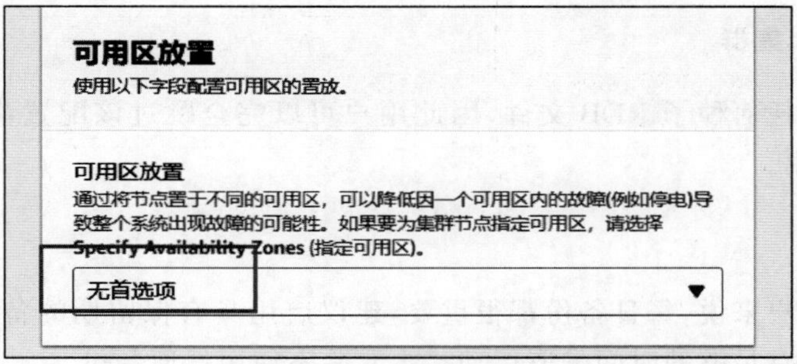

图 16.19　可用区放置

在不太可能发生的主节点或可用区故障的情况下，甚至在计划内维护的情况下，ElastiCache for Redis 可以替换发生故障的实例，副本将接管主节点的角色。此时，停机时间被最小化。

4. 安全设置

该示例不使用加密，但用户可以为静态数据和传输中的数据配置加密。

单击“管理”按钮，为用户的 Redis 集群选择安全组，如图 16.20 所示。

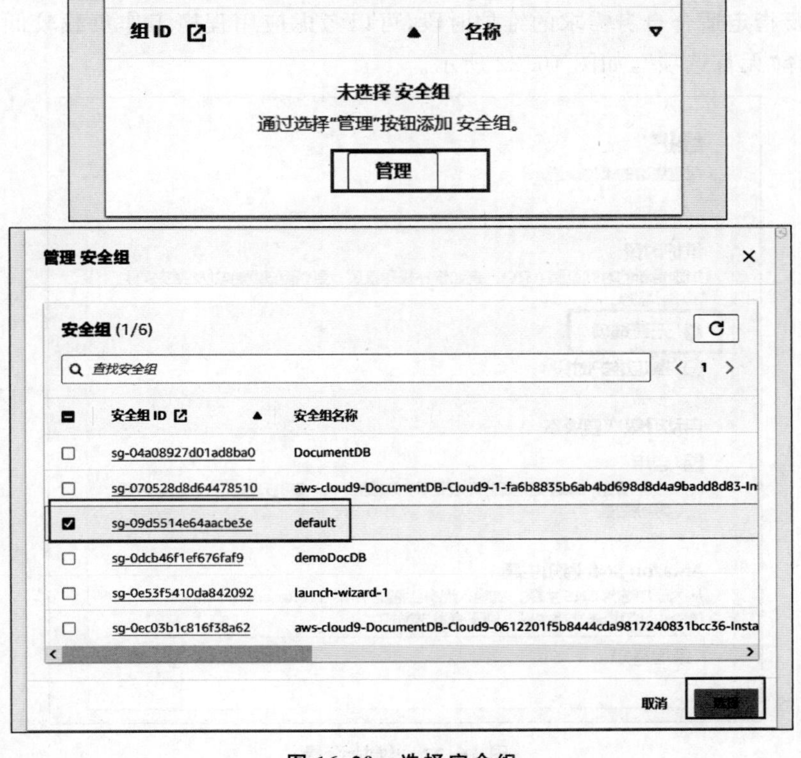

图 16.20　选择安全组

5. 将数据导入集群

该示例不加载任何种子 RDB 文件,因此用户可以完全跳过该配置步骤。需要注意的是,该选项始终可用。

6. 配置备份

对于大多数用户来说,每日备份都很重要,建议启用具有保留期的备份,以便用户在发生任何意外情况时有足够的时间采取行动。本实验不使用任何备份。

取消选中"启用自动备份",如图 16.21 所示。

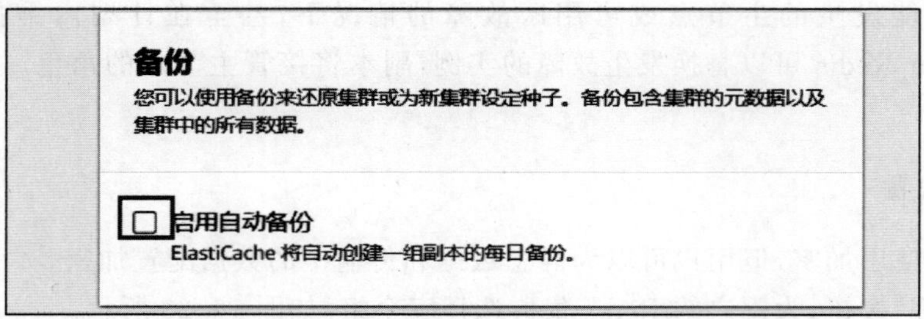

图 16.21　取消备份

7. 维护设置

用户需要指定适合自身需求的维护时段,可以考虑应用程序工作负载较低的时间和日期。这里选择"无首选项",如图 16.22 所示。

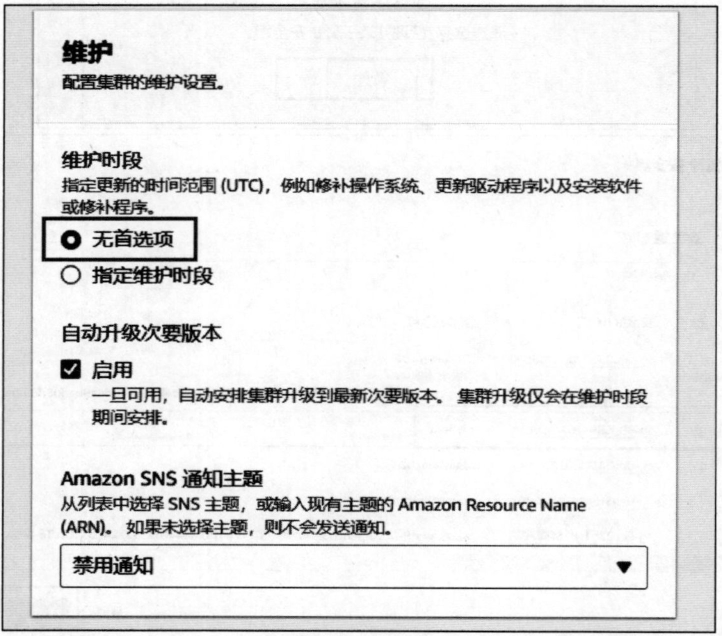

图 16.22　维护设置

8. 查看和创建

查看表单中的所有字段后，单击“创建”按钮，如图 16.23 所示。

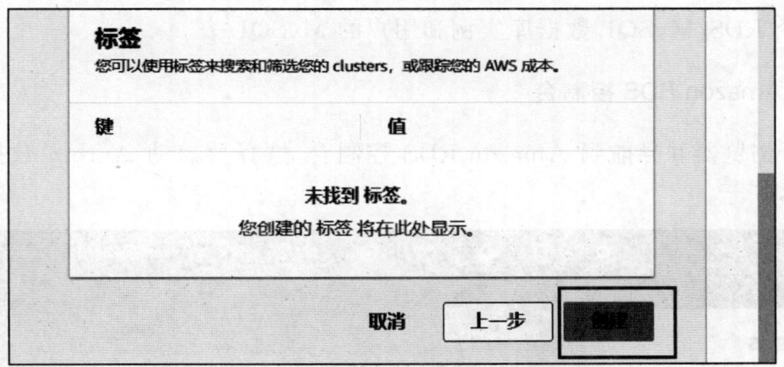

图 16.23　创建标签

此时将启动一个 Redis 集群，如图 16.24 所示。

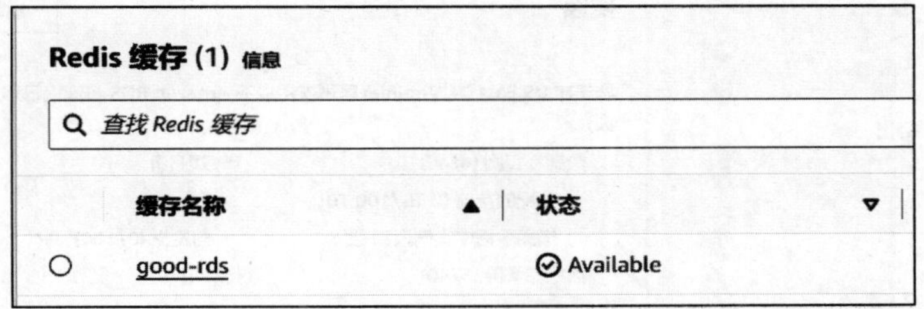

图 16.24　启动 Redis 集群

当该 Redis 集群可用时，其状态为 Available 且提供 2 个节点，如图 16.25 所示。

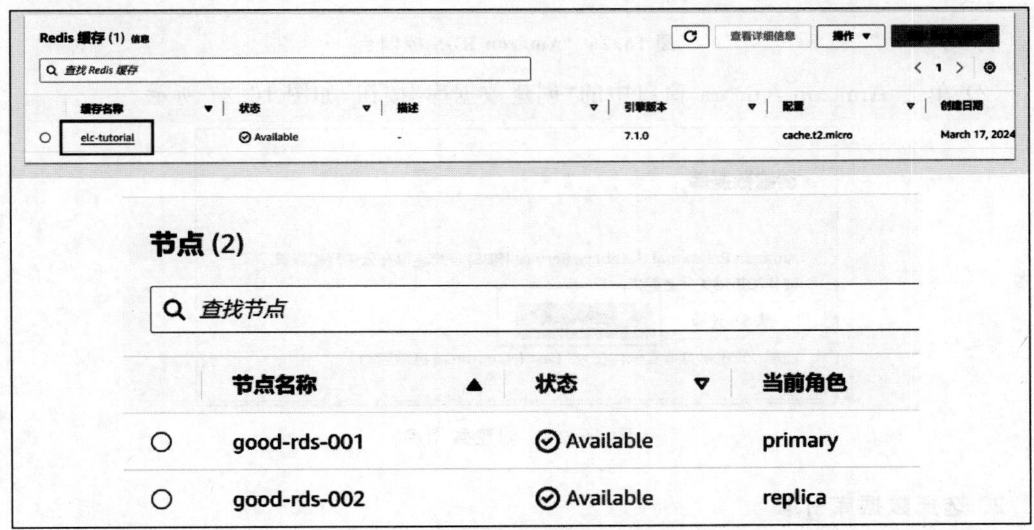

图 16.25　可用集群

16.3 创建一个 MySQL 数据库

创建一个 RDS/MySQL 数据库实例和用户的 MySQL 表。

1. 打开 Amazon RDS 控制台

(1) 打开浏览器并导航到 Amazon RDS 控制台，选择要启动 Aurora 数据库集群的区域如图 16.26 所示。

图 16.26　Amazon RDS 控制台

(2) 单击 Amazon Aurora 窗口中的“创建数据库”按钮，如图 16.27 所示。

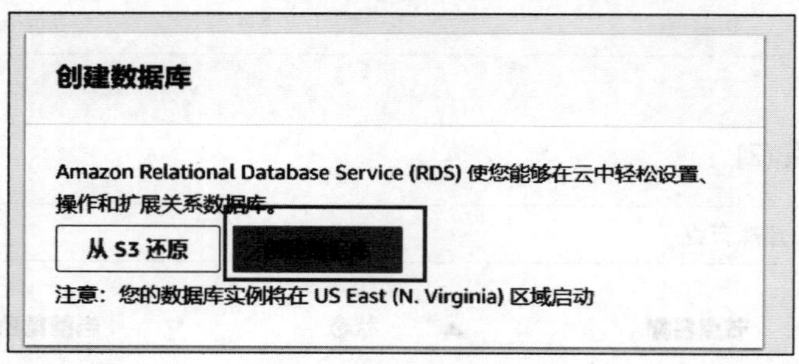

图 16.27　创建数据库

2. 选择数据库引擎

(1) 在引擎选项中，选择“MySQL”作为数据库引擎，如图 16.28 所示。

(2) 选择最新的 MySQL 版本，这里为 MySQL 8.0.35，如图 16.29 所示。

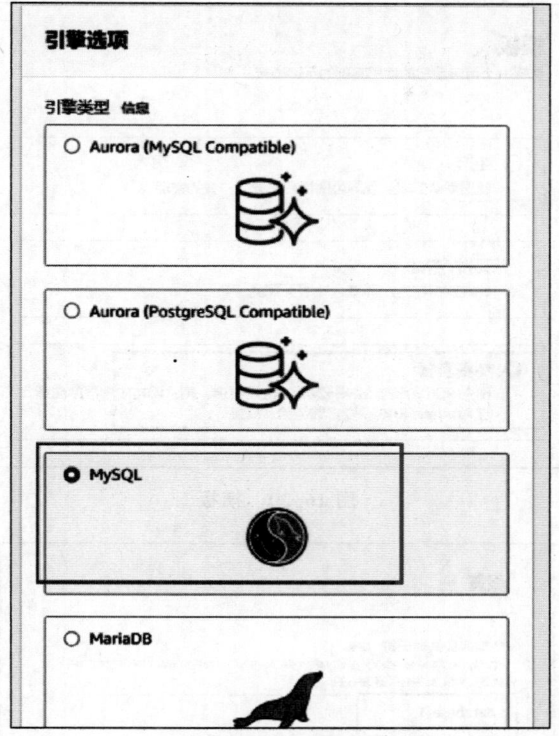

图 16.28　选择引擎类型

图 16.29　选择引擎版本

3. 选择模板

选择“免费套餐”，如图 16.30 所示。

4. 设置标识符

为用户的 MySQL 数据库选择一个标识符，这里为“database-1”，如图 16.31 所示。

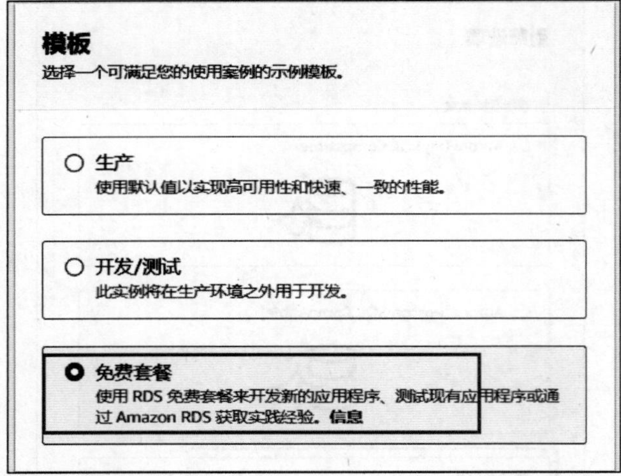

图 16.30 模板

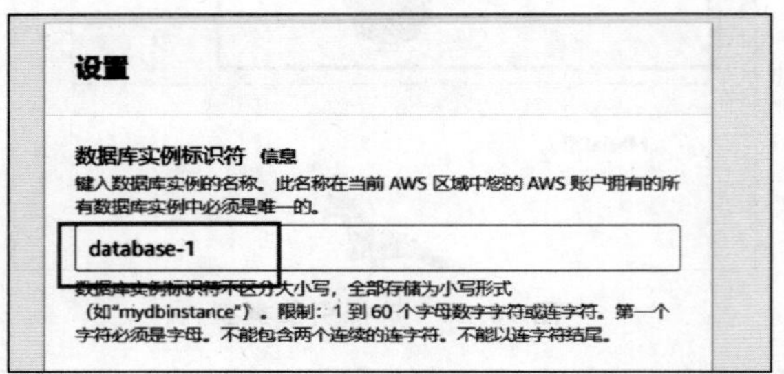

图 16.31 设置标识符

5. 配置数据库实例

选择 db. t2. micro，如图 16.32 所示。

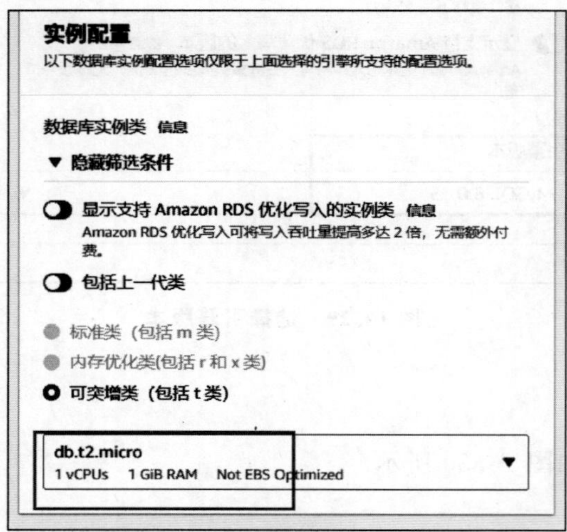

图 16.32 实例配置

6. 存储

用户可以保留存储默认值。

7. 连接

(1) 选择要在其中创建数据库的 VPC，如图 16.33 所示。

注意：数据库一旦创建完成，就无法迁移到其他 VPC。

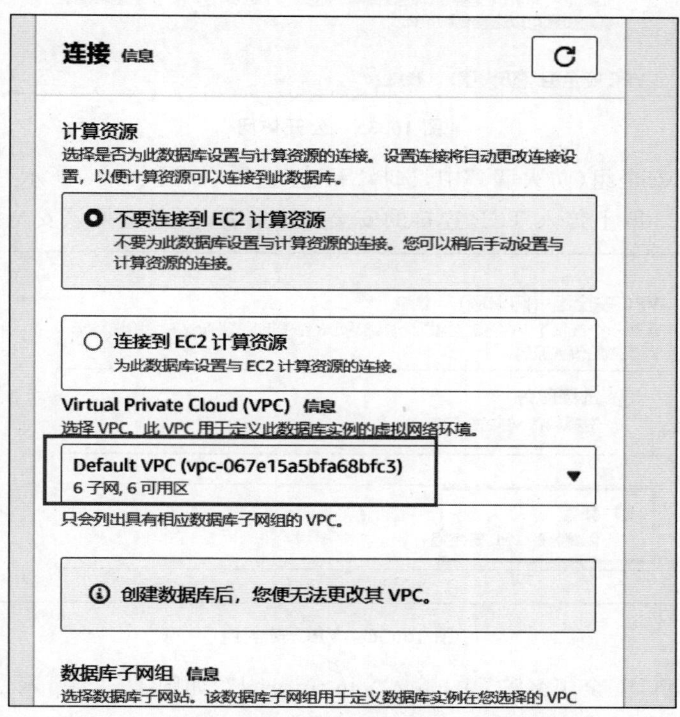

图 16.33　连接

(2) 选择子网组的默认值，如图 16.34 所示。

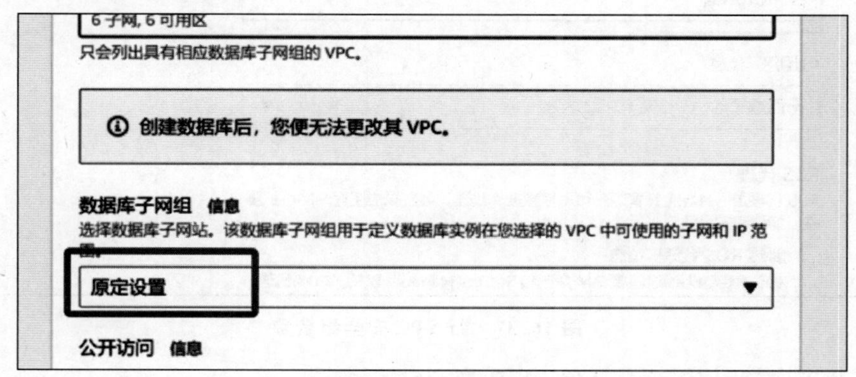

图 16.34　数据库子网组

(3) 在“公开访问”中，选择“否”选项。这意味着用户必须从同一 VPC 中的 EC2 实例连接到数据库,如图 16.35 所示。

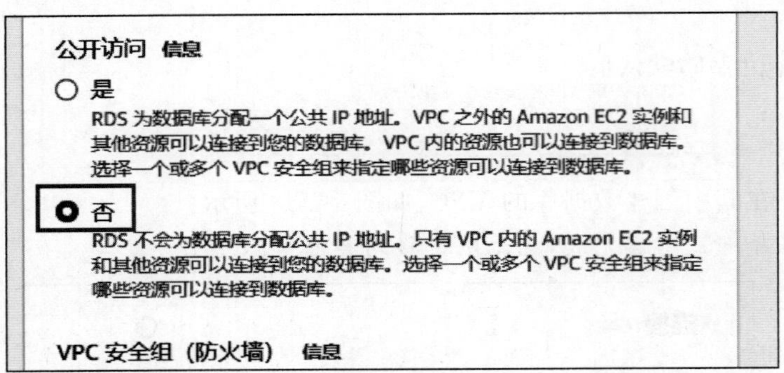

图 16.35 公开访问

(4) 在"VPC 安全组(防火墙)"中,选择"新建"选项,如图 16.36 所示。如果用户恰好有一个允许在端口 3306 上传入 TCP 连接的安全组,则用户可以选择该安全组。

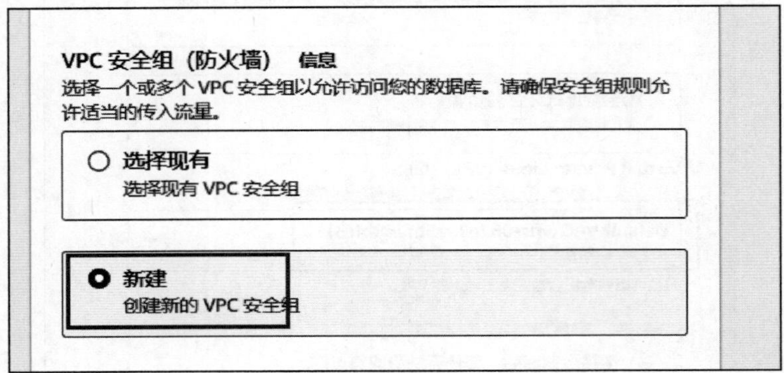

图 16.36 VPC 安全组

(5) 在"新 VPC 安全组名称"中,输入"elc-tutorial",如图 16.37 所示。

新 VPC 安全组名称
elc-tutorial
可用区 信息
无首选项
RDS 代理
RDS 代理是一种完全托管的高可用性数据库代理,可提高应用程序的可扩展性、弹性和安全性。
创建 RDS 代理 信息
RDS 会自动为代理创建 IAM 角色和 Secrets Manager 密钥。RDS 代理

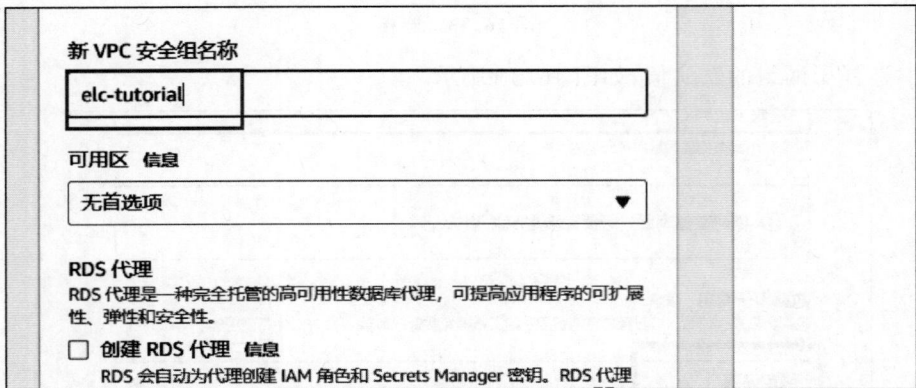

图 16.37 新 VPC 安全组名称

(6) "数据库端口"保持默认值,如图 16.38 所示。

(7) 将初始数据库名称更改为 databasese,如图 16.39 所示。

▼ 其他配置
数据库端口　信息
数据库将用于应用程序连接的 TCP/IP 端口。
3306

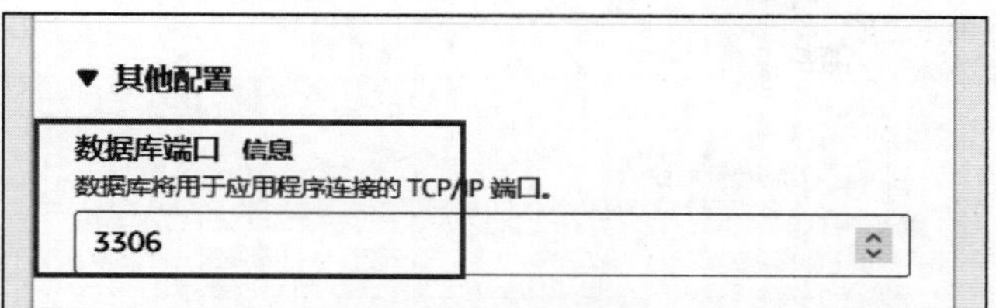

图 16.38　其他配置

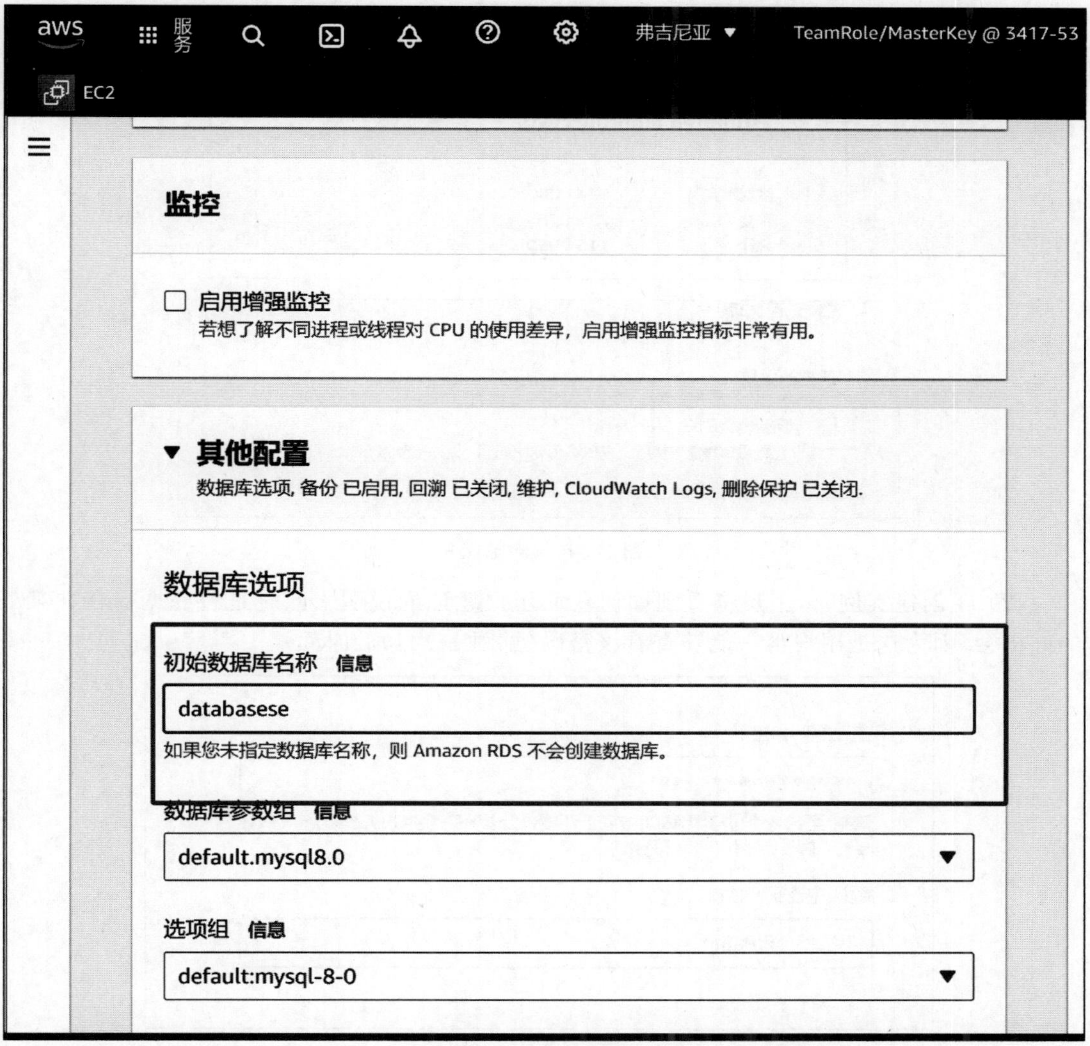

aws
服务
弗吉尼亚 ▼
TeamRole/MasterKey @ 3417-53
EC2
监控
启用增强监控
若想了解不同进程或线程对 CPU 的使用差异，启用增强监控指标非常有用。
▼ 其他配置
数据库选项, 备份 已启用, 回溯 已关闭, 维护, CloudWatch Logs, 删除保护 已关闭.
数据库选项
初始数据库名称　信息
databasese
如果您未指定数据库名称，则 Amazon RDS 不会创建数据库。
数据库参数组　信息
default.mysql8.0
选项组　信息
default:mysql-8-0

图 16.39　更改数据库名称

8. 其他配置

保留“其他配置”的默认值，最佳做法是启用删除保护。如果要在本实验结束时删除数据库，则可以取消选中该选项。

(1) 在“删除保护”中，取消选中“启用删除保护”选项，如图 16.40 所示。

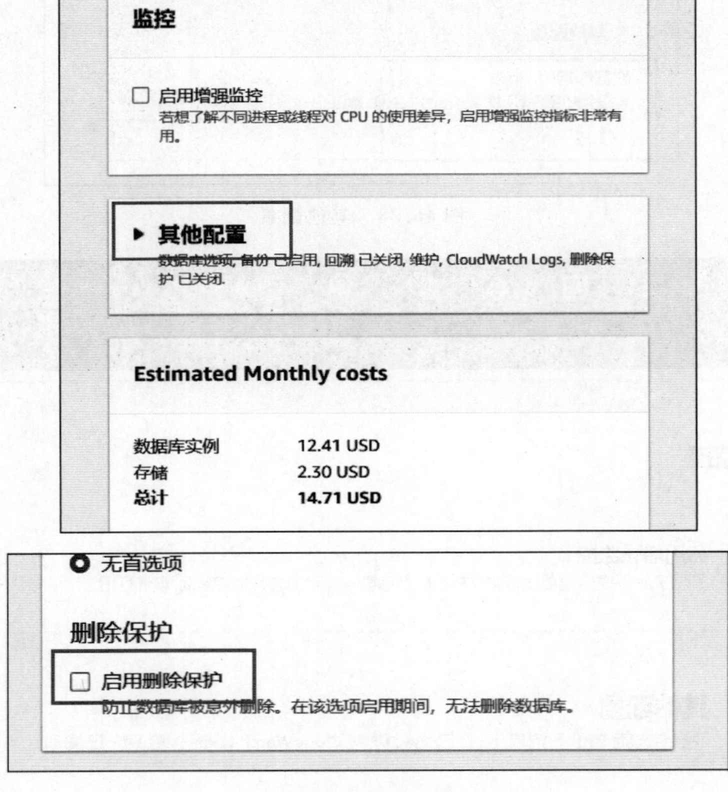

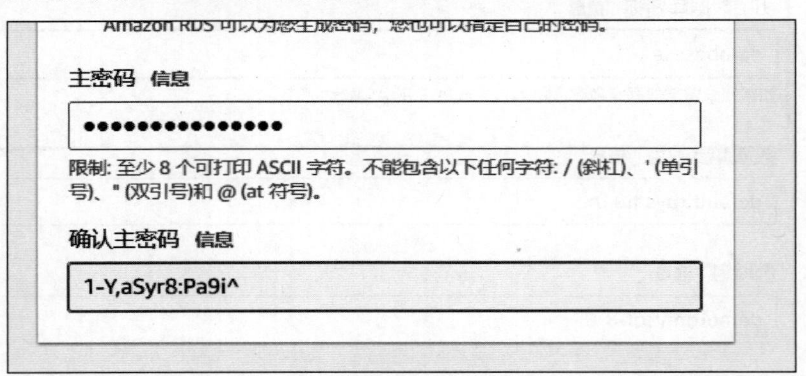

图 16.40　删除保护

（2）在创建实例时，用户将看到如何获取用户凭证的说明。此时是将凭据保存在某处的好机会，因为这是用户唯一能够查看该密码（见图 16.41）的时间。

图 16.41　密码设置

9. 查看和创建

快速查看表单中的所有字段后，用户可以继续进行以下操作。

（1）单击“创建数据库”按钮，单击“查看连接详细信息”按钮，如图 16.42 所示。

（2）保存主用户名、主密码和终端节点，如图 16.43 所示。

图 16.42　查看连接详细信息

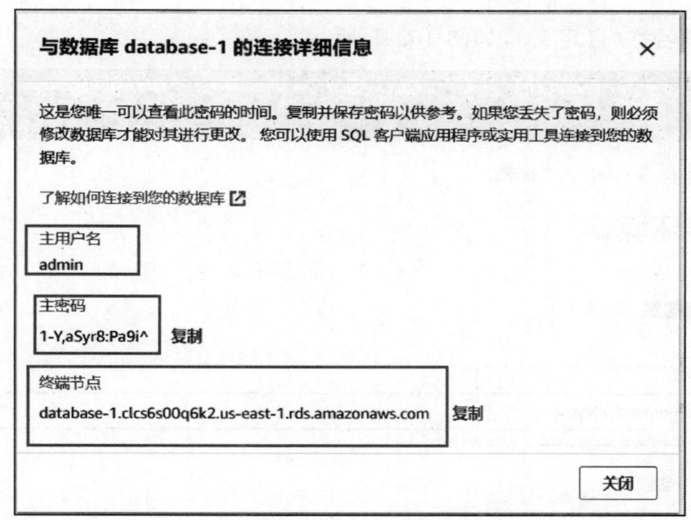

图 16.43　保存相关信息

16.4　填充用户的 MySQL 数据库

填充并运行用户的第一个 MySQL 表，将其与预填充的 SQL 脚本进行连接。

1. 进入 AWS Cloud9

(1) 选择创建环境,如图 16.44 所示。

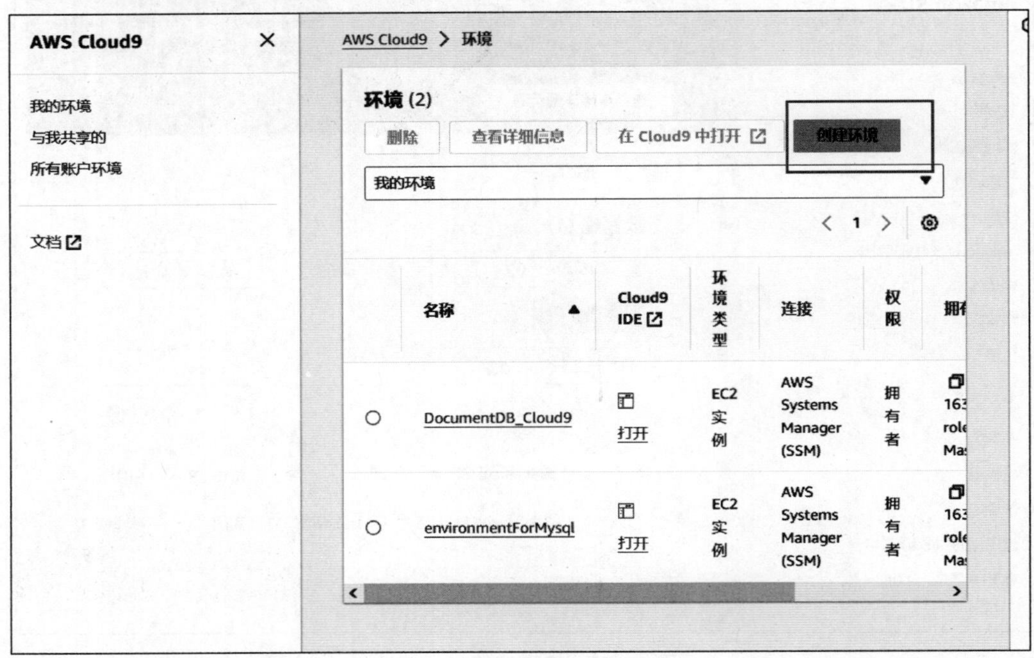

图 16.44 创建环境

(2) 输入环境名称(自定义),如图 16.45 所示。

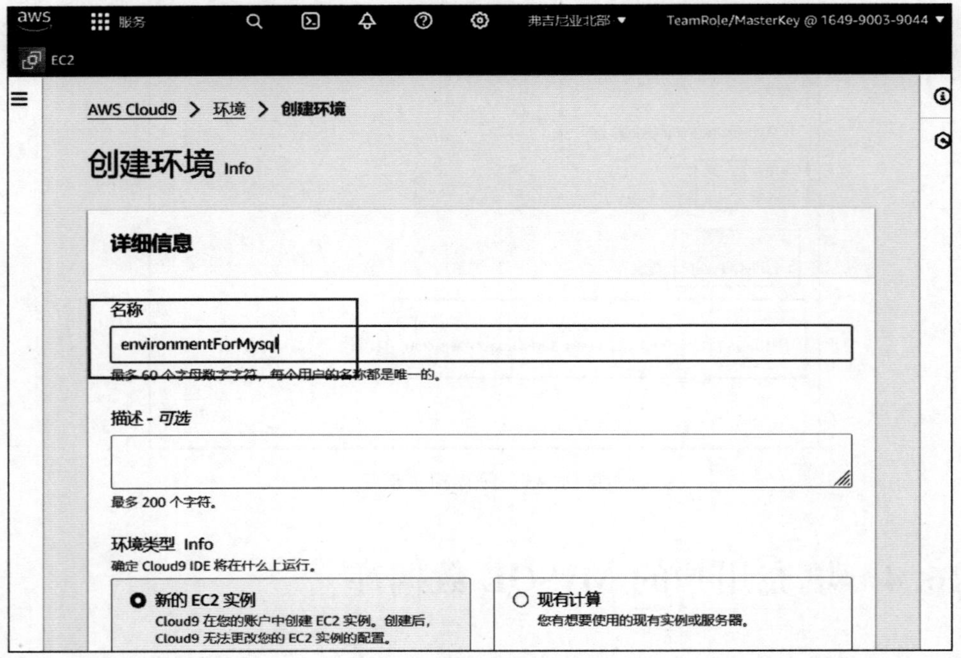

图 16.45 输入环境名称

（3）其余设置保持默认，单击“创建”按钮，如图 16.46 所示。

将在您的账户中创建以下 IAM 资源
• AWSServiceRoleForAWSCloud9 - AWS Cloud9 为您创建了一个与服务相关的角色。这允许 AWS Cloud9 代表您调用其他 AWS 服务。您不再有任何 AWS Cloud9 环境后，可以从 AWS IAM 控制台中删除该角色。了解更多
• AWSCloud9SSMAccessRole 和 AWSCloud9SSMInstanceProfile - 如果 Cloud9 通过 AWS Systems Manager 访问其 EC2 实例，则会自动创建服务角色和实例配置文件。如果您的环境不再需要阻止传入流量的 EC2 实例，您可以使用 AWS IAM 控制台删除这些角色。了解更多
取消
创建

图 16.46　完成创建

2. 连接到数据库

（1）登录到 AWS 管理控制台，进入 RDS 服务页面，选择用户的数据库实例，如图 16.47 所示。

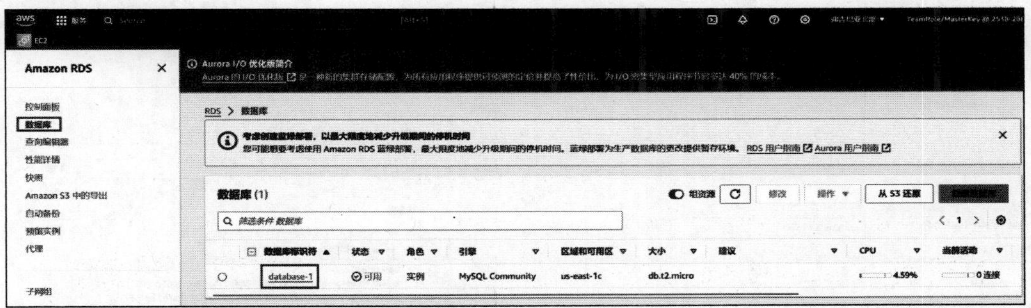

图 16.47　选择数据库实例

（2）在数据库实例的“详细信息”页面中，查找数据库实例所属的安全组，如图 16.48 所示。

连接和安全性　监控　日志和事件　配置　零 ETL 集成　维护和备份　标签　建议

连接和安全性

终端节点和端口	联网	安全性
终端节点 database-1.clc0822eckm5.us-east-1.rds.amazonaws.com	可用区 us-east-1c	VPC 安全组 elc-tutorial (sg-0545f3bcca2c5652d) 活跃
端口 3306	VPC vpc-0738a28e661b21c1d	公开访问 否
	子网组 default-vpc-0738a28e661b21c1d	证书颁发机构　信息 rds-ca-rsa2048-g1
	子网	

图 16.48　连接和安全性

(3) 在安全组的页面中，找到入站规则设置，单击“编辑入站规则”按钮，如图 16.49 所示。

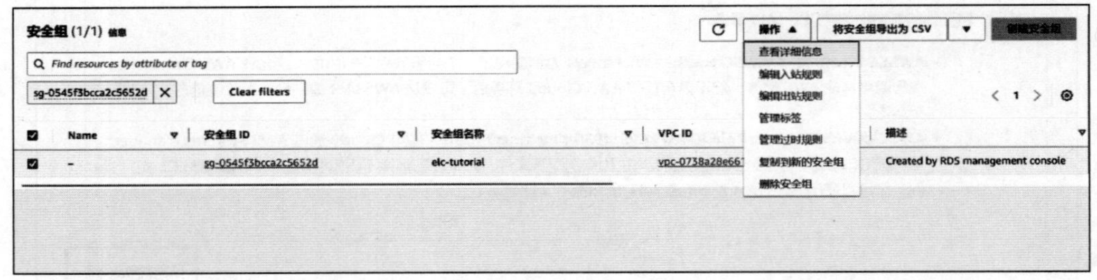

图 16.49　安全组

(4) 添加一条新的入站规则，设置协议为 MYSQL/Aurora，端口为数据库实例所使用的端口(通常是 3306)，来源 IP 地址设置为用户创建的 Cloud9 环境的 IP 地址或 CIDR 范围(如 Cloud9 环境所在的 VPC 的 CIDR)。确保 Cloud9 正常运行，如图 16.50 所示。

图 16.50　编辑入站规则

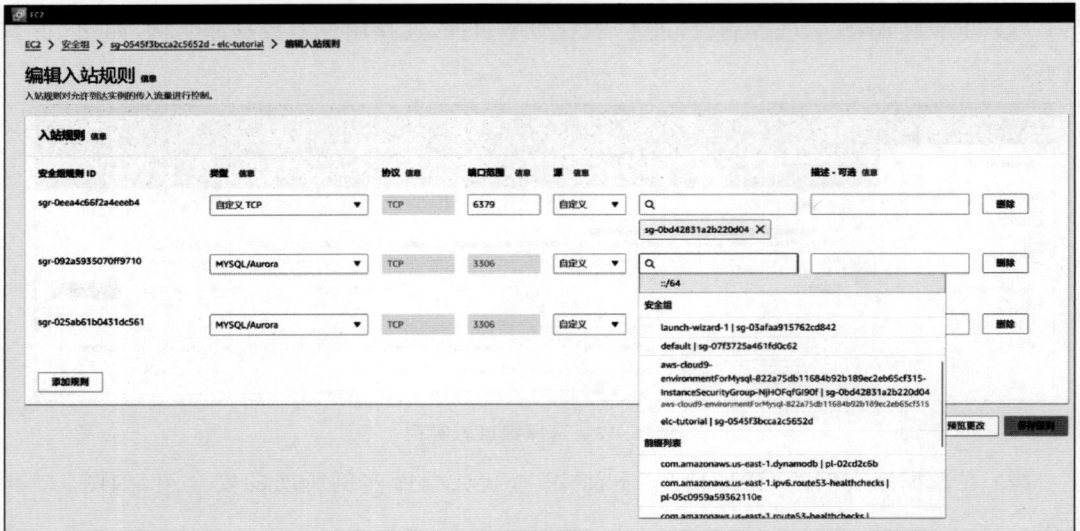

(5) 保存规则并等待安全组规则生效。此时，安全组已经配置完成。

(6) 下载 seed.sql 文件。单击 seed.sql 文件的下载链接，如图 16.51 所示。

(7) 打开 Cloud9 并准备上传文件，如图 16.52 所示。

(8) 在 File 菜单中选择 Upload Local Files 按钮，然后单击 Select files 按钮，最后选择刚才下载的 seed.sql 文件，如图 16.53 所示。

在刚创建的环境的终端中，输入以下命令。

```
$ mysql -h endpoint -P 3306 -u admin -p < seed.sql
```

其中，endpoint 应替换为 RDS 数据库的“连接和安全性”中的终端节点，即 mysql -h database-1.cp4g4qsae13f.us-east-1.rds.amazonaws.com -P 3306 -u admin - p，如图 16.54 所示。

(9) 输入密码后，如果成功则会直接弹出下一个输入命令行，如图 16.55 所示。

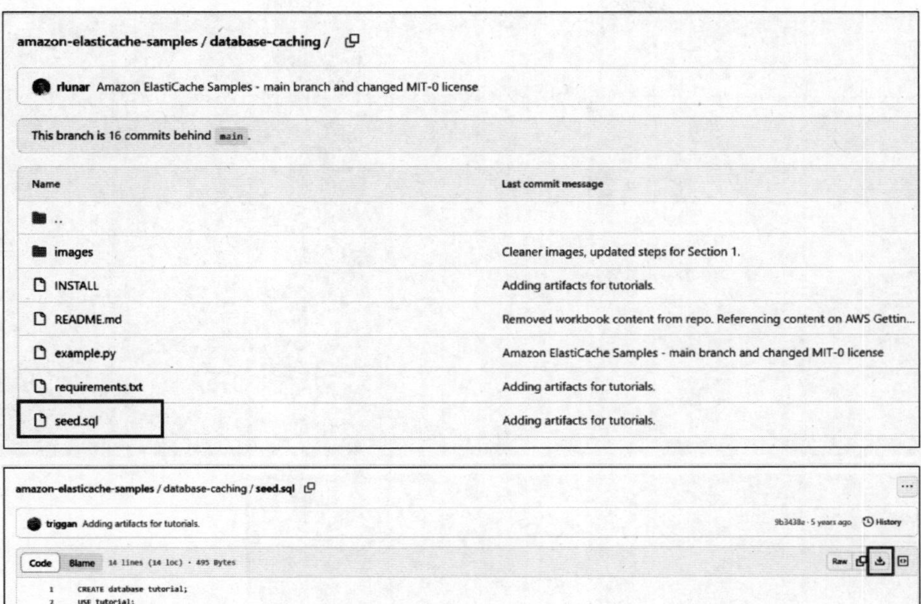

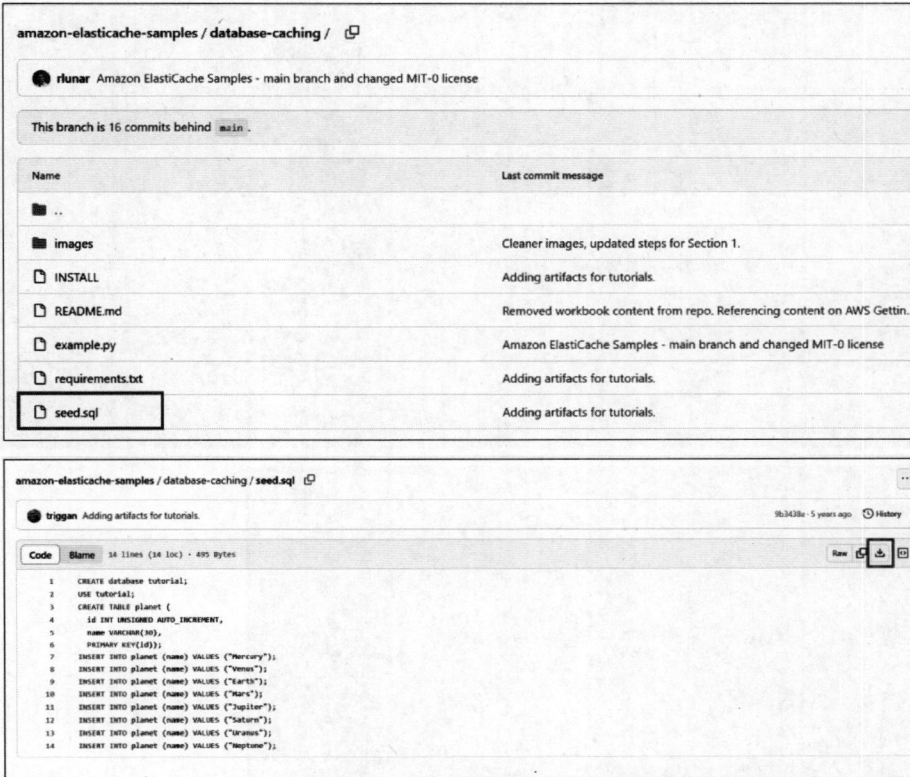

图 16.51　下载 seed.sql 文件

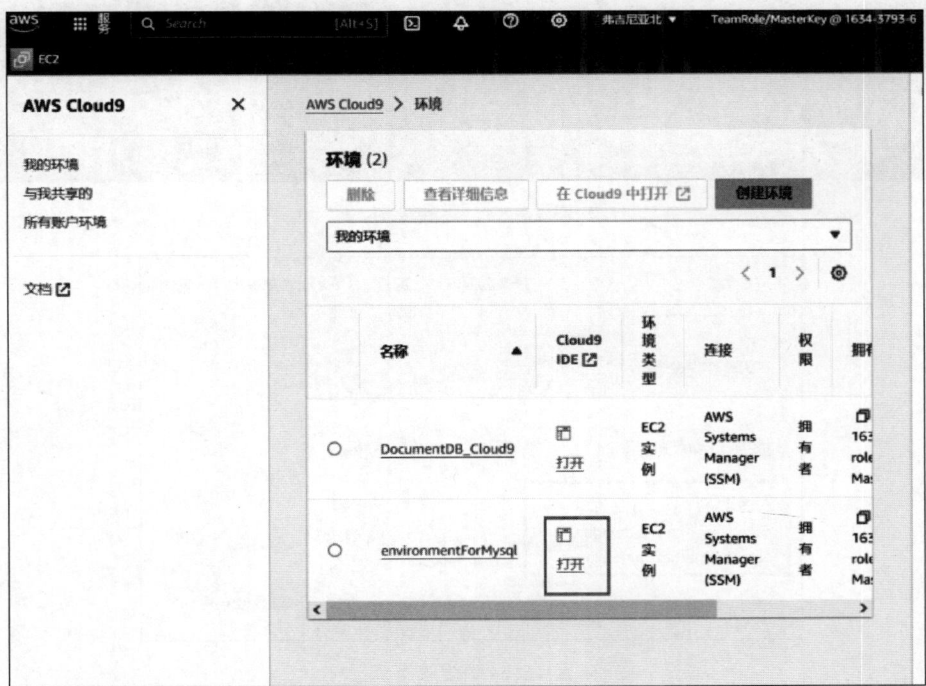

图 16.52　打开 Cloud9

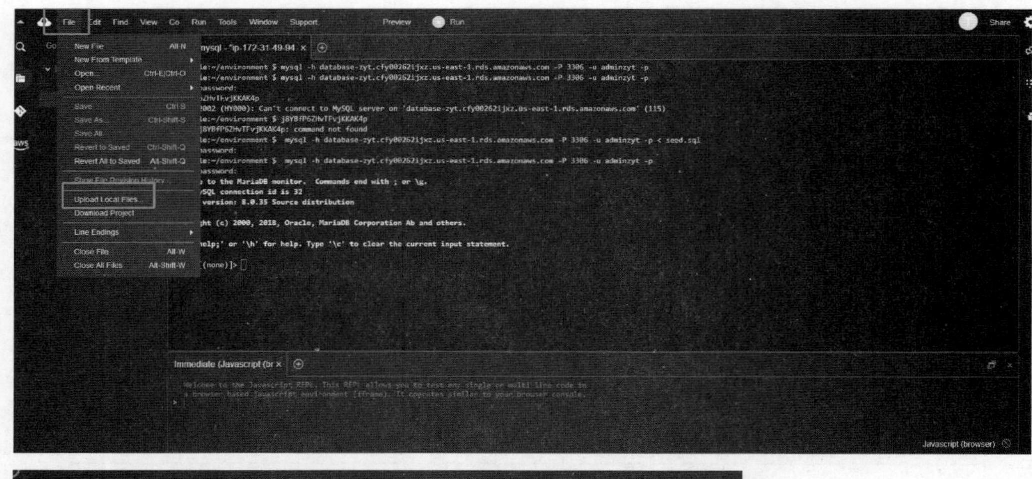

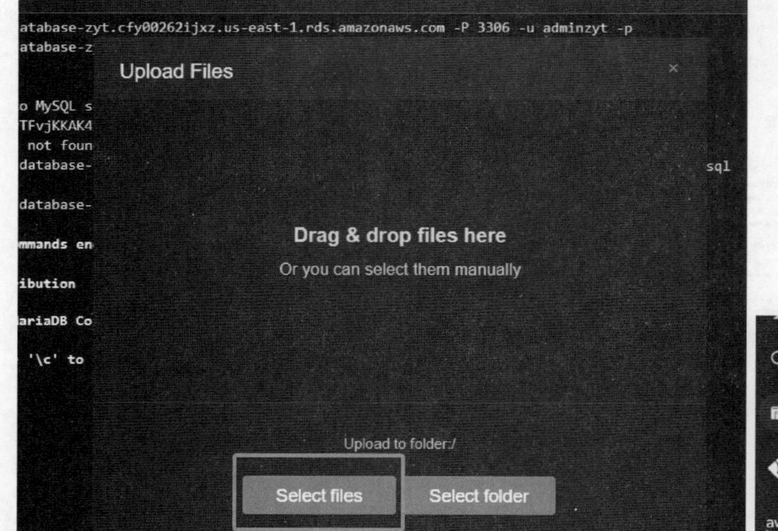

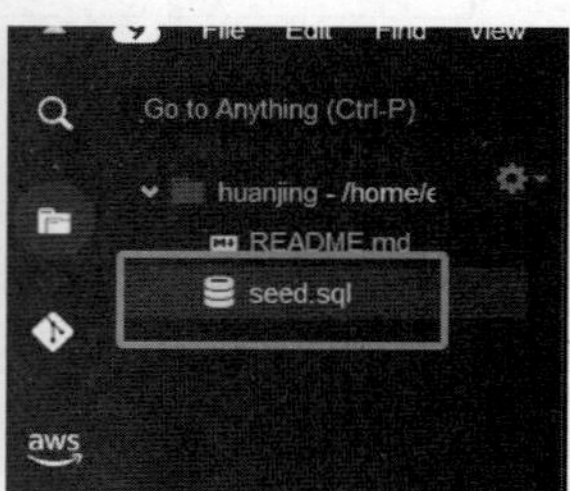

图 16.53　上传文件

连接和安全性	监控	日志和事件	配置	零 ETL 集成	维护和

连接和安全性

终端节点和端口	联网
终端节点 database-1.cniwys8wedlr.us-east-1.rds.amazonaws.com	可用区 us-east-1d
端口 3306	VPC vpc-00facd96282f0fd92

图 16.54　终端节点

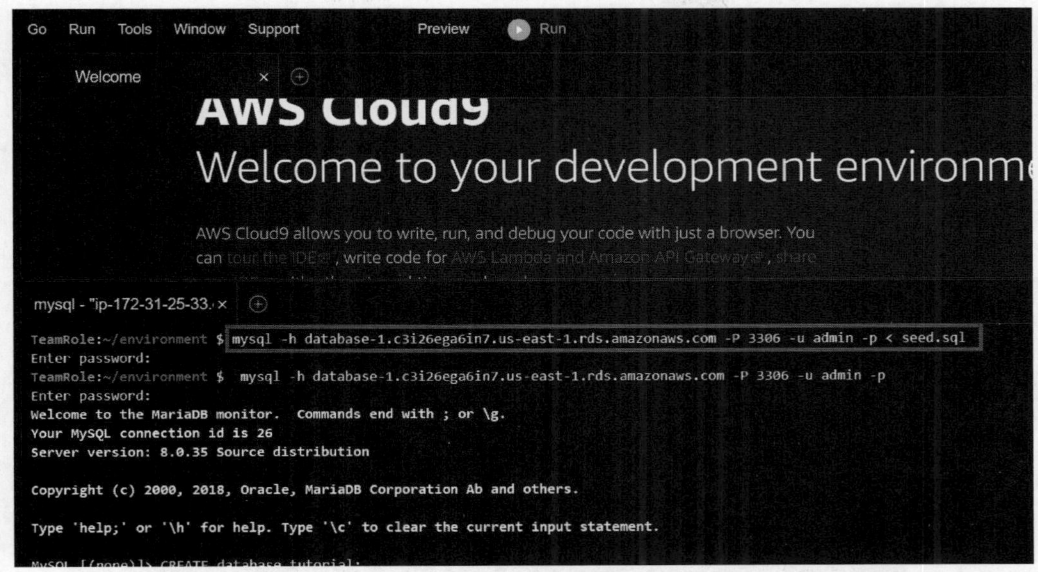

图 16.55 输入密码

继续输入以下命令。

```
$ mysql -h endpoint -P 3306 -u admin -p
```

其中，endpoint 应替换为 RDS 数据库的"连接和安全性"中的终端节点，即 mysql -h database-1. cp4g4qsae13f. us-east-1. rds. amazonaws. com -P 3306 -u admin -p。

输入命令后会出现以下情况，如图 16.56 所示。

```
mysql - "ip-172-31-79-25: ×  立即
TeamRole:~/environment $ mysql -h database-1.cniwys8wedlr.us-east-1.rds.amazonaws.com -P 3306 -u admin -p
Enter password:
Welcome to the MariaDB monitor.  Commands end with ; or \g.
Your MySQL connection id is 405
Server version: 8.0.35 Source distribution

Copyright (c) 2000, 2018, Oracle, MariaDB Corporation Ab and others.

Type 'help;' or '\h' for help. Type '\c' to clear the current input statement.

MySQL [(none)]>
```

图 16.56 连接成功

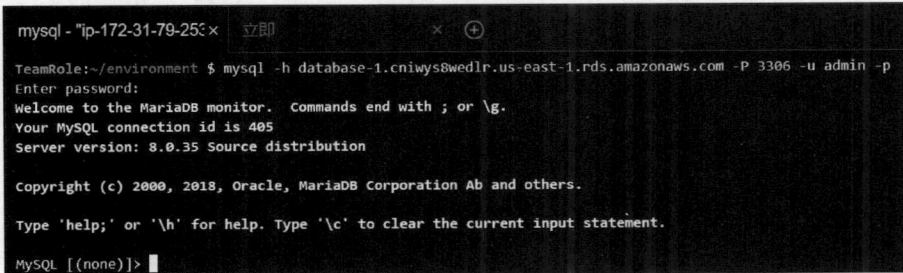

如果命令挂起，则很可能是用户被安全组设置阻止访问了，此时需要验证用户的 EC2 实例是否有权访问分配给 MySQL 实例的安全组。例如，假设用户的 EC2 实例已分配给默认安全组，则用户可以修改 MySQL 实例的安全组，编辑入站规则并添加 MySQL/Aurora 规则（该规则允许默认安全组中的任何实例在端口 3306 上进行连接），具体参见步骤(1)。

3. 创建数据库

(1) 在 MySQL 中输入以下命令。

```
CREATE database databasese;
```

返回结果为"Query OK，1 row affected (0.01 sec)"，由于本地已经创建，因此显示数据库已存在，如图 16.57 所示。

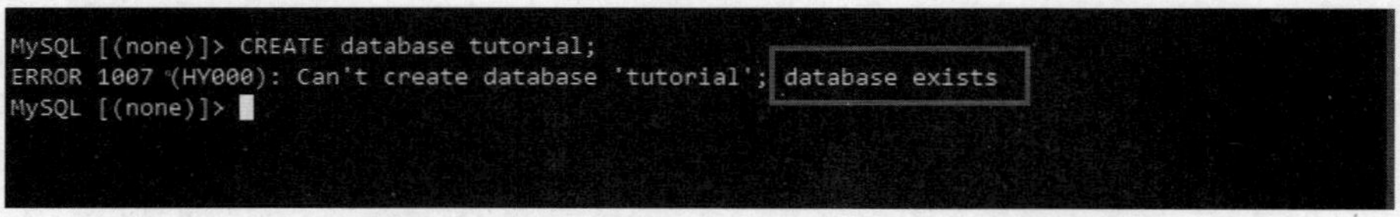

```
MySQL [(none)]> CREATE database tutorial;
ERROR 1007 (HY000): Can't create database 'tutorial'; database exists
MySQL [(none)]>
```

图 16.57　返回结果 1

(2) 用户可以使用教程数据库，创建表并添加一些记录。

① 输入以下命令。

```
USE databasese;
```

返回结果为"Database changed"，如图 16.58 所示。

```
MySQL [(none)]> USE tutorial;
Database changed
MySQL [tutorial]>
```

图 16.58　返回结果 2

② 输入以下命令。

```
CREATE TABLE planet (
id INT UNSIGNED AUTO_INCREMENT,
name VARCHAR(30),
PRIMARY KEY(id));
```

返回结果为"Query OK，0 rows affected (0.057 sec)"，如图 16.59 所示。

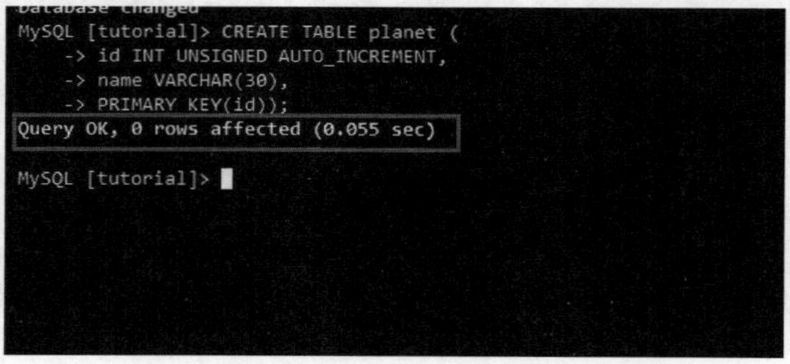

```
MySQL [tutorial]> CREATE TABLE planet (
    -> id INT UNSIGNED AUTO_INCREMENT,
    -> name VARCHAR(30),
    -> PRIMARY KEY(id));
Query OK, 0 rows affected (0.055 sec)

MySQL [tutorial]>
```

图 16.59　返回结果 3

③ 输入以下命令。

```
INSERT INTO planet (name) VALUES ("Mercury");
```

返回结果为"Query OK，1 row affected (0.005 sec)"，如图 16.60 所示。

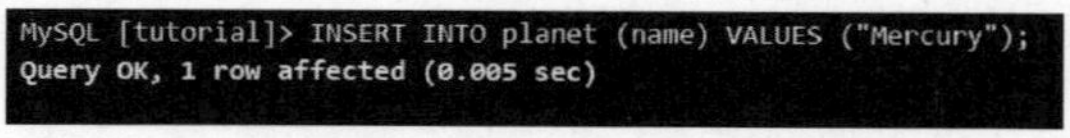

```
MySQL [tutorial]> INSERT INTO planet (name) VALUES ("Mercury");
Query OK, 1 row affected (0.005 sec)
```

图 16.60　返回结果 4

④ 输入以下命令。

```
INSERT INTO planet (name) VALUES ("Venus");
```

返回结果为"Query OK，1 row affected (0.004 sec)"，如图 16.61 所示。

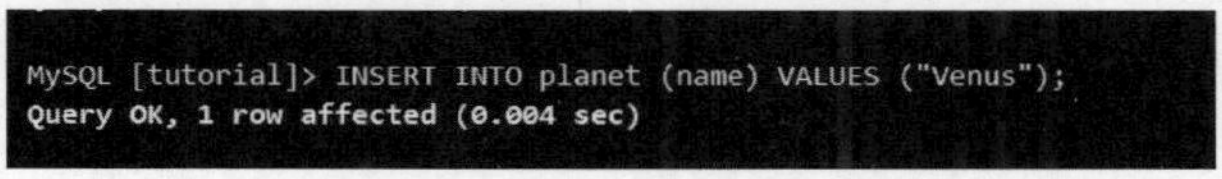

```
MySQL [tutorial]> INSERT INTO planet (name) VALUES ("Venus");
Query OK, 1 row affected (0.004 sec)
```

图 16.61　返回结果 5

⑤ 输入以下命令。

```
INSERT INTO planet (name) VALUES ("Earth");
```

返回结果为"Query OK，1 row affected (0.007 sec)"，如图 16.62 所示。

```
MySQL [tutorial]> INSERT INTO planet (name) VALUES ("Earth");
Query OK, 1 row affected (0.007 sec)
```

图 16.62　返回结果 6

⑥ 输入以下命令。

```
INSERT INTO planet (name) VALUES ("Mars");
INSERT INTO planet (name) VALUES ("Jupiter");
INSERT INTO planet (name) VALUES ("Saturn");
INSERT INTO planet (name) VALUES ("Uranus");
INSERT INTO planet (name) VALUES ("Neptune");
```

返回结果为"Query OK"，如图 16.63 所示。

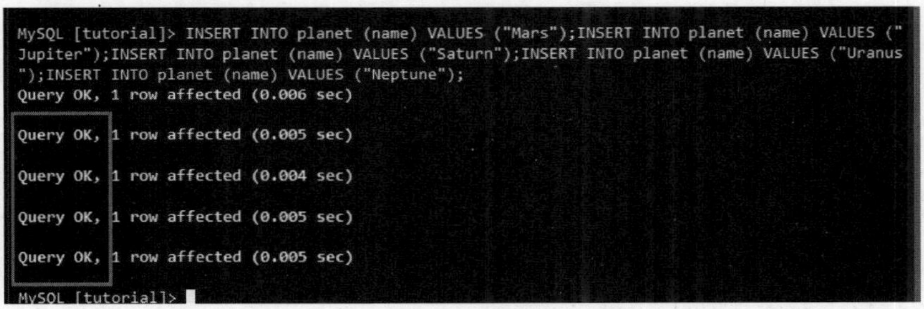

```
MySQL [tutorial]> INSERT INTO planet (name) VALUES ("Mars");INSERT INTO planet (name) VALUES ("
Jupiter");INSERT INTO planet (name) VALUES ("Saturn");INSERT INTO planet (name) VALUES ("Uranus
");INSERT INTO planet (name) VALUES ("Neptune");
Query OK, 1 row affected (0.006 sec)

Query OK, 1 row affected (0.005 sec)

Query OK, 1 row affected (0.004 sec)

Query OK, 1 row affected (0.005 sec)

Query OK, 1 row affected (0.005 sec)

MySQL [tutorial]>
```

图 16.63　返回结果 7

在后续的实验中，用户将使用 tutorial 数据库中的 planet 表。

16.5　缓存

本节将针对存储和检索数据两种缓存技术进行实验。

1. 测试与 Redis 的连接

(1) 返回 ElastiCache 控制面板，在左侧窗口中选择"Redis 缓存"选项。选择用户创建的 Redis 集群,如图 16.64 所示。

图 16.64　选择 Redis 缓存

(2) 复制主终端节点。在该示例中,每次提及端点时,都应使用配置端点的主机名,如图 16.65 所示。

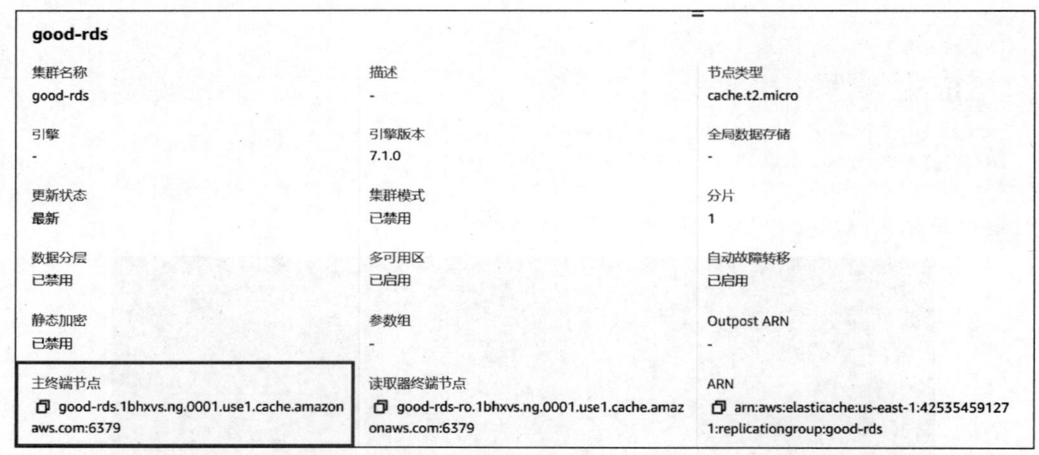

图 16.65　复制主终端节点

(3) 运行以下命令,如图 16.66 所示。

```
pip install redis
python3 -- version
sudo ln - s /usr/bin/python3 /usr/bin/python
```

在 EC2 实例(或 Cloud 9)中,输入 Python 交互式解释器,如图 16.67 所示。

```
python
```

运行这些命令,以测试与 Redis 节点的连接,如图 16.68 所示。如果命令挂起,则表示用户被安全组设置阻止,此时需要验证用户的 EC2 实例是否有权访问分配给 ElastiCache 实例的安全组。例如,假设用户的 EC2 实例已分配给默认安全组,则用户现在可以修改

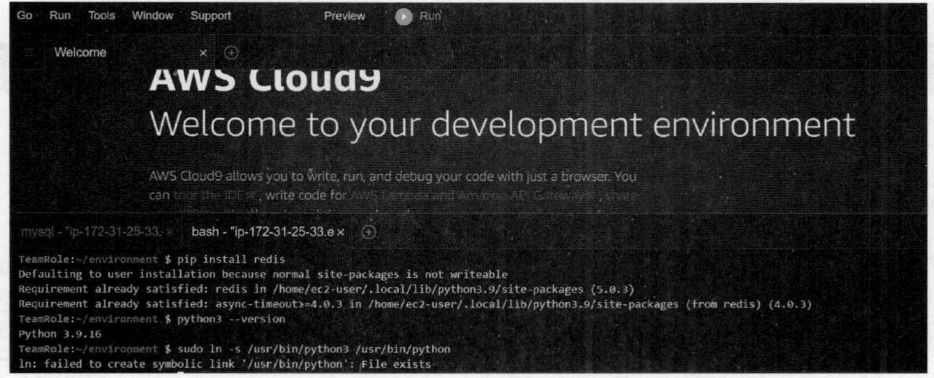

图 16.66　运行命令

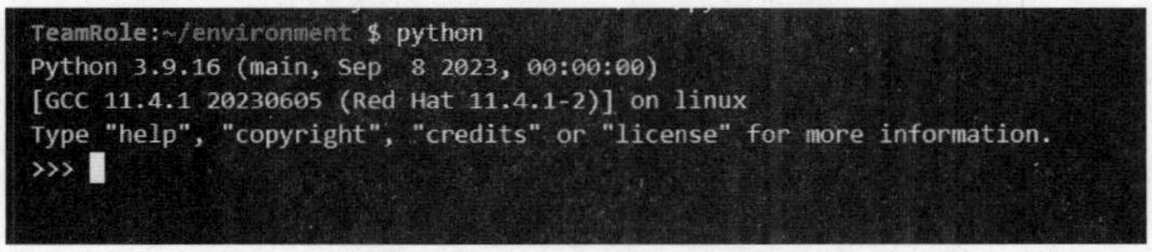

```
TeamRole:~/environment $ python
Python 3.9.16 (main, Sep  8 2023, 00:00:00)
[GCC 11.4.1 20230605 (Red Hat 11.4.1-2)] on linux
Type "help", "copyright", "credits" or "license" for more information.
>>>
```

图 16.67　输入 python

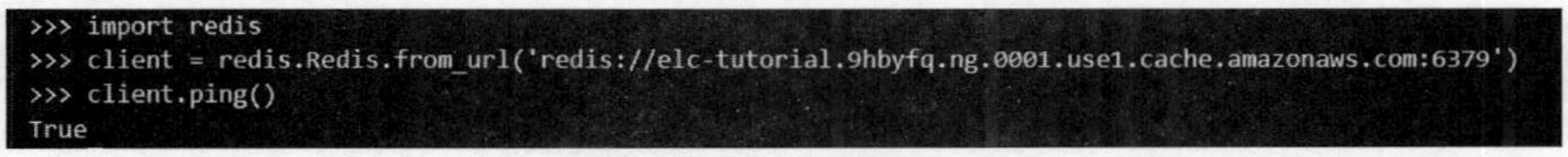

```
>>> import redis
>>> client = redis.Redis.from_url('redis://elc-tutorial.9hbyfq.ng.0001.use1.cache.amazonaws.com:6379')
>>> client.ping()
True
```

图 16.68　输出结果为 True

Amazon ElastiCache 实例的安全组，并添加自定义 TCP 规则(允许通过端口 6379 与默认安全组中的任何实例进行连接)。

```
import redis
client = redis.Redis.from_url('redis://endpoint:6379')
client.ping()
```

(4) 进行安全组设置，将 AWS Cloud9 的安全组加入 Redis 中。进入 AWS Cloud9 控制台，选择自己配置的环境，如图 16.69 所示。

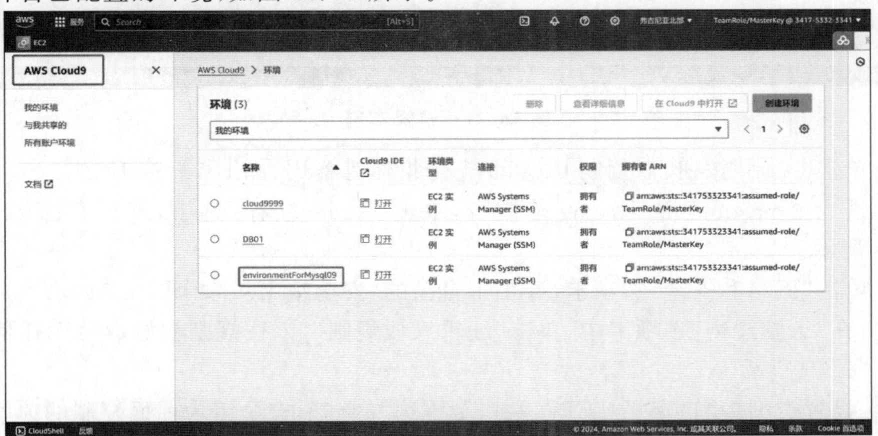

图 16.69　选择环境

(5) 在“EC2 实例”选项卡中,单击“管理 EC2 实例”按钮,如图 16.70 所示。

图 16.70 选择管理实例

(6) 在“实例”中,选择自己的实例 ID,如图 16.71 所示。

图 16.71 选择实例 ID

(7) 单击“复制”按钮,以复制 Cloud9 安全组作为备用,如图 16.72 所示。

(8) 进入 Amazon ElastiCache 控制台,单击“Redis 缓存”选项,选择自己的 Redis,如图 16.73 所示。

(9) 单击“网络和安全”选项卡,并单击自己的“安全组 ID”,如图 16.74 所示。

(10) 在“入站规则”选项卡中,单击“编辑入栈规则”(入栈规则初始数目无任何影响)按钮,如图 16.75 所示。

(11) 设置类型为“自定义 TCP”,端口范围为“6379”,安全组为前面复制的值(直接粘贴即可),如图 16.76 所示。

图 16.72　复制安全组

图 16.73　选择 Redis 缓存

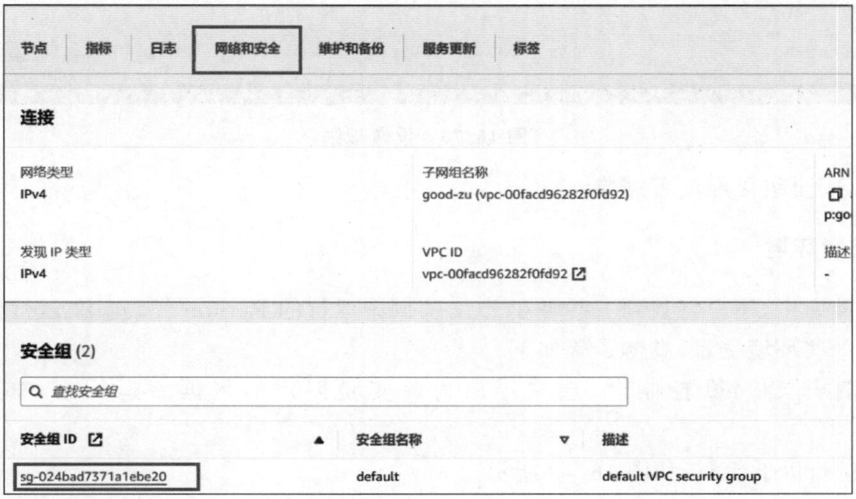

节点　指标　日志　网络和安全　维护和备份　服务更新　标签

连接

网络类型 IPv4　子网组名称 good-zu (vpc-00facd96282f0fd92)　ARN p:go

发现 IP 类型 IPv4　VPC ID vpc-00facd96282f0fd92　描述 -

安全组 (2)

查找安全组

安全组 ID	安全组名称	描述
sg-024bad7371a1ebe20	default	default VPC security group

图 16.74　选择安全组 ID

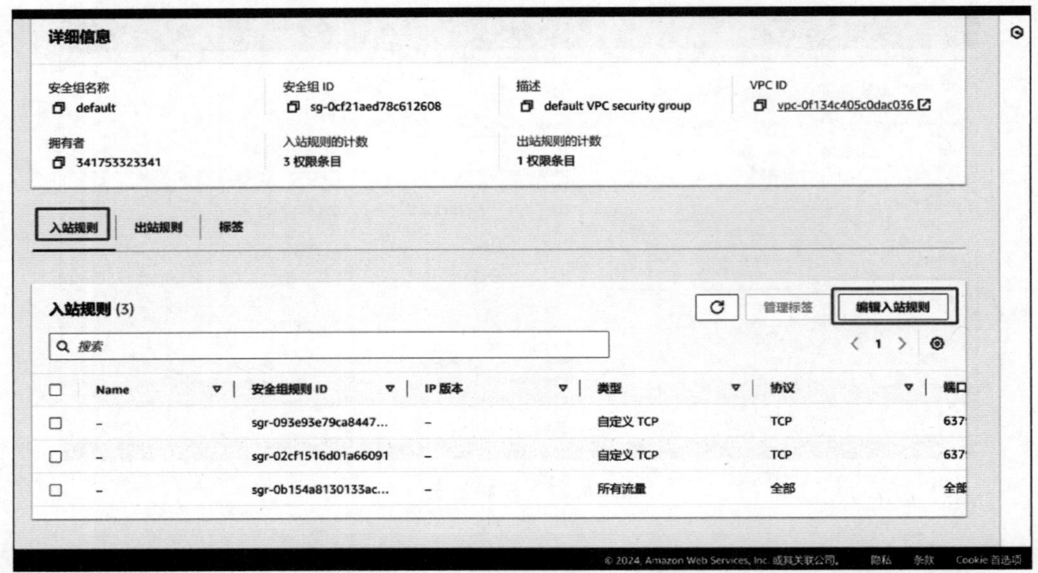

图 16.75　编辑入站规则

图 16.76　设置规则

至此,安全组已经配置完成。

2. 配置环境

在存储库中,用户将找到一些可在 EC2 实例中运行的 Python 代码。在运行代码前,需要先配置一些环境变量,具体步骤如下。

(1) 打开 Cloud9 控制台,选中用户为该实验创建的数据库运行台,如图 16.77 所示。

(2) 运行以下代码,如图 16.78 所示。

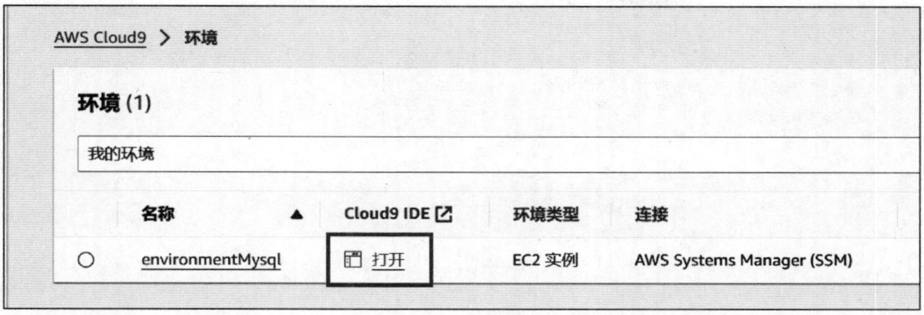

图 16.77　打开 Cloud9 控制台

图 16.78　命令运行结果

```
$ export REDIS_URL = redis://your_redis_endpoint:6379/
$ export DB_HOST = your_mysql_endpoint
$ export DB_USER = admin
$ export DB_PASS = your_admin_password
$ export DB_NAME = tutorial
```

其中，your_mysql_endpoint、redis_endpoint、your_admin_password 和 tutorial 的值是用户在前面的步骤中保存的值。

3. 缓存 SQL 查询结果

上节示例代码其实是缓存 SQL 查询结果的序列化表示形式，其具体实现过程如下。

(1) 下载 pymysql，并输入相关命令，如图 16.79 所示。

```
pip install pymysql
```

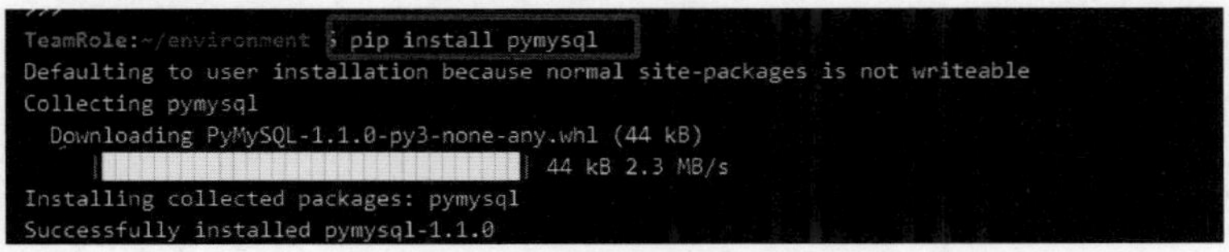

图 16.79　命令输出结果

(2) 输入可在 EC2 实例中运行的 Python 代码。

```
import os
import json
import redis
import pymysql

class DB:
    def __init__(self, **params):
```

```
        params.setdefault("charset", "utf8mb4")
        params.setdefault("cursorclass", pymysql.cursors.DictCursor)
        self.mysql = pymysql.connect(**params)
    def query(self, sql):
        with self.mysql.cursor() as cursor:
            cursor.execute(sql)
            return cursor.fetchall()
    def record(self, sql, values):
        with self.mysql.cursor() as cursor:
            cursor.execute(sql, values)
            return cursor.fetchone()

TTL = 10
REDIS_URL = os.environ.get('REDIS_URL')
DB_HOST = os.environ.get('DB_HOST')
DB_USER = os.environ.get('DB_USER')
DB_PASS = os.environ.get('DB_PASS')
DB_NAME = os.environ.get('DB_NAME')
Database = DB(host=DB_HOST, user=DB_USER, password=DB_PASS, db=DB_NAME)
Cache = redis.Redis.from_url(REDIS_URL)
def fetch(sql):
    res = Cache.get(sql)
    if res:
        return json.loads(res)
    res = Database.query(sql)
    Cache.setex(sql, TTL, json.dumps(res))
    return res

def planet(id):
    key = f"planet:{id}"
    res = Cache.hgetall(key)
    if res:
        return res
    sql = "SELECT `id`, `name` FROM `planet` WHERE `id` = %s"
    res = Database.record(sql, (id,))
    if res:
        Cache.hmset(key, res)
        Cache.expire(key, TTL)
    return res

print(fetch("SELECT * FROM planet"))
```

(3) 将示例代码复制到 Cloud9 中,如图 16.80 所示。

SQL 语句在 Redis 中作为键,检查缓存以查看是否存在值。如果值不存在,则使用 SQL 语句查询数据库,查询结果存储在 Redis 中。其中,ttl 变量必须设置为合理的值,具体取决于应用程序的性质。当 ttl 过期时,Redis 会逐出密钥并释放关联的内存。该代码在教程存储库中可用,用户可以直接运行。如果用户想查看某个时间点变量的值,则应添加 print 语句。

该方法在策略方面的缺点:当在数据库中修改数据时,如果缓存了之前的结果且其 ttl 尚未过期,则更改不会自动反映给用户。

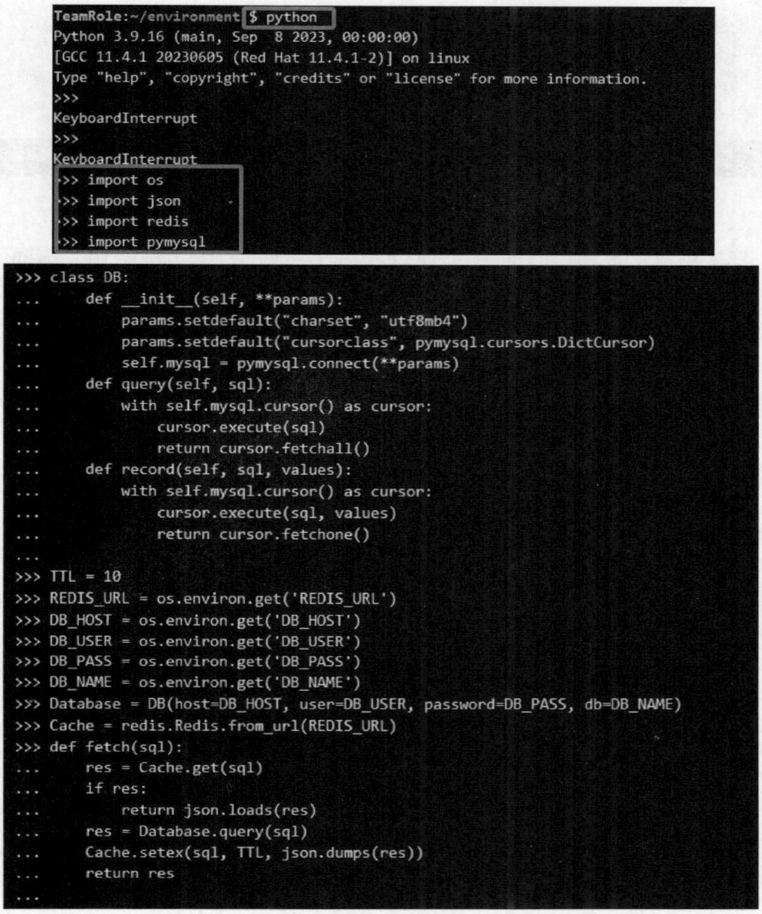

```
TeamRole:~/environment $ python
Python 3.9.16 (main, Sep  8 2023, 00:00:00)
[GCC 11.4.1 20230605 (Red Hat 11.4.1-2)] on linux
Type "help", "copyright", "credits" or "license" for more information.
>>>
KeyboardInterrupt
>>>
KeyboardInterrupt
>>> import os
>>> import json
>>> import redis
>>> import pymysql
```

```
>>> class DB:
...     def __init__(self, **params):
...         params.setdefault("charset", "utf8mb4")
...         params.setdefault("cursorclass", pymysql.cursors.DictCursor)
...         self.mysql = pymysql.connect(**params)
...     def query(self, sql):
...         with self.mysql.cursor() as cursor:
...             cursor.execute(sql)
...             return cursor.fetchall()
...     def record(self, sql, values):
...         with self.mysql.cursor() as cursor:
...             cursor.execute(sql, values)
...             return cursor.fetchone()
...
>>> TTL = 10
>>> REDIS_URL = os.environ.get('REDIS_URL')
>>> DB_HOST = os.environ.get('DB_HOST')
>>> DB_USER = os.environ.get('DB_USER')
>>> DB_PASS = os.environ.get('DB_PASS')
>>> DB_NAME = os.environ.get('DB_NAME')
>>> Database = DB(host=DB_HOST, user=DB_USER, password=DB_PASS, db=DB_NAME)
>>> Cache = redis.Redis.from_url(REDIS_URL)
>>> def fetch(sql):
...     res = Cache.get(sql)
...     if res:
...         return json.loads(res)
...     res = Database.query(sql)
...     Cache.setex(sql, TTL, json.dumps(res))
...     return res
...
```

图 16.80　示例代码

(4) 使用 fetch 函数处理数据，如图 16.81 所示。

```
print(fetch("SELECT * FROM planet"))
```

```
>>> def planet(id):
...     key = f"planet:{id}"
...     res = Cache.hgetall(key)
...     if res:
...         return res
...     sql = "SELECT `id`, `name` FROM `planet` WHERE `id`=%s"
...     res = Database.record(sql, (id,))
...     if res:
...         Cache.hmset(key, res)
...         Cache.expire(key, TTL)
...     return res
...
>>> print(fetch("SELECT * FROM planet"))
[{'id': 1, 'name': 'Mercury'}, {'id': 2, 'name': 'Venus'}, {'id': 3, 'name': 'Earth'}, {'id': 4, 'name': 'Mars'}, {'id': 5, 'name': 'Jupiter'}, {'id': 6, 'name': 'Saturn'}, {'id': 7, 'name': 'Uranus'}, {'id': 8, 'name': 'Nept
une'}]
```

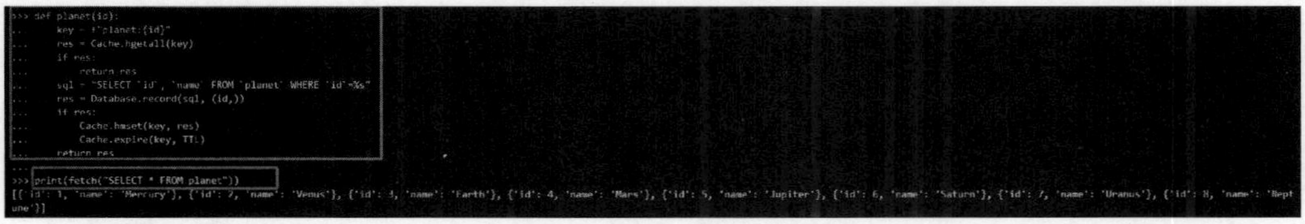

图 16.81　fetch 函数

输出结果如图 16.82 所示。

```
[{'id': 10, 'name': 'Mercury'},
 {'id': 11, 'name': 'Venus'},
 {'id': 12, 'name': 'Earth'},
 {'id': 13, 'name': 'Mars'},
 {'id': 14, 'name': 'Jupiter'},
```

```
{'id': 15, 'name': 'Saturn'},
{'id': 16, 'name': 'Uranus'},
{'id': 17, 'name': 'Neptune'}]
```

```
>>> print(fetch("SELECT * FROM planet"))
[{'id': 1, 'name': 'Mercury'}, {'id': 2, 'name': 'Venus'}, {'id': 3, 'name': 'Earth'}, {'id': 4, 'name': 'Mars'}, {'id': 5, 'name': 'Jupiter'}, {'id': 6, 'name': 'Saturn'}, {'id': 7, 'name': 'Uranus'}, {'id': 8, 'name': 'Nept
une'}]
```

图 16.82　输出结果

这是一个非常基本的示例,但通过实现这种缓存模式,用户的应用程序可以从中获益。在这种模式中,来自缓存的结果和直接来自数据库的结果之间没有区别。

16.6　清理

本节将介绍如何删除用户的 Redis 集群和 MySQL 数据库。

1. 删除 Redis 集群

(1) 在左侧窗口中选择“Redis 缓存”选项,选择用户创建的 Redis 集群,如图 16.83 所示。

图 16.83　选择 Redis 缓存

(2) 单击“删除”按钮,如图 16.84 所示。

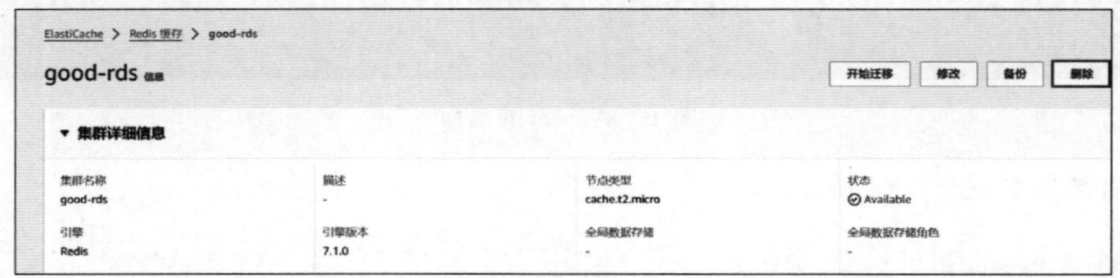

图 16.84　删除 Redis 缓存

(3) 系统将询问用户是否创建最终备份。通常需要进行备份,但在本实验中选择“否”即可,单击“删除”按钮,如图 16.85 所示。此时,集群的状态将变为“正在删除”。

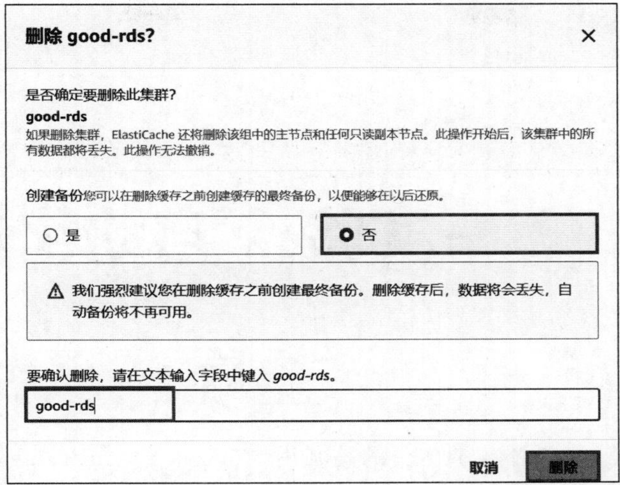

图 16.85　删除集群

2. 删除数据库

（1）进入 Amazon RDS 控制台，在左侧窗口中选择“数据库”选项，选择用户创建的数据库(database-1)，如图 16.86 所示。

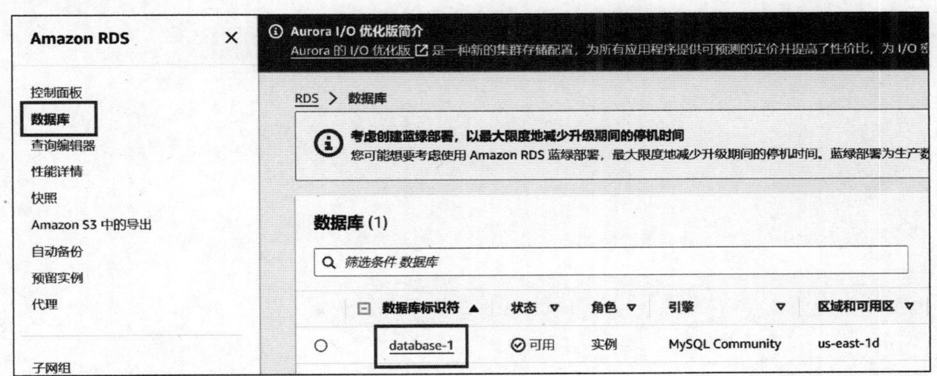

图 16.86　选择数据库

（2）单击“操作”按钮，选择“删除”选项，如图 16.87 所示。

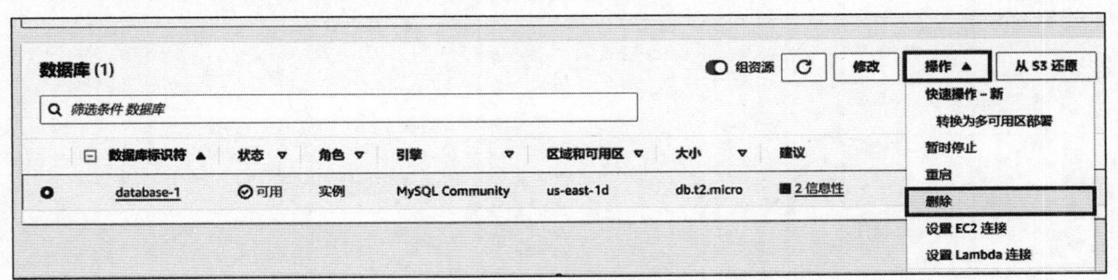

图 16.87　删除数据库

（3）系统将询问用户是否创建最终备份。这里取消选中“创建最终快照”，勾选“我承认……”，输入“删除我”后单击“删除”按钮。

第17章

实验：自动化运维

CHAPTER 17

本实验的目的是利用 Amazon EventBridge 管道和点对点集成通道，将应用程序连接在一起。本实验将采用自托管的方式，经过实验准备、过滤信息、富集信息等步骤，最后进行自托管清理。本实验的示例仅供参考，用户可以在此基础上进行其他示例的验证或操作。

17.1 概述

视频讲解

1. 实验介绍

(1) 目的：利用 Amazon EventBridge 管道和点对点集成通道，将应用程序连接在一起。

(2) 作用：使用 Amazon EventBridge 管道构建点对点集成(而无须一行“黏附”代码)，以减少应用程序中的耦合，同时将更多责任转移到 AWS 上。

2. 设置场景

ServerlessVideo 是一个无服务器视频流服务，流式处理服务是 ServerlessVideo 应用程序的一部分，而当前工作的服务跟踪流处理的是 StreamStarted、StreamUpdated 和 StreamCancelled 等消息。该服务的任务和前提如下。

(1) 任务：将消息传递到用于将流广播到社交媒体的第三方服务，并使用 HTTP API 调用与该服务进行交互。因此，每当数据库中存储新数据时，都需要将其传递给下游系统。

(2) 前提：环境采用 Lambda 函数。当任何订单进入时，都会调用一个 Lambda 函数。

3. 第一个实现

在现有 Lambda 函数中添加一些额外的代码，该函数在请求成功并保存到数据库后调用 Broadcast API。Broadcast API 速度慢且容易出错，可能会导致服务的上游使用者出现问题，在其受到严重限制时会导致应用程序出现间歇性故障。

通常的解决方法是重新访问第一个实现，并将其更改为并行执行 DynamoDB API 调用和 Broadcast API 调用。这样有助于消除一些性能问题，但实际上 Broadcast API 的延迟仍然会导致问题。该方法会引入一个额外的挑战：如果 API 调用失败(如 Broadcast API 受到限制)，则期望是不将数据保存到 DynamoDB，反之亦然。

“第一个实现”会在 Lambda 代码和 Broadcast API 之间创建紧密耦合，同时增加延迟和降低弹性。需要注意的是，本实验追求在成功保存数据后对社交媒体广播系统进行 API 调用，调用时不应影响上游消费者。

4. 变更数据捕获

变更数据捕获是一组软件模式，用于确定和跟踪已更改的数据，以便可以采取相应措施。该方法满足实验需求，并弥补了第一个实现的部分缺点。

DynamoDB 已支持使用 DynamoDB 流捕获更改数据。通常可以在 DynamoDB 表上启用流，然后将目标挂接到该数据流。只有当记录成功存储在表中时，它们才会被放置在流中。

Lambda 函数是可用的流使用者之一。在实现 Lambda 函数从流中读取数据后，可以解决两个问题：一是原始应用程序的延迟已恢复正常；二是仅在成功保留记录时才会对下游 API 进行调用。Lambda 函数仅从 DynamoDB 流接收数据，对其进行转换，然后发出

HTTP 请求。该函数中没有业务逻辑或复杂的应用程序代码,它相当于"胶水",将两种服务粘在一起。

注意:此时必须管理一个额外的 Lambda 函数,用于维护代码,并确保开发工具包和软件包版本都是最新的。

5. Amazon EventBridge 管道

借助 Amazon EventBridge Pipes,开发人员可以专注于业务的差异化,而不是编写无差别的"胶水"代码。它提供了一种简单、一致且经济高效的方式,可以在事件生产者和使用者之间创建点对点集成。

目前,EventBridge Pipes 支持使用来自 6 个源的消息,包括 self-managed Kafka。在获取消息后,可以选择筛选消息:选择将哪些邮件传递到目标,并且只需要为与筛选器匹配的信息付费。如果用户之前使用过 Amazon EventBridge,则其将会看到筛选模式使用相同的语法。

接下来可以选择丰富和转换已有的消息:使用条件业务逻辑转换消息或扩充"精简"事件。例如,如果订单创建的消息仅包含 OrderNumber 且希望包含客户详细信息,则使用富集器就可以联系客户服务并获取其他数据。

EventBridge 管道的一个有用功能是同步执行扩充,并通过管道维护事件排序。

最后需要配置一个目标,即消息的目标。目前,最多有 14 个 AWS 服务可作为目标使用。除 EventBridge、Step Functions 和 SQS 等服务外,管道还支持使用 API Gateway 或直接 HTTP 调用的 HTTP 目标。

在本实验中,用户将使用 Lambda 的集成替换为使用 EventBridge Pipes 的集成。这样做既降低了用户的运营责任,也使得 AWS 不必担心消息的移动,从而能帮助用户更专注于为客户增加价值。

17.2 实验准备

进行实验准备的具体步骤如下。

(1) 单击启动堆栈中的"发射"链接以开始实验,如图 17.1 所示。本实验以美国东部(弗吉尼亚北部)为例。

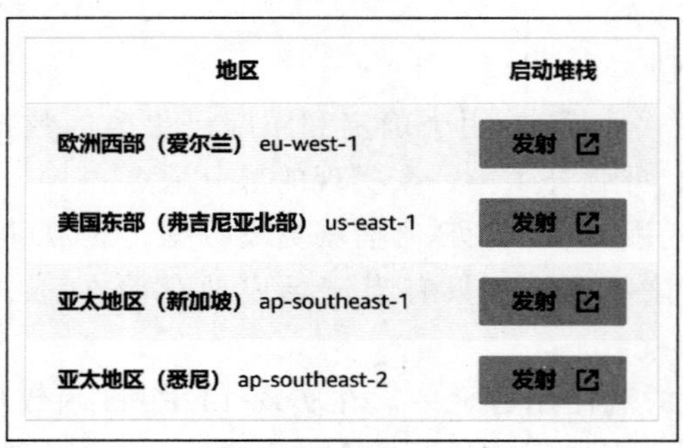

地区
启动堆栈
欧洲西部（爱尔兰） eu-west-1
发射
美国东部（弗吉尼亚北部） us-east-1
发射
亚太地区（新加坡） ap-southeast-1
发射
亚太地区（悉尼） ap-southeast-2
发射

图 17.1 启动堆栈

(2) 相关内容已自动填充(准备模板为“模板已就绪”,指定模板为“Amazon S3 URL”,CloudFormation 模板将自动填充在 Amazon S3 URL 字段中),单击“下一步”按钮,如图 17.2 所示。

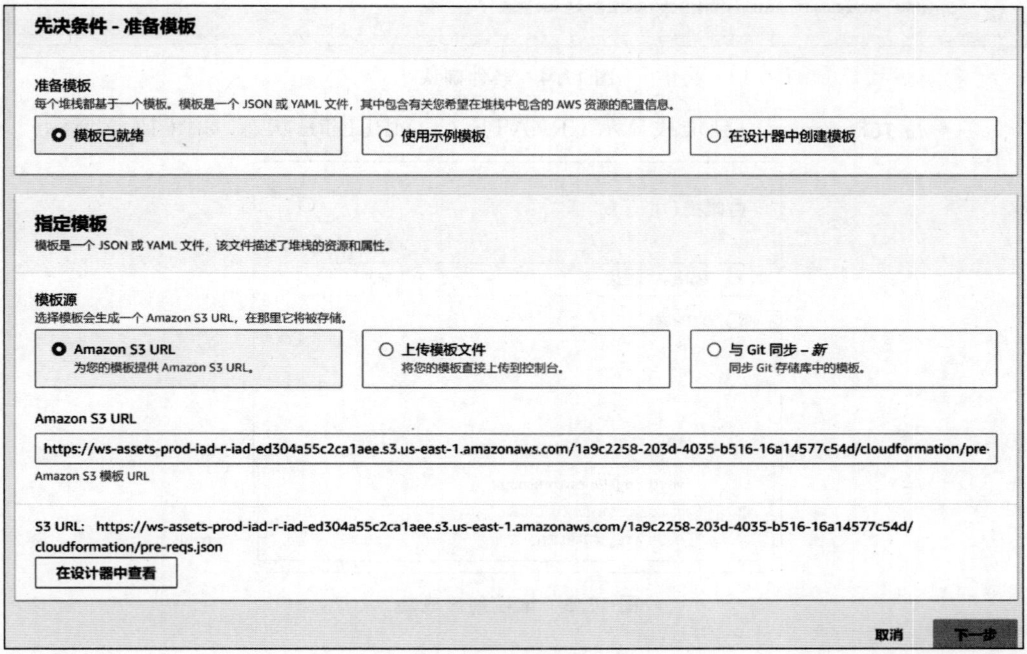

先决条件 - 准备模板

准备模板

每个堆栈都基于一个模板。模板是一个 JSON 或 YAML 文件，其中包含有关您希望在堆栈中包含的 AWS 资源的配置信息。

模板已就绪　使用示例模板　在设计器中创建模板

指定模板

模板是一个 JSON 或 YAML 文件，该文件描述了堆栈的资源和属性。

模板源

选择模板会生成一个 Amazon S3 URL，在那里它将被存储。

Amazon S3 URL 为您的模板提供 Amazon S3 URL。　上传模板文件 将您的模板直接上传到控制台。　与 Git 同步 – 新 同步 Git 存储库中的模板。

Amazon S3 URL

https://ws-assets-prod-iad-r-iad-ed304a55c2ca1aee.s3.us-east-1.amazonaws.com/1a9c2258-203d-4035-b516-16a14577c54d/cloudformation/pre-

Amazon S3 模板 URL

S3 URL: https://ws-assets-prod-iad-r-iad-ed304a55c2ca1aee.s3.us-east-1.amazonaws.com/1a9c2258-203d-4035-b516-16a14577c54d/cloudformation/pre-reqs.json

在设计器中查看

取消　下一步

图 17.2　准备模板

(3) 在指定堆栈详细信息界面上,堆栈名称将自动填充为 EventBridgePipesWorkshop(根据实际需要也可以指定其他名称),如图 17.3 所示。

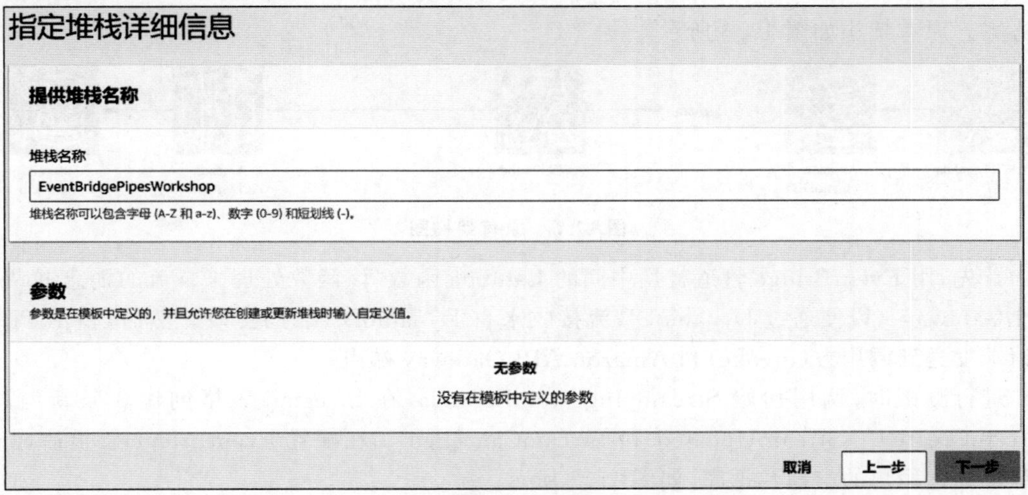

指定堆栈详细信息

提供堆栈名称

堆栈名称

EventBridgePipesWorkshop

堆栈名称可以包含字母 (A-Z 和 a-z)、数字 (0-9) 和短划线 (-)。

参数

参数是在模板中定义的，并且允许您在创建或更新堆栈时输入自定义值。

无参数

没有在模板中定义的参数

取消　上一步　下一步

图 17.3　堆栈名称

(4) 单击“下一步”按钮,直到出现“查看并创建”界面。勾选“我确认,AWS CloudFormation 可能创建具有自定义名称的 IAM 资源”,检查后单击“提交”按钮,如图 17.4 所示。

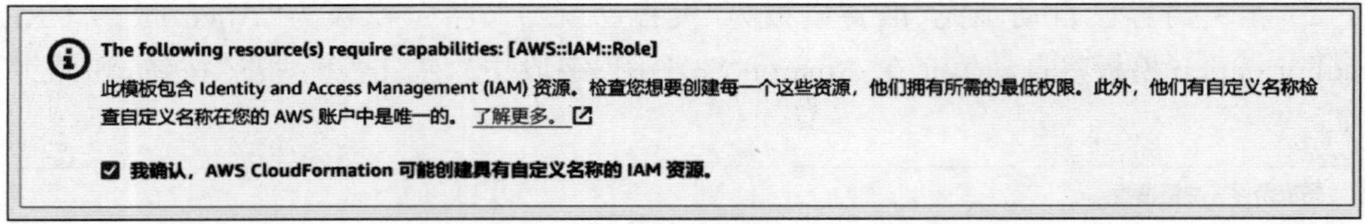

图 17.4　条件确认

(5) 等待大概 2min,直到堆栈显示 CREATE_COMPLETE 状态,如图 17.5 所示。

图 17.5　堆栈创建成功

17.3　配置第一个管道

本节将用 Amazon EventBridge Pipes 取代原有使用 Lambda 调用 Broadcast API 的解决方案。原有架构如图 17.6 所示。

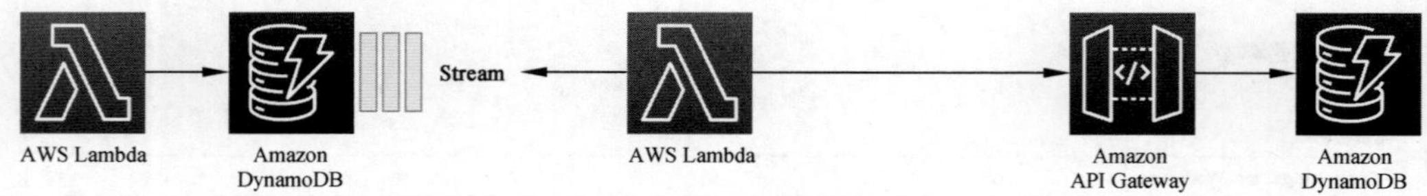

图 17.6　原有架构图

首先,用 EventBridge 管道替换中间的 Lambda 函数(该函数处理来自流的消息并调用 API Gateway),以便通过 DynamoDB 流接收来自 DynamoDB 表的更改。然后,指示 Pipes 将请求发送到调用方(invoke)和 Amazon API Gateway 端点。

进行测试时,调用初始 StreamsIngestor Lambda,在 Streams 表格创建 3 条新消息:'StreamCreated'、'StreamUpdated'和'StreamCancelled'。在配置 EventBridge 管道后,3 条消息都到达用户的本地数据库,如图 17.7 所示。

1. 初始设置

用户需要删除 DynamoDB 表中的现有 Lambda 触发器,以确保在将记录插入 DynamoDB 表时不会调用 Lambda 函数。在此之前,需要先分析一下当前的"胶水"Lambda

图 17.7 现有架构图

函数正在做什么。

查看 Lambda 函数的作用：在 Lambda 控制台中，打开 StreamTableProcessor Lambda 函数。向下滚动到 Code 部分，发现 Lambda 函数只是在输入有效负载中接收到的每条记录上迭代，构建要发送的消息后向 API 终端节点发出 POST 请求。

通过测试端到端流，可以看到该 Lambda 函数的作用，具体步骤如下。

(1) 在 AWS Lambda 控制台中，导航到 Streamlngestor 函数。Lambda 函数能将测试流记录插入 DynamoDB 表中，然后管道将对其进行处理。每次运行该函数时，将创建 3 个具有 3 种不同状态的流消息。

(2) 向下滚动到测试事件部分，单击“测试”按钮，如图 17.8 所示。

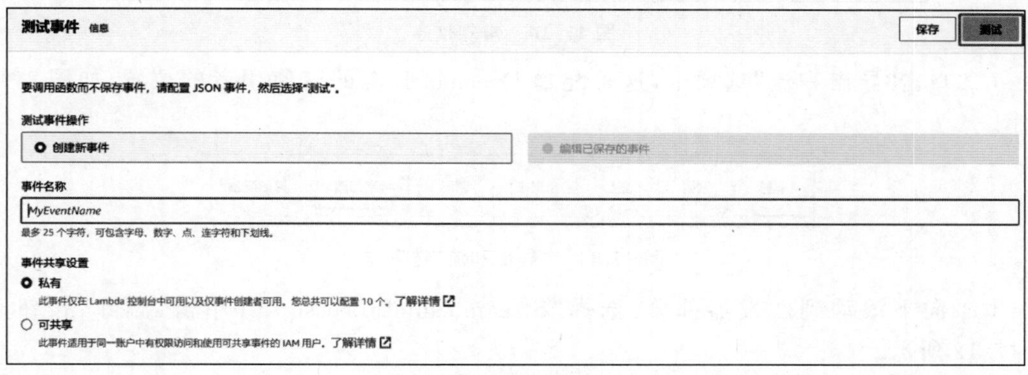

图 17.8 测试事件

(3) 调用该函数后，它将返回创建的流数据。展开有关 Lambda 成功响应的详细信息部分，以查看 Lambda 返回的实际响应，如图 17.9 所示。

正在执行函数：成功（日志）
▼ 详细信息
下面的区域显示了最后 4KB 的执行日志。

```
{
  "statusCode": 200,
  "body": {
    "message": "Streams inserted successfully in Streams Table",
    "streams": [
      {
        "streamId": "13290293-9e21-4f50-bb61-ef73f544c1f8",
        "userId": "7d66c72a-cc73-40b6-9ae1-dc5af0c34556",
        "streamDate": "2024-02-19 03:36:14",
        "streamStatus": "streamCreated"
```

图 17.9 详细信息部分

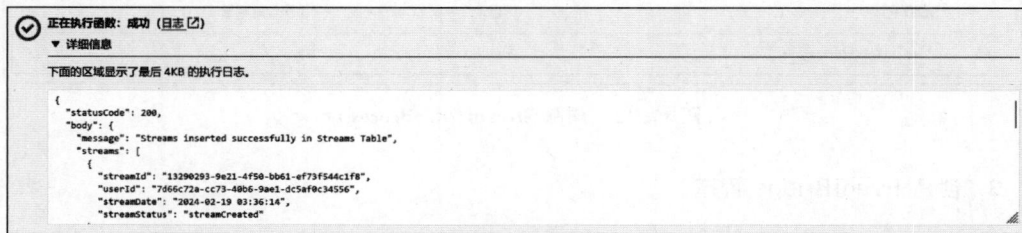

(4) 检查 Broadcast API 数据库表，以确认消息是否已成功处理。导航到 DynamoDB 控制台中，单击“浏览项目”按钮，选择 BroadcastTable 选项，此时将看到 4 条新记录，来源为 'StreamsTable'。

注意：可能需要单击 streamDate 按钮，按时间排序才能看到最新记录。

本实验中将使用 DynamoDB 来模拟 Broadcast API 的功能。

2. 删除 Lambda 触发器

当配置 EventBridge 管道时,用户不希望同一个消息被多次发送到 Broadcast API,因此删除 Lambda 函数以确保每条消息只发送一次。

(1) 导航到 DynamoDB 中的 Streams 表。该表是创建订单消息的位置,也是配置从中读取流的位置,如图 17.10 所示。

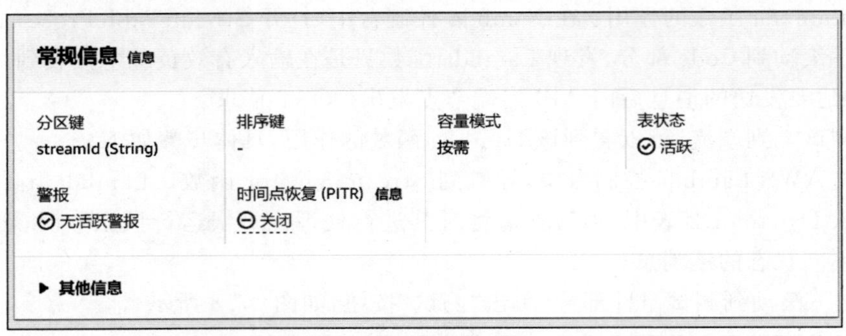

图 17.10 常规信息

(2) 单击"导出和流"选项卡,这是配置 DynamoDB 流的流使用者的位置,如图 17.11 所示。

图 17.11 "导出和流"选项卡

(3) 向下滚动到触发器部分,选择"StreamTableProcessor"并单击"删除"按钮,如图 17.12 所示。

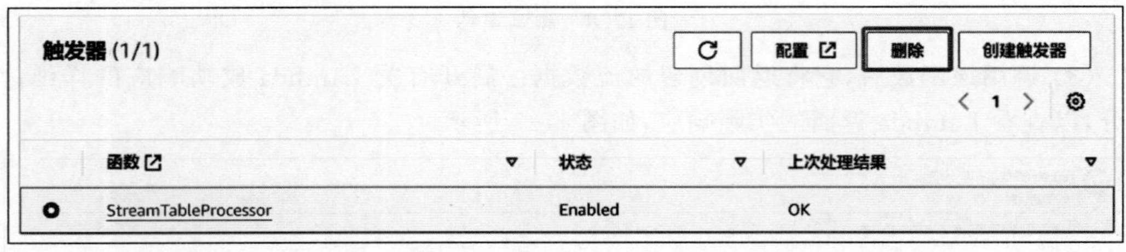

图 17.12 删除 StreamTableProcessor

3. 创建 EventBridge 管道

(1) 导航到 Amazon EventBridge 管道控制台,单击"管道"按钮,管道界面如图 17.13 所示。

在本实验中,使用 AWS 控制台配置所有内容(可以使用自己喜欢的基础结构作为代码框架来配置管道)。

Amazon EventBridge 管道允许用户指定源、目标、筛选(可选)和富集(可选),从而允许

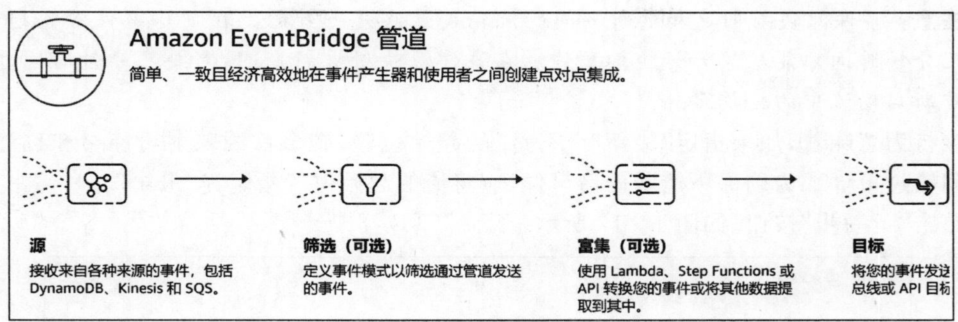

图 17.13　管道界面

用户构建定制的点对点集成。

（2）单击“创建管道”，如图 17.14 所示。

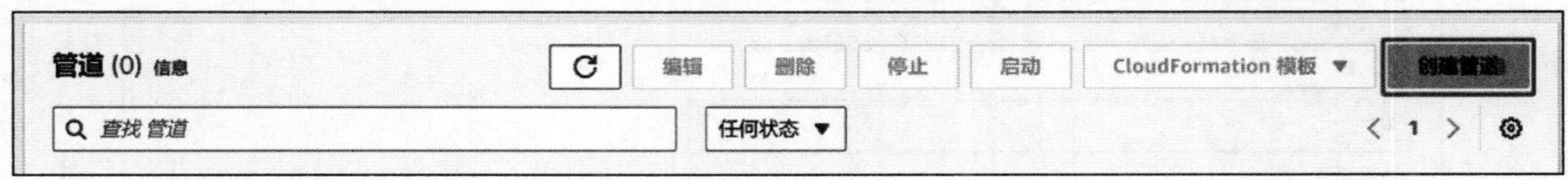

图 17.14　创建管道

（3）设置管道名称为 StreamBroadcastPipe，如图 17.15 所示。

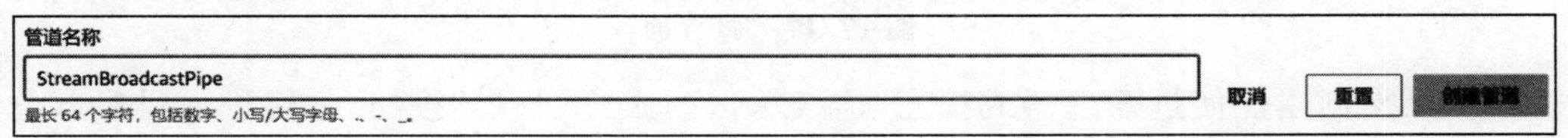

图 17.15　设置管道名称

4. 连接 DynamoDB 源

EventBridge 管道将使用来自 DynamoDB 的消息，以使用 DynamoDB 流从 DynamoDB 提取数据。

（1）选择 DynamoDB 作为源，然后选择 DynamoDB 流下拉菜单中的 Streams，如图 17.16 所示。

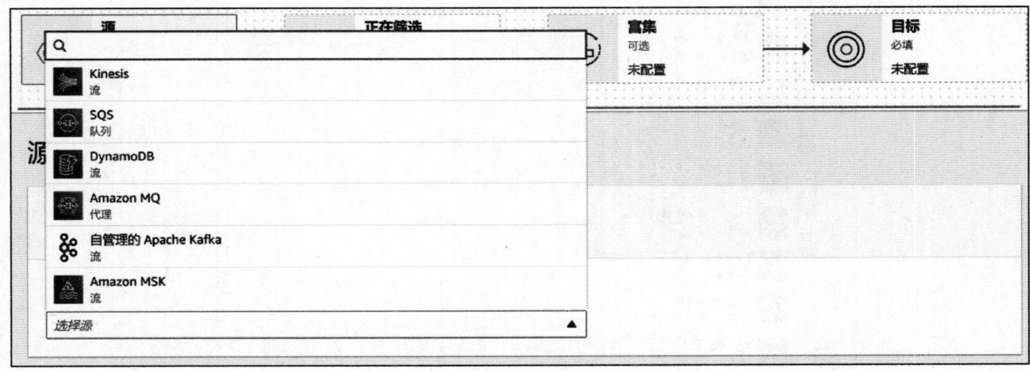

图 17.16　选择源

（2）配置起始位置为“最早”。

注意：事件源映射创建和更新期间的流轮询最终是一致的。在创建事件源映射期间，需要几分钟时间才能从流开始轮询事件。在事件源映射更新期间，需要几分钟时间才能停止并重新启动流中的轮询事件。

该行为意味着，如果指定“最新”作为流的起始位置，则事件源映射可能会在创建或更新期间错过事件。为确保不遗漏任何事件，应将流的起始位置指定为“最早”。

单击“下一步”按钮，如图 17.17 所示。

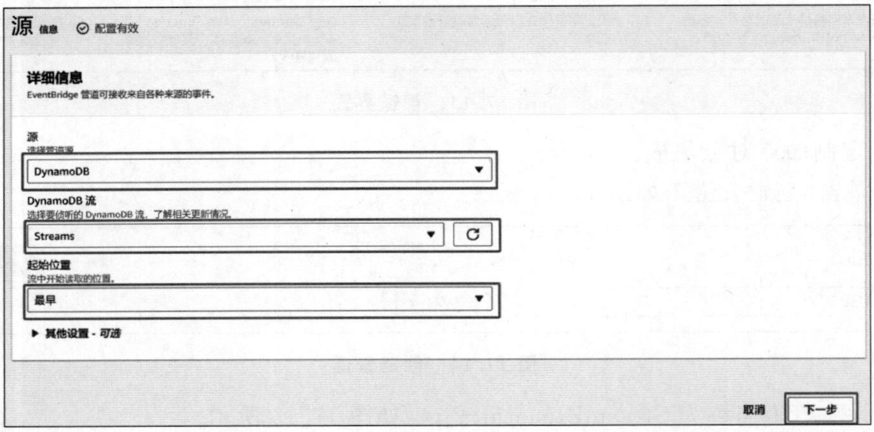

图 17.17　源界面

(3) 无须创建任何过筛选器或扩充，连续单击两次“下一步”按钮，最终进入目标部分。

5. 选择管道的目的地

在管道上设置目的地并调用 API，以将一些数据插入 DynamoDB 中。目前管道有 14 个可用的目的地，包括 AWS Lambda、API Gateway、Step Functions 和 EventBridge 事件总线等服务(在目标部分中选择“目标服务”即可看到)，如图 17.18 所示。

图 17.18　选择菜单信息

用户需要配置 Lambda 函数使用的相同目标，它是一个 API Gateway 托管的 API。

(1) 在下拉菜单中，选择“API Gateway”。

用户可以选择 API 目标。API 目标允许用户向互联网上可用的任何 API 发出 HTTP 请求，由于用户的 API 托管在 API Gateway 中，因此可以执行直接调用。

(2) 在下拉菜单中，选择“ApiDynamoRestAPI1”并将部署阶段设为“dev”。

在配置 API 网关的调用时，用户可以指定想要针对的 API 上的路由。

(3) 选择“/{id} POST”作为集成目标。

由于所选的 API 路由包含一个 path 参数，因此用户还需要确保它已被配置。用户可以将 path 参数硬编码(path parameter)为固定值，或者使用 JSON path 语法从消息中进行提取。

(4) 使用 DynamoDB 流记录中的 streamId 作为 HTTP 请求路径中的值。

例如，DynamoDB 流消息按照下面的 JSON 格式进行格式化，并计算出正确的路径参数值。


```
{
  "eventID": "1",
  "eventVersion": "1.0",
  "dynamodb": {
    "Keys": {
      "pk": {
        "s": "TESTEVENT"
      }
    },
    "NewImage": {
      "streamStatus": {
        "S": "streamCreated"
      },
      "userId": {
        "S": "USER456"
      },
      "streamId": {
        "S": "STREAM123"
      },
      "streamDate": {
        "S": "2023 - 11 - 30"
      }
    },
    "StreamViewType": "NEW_AND_OLD_IMAGES",
    "SequenceNumber": "111",
    "SizeBytes": 26
  },
  "awsRegion": "us - west - 2",
  "eventName": "INSERT",
  "eventSourceARN": "arn:aws:dynamodb:us - east - 1:111122223333:table/EventSourceTable",
  "eventSource": "aws:dynamodb"
}
```


(5) 将下面的代码复制到路径参数字段，可以忽略“标头参数”和“查询字符串参数”，如图 17.19 所示。

```
$.dynamodb.NewImage.streamId.S
```

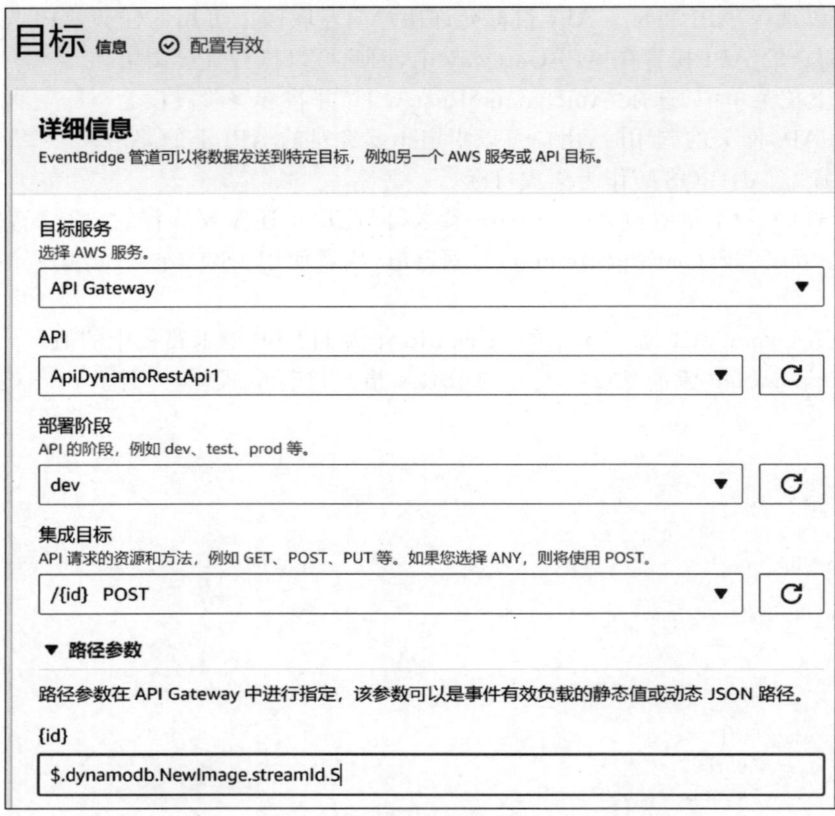

图 17.19　目标界面配置

注意：*在应用输入转换器之前提取路径参数，意味着路径参数需要来自完整 DynamoDB 流消息的 JSON 路径。*

(6) 选择性地指定要随请求一起发送的正文。主体是使用 InputTransformer 配置的输入转换器，使用户能够重塑 JSON 事件输入有效负载，以满足充实或目标服务的需求。

在本场景中，用户可以将上面所示的 DynamoDB 流 JSON 替换为更清晰、更易于下游消费者理解的内容。用户可以在“转换器”输入框中配置输入转换器，也可以将上面的 DynamoDB 消息复制并粘贴到“示例事件/事件有效负载”输入框中，以实时查看转换器的输出。

下游 API 正在寻找遵循此 JSON 格式的消息：

```
{
  "streamId": "ORD123",
  "userId": "USER456",
  "streamDate": "2023-01-01",
  "streamStatus": "streamCreated",
  "source": "Amazon EventBridge Pipes"
}
```

如果用户找到了正确的输入转换器，则将输入 DynamoDB 流消息转换为 API 所期望的 JSON。如果没有找到，则使用下面这个输入转换器。

```
{
  "streamId": <$.dynamodb.NewImage.streamId.S>,
  "userId": <$.dynamodb.NewImage.userId.S>,
  "streamDate": <$.dynamodb.NewImage.streamDate.S>,
  "streamStatus": <$.dynamodb.NewImage.streamStatus.S>,
  "source": "EventBridge Pipes"
}
```

最终结果如图 17.20 所示，输入"示例事件/事件有效负载"信息，输入"转换器"信息，自动生成"输出"信息。

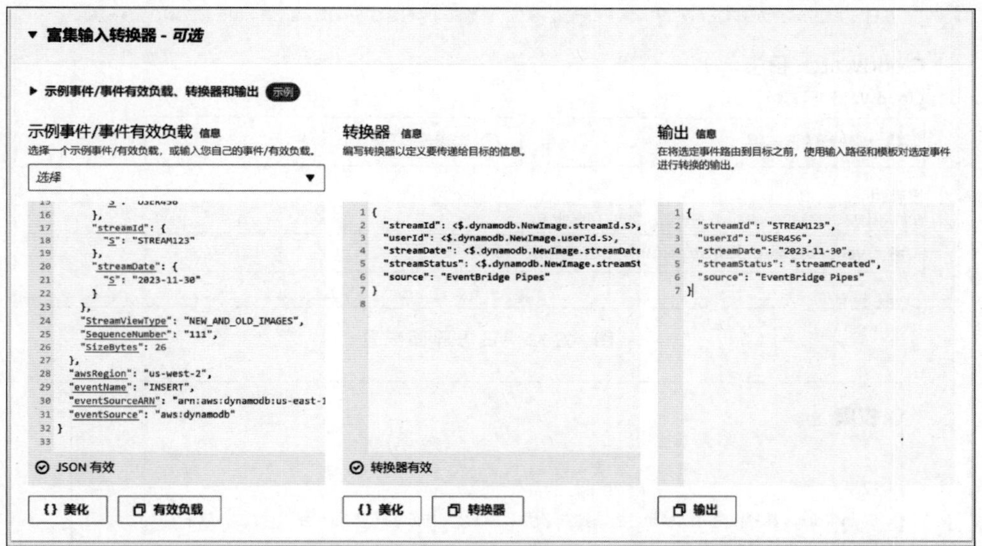

图 17.20　富集选择器示例

注意：本实验不会使用管道内置的日志记录功能。

(7) 向上滚动到管道控制台的顶部，并切换到"管道设置"，如图 17.21 所示。

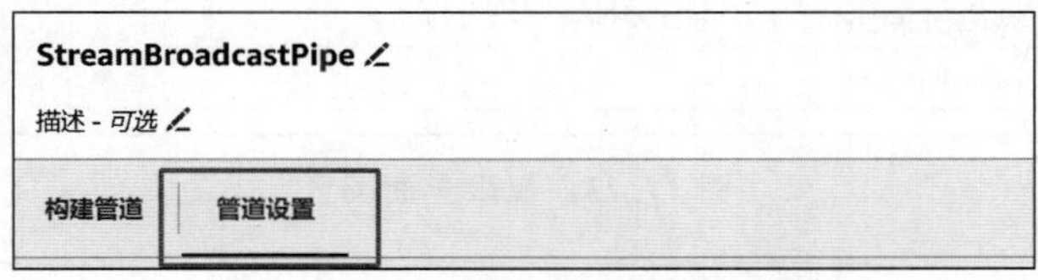

图 17.21　管道设置选项卡

(8) 在日志部分，选中"CloudWatch 日志"，如图 17.22 所示。

(9) 在"权限"部分，选择"使用现有角色"，角色名称为"StreamDeliveryPipeRole"，如图 17.23 所示。

注意：配置权限时，需要将管道配置为使用具有本实验其余部分所需权限的角色。

(10) 向下滚动到窗口底部，然后单击"创建管道"按钮，如图 17.24 所示。

(11) 确保管道的状态为"正在运行 "，如图 17.25 所示，然后再继续下一部分。

日志 - 可选 信息
日志目标
选择要将日志传送到的目标。
CloudWatch 日志
Kinesis Data Firehose 流
S3 日志
日志级别 信息
要包括的日志详细信息级别。这适用于您选择的所有日志目标。
错误
包括执行数据
在日志中包括事件负载以及 AWS SDK 请求和响应。警告：此数据可能包含敏感信息，此设置适用于您选择的所有日志目标。
CloudWatch 日志
CloudWatch 日志组
创建新的日志组
选择现有日志组
日志组
我们将代表您创建 CloudWatch 日志组。您可以更改此名称。
/aws/vendedlogs/pipes/StreamBroadcastPipe

图 17.22　日志界面配置

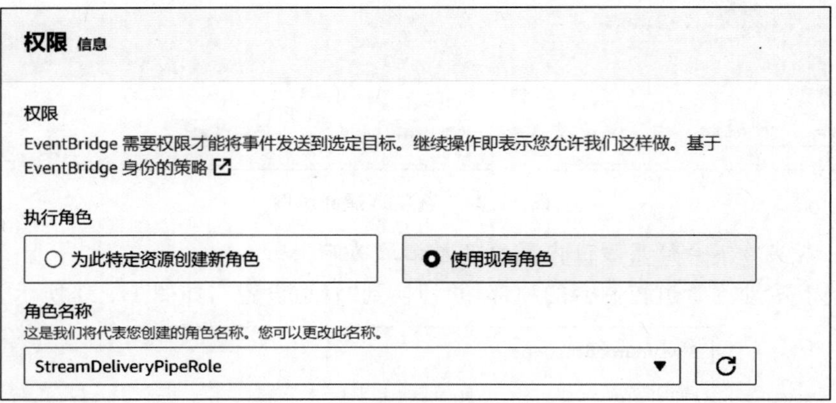

权限 信息
权限
EventBridge 需要权限才能将事件发送到选定目标。继续操作即表示您允许我们这样做。基于
EventBridge 身份的策略
执行角色
为此特定资源创建新角色
使用现有角色
角色名称
这是我们将代表您创建的角色名称。您可以更改此名称。
StreamDeliveryPipeRole

图 17.23　权限界面配置

图 17.24　创建管道

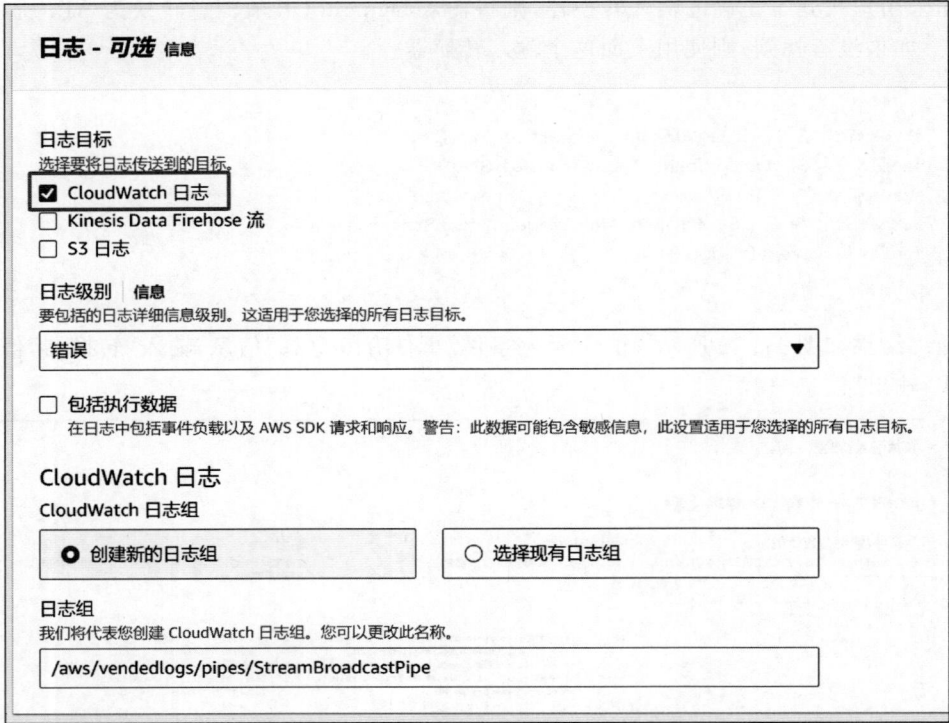

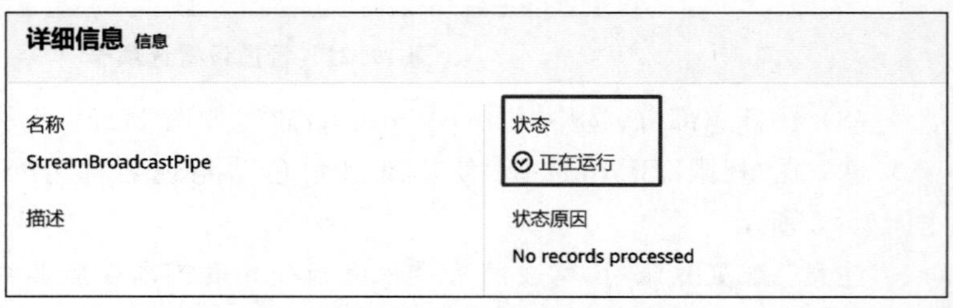

图 17.25　状态查看

注意：通过本步骤，已将 Lambda 函数替换为 EventBridge 管道。

6. 测试

(1) 在 AWS Lambda 控制台中，导航到 StreamIngestor 函数。

Lambda 函数允许用户将测试订单记录插入 DynamoDB 表中，然后 EventBridge 管道将处理该表。每次运行此函数时，都会创建具有 4 种不同状态的 4 条不同消息。

(2) 向下滚动到测试事件部分，选择“测试”选项卡，然后单击“测试”按钮，如图 17.26 所示。

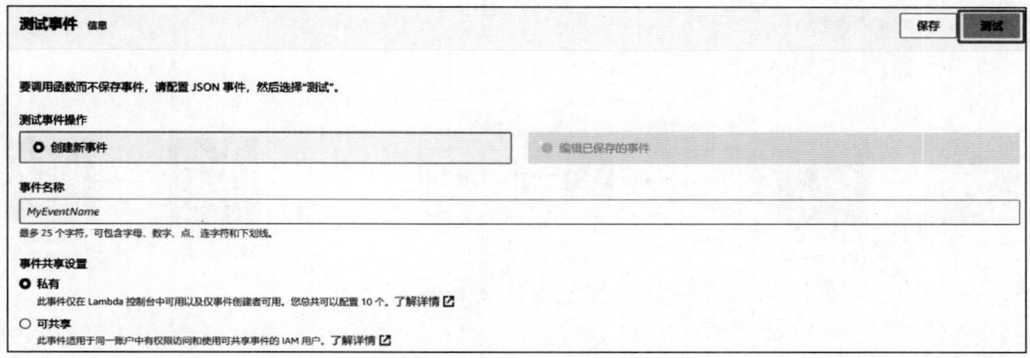

图 17.26　测试界面

(3) 该函数在调用后将返回创建的消息。检查 Broadcast API 数据库表，以确认消息是否已成功处理，如图 17.27 所示。

正在执行函数：成功（日志）

▼ 详细信息

下面的区域显示了最后 4KB 的执行日志。


```
{
  "statusCode": 200,
  "body": {
    "message": "Streams inserted successfully in Streams Table",
    "streams": [
      {
        "streamId": "fe1f98ee-70b5-48a8-8d03-aa3946cbe778",
        "userId": "b15de2cb-547a-4a81-b24c-880acd2a488d",
        "streamDate": "2024-02-19 05:00:04",
        "streamStatus": "streamCreated"
```


图 17.27　详细信息界面

(4) 在 DynamoDB 控制台中，选择“浏览项目”，导航到 Broadcast 表。此时可以看到新创建的消息，其中包含 source 的 EventBridge Pipes，如图 17.28 所示。

返回的项目 (8)　　操作 ▼　创建项目

	streamId (字符串)	source	streamDate ▲	streamStatus	userId
☐	13290293-9e21-4f50...	EventBridg...	2024-02-19 ...	streamCreated	7d66c72a-cc73-40b6-9ae1-dc5af0c34556
☐	6e8d1f93-f04c-4158-...	EventBridg...	2024-02-19 ...	streamCanceled	9900cc26-6bdd-4a1e-bfbb-0c79f8cb930b
☐	73f78f18-429c-41c3-...	EventBridg...	2024-02-19 ...	streamComplet...	ecd7cb64-495a-47f8-8196-f28edf726fa4
☐	b68d090c-3eca-4df7-...	EventBridg...	2024-02-19 ...	streamPaused	55f0ea3c-a233-40f0-89e8-cba15d1c5f5c

图 17.28　信息查看界面

至此，第一个管道已成功配置并测试！

17.4　过滤信息

本部分实验目标：只接收 streamCreated 消息，而不是接收所有内容。

方法：在 EventBridge 管道应用过滤器，实现对实际消息有效负载中的数据进行动态过滤。

优点：对下游消费者可以防止超载；对开发人员可以节省资金（只需要为过滤后通过管道处理的消息付费）。

架构图如图 17.29 所示。

图 17.29　架构图

1. 添加过滤器

（1）导航到 Amazon EventBridge 管道控制台，选择“管道”选项，打开在前面中创建的名为 StreamBroadcastPipe 的管道（单击“StreamBroadcastPipe”即可），如图 17.30 所示。

图 17.30　管道界面

（2）单击“编辑”按钮，如图 17.31 所示。

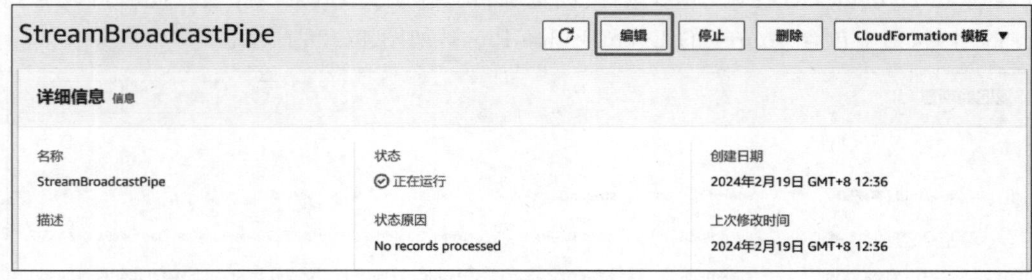

图 17.31　编辑管道

（3）选择“正在筛选”选项卡，为流经管道的消息配置过滤器，如图 17.32 所示。

（4）在过滤部分，示例事件部分预先填充了 DynamoDB 流事件。

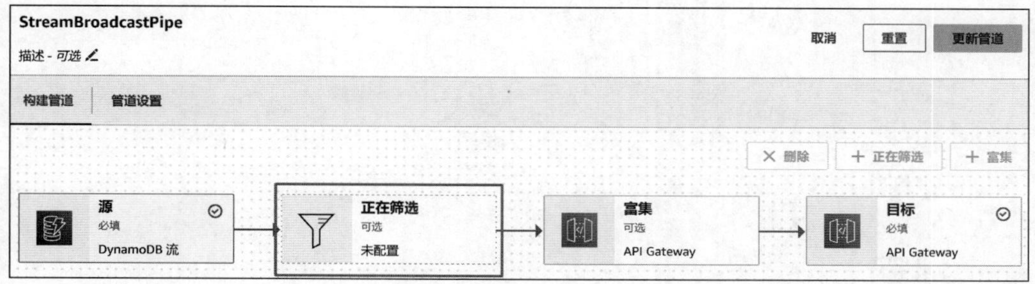

图 17.32　“正在筛选”选项卡

(5) 向下滚动到事件模式部分。在此处定义过滤器时，如果用户熟悉 Amazon EventBridge 规则的过滤定义，那么用户将熟悉该语法，此外用户也可以在文档中找到更多关于基于内容的过滤的信息。

对于本例，用户需要为 streamCreated 的 streamStatus 添加一个过滤器。流状态值存储在 dynamodb. NewImage. streamStatus. S 属性中。

注意：如果要获得完整和正确的过滤器模式，则应按下一节提示进行操作。

(6) 实时测试。在控制台中定义过滤器时，用户可以进行实时测试，如图 17.33 所示。

图 17.33　实时测试界面

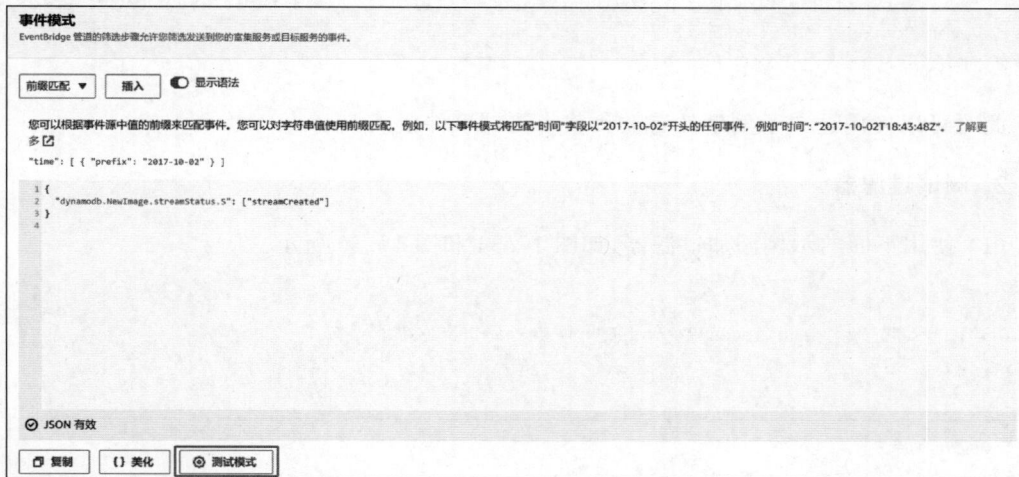

用户定义的模式将针对上一节中定义的示例事件进行测试。

这里的例子是一个默认的例子。如果选择“输入我自己的”选项，则可以输入要测试的自定义事件，单击“输入我自己的”并将下列事件复制到输入事件 JSON 中。

```
{
  "eventID": "1",
  "eventVersion": "1.0",
  "dynamodb": {
    "Keys": {
      "pk": {
        "s": "TESTEVENT"
      }
```

```
      },
      "NewImage": {
        "streamStatus": {
          "S": "streamCreated"
        },
        "streamId": {
          "S": "STREAM123"
        },
        "userId": {
          "S": "USER123"
        },
        "streamDate": {
          "S": "2023 - 11 - 30"
        }
      },
      "StreamViewType": "NEW_AND_OLD_IMAGES",
      "SequenceNumber": "111",
      "SizeBytes": 26
    },
    "awsRegion": "us - west - 2",
    "eventName": "INSERT",
    "eventSourceARN": "arn:aws:dynamodb:us - east - 1:111122223333:table/EventSourceTable",
    "eventSource": "aws:dynamodb"
}
```

此时可以使用这个示例事件有效负载来测试事件模式。

2. 测试过滤器

(1) 使用下面的示例添加过滤器,如图 17.34 和图 17.35 所示。

```
{
  "dynamodb.NewImage.streamStatus.S": ["streamCreated"]
}
```

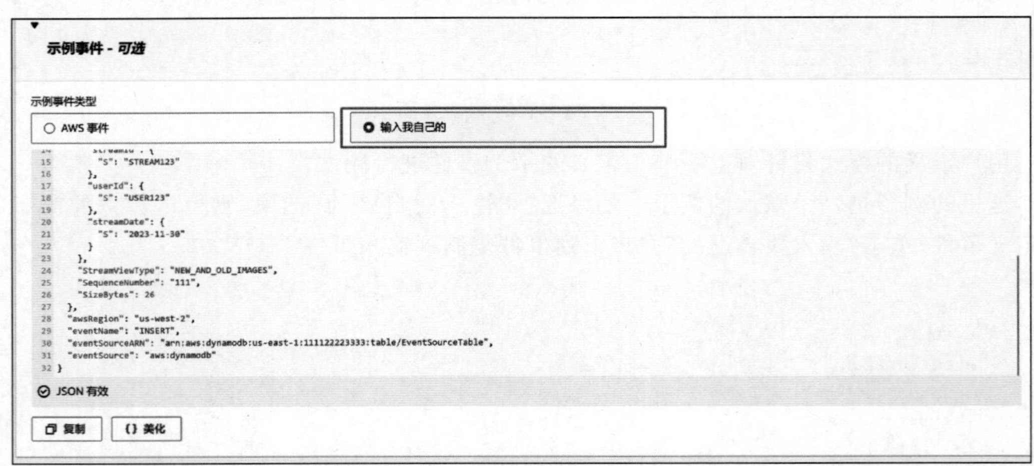

图 17.34　选择事件类型

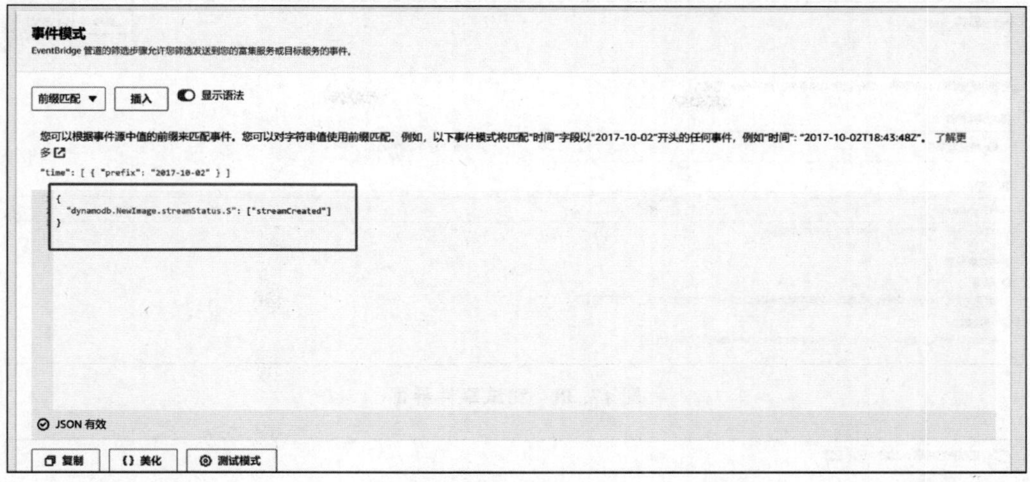

图 17.35　输入代码

(2) 有了正确的模式后，向上滚动到窗口顶部并单击"更新管道"按钮，如图 17.36 所示。

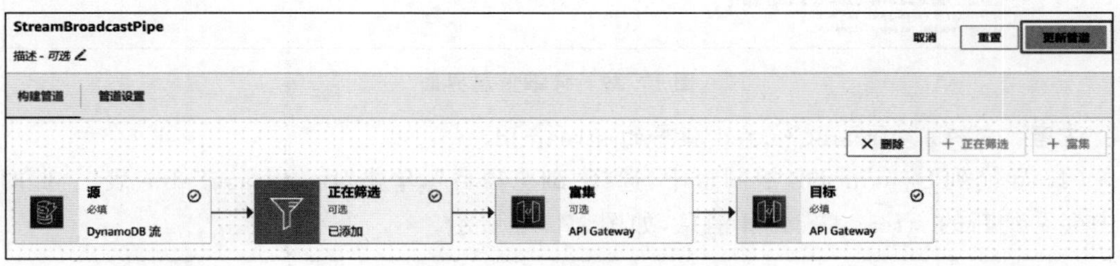

图 17.36　更新后的架构图

(3) 在进入下一节之前，确保管道的状态为"正在运行"，如图 17.37 所示。

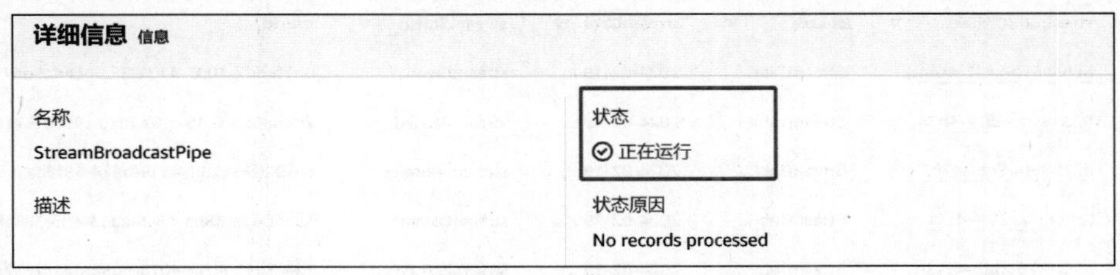

图 17.37　查看状态

3. 测试管道

(1) 在 AWS Lambda 控制台中，导航到 Streamlgestor 函数。

Lambda 函数允许用户将测试订单记录插入 DynamoDB 表中，然后 EventBridge Pipe 将对其进行处理。每次运行此函数时，将创建具有 4 个不同状态的 4 个不同消息。

(2) 向下滚动到测试事件部分并单击"测试"按钮，如图 17.38 所示。

(3) 该函数在调用后返回创建的消息。检查 Broadcast API 数据库表，以确认消息是否已成功处理，如图 17.39 所示。

测试事件 信息　　保存　测试

要调用函数而不保存事件，请配置 JSON 事件，然后选择“测试”。

测试事件操作

创建新事件　　编辑已保存的事件

事件名称

MyEventName

最多 25 个字符，可包含字母、数字、点、连字符和下划线。

事件共享设置

私有

此事件仅在 Lambda 控制台中可用以及仅事件创建者可用。您总共可以配置 10 个。了解详情

可共享

此事件适用于同一账户中有权限访问和使用可共享事件的 IAM 用户。了解详情

图 17.38　测试事件界面

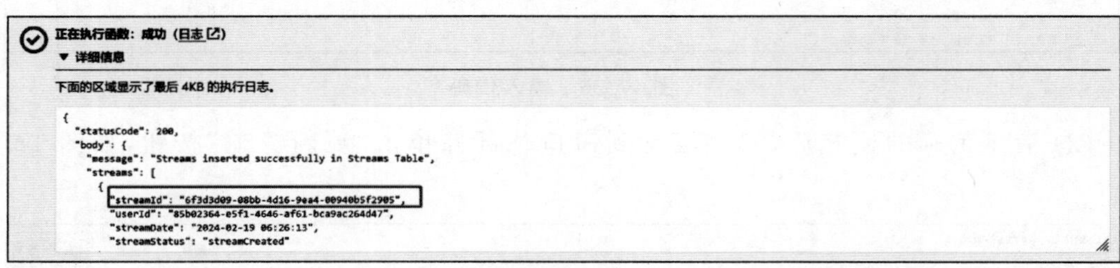

图 17.39　详细信息界面

注意：应确认 streamCreated 顺序的 streamId。

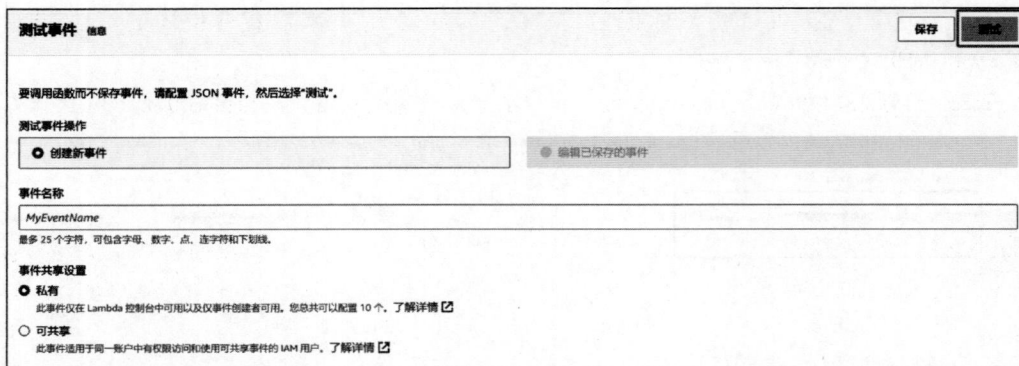

(4) 导航到 DynamoDB 控制台中，选择“浏览项目”，单击“BroadcastTable 表”。此时在表中会看到新的 streamCreated 消息，如图 17.40 所示。

返回的项目 (16)　　操作　创建项目

	streamId (字符串)	source	streamDate	streamStatus	userId
☐	866de59b-ae41-4c44...	StreamTabl...	2024-02-19 ...	streamCreated	0b7fedd2-1007-4701-88e9-ba4a5d5751be
☐	9254914c-e87a-4b74...	StreamTabl...	2024-02-19 ...	streamPaused	2b7bd9a5-6c18-4f0e-8fce-e908df6710ba
☐	d22989f4-9dbf-47b3...	StreamTabl...	2024-02-19 ...	streamCanceled	bea92e9e-c211-4b19-b974-19f9ea90f494
☐	8cbb09f4-29af-4df4-...	StreamTabl...	2024-02-19 ...	streamComplet...	3936045a-68be-45e6-ad13-edce389a60c4
☐	950cfba0-bbfc-4613-...	StreamTabl...	2024-02-19 ...	streamPaused	7a9c3ba9-8b1e-4078-bd5b-342f4732fb71
☐	6f3d3d09-08bb-4d16...	StreamTabl...	2024-02-19 ...	streamCreated	85b02364-e5f1-4646-af61-bca9ac264d47

图 17.40　返回项目

至此，一个过滤器成功在管道中添加完成！

17.5　丰富信息

本部分实验目标：接收有关启动流的用户的信息，以便在出现问题时知道与谁联系；明确流的优先级。

在本服务中，用户可以将流标记为高优先级，同时开发者需要将相同的标志传递给 Broadcast API。

方法：向管道添加 add enrichment，以便在消息到达目标之前向消息添加额外的上下文。

架构图如图 17.41 所示。

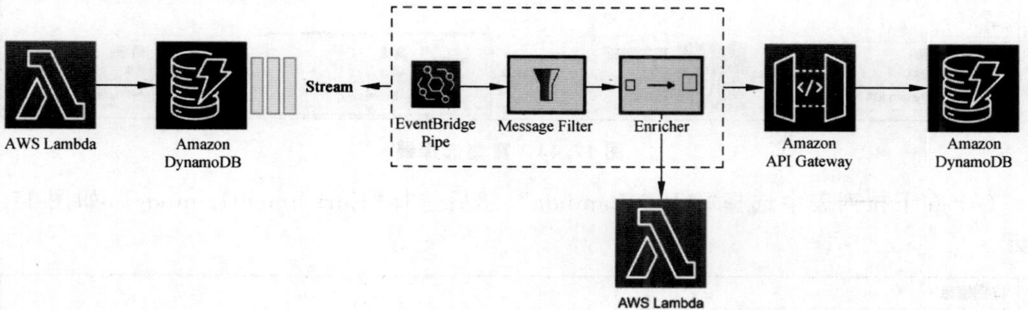

图 17.41　架构图

1. 配置扩充

(1) 导航到 Amazon EventBridge 管道控制台，选择“管道”选项，打开在前面创建的 StreamBroadcastPipe(单击“StreamBroadcastPipe”即可)，如图 17.42 所示。

图 17.42　管道界面

(2) 单击“编辑”按钮，如图 17.43 所示。

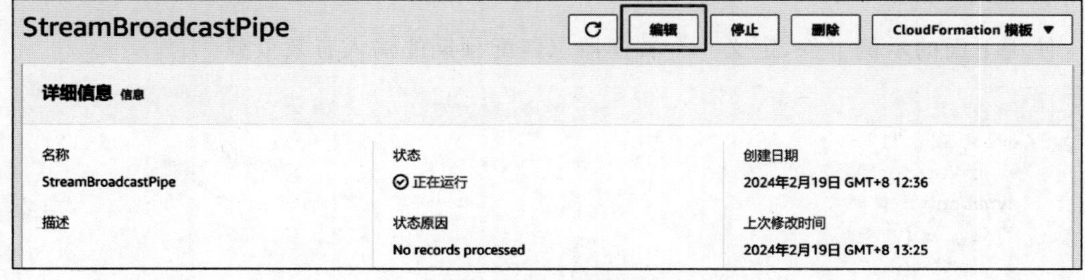

图 17.43　编辑管道

(3) 选择“富集”以向管道添加富集器，如图 17.44 所示。

AWS Lambda、Step Functions、API Gateway 和 API 目标是用于丰富消息的可用选项。在该示例中，用户将配置 Lambda 函数以从消息中检索其他客户信息。

注意：在构建富集器时，Lambda 或 Step Function 富集器接收的输入始终是一个数组(即使源的批处理大小设置为 1)。

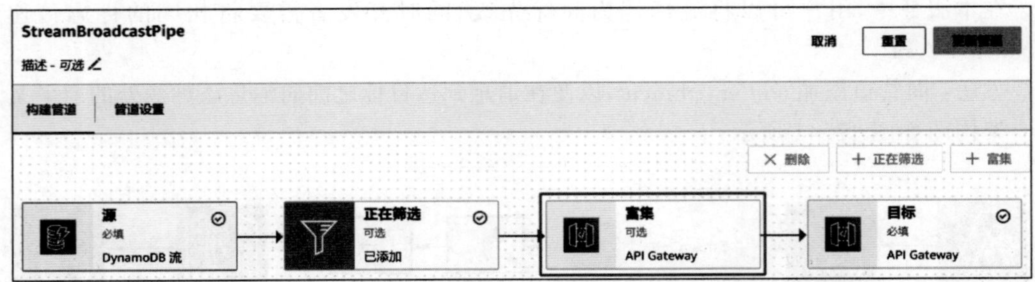

图 17.44　富集选择器

(4) 在下拉列表中选择"AWS Lambda",然后选择"EnrichmentLambda",如图 17.45 所示。

详细信息
EventBridge 管道的富集步骤允许您在将源数据发送到目标之前对其进行增强。
服务
选择 AWS 服务。
AWS Lambda
函数
EnrichmentLambda
▶ 配置版本/别名

图 17.45　选择函数

(5) 展开富集输入转换器(像前面章节一样为富集器配置输入转换器)。执行扩充的 Lambda 函数需要以下格式的输入事件(下面的代码只是参考格式)。

```
{
  "streamId": "ORD123",
  "userId": "USER456",
  "streamDate": "2023-01-01",
  "streamStatus": "streamCreated"
}
```

使用下面的示例事件,定义一个转换器以匹配预期的输入有效负载。

```
{
  "eventID": "1",
  "eventVersion": "1.0",
  "dynamodb": {
    "Keys": {
      "pk": {
        "s": "TESTEVENT"
      }
    },
    "NewImage": {
      "streamId": {
        "S": "STREAM123"
      },
      "streamDate": {
        "S": "2023-01-01"
```

```
        },
        "userId": {
          "S": "USER456"
        },
        "streamStatus": {
          "S": "streamCreated"
        }
      },
      "StreamViewType": "NEW_AND_OLD_IMAGES",
      "SequenceNumber": "111",
      "SizeBytes": 26
    },
    "awsRegion": "us-west-2",
    "eventName": "INSERT",
    "eventSourceARN": "arn:aws:dynamodb:us-east-1:111122223333:table/EventSourceTable",
    "eventSource": "aws:dynamodb"
  }
```

2. 扩充输入

(1) 输入转换器使用 dynamodb. NewImage. streamId. S、dynamodb. NewImage. streamDate. S、dynamodb. NewImage. userId. S 和 dynamodb. NewImage. streamStatus. S 性能。

```
{
  "streamId": "<$.dynamodb.NewImage.streamId.S>",
  "userId": "<$.dynamodb.NewImage.userId.S>",
  "streamStatus": "<$.dynamodb.NewImage.streamStatus.S>",
  "streamDate": "<$.dynamodb.NewImage.streamDate.S>"
}
```

(2) 添加输入转换器后，用户将看到基于示例事件的输出，如图 17.46 所示。

富集转换器的输入是通过管道传入的消息，在本实验中是 DynamoDB 流消息。富集器的输出是从用于执行扩充的服务返回的确切响应。这意味着除丰富数据外，富集器还充当一种转换器。

在添加扩充后，输入转换器对于用户在第 1 节中配置的 API 调用也需要更改，因为它的输入现在来自富集器，而不是来自 DynamoDB 流。

更丰富的输出采用以下格式。

```
{
    "streamId": "STR123",
    "userId": "USER123",
    "streamDate": "2023-01-01",
    "streamStatus": "streamCreated",
    "userFirstName": "Andrew",
    "userLastName": "Anderson",
    "isHighPriorityStream": false,
    "source": "EventBridge Pipes"
}
```

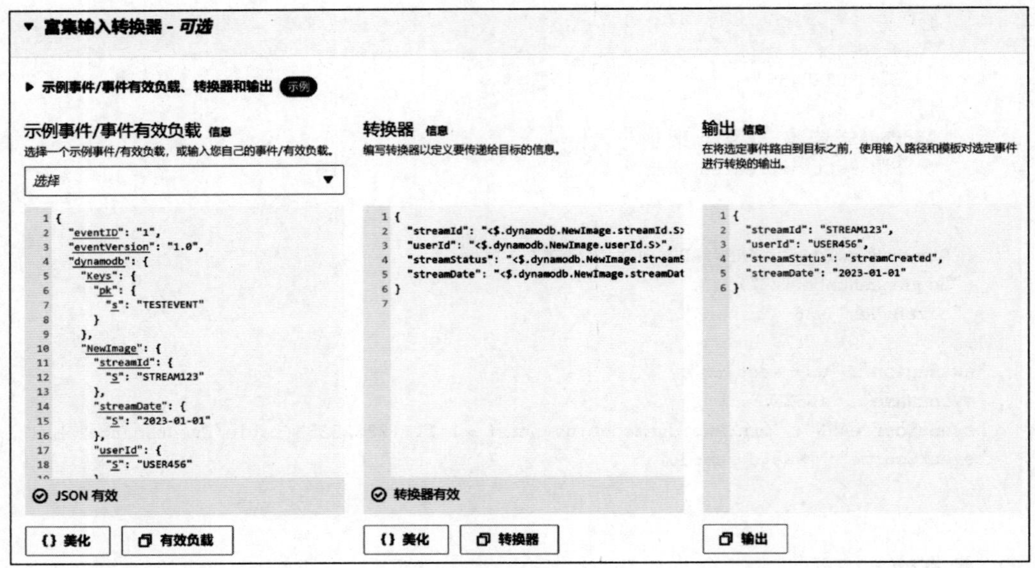

图 17.46　富集选择器

注意：用户可以将上述 JSON 复制到示例事件部分，以帮助用户创建正确的转换器。

(3) 在富集配置窗口中，单击“下一步”按钮，以转到目标步骤。

第 1 节中定义的转换器需要 DynamoDB 流事件格式的输入事件。用户需要更新 API Gateway 目标以使用新格式。

(4) 向下滚动到路径参数部分。更新{id}path 参数来使用 $. streamId，如图 17.47 所示。

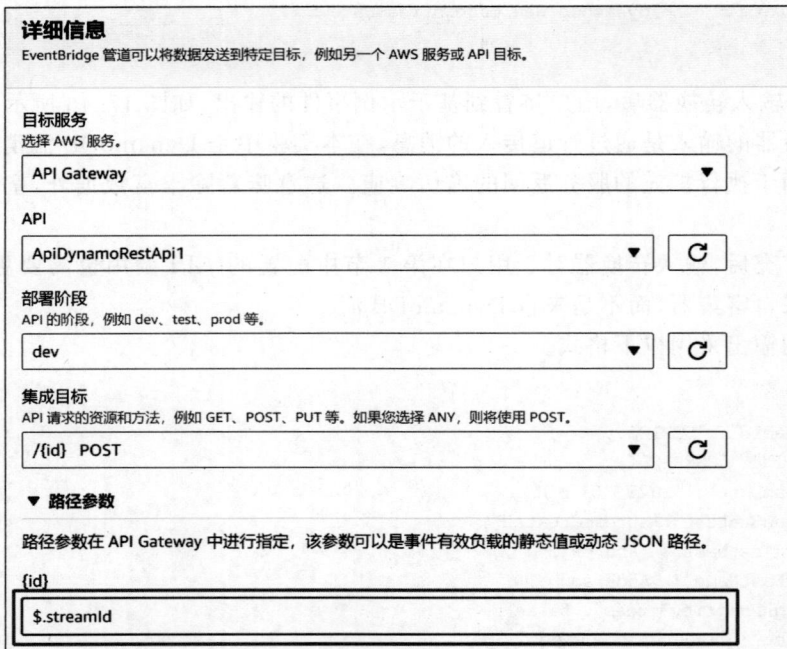

详细信息
EventBridge 管道可以将数据发送到特定目标，例如另一个 AWS 服务或 API 目标。
目标服务
选择 AWS 服务。
API Gateway
API
ApiDynamoRestApi1
部署阶段
API 的阶段，例如 dev、test、prod 等。
dev
集成目标
API 请求的资源和方法，例如 GET、POST、PUT 等。如果您选择 ANY，则将使用 POST。
/{id} POST
路径参数
路径参数在 API Gateway 中进行指定，该参数可以是事件有效负载的静态值或动态 JSON 路径。
{id}
$.streamId

图 17.47　路径参数配置

注意：路径参数取自预转换的消息，即 streamId 属性是扩充响应的根源。

（5）向下滚动到目标输入转换器部分。更改输入转换器以匹配上述 JSON，如图 17.48 所示。

目标 API 期望正文与以下架构匹配。

```
{
    "streamId": "OOR123",
    "userId": "USER123",
    "streamDate": "2023 - 01 - 01",
    "streamStatus": "streamCreated",
    "userFirstName": "Andrew",
    "userLastName": "Anderson",
    "isHighPriorityStream": "false",
    "source": "EventBridge Pipes"
}
```

定义一个输入转换器，该转换器将 JSON 响应从富集器转换为 API 期望的格式。

```
{
  "streamId": <$.streamId>,
  "userId": <$.userId>,
  "streamDate": <$.streamDate>,
  "streamStatus": <$.streamStatus>,
  "userFirstName": <$.userFirstName>,
  "userLastName": <$.userLastName>,
  "isHighPriorityStream": <$.isHighPriorityStream>,
  "source": "EventBridge Pipes"
}
```

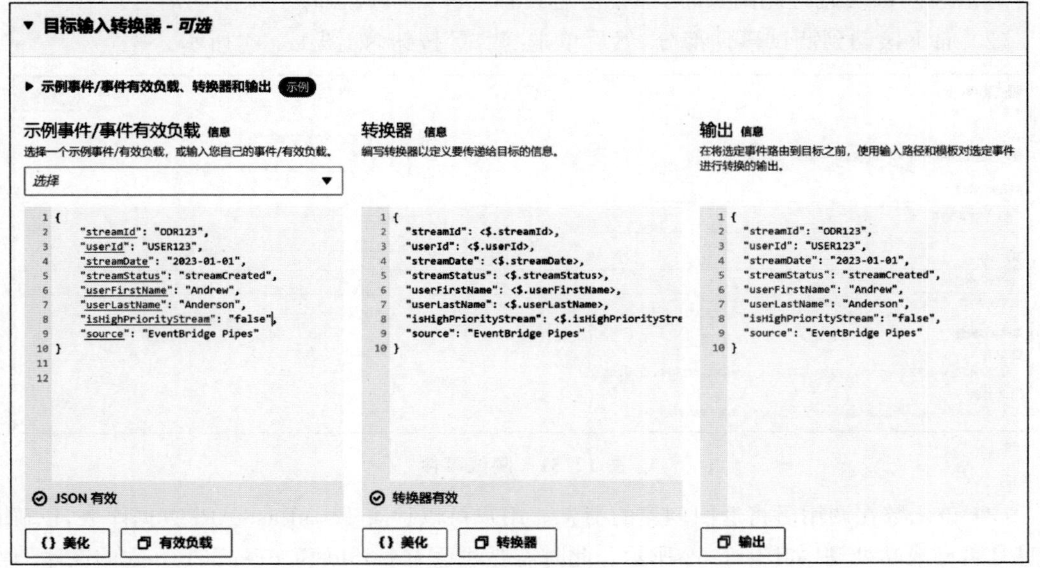

图 17.48　目标选择器

（6）勾选“我已经更新了管道的执行角色”，单击“更新管道”按钮，如图 17.49 所示。

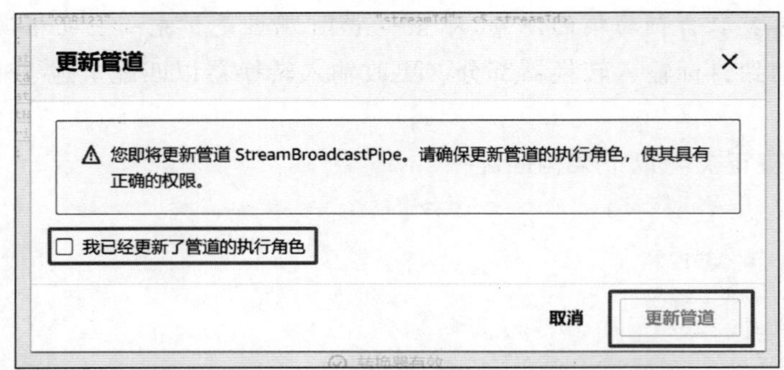

图 17.49　更新管道

(7) 确保管道的状态为“正在运行 ”如图 17.50 所示。

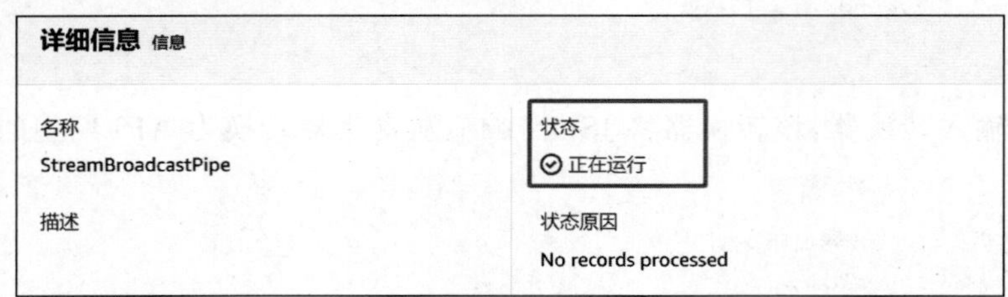

图 17.50　查看状态

3. 测试

(1) 在 AWS Lambda 控制台中,导航到 StreamIngestor 函数。

Lambda 函数允许用户将测试订单记录插入 DynamoDB 表中,然后 EventBridge 管道将处理该表。每次运行此函数时,都会创建具有 4 种不同状态的 4 条不同消息。

(2) 向下滚动到测试事件部分,然后单击“测试”按钮,如图 17.51 所示。

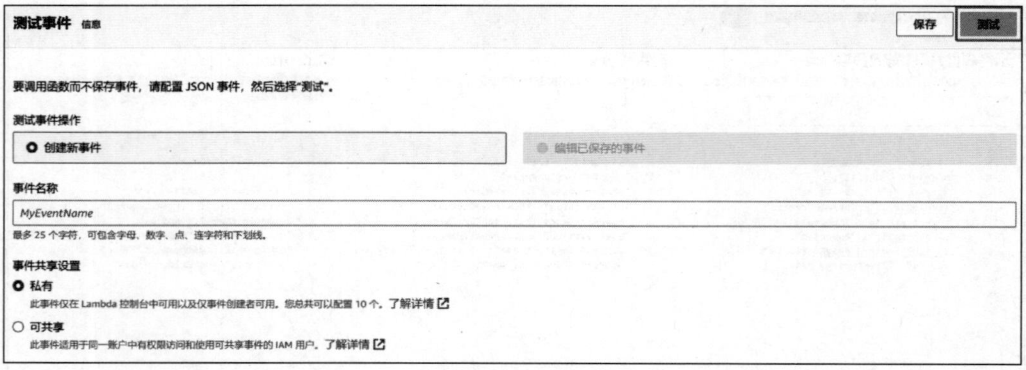

测试事件 信息　保存　测试

要调用函数而不保存事件，请配置 JSON 事件，然后选择“测试”。

测试事件操作

创建新事件　编辑已保存的事件

事件名称

MyEventName

最多 25 个字符，可包含字母、数字、点、连字符和下划线。

事件共享设置

私有

此事件仅在 Lambda 控制台中可用以及仅事件创建者可用。您总共可以配置 10 个。了解详情

可共享

此事件适用于同一账户中有权限访问和使用可共享事件的 IAM 用户。了解详情

图 17.51　测试事件

(3) 该函数在调用后将返回创建的消息。用户可以检查 Broadcast API 数据库表,以确认消息是否已成功处理,如图 17.52 所示。此时需要注意 streamId 和 streamCreated 的次序。

(4) 在 DynamoDB 控制台中,选择“浏览项目”可以看到各项数据,如图 17.53 所示。

至此,流经管道的数据已富集完成!

正在执行函数：成功（日志）

▼ 详细信息

下面的区域显示了最后 4KB 的执行日志。


```
{
  "statusCode": 200,
  "body": {
    "message": "Streams inserted successfully in Streams Table",
    "streams": [
      {
        "streamId": "866de59b-ae41-4c44-a84e-89a48a87cd8c",
        "userId": "0b7fedd2-1007-4701-88e9-ba4a5d5751be",
        "streamDate": "2024-02-19 06:50:50",
        "streamStatus": "streamCreated"
```


图 17.52　测试界面

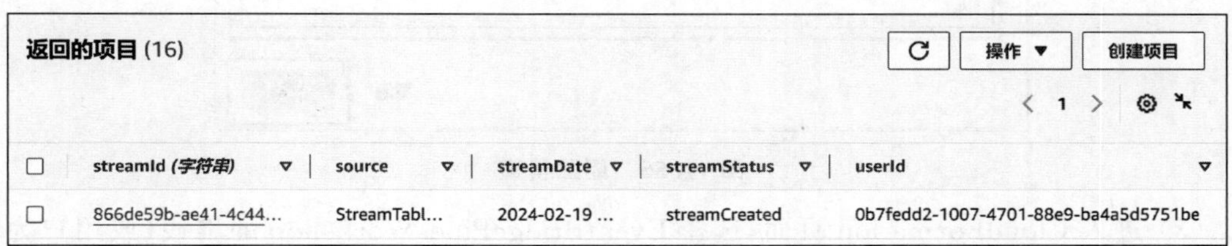

图 17.53　查看返回项目

17.6　总结

完整的管道架构图如图 17.54 所示。

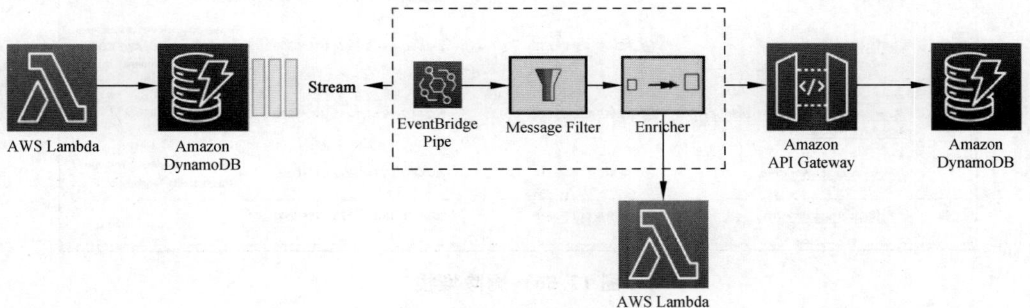

图 17.54　完整的管道架构图

EventBridge Pipes 是一项功能强大的服务，允许用户以点对点的方式连接服务。

用户已成功配置 Amazon EventBridge 管道以构建无服务器点对点集成。用户删除了在 Lambda 函数中运行的无差别“黏附”代码，并将其替换为可显著降低运营开销的托管服务。用户通过筛选流经管道的消息来优化成本，并通过从第三方服务检索其他数据来丰富成本。

17.7　自托管清理

自托管清理的实现步骤如下。

（1）导航到 Amazon EventBridge 管道控制台，选择“管道”选项。

（2）删除 StreamBroadcastPipe。勾选“ StreamBroadcastPipe”，输入“删除”并单击“删除”按钮，如图 17.55 所示。

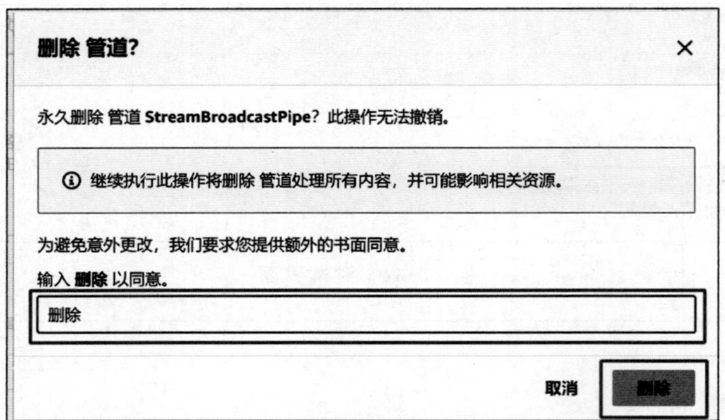

图 17.55　删除管道

(3) 进入 CloudFormation 页面，选择 EventBridgePipesWorkshop 的堆栈(或用户为堆栈设置的任何名称)，然后单击“删除”按钮，如图 17.56 和图 17.57 所示。

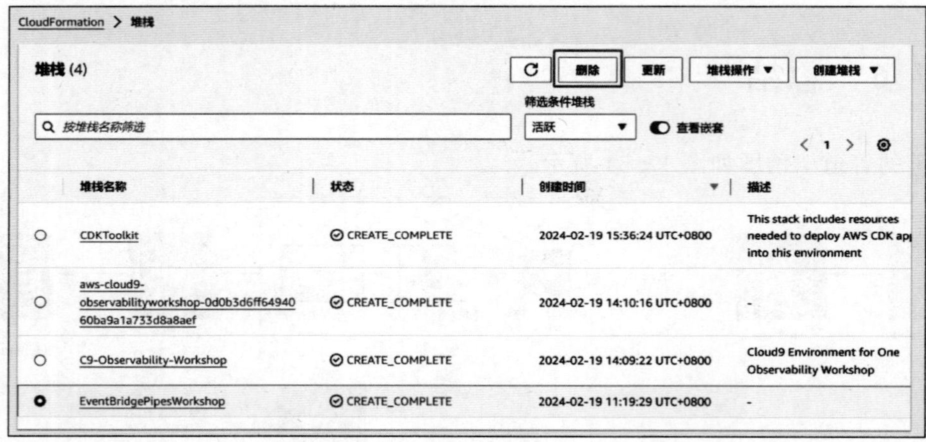

图 17.56　删除堆栈

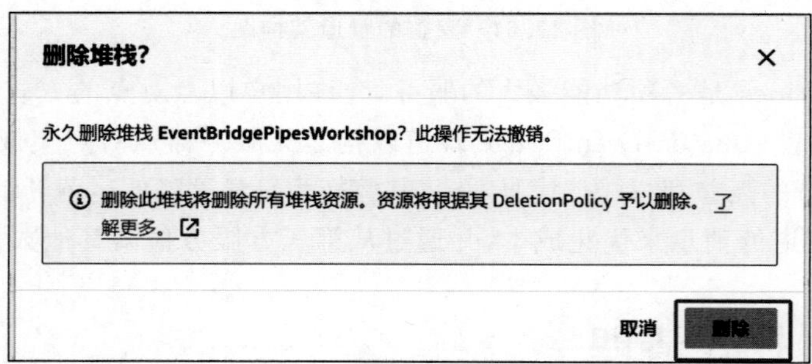

图 17.57　删除堆栈

第18章

综合实验

CHAPTER 18

本书共提供了18个实验，其中前8个实验已经进行了详细介绍。后10个实验分别为创建一个弹性高可用博客、基于AWS的Kubernetes、使用S3实现静态网站、EFS弹性文件系统、保护Windows服务器、应用防火墙、云上Hadoop、托管Kafka、托管Opensearch和基于K8s的云上数据分析。由于篇幅限制，在此不再展开详述，完整内容可通过扫描下方二维码进行查看。

18.1　实验：创建一个弹性高可用博客

本实验创建一个弹性高可用博客，主要内容包括通过蓝图快速创建博客站点、高可用的应用站点、弹性伸缩的应用站点等。

视频讲解

文档说明

18.2　实验：基于 AWS 的 K8s

K8s 是一个用于实现容器化应用程序的部署、扩缩和管理自动化的开源系统。本实验通过在 AWS 上运行 K8s，使读者实现 EKS 集群及云托管服务。

视频讲解

文档说明

18.3　实验：使用 S3 实现静态网站

Amazon S3 是一个典型的 Web 服务，使用存储桶组织对象，使得用户可以通过 HTTP 和 API 存储和访问数据。本实验使用 Amazon S3 实现静态网站，主要内容包括新建存储桶、归档对象、创建静态网站等。

视频讲解

文档说明

18.4　实验：EFS 弹性文件系统

本实验通过完整创建一个托管文件系统，使读者体会云的简单性和便利性，便于用户实际构建云托管的 NAS 系统。

视频讲解

文档说明

18.5　实验：保护 Windows 服务器

本实验通过相关组件快速构建符合 DISA 安全标准的镜像，使用 AWS 服务持续监控 Windows 工作负载，并进行配置管理以实现合规场景和满足漏洞扫描等安全场景。

视频讲解

文档说明

18.6　实验：应用防火墙

使用应用防火墙是向 Web 应用程序添加深度防御的好方法。本实验讲述如何通过防火墙降低 SQL 注入、跨站点脚本和其他常见攻击。用户通过创建自定义规则，可以决定在 HTTP 请求到达应用程序前阻止或允许攻击。

视频讲解

文档说明

18.7　实验：云上 Hadoop

本实验讲述如何在云上构建基本的 Hadoop 集群，包括创建集群、执行 Spark ELT 任务、使用 Presto 集群，以及通过云上托管的 Hadoop 集群快速实现资源弹性扩缩等。

视频讲解

文档说明

18.8 实验：托管 Kafka

本实验讲述如何在云上构建托管消息中间件 Kafka，包括身份认证、连接 Kafka、创建/查看/删除 Topic、消费 Topic，以及如何利用云的优势实现集群扩展。

视频讲解

文档说明

18.9 实验：托管 OpenSearch

本实验讲述如何在云上构建托管的 OpenSearch 集群，并实现基本的数据插入、搜索和分析、安全和异常检测、仪表板可视化等功能，同时还涉及数据管道创建和数据加载等。

视频讲解

文档说明

18.10 实验：基于 K8s 的云上数据分析

本实验首先基于 K8s、MySQL、Hive、Spark 和 Scala 等数据分析云端环境，以进行相应配置与部署。然后通过本地的 Python 环境远程连接云上部署环境，并基于 Life Expectancy Data 数据集进行各国健康状况的数据挖掘与分析。

文档说明

参考文献

[1] 韩燕波，王磊，王桂玲，等. 云计算导论：从应用视角开启云计算之门[M]. 北京：电子工业出版社，2015.

[2] THOMAS E，ZAIGHAM M. 云计算概念、技术与架构[M]. 龚奕利，贺莲，胡创，译. 北京：机械工业出版社，2014.

[3] CARLIN S，CURRAN K. Cloud Computing Security [J]. International Journal of Ambient Computing and Intelligence (IJACI)，2011，3(1)：14-19.

[4] 王惠莅，杨晨，杨建军. 云计算安全和标准研究[J]. 信息技术与标准化，2012，(5)：16-19.

[5] WHITE T. Hadoop 权威指南[M]. 周敏，曾大聃，周傲英，译. 2 版. 北京：清华大学出版社，2011.

[6] 喻坚，韩燕波. 面向服务的计算和应用[M]. 北京：清华大学出版社，2006.

[7] “IBM 虚拟化与云计算”小组. 虚拟化与云计算[M]. 北京：电子工业出版社，2009.

[8] 韩燕波，王桂玲，刘晨，等. 互联网计算的原理与时间[M]. 北京：科学出版社，2010.

[9] 卢锡城，怀进鹏. 面向互联网资源共享的虚拟计算环境专刊前言[J]. Journal of Software，2007，18(8)：1855-1857.

[10] BARROSO L A，DEAN J，HOLZLE U. Web Search for a Planet：The Google Cluster Architecture [C]. IEEE Micro，2003，23(2)：22-28.

[11] 王庆喜，陈小明，王丁磊. 云计算导论[M]. 北京：中国铁道出版社，2018.

[12] 李伯虎. 云计算导论[M]. 2 版. 北京：机械工业出版社，2021.

[13] 吕云翔，柏燕峥，许鸿智，等. 云计算导论(题库・微课视频版)[M]. 3 版. 北京：清华大学出版社，2023.

[14] CHRIS F，ANTJE B，SHELBEE E. 生成式 AI 入门与 AWS 实战[M]. 生成式 AI 技术兴趣小组，译. 北京：人民邮电出版社，2024.

图书资源支持

感谢您一直以来对清华版图书的支持和爱护。为了配合本书的使用，本书提供配套的资源，有需求的读者请扫描下方的“书圈”微信公众号二维码，在图书专区下载，也可以拨打电话或发送电子邮件咨询。

如果您在使用本书的过程中遇到了什么问题，或者有相关图书出版计划，也请您发邮件告诉我们，以便我们更好地为您服务。

我们的联系方式：

清华大学出版社计算机与信息分社网站：https://www.shuimushuhui.com/

地　　址：北京市海淀区双清路学研大厦 A 座 714

邮　　编：100084

电　　话：010-83470236　010-83470237

客服邮箱：2301891038@qq.com

QQ：2301891038（请写明您的单位和姓名）

资源下载：关注公众号“书圈”下载配套资源。

资源下载、样书申请

书圈

图书案例

清华计算机学堂

观看课程直播